GUIDE PRATIQ

DE

L'AMATEUR DE FRUITS

DESCRIPTION ET CULTURE

DES

VARIÉTÉS DE FRUITS CLASSÉES PAR SÉRIES DE MÉRITE

COMPOSANT LES COLLECTIONS POMOLOGIQUES

DE L'ÉTABLISSEMENT HORTICOLE SIMON-LOUIS FRÈRES

A PLANTIÈRES-LÈS-METZ

(LORRAINE ANNEXÉE)

SUIVI D'UNE TABLE GÉNÉRALE ALPHABÉTIQUE

DE TOUS LES SYNONYMES CONNUS, FRANÇAIS ET ÉTRANGERS

APPARTENANT A CHAQUE VARIÉTÉ

DEUXIÈME ÉDITION

Revue et corrigée par les Chefs de culture de l'Établissement

---

EN VENTE A L'ÉTABLISSEMENT

ET CHEZ BERGER-LEVRAULT ET Cie, LIBRAIRES-ÉDITEURS

PARIS	NANCY
5, rue des Beaux-Arts	18, rue des Glacis

Prix : 6 fr. — Franco par la poste : 6 fr. 50 c.

1895

L'Établissement publie annuellement les Catalogues et Prix-courants suivants, qui sont adressés, gratis et franco, aux personnes qui en font la demande :

En avril : Catalogue et Prix-courant des *Plantes de Serre chaude et de Serre froide, Plantes pour massifs d'été, Dahlias, Plantes vivaces de plein air, Pivoines herbacées, Glayeuls, Lys, etc.*

En septembre : Catalogue et Prix-courant des *Arbres fruitiers, Arbustes et Arbrisseaux à fruits, Fraisiers, Arbres et Arbustes d'ornement de plein air, Rosiers, Jeunes replants* fruitiers, forestiers et d'ornement, pour boisements, haies, clôtures, pépinières.

NOMENCLATURE DESCRIPTIVE

DES

ARBRES FRUITIERS

ARBUSTES ET ARBRISSEAUX A FRUITS, FRAISIERS

FRUITS LES PLUS RECOMMANDABLES PAR ORDRE DE MATURITÉ

NOMENCLATURE DESCRIPTIVE

DE LA

COLLECTION DES ROSIERS

NOMENCLATURE

DES

ARBRES ET ARBUSTES D'ORNEMENT CONIFÈRES

GUIDE PRATIQUE

DE

L'AMATEUR DE FRUITS

2ᵉ ÉDITION

GUIDE PRATIQUE

DE

L'AMATEUR DE FRUITS

DESCRIPTION ET CULTURE

DES

VARIÉTÉS DE FRUITS CLASSÉES PAR SÉRIES DE MÉRITE

COMPOSANT LES COLLECTIONS POMOLOGIQUES

DE L'ÉTABLISSEMENT HORTICOLE SIMON-LOUIS FRÈRES

A PLANTIÈRES-LÈS-METZ

(LORRAINE ANNEXÉE)

SUIVI D'UNE TABLE GÉNÉRALE ALPHABÉTIQUE

DE TOUS LES SYNONYMES CONNUS, FRANÇAIS ET ÉTRANGERS

APPARTENANT A CHAQUE VARIÉTÉ

———

DEUXIÈME ÉDITION

Revue et corrigée par les Chefs de culture de l'Établissement

———

EN VENTE A L'ÉTABLISSEMENT

ET CHEZ BERGER-LEVRAULT ET Cⁱᵉ, LIBRAIRES-ÉDITEURS

PARIS	NANCY
5, rue des Beaux-Arts	18, rue des Glacis

Prix : 6 fr. — Franco par la poste : 6 fr. 50 c.

1895

Nous nous permettons de dédier cette deuxième édition au savant et dévoué Président de la Société Pomologique de France :

MONSIEUR DE LA BASTIE.

La Pomologie, c'est-à-dire l'étude des divers genres de végétaux à fruits cómes-
tibles, dans le but d'établir l'identité, la valeur respective, la dénomination exacte,
la synonymie et la culture des variétés dont ils sont composés, est une science qui,
dans sa modeste sphère, a réalisé en ces derniers temps des progrès considérables.
De nombreuses et remarquables publications spéciales, quelques-unes très importantes, ont été produites, entre lesquelles il nous suffira de citer : pour la France,
le *Verger*, la *Pomologie générale*, le *Vignoble*, la *Pomologie de la France*, le *Dictionnaire
de Pomologie*, le *Jardin fruitier du Muséum* ; pour l'Allemagne, l'*Illustrirtes Handbuch
der Obstkunde* ; en Belgique, l'*Album de Pomologie*, les *Annales de Pomologie* ; en
Hollande, le *Jardin fruitier néerlandais* ; en Angleterre, *The Fruit Manual* et *The
Orchardist* ; en Amérique, *The Fruits and Fruit-Trees of America* ; en Hongrie, l'ouvrage de M. Thomayer, en *Tscheke*, etc., etc. D'un autre côté, par suite de la
facilité des communications, nombre de fruits dignes d'attention, qui, jusqu'alors,
étaient restés localisés dans les contrées où ils avaient pris naissance, se répandent
peu à peu dans les collections pomologiques des autres pays, pour lesquels, bien
souvent, ils constituent de précieuses acquisitions. Enfin, grâce à la persévérance
et aux soins patients de semeurs intelligents, une grande quantité, trop grande
peut-être, de gains plus ou moins méritants, viennent annuellement en grossir le
contingent.

Cette accumulation de variétés fruitières, qui menace de devenir innombrable,
impose à ceux qui ont pour mission de propager celles d'entre ces variétés qui
présentent des avantages réels, des devoirs dont ils ne sauraient s'affranchir, dans
leur propre intérêt comme dans celui de leurs commettants. C'est ce que nous
avons parfaitement compris, en cherchant à réunir dans les Écoles de l'Établissement, toutes les sortes de fruits, d'origines diverses, qui nous ont paru mériter
l'attention à un titre quelconque, afin d'arriver, par l'étude et la comparaison, à
tenir à la disposition de ses clients, tous les bons fruits connus et avec toute
l'exactitude désirable. Lorsque, il y a un certain nombre d'années, nous avons
entrepris cette tâche, nous ne nous sommes pas dissimulé le travail et les frais
qu'elle occasionnerait ; mais aujourd'hui, que nous avons pu déjà nous rendre
compte du succès qui couronnera nos efforts, nous avons lieu de nous applaudir
de nous être engagés dans cette voie.

Cependant, nous ne pouvions nous en tenir là. Dans le cours de nos études et
de nos recherches, nous n'avons pas tardé à reconnaître que, s'il y avait eu beaucoup de fait, il y avait encore considérablement à faire, surtout au point de vue
pratique. En effet, la plupart des grands ouvrages cités plus haut ne laissent cer-

tainement rien à désirer, à quelques exceptions près ; quelques-uns même sont de véritables monuments élevés à la Pomologie des différents pays où ils ont été publiés : mais, d'une part, leur importance même, l'extension donnée à la partie purement scientifique ou historique, le luxe de l'exécution matérielle, sont autant d'obstacles à leur propagation dans le domaine de la pratique, où cependant, ils seraient appelés à modifier considérablement l'état des choses ; d'autre part, il n'a pas toujours été possible à leurs auteurs de les tenir au courant des progrès réalisés par l'obtention ou l'introduction de variétés nouvelles, d'une valeur réelle, dont la substitution, dans la culture, à d'autres jugées jusqu'alors comme les plus méritantes, serait vivement à désirer. Il nous a paru aussi qu'une des parties les plus importantes de la Pomologie, celle qui a pour but d'établir bien exactement la synonymie, c'est-à-dire la nomenclature des dénominations diverses, appliquées, dans la même langue aussi bien que dans les différentes langues, à une seule et même variété, n'y tenait généralement pas la place que son utilité immédiate lui assignait. Ce sont ces considérations qui nous ont engagés à entreprendre l'ouvrage que nous présentons au public pomologique, et dans lequel nous avons cherché à réunir, sous une forme aussi succincte que possible, les documents nombreux et inédits, mis en notre possession par de longues et patientes recherches, combinées avec des études suivies, dans des Écoles réunissant peut-être les plus importantes collections qui existent. La table syno-nymique surtout a été l'objet de tous nos soins : c'est un travail entièrement nouveau, où rien n'a été fait à la légère, aucun nom n'y ayant été admis sans contrôle.

Dans la partie descriptive, nous nous sommes arrêtés au plan qui nous a sem-blé le plus convenable pour mettre notre publication à la portée de tous. C'est ainsi que chaque genre de fruits y est tout d'abord partagé en deux grandes sec-tions, comprenant : l'une *les variétés dont l'identité et le mérite relatif ne sont plus douteux pour nous,* dont, par conséquent, les descriptions nous appartiennent ; l'autre, les *variétés à l'étude,* n'ayant pas encore fructifié ici, et dont, par suite, *nous ne pouvons garantir les descriptions,* bien que nous les ayons prises aux sources les plus sûres, ou qui, bien qu'ayant fructifié ici, n'ont pas encore pu être bien jugées. Cette disposition permettra au planteur qui vise avant tout à la production et à la qualité, de borner son choix à la première de ces sections ; la seconde est destinée à l'amateur curieux et au pomologiste.

Pour chacun des principaux genres, à l'exception des *Poires,* la première de ces sections est divisée en deux *séries de mérite :* la première comprenant les va-riétés qui, d'une manière générale, ne doivent manquer dans aucune plantation comportant le nombre d'arbres qu'elles représentent ; la seconde comprenant celles qui, à un titre quelconque, méritent de faire partie des plantations plus étendues. Dans chacune de ces séries de mérite, les variétés sont rangées par *ordre de matu-rité.* Les genres chez lesquels une classification est possible et avantageuse, tels que les *Cerises,* les *Pêches,* etc., sont subdivisés, dans chaque série, suivant cette classification.

Enfin les genres tels que les *Coings, Framboises, Groseilles, Noisettes*, etc., chez lesquels il est difficile de ranger les variétés par ordre de maturité, ces dernières ont été classées suivant l'ordre alphabétique.

Parmi ces genres, les variétés précédées d'un astérisque sont les plus recommandables ; celles précédées de C. P. sont adoptées par le Congrès pomologique de France.

Quoique succinctes, les descriptions, surtout celles des variétés connues, sont suffisamment étendues et complètes pour qu'aucun détail n'y soit négligé concernant le volume, la forme la plus commune, le coloris au moment de la maturation, la nature et la qualité de la chair du fruit, l'époque de maturité, les avantages et les inconvénients que présente chaque variété. Quant aux renseignements sur le degré de vigueur, de rusticité, de fertilité et d'aptitude aux divers modes de culture de l'arbre, si importants à connaître pour la bonne exécution des plantations, on les trouvera indiqués avec soin. L'origine d'un grand nombre de variétés est également indiquée.

Dans la série des variétés à l'étude, l'indication du tome et de la page des ouvrages pomologiques où elles se trouvent décrites et mentionnées, permettra à l'amateur désirant de plus amples détails, d'y recourir.

Nous aurions voulu, avant de publier cette édition, connaître les nombreuses variétés qui se trouvent encore à l'étude, mais, pour répondre au désir d'un grand nombre de personnes, nous avons fait paraître l'ouvrage un peu hâtivement.

Sans l'hiver de 1879-1880 qui a détruit la plus grande partie de notre École, notre but aurait été atteint.

Mais nous avons dû, avec bien de la peine, refaire nos collections et nous procurer de nouveau un grand nombre de variétés détruites par la gelée.

De plus, vu le grand nombre de variétés, une classification définitive de celles-ci devient très difficile et ce n'est qu'après bien des études que l'on parvient à les classer.

Nous remercions le public pomologique de l'accueil fait à notre première édition et nous osons espérer que la présente sera accueillie aussi favorablement.

Plantières-lès-Metz, septembre 1895.

LISTE DES OUVRAGES CITÉS

Alb. de Pom. = Album de Pomologie, par Bivort.

Ann. de Pom. = Annales de Pomologie belge et étrangère.

Bull. du Cerc. d'Arb. de Belg. = Bulletins du Cercle d'Arboriculture de Belgique.

Dict. de Pom. = Dictionnaire de Pomologie.

Fl. de l'Eur. = Flore des Serres et des Jardins de l'Europe.

Ill. hort. = L'Illustration horticole.

Ill. Handb. der Obstk. = Illustrirtes Handbuch der Obstkunde.

Ill. Monatsh. für O.- und W. = Illustrirte Monatshefte für Obst- und Weinbau.

Jard. fr. = Le Jardin fruitier, par Noisette, édition de 1833.

Journ. de vulg. de l'hort. = Journal de vulgarisation de l'Horticulture.

Les fr. à cult. = Les fruits à cultiver.

Les fr. du Jard. V. M. = Les fruits du Jardin Van Mons.

Les meill. fr. = Les Meilleurs fruits.

Le Verg. = Le Verger.

Le Vign. = Le Vignoble.

L'Hort. franç. = L'Horticulteur français.

Pom. gén. = Pomologie générale.

Pom. tourn. = Pomone tournaisienne.

Rev. de l'Arb. = Revue de l'arboriculture.

Rev. hort. = Revue horticole.

The Fr. and Fr.-Tr. of Am. = The Fruits and Fruit-Trees of America, édition de 1872.

CATALOGUE DESCRIPTIF DE FRUITS

— ➤➤◦◄◄ —

Abricots

Nous greffons l'Abricotier sur Prunier. Sur ce sujet, il s'accommode de presque tous les terrains, à l'exception toutefois des sols absolument trop froids et trop humides, que cet arbre redoute plus que tous les autres arbres fruitiers.

Cultivées en espalier, toutes les variétés s'accommodent également bien des expositions du midi, du levant et du couchant; mais l'expérience ayant démontré que celle du couchant était particulièrement favorable à l'Abricotier, on lui consacrera de préférence lorsqu'on sera limité par l'espace, pour réserver les autres au Pêcher, à la Vigne, etc. C'est la culture en espalier seule, qui, dans beaucoup de cas sous notre climat, peut donner quelque espoir de récoltes abondantes et un peu suivies. Malheureusement la chair du fruit de la plupart des variétés y perd beaucoup de sa saveur et de son sucre.

En plein vent, sans abris, la récolte des Abricots est bien souvent compromise par les gelées tardives, et il est assez rare de rencontrer des situations présentant quelques garanties de succès : mais aussi quelle différence dans la qualité des fruits ainsi récoltés avec celle des Abricots d'espalier !

La culture en contre-espalier offre l'avantage d'obvier à ces deux inconvénients : c'est-à-dire que le fruit y acquiert beaucoup plus de qualité qu'en espalier, et que les arbres peuvent être facilement abrités au moment de la floraison ; mais elle ne réussit que dans des conditions favorables de sol léger et sec et de bonne exposition.

———

1ʳᵉ SÉRIE DE MÉRITE

(ORDRE DE MATURITÉ)

P. **PRÉCOCE DE MONTPLAISIR.** Fruit gros, ovale-arrondi, sillon latéral profond séparant le fruit en deux parties fort inégales; peau jaune-orange pointillé de roux ; chair jaune-orange, fondante, juteuse, bien sucrée et parfumée. Arbre un peu délicat, de vigueur modérée et peu fertile. — Mis au commerce en 1865 par M. Jacquier de Montplaisir.

SOUVENIR D'AMIC. Fruit très gros, arrondi, orange-vif luisant, marbré de brun ; à chair fondante, juteuse, très bonne. Arbre de bonne vigueur, fertile. — Variété d'obtention récente, d'un mérite réel.

P. **HATIF DU CLOS.** Fruit moyen ou assez gros, sphérique, parfois ovoïde, jaune pâle, nuancé de rouge du côté du soleil ; à chair jaune clair, transparente, fine, fondante, rappelant par son goût, l'Ab. *Pêche de Nancy*. Arbre fertile, rustique et de bonne vigueur. — Obtenu en 1854, par M. Luizet (G.), pépiniériste à Ecully-lès-Lyon.

GROS-PRÉCOCE. Très répandu dans l'est de la France, moins connu ailleurs. L'un des plus avantageux pour la culture de spéculation, employé de préférence à tout autre, dans nos environs, pour garnir les pignons de maisons à bonne exposition, où il donne presque toujours d'abondantes récoltes d'un très bon rapport.

1

C. P. **LUIZET.** Fruit gros, ovoïde, jaune-orange, lavé de cramoisi brillant ; à chair jaune foncé, ferme, sucrée, parfumée. Arbre vigoureux et très rustique, propre au plein vent, recommandé pour la culture de spéculation à cause de sa grande fertilité. — Variété obtenue par M. Luizet (G.), pépiniériste à Écully-lès-Lyon.

GROS BLANC HATIF D'AUVERGNE. Fruit moyen ou gros, globuleux, jaune verdâtre ; à chair très fine, bien sucrée. — Nous avons reçu, en 1857, cette excellente variété de MM. Jamin et Durand, de Bourg-la-Reine (Seine) ; elle est cultivée en Auvergne depuis très longtemps.

KAISHA. Fruit moyen, d'une jolie forme sphérique régulière, jaune terne unicolore ; à chair transparente, remarquablement fine et fondante ; de toute première qualité. Se recommande pour la culture en espalier, où, mieux que tout autre, il conserve sa succulence et son parfum. L'arbre, de vigueur modérée, peut cependant aussi bien supporter le plein vent que les autres variétés. — Originaire d'Asie.

SUCRÉ DE HOLUB. Fruit gros, oblong, jaune uniforme, un peu rougeâtre du côté du soleil ; à chair fine, peu sucrée mais sans âpreté. — Variété obtenue en Bohême par M. Holub, jardinier de M. le Comte Albert de Nostitz, et que nous devons à l'obligeance de M. le Baron Emmanuel de Trauttenberg, de Prague. Arbre vigoureux, rustique et fertile.

BLANCHET. Fruit très gros, ovoïde, jaune, rougeâtre du côté du soleil ; à chair fine, juteuse ; de toute première qualité. Arbre vigoureux, très productif.

C. P. **ABRICOT DE JOUY.** Intermédiaire dans toutes ses parties entre l'Ab. *Gros-précoce* et l'Ab. *Pêche de Nancy* ; son fruit est d'aussi bonne qualité que ce dernier, et il s'en distingue par sa forme plus allongée ; son arbre est plus vigoureux et plus rustique à haut vent. — Trouvé à Jouy-aux-Arches, près de Metz, par M. Gérardin, et mis au commerce par l'Établissement en 1863.

SAINT-AMBROISE. Variété à gros fruit, probablement originaire d'Italie, très estimée en Allemagne pour la culture en plein vent. Le fruit est gros, ovoïde arrondi, très sucré et de toute première qualité. Arbre vigoureux et très fertile.

LIABAUD. Fruit assez gros, jaune mat ; à chair transparente, fine, bien fondante et juteuse, sucrée et parfumée à la manière de l'Ab. *Pêche de Nancy*. Arbre rustique. — Récemment propagée dans le Lyonnais, cette variété s'est montrée fort méritante ; elle remplacera avantageusement l'Ab. *Pêche de Nancy* dans la culture en plein vent. Variété se distinguant facilement par ses fleurs d'un blanc presque pur, tandis que celles des autres sont blanc rosé.

C. P. **DESFARGES.** Fruit gros, sphérique, jaune orangé, lavé de pourpre du côté du soleil ; à chair fine, jaune orange, ferme, très sucrée et bien parfumée. Arbre demandant un sol peu humide, le fruit de cette variété étant sujet à se fendre. — Obtenu par M. Desfarges, pépiniériste à Saint-Cyr-au-Mont-d'Or.

C. P. **ROYAL.** Sous-variété du suivant, dont elle se distingue par son fruit de forme un peu plus allongée, et mûrissant un peu plus tôt ; elle ne lui est nullement inférieure. — Obtenu au Luxembourg à Paris.

C. P. **PÊCHE DE NANCY.** Bien connu et universellement apprécié comme le meilleur de tous. C'est à lui que l'on doit donner la préférence pour la culture en espalier, d'abord parce que son arbre s'y comporte le mieux, et ensuite parce que, comme l'Ab. *Kaisha*, la chair de son fruit y perd moins sa succulence et son parfum que la plupart des autres. On le cultive aussi en plein vent, mais il n'y réussit que dans les situations tout à fait favorables. L'arbre est bien vigoureux et très fertile. — Introduit en France par Stanislas de Lorraine, en 1709.

JACQUES. Fruit petit ou moyen, ovoïde, jaune verdâtre taché de rouge ; à chair jaune orange, très fine, bien fondante et juteuse, sucrée et richement parfumée ; de toute première qualité. L'un des plus rustiques ; spécial au plein vent. — Probablement obtenu par M. Jacques, de Chelles (Seine-et-Marne).

POURRET. Sous-variété de l'Ab. *Pêche de Nancy*, à fruit souvent plus gros, de mêmes qualités, et mûrissant un peu plus tard. — Obtenu en 1822, par M. Pourret, pépiniériste à Brunoy (Seine-et-Oise).

2ᵉ SÉRIE DE MÉRITE

(ORDRE DE MATURITÉ)

MOOR PARK HATIF. Fruit moyen, sphérique, à chair très sucrée. Variété très estimée en Angleterre, son pays d'origine. — Obtenu par M. Rivers, le célèbre pomologiste anglais, et mis au commerce par lui vers 1860.

MUSCH-MUSCH. Fruit petit, de jolie forme sphérique ; à chair transparente et d'une consistance spéciale ; se recommande par son exquise délicatesse et sa précocité. — Originaire de la Turquie d'Asie, cette variété, d'une constitution délicate, réclame un sol sec et une bonne exposition au mur.

PRÉCOCE D'ESPEREN. Variété d'origine belge, qui nous paraît recommandable par la précocité et le volume de son fruit, lequel est de toute première qualité. Arbre vigoureux, très fertile, rustique.

PRÉCOCE D'OULLINS. Fruit moyen ou assez gros, sphérique, jaune clair ; de bonne qualité ; maturité mi-précoce. Nous ignorons si ce nom est bien celui que doit porter cette variété, que nous avons reçue du Lyonnais en 1859.

ABRICOT DE SALUCES. Cette variété, que nous avons introduite d'Italie, nous paraît très recommandable par le volume de ses fruits et par l'époque de leur maturité, qui est intermédiaire entre celles de l'Ab. *Gros-précoce* et de l'Ab. *Pêche de Nancy.* — Fruit très gros, presque rond, bien coloré ; de première qualité.

LIEBALDT'S APRICOSE. Fruit moyen, presque rond ; à chair fine, très sucrée. — Cette variété est très estimée en Allemagne, d'où nous l'avons reçue.

GROS DE TYRNAU. Fruit moyen ou gros, bien coloré ; de bonne qualité. Arbre fertile et rustique. — Variété d'origine hongroise.

ANGOUMOIS D'OULLINS. Fruit moyen, de forme ovale, que sa fermeté et sa bonne conservation rendent propre au transport. — Trouvé à Oullins, près Lyon, où cette variété est très estimée.

ABRICOT DE COULANGE. Fruit moyen ou gros, rond, jaune uniforme ; à chair jaune foncé, très sucrée. Arbre de bonne vigueur, fertile.

TRIOMPHE DE TRÈVES. Variété trouvée dans le jardin de l'hôpital de Trèves et mise au commerce par MM. Haack et Müller. Le fruit de cette variété est presque aussi fin que celui de l'Ab. *Pêche,* d'un beau jaune clair ; mais de maturité plus précoce que ce dernier.

GLOIRE DE POURTALÈS. Fruit moyen, d'une jolie forme et d'un beau coloris ; à chair très juteuse, d'une saveur exquise. Arbre vigoureux, très fertile, rustique. — Mis au commerce par M. Napoléon Baumann, horticulteur à Bollwiller (Alsace).

DUR D'ÉCULLEY. Fruit gros, ressemblant un peu au *Gros-précoce,* mais moins aplati que ce dernier ; chair très fine, de première qualité.

SOUVENIR DE LA ROBERTSAU. Fruit très gros ; à chair très juteuse, de première qualité. Arbre vigoureux et fertile. — Mis au commerce par M. Napoléon Baumann, de Bollwiller.

MEXICO. Fruit moyen, ovoïde allongé, jaune verdâtre lavé de rouge brun ; à chair transparente, jaune pâle, fine, tendre, juteuse, sucrée, musquée ; de toute première qualité ; maturité courant de juillet. Arbre très fertile.

ABRICOT DE PROVENCE. Fruit petit, aplati, jaune, un peu coloré à l'insolation ; à chair blanchâtre, très juteuse, sucrée, savoureuse, ne se détachant pas bien du noyau. Arbre de bonne vigueur, fertile.

TRIOMPHE DE BUSSIERRE. Fruit très gros, sphérique, fortement duveteux ; de première qualité ; maturité fin juillet. Arbre très vigoureux et très fertile. — Mis au commerce par M. Napoléon Baumann, de Bollwiller.

ALBERGE. Ancienne variété à petit fruit estimé pour conserves ; propre au plein vent.

ANGOUMOIS. Ancienne variété à fruit moyen, fortement coloré ; moins estimée aujourd'hui qu'autrefois.

DI RIVIERA. Fruit très gros, presque rond, jaune foncé, lavé de rouge à l'insolation ; de première qualité ; maturité commencement d'août. — Variété très recommandable que nous avons reçue d'Italie.

GROS COMMUN. Ancienne variété, dont l'arbre, vigoureux et relativement très rustique, est spécial au plein vent, et dont le fruit, assez gros, mûrissant dans la première quinzaine d'août, est préféré pour confitures.

ABRICOT A TROCHETS. Fruit moyen, oblong, jaune safran légèrement ocracé ; à chair fondante, savoureuse, légèrement musquée ; maturité première quinzaine d'août. Arbre remarquablement fertile.

CLAUDE BIDAUT. Fruit gros, jaune orange foncé, taché de rouge brun, aplati dans le sens de la hauteur ; maturité première quinzaine d'août. Arbre vigoureux, fertile. — Variété d'origine belge.

MOOR PARK. Fruit assez gros, arrondi-déprimé ; de bonne qualité ; maturité première quinzaine d'août. — Reçu du pépiniériste anglais Rivers.

DE SCHIRAS. Fruit moyen, un peu allongé, blanc verdâtre ; à chair blanche, molle, très fondante, mielleuse, exquise. Les boutons résistent assez bien à la gelée. Arbre rustique. — Variété distincte de toutes celles connues, introduite de Perse.

FROGMORE. Fruit moyen, rond, très juteux et sucré. Arbre fertile et rustique.

PÊCHE D'OULLINS. Beau fruit, ayant beaucoup de ressemblance avec l'Ab. *Pêche de Nancy.*

BEAUGÉ. Fruit moyen ou gros, jaune paille, rouge du côté du soleil ; à chair fondante, juteuse, de bonne qualité. Arbre vigoureux et assez fertile. — Obtenu vers 1830, par M. Beaugé, propriétaire à Versailles.

BLENHEIM. Fruit assez gros, un peu aplati ; de première qualité. — Variété très estimée en Angleterre pour la rusticité et la fertilité de son arbre, moins sujet à la gomme que celui des autres variétés.

HENGELII. Fruit très gros et bon, dont le seul défaut est de se fendre facilement. Arbre très vigoureux. — A placer à une exposition sèche et peu battue par les pluies.

D'ORAN. Fruit gros, jaune unicolore ; chair jaune, bien sucrée. Arbre très fertile. — Variété algérienne.

DELPONTE. Sous-variété de l'Ab. *Pêche de Nancy*, à fruit moyen ou gros ; de bonne qualité.

VIARD. Excellente sous-variété de l'Ab. *Pêche de Nancy*, à laquelle on ne peut reprocher que de mûrir imparfaitement ses fruits.

ESPÈCE JAPONAISE

ARMENIACA Mume. Remarquable par son excessive vigueur, sa floraison très précoce, et ses jolis petits fruits, employés, au Japon, pour confitures. Cette espèce a de nombreuses variétés, dont quelques-unes à fleurs doubles, très jolies, odorantes.

Variété à l'étude.

Belle de Toulouse. Reçu sous ce nom d'Angleterre, où on le dit à gros fruit ovale, très tardif, bon seulement lorsqu'il est ridé.

Variétés nouvelles.

Alexandre. Fruit gros, jaune taché de rouge, doux, délicieux. Variété originaire de Crimée. Arbre fertile et très rustique pour la culture à haute tige. Maturité juillet.

Alexis. Fruit jaune, avec un côté rouge, gros et très doux. Originaire de Crimée. Arbre fertile et très rustique pour la culture à haute tige. Maturité juillet.

J. L. Budd. Variété russe, à fruit gros, blanc, coloré rouge sur les côtés, doux, juteux ; chair fine. Arbre vigoureux donnant des fruits à profusion.

Catherine. Fruit moyen, jaune, doux, bon, un peu acide. Originaire de Crimée. Arbre fertile et très rustique pour la culture à haute tige. Maturité juillet-août.

Abricot de Russie. Originaire de Crimée ; fertile et très rustique pour la culture à haute tige.

Abricot du Chancelier. Fruit gros, uniformément coloré d'une teinte orange ; de première qualité. Maturité fin juillet. Arbre vigoureux et très fertile. Variété reconnue excellente par la commission permanente des études pomologiques, à Lyon.

Gibb. Variété russe. Fruit de grosseur moyenne, jaune, acidulé, juteux. Variété dite très précoce.

Variétés douteuses ou peu méritantes.

Abricotin.	Nouveau gros-précoce.	Précoce doré de Dubois.
Aubert.	Orange.	Tardif de Deegen.
Dijonni.	Pêche tardif.	
Jamucet.	Précoce de Boulbon.	

Amandes

L'Amandier est un arbre de la nature du Pêcher, à floraison plus précoce encore, et pour lequel les conditions nécessaires de situation très abritée pour la culture en plein vent se rencontrent assez rarement sous notre climat. Il redoute les terrains froids et humides.

On peut à la rigueur le cultiver en espalier, mais avec peu d'avantages. L'exposition de l'ouest paraît lui convenir. Notre collection, placée à cette exposition, donne chaque année de très bons fruits. Nous greffons l'Amandier sur Prunier.

AMANDE A COQUE TENDRE. Fruit moyen, à coque très tendre ; amande douce ; de première qualité ; maturité précoce.

AMANDE PRINCESSE. Fruit gros, à coque très tendre ; amande blanche, douce et agréable ; maturité précoce.

AMANDE EN GRAPPES. Fruit moyen, oblong, à coque dure. Arbre très fertile.

GROSSE A COQUE DURE. Amande douce, d'une saveur agréable.
AMANDE-PÊCHE. Fruit souvent charnu comme la pêche.
RONDE-FINE. Fruit moyen, arrondi ; amande rappelant la noisette ; de première qualité.

A COQUE DEMI-DURE SURFINE. Reçue d'Italie.
GROSSE TENDRE RUGUEUSE. Fruit gros, ovoïde, recouvert de bosselures, à coque mince et très tendre ; de toute première qualité.
HÉTÉROPHYLLE A COQUE TENDRE. Fruit gros, arrondi-bosselé, à coque très mince ; amande grosse, douce, sucrée ; de toute première qualité fraîche. Arbre vigoureux, très fertile, à feuillage singulier.
MARIE DUPUYS. Fruit gros, à coque dure ; de première qualité. Arbre à floraison tardive.

Variété nouvelle.

Hatch. Nouvelle variété précoce, à fruit très gros et doux.

Cerises

Le genre Cerisier, dans la pratique, peut être divisé en six races assez bien caractérisées, qui sont :

1° Les **Guignes** ou Cerises douces à chair ordinairement molle ou tendre. C'est cette race qui fournit les Cerises très précoces, les premières qui apparaissent sur les marchés.

2° Les **Bigarreaux** ou Cerises douces à chair plus ou moins ferme, préférées par certaines personnes aux précédentes, mais d'une consommation moins hygiénique.

3° Les **Merises** que l'on reconnaît à leur saveur ordinairement mielleuse et relevée d'une légère amertume, et à l'aspect de l'arbre qui se rapproche du Merisier sauvage des bois.

4° Les Cerises **Anglaises** ou aigres-douces ou CERISES proprement dites, les plus généralement estimées comme fruits de table, et se distinguant par le port de leurs arbres, la plupart aux branches fortes et dressées, prenant moins d'extension que les précédents, et se prêtant beaucoup mieux aux formes soumises à la taille.

5° Les **Amarelles** ou Cerises aigres, connues de tout le monde par leur chair aqueuse, leur saveur acidulée rafraîchissante, et par les dimensions réduites de leurs arbres au petit feuillage, se formant naturellement en buissons ou en têtes arrondies.

6° Les **Griottes** ou Cerises très acides, généralement peu estimées comme fruits de table, que l'on consacre plus particulièrement aux usages du ménage, et dont les arbres ressemblent à ceux de la race précédente.

Très rustique de sa nature, le Cerisier s'accommode de toutes sortes de situations et de terrains, pourvu que ces derniers ne soient pas trop humides. On le greffe sur Merisier pour haut-vent, et sur Sainte-Lucie ou Mahaleb pour les formes basses.

Le haut-vent est la forme la plus communément employée pour le Cerisier, et toutes les variétés s'en accommodent bien. Cependant il en est quelques-unes dont la culture sous cette forme est peu avantageuse. Par contre, le mode de végétation des GUIGNIERS, BIGARREAUTIERS et MERISIERS indique la préférence à lui donner pour presque toutes les variétés de ces races.

Les formes basses, auxquelles se prêtent parfaitement les variétés des races ANGLAISES, AMARELLES et GRIOTTES, sont en général trop peu employées dans les jardins, et nous ne saurions trop attirer l'attention des planteurs sur ce point. Indépendamment du parti que peut en tirer l'ornementation, elles offrent l'avantage d'une cueillette facile et d'une fertilité souvent plus abondante. Par leur port, les variétés de Cerises ANGLAISES à branches dressées sont on ne peut mieux appropriées à la pyramide et au vase ; les autres, ainsi que les AMARELLES et les GRIOTTES, se forment sans beaucoup de soins en jolis buissons.

Le Cerisier est l'arbre qui nous paraît le plus convenable pour occuper les murs à l'exposition du nord. Les variétés à gros fruit, et surtout celles de la race des ANGLAISES, auront naturellement la préférence : mais c'est, avant toutes autres, aux variétés tardives que devra être réservée cette place, où elles conservent leurs fruits jusqu'à la fin de l'été et même jusqu'en automne. Dans les grands jardins, on pourra consacrer quelques places à l'exposition du midi aux variétés les plus précoces de GUIGNES et d'ANGLAISES.

1ʳᵉ SÉRIE DE MÉRITE

(ORDRE DE MATURITÉ)

GUIGNES

GUIGNE DE LAMAURIE. Fruit moyen, cordiforme-aplati, rouge-brun marbré ; à chair assez ferme, bien sucrée ; de première qualité ; maturité fin mai. Arbre vigoureux, très fertile. — C'est, de toutes les cerises que nous connaissons, la première qui arrive à maturité. Très bonne variété pour kirsch.

GUIGNE D'ANNONAY. Fruit assez gros, cordiforme régulier, rouge clair passant au rouge brun unicolore ; à chair très tendre, juteuse, sucrée ; de première qualité ; maturité fin mai et commencement de juin. Arbre vigoureux, très fertile. — Cette variété, l'une des plus méritantes parmi les cerises très précoces, nous a été envoyée en 1860 par MM. Jacquemet-Bonnefont, pépiniéristes à Annonay, sous le nom de *Guigne marbrée précoce*. Nous avons cru devoir changer cette dénomination, d'abord parce que la peau du fruit n'est pas plus marbrée que celle de la plupart des cerises, et ensuite pour éviter la confusion avec les différentes autres variétés répandues sous ce dernier nom, et en particulier celle décrite dans le *Verger* (t. VIII, nº 58, p. 115).

C. P. GUIGNE POURPRE HATIVE. Fruit assez gros ou gros, à longue queue, cordiforme obtus irrégulier, rouge-brun noirâtre ; à chair tendre, juteuse, d'une saveur rafraîchissante ; de première qualité ; maturité commencement de juin. Arbre moyen, à branches horizontales et à feuilles pendantes, plissées ; propre au petit verger et au jardin fruitier. — L'une des plus belles et des meilleures cerises précoces, plus convenable toutefois pour l'amateur que pour la culture de spéculation.

GUIGNE BRUNE DE LIEFELD. Fruit gros, cordiforme, brun marbré ; à chair rouge, douce, sucrée ; de toute première qualité ; maturité commencement de juin. Arbre moyen, très vigoureux et fertile. — Nous avons reçu cette bonne variété, l'une des plus belles cerises précoces, du célèbre pomologiste allemand Oberdieck.

GUIGNE PRÉCOCE DE MATHÈRE. Fruit moyen, à queue courte, presque rond, rouge ; à chair rouge, adhérente au noyau, très bonne ; maturité commencement de juin. — Variété précoce très recommandable, que nous avons reçue de M. de Mortillet en 1872.

GUIGNE DE FROMMS. Fruit gros, cordiforme-obtus, rouge sombre ; à chair demi-tendre, d'une saveur excellente ; maturité mi-juin. Grand arbre, vigoureux et très fertile. — Belle et bonne cerise de seconde saison, originaire d'Allemagne.

C. P. GUIGNE GARCINE. Fruit gros, ovoïde, noir brillant ; à chair assez ferme, très colorée, juteuse, très sucrée ; de première qualité ; maturité mi-juin. Arbre très vigoureux et fertile. — Obtenue d'un semis, par M. Garcin, près de Grenoble, vers 1808.

GUIGNE DE KRUGER. Fruit gros, cordiforme-arrondi, à queue grosse et courte, rouge noirâtre ; à chair tendre ; de toute première qualité ; maturité mi-juin. Arbre vigoureux et fertile, à végétation élancée. — Variété allemande, très recommandable.

TRANSPARENTE DE CŒ. Fruit assez gros, cordiforme sphérique, blanc jaunâtre et rose-carmin ; à chair tendre, juteuse, sucrée et d'une saveur agréable ; de première qualité ; maturité seconde quinzaine de juin. Arbre vigoureux et fertile. — Guigne d'amateur, impropre à la culture de spéculation à cause de la mollesse de sa chair. Obtenue par M. Curtis Cœ, de Middletown (Connecticut).

BEAUTÉ DE L'OHIO. Fruit gros, cordiforme-obtus, ambre et rouge vif, très joli ; à chair assez ferme, juteuse, sucrée, relevée ; de première qualité ; maturité seconde quinzaine de juin. Arbre très vigoureux et très fertile. — L'une des plus remarquables parmi les variétés de guignes introduites d'Amérique. Obtenue par le docteur Kirtland, de Cleveland (Ohio).

BEAUFROTTE. Fruit assez gros, presque cylindrique, d'un joli coloris rouge-cerise brillant marbré sur fond ambre pâle ; à chair blanc jaunâtre, demi-tendre, juteuse, sucrée ; de première qualité ; maturité seconde quinzaine de juin. Grand arbre, à branches horizontales, formant une tête élargie, d'une très grande fertilité.
   Variété de *GUIGNE* particulièrement propre à la culture de spéculation, son fruit supportant parfaitement le transport, et étant d'une apparence engageante. Elle est abondamment cultivée dans les contrées fruitières de nos environs, d'où elle est sans doute originaire et d'où elle est apportée en quantités considérables sur le marché de Metz. — On suppose que le nom qu'elle porte est une altération de l'expression *beau flot*, allusion à son abondante fertilité.

C. P. GUIGNE NOIRE DE TARTARIE. Fruit gros, de forme arrondie anguleuse, noir brillant ; à chair tendre, bien douce, d'une saveur agréable ; de première qualité ; maturité seconde quinzaine de juin. Arbre fertile. — Cerise d'amateur, d'origine incertaine, particulièrement convenable aux estomacs délicats.

SEMIS DE BURR. Fruit gros, cordiforme, rouge vif; à chair blanche un peu ferme, bien sucrée et parfumée; de toute première qualité; maturité seconde quinzaine de juin. Arbre d'une végétation régulière, au large feuillage, devenant fertile. — Belle et excellente guigne, originaire de Perrinton, comté de Mouroë (New-York).

GROSSE GUIGNE NOIRE LUISANTE. Fruit gros, noir foncé brillant; à chair ferme et fondante, très colorée, juteuse, mais peu sucrée; maturité seconde quinzaine de juin. Grand arbre, vigoureux, tardif au rapport. — Excellente variété pour kirsch; mais de seconde qualité pour la table, vu le peu de saveur de son fruit.

GUIGNE DE WINKLER. Fruit très gros, cordiforme régulier, ambre pâle et rose vif; à chair tendre, juteuse; de première qualité; maturité fin de juin. Arbre vigoureux, d'un beau port, fertile. — Variété d'origine allemande, remarquable par la beauté de son fruit.

P. **ELTON.** Fruit gros ou très gros, cordiforme-pointu, jaune pâle et rose; à chair tendre, bien douce, sucrée et d'une saveur agréable; de première qualité; maturité fin juin et commencement de juillet. Grand arbre, d'une fertilité extraordinaire, propre à toutes formes, mais surtout au haut-vent dans le grand verger. — Très avantageuse pour la culture de spéculation. Obtenue vers 1806, par M. Knight, en Angleterre.

CHOQUE. Fruit assez gros, d'un beau rouge-brun; à chair blanc rosé, ferme sans être croquante, juteuse et très sucrée; maturité fin juin et commencement de juillet. Très grand arbre, vigoureux, d'un beau port, d'une fertilité abondante et bien soutenue. — Le principal mérite de cette guigne (qui est cultivée en grandes quantités dans la contrée fruitière située entre Metz et Thionville, et dont elle est originaire) consiste dans l'abondance du principe sucré que contient sa chair, qualité qui la rend éminemment propre à la confection des confitures; aussi est-elle très recherchée pour cet usage sur les marchés de Metz.

GUIGNE VILLENEUVE. Fruit très gros, de forme quadrangulaire, rose vif sur fond blanchâtre; maturité fin juin et commencement de juillet. Arbre à branches fortes, très allongées. Variété très distincte et à fruit superbe, que nous ne trouvons mentionnée dans aucune publication pomologique; nous la croyons originaire de l'Auvergne.

AIGLE NOIR. Fruit moyen, cordiforme-obtus, brun-noir; à chair tendre, juteuse, bien sucrée et d'une saveur agréable; de toute première qualité; maturité fin juin et commencement de juillet. Arbre vigoureux dans sa jeunesse, devenant très fertile, d'un beau port; propre à la culture en buisson et en haut-vent dans le petit verger. — L'une des meilleures Guignes d'amateur, obtenue, vers 1806, par M. Knight, à Downton-Castle (Angleterre).

BELLE DE COUCHEY. Fruit gros, cordiforme-arrondi, d'un beau rouge pointillé; à chair blanche, tendre; maturité fin juin et commencement de juillet. Arbre vigoureux, d'un beau port, fertile. L'une des plus belles Guignes de la saison. — Trouvée, en 1715, par un vigneron nommé Raton, à Couchey, près Dijon (Côte-d'Or).

BIGARREAUX

P. **BIGARREAU JABOULAY.** Fruit gros, cordiforme, rouge foncé noirâtre; à chair peu ferme; de première qualité; maturité première quinzaine de juin. Arbre très vigoureux et fertile. — Variété classée peut-être à tort parmi les Bigarreaux; l'une des plus belles parmi les cerises précoces; très appropriée à la culture de spéculation. Obtenue par M. Jaboulay, pépiniériste à Oullins, près Lyon.

BLACK HAWK. Fruit assez gros, cordiforme-obtus, noir luisant; à chair ferme, bien sucrée; de première qualité; maturité seconde quinzaine de juin. Arbre de bonne vigueur, précoce au rapport et bien fertile. — Véritable Bigarreau noir, d'origine américaine.

BIGARREAU NOIR DE WINKLER. Fruit très gros, cordiforme-élargi, brun-noir; à chair ferme, bien douce; de première qualité; maturité seconde quinzaine de juin. Arbre vigoureux, souvent peu fertile. — Très beau fruit d'amateur, obtenu par la société pomologique de Guben (Allemagne).

P. **BIGARREAU DE MÉZEL.** Fruit très gros, cordiforme, pourpre-brun noirâtre; à chair ferme, croquante, sucrée, d'une saveur agréable; de première qualité; maturité fin de juin. Grand arbre, à large feuillage, de bonne fertilité. — Variété trouvée, avant 1840, par M. Ligier de Laprade, à Mézel, près Clermont-Ferrand.

P. **BIGARREAU MARJOLET.** Fruit assez gros, allongé, un peu cordiforme, rouge violacé veiné de pourpre; à chair assez tendre, rouge, juteuse; à jus colorant; à saveur sucrée et vineuse, agréablement relevée. Maturité fin de juin. Arbre vigoureux et fertile. — Variété obtenue par M. Marjolet, propriétaire, à Couchey (Côte-d'Or).

BIGARREAU NOIR DE GUBEN. Fruit gros, cordiforme-tronqué, brun-noir luisant; à chair ferme, bien sucrée et d'une saveur agréable; maturité fin de juin. Arbre très fertile. — D'origine allemande.

BIGARREAU COMMUN. Fruit moyen, cordiforme, rouge marbré; à chair croquante, blanche, bien sucrée; de première qualité; maturité fin de juin. Grand arbre, aux branches divergentes, à feuillage plissé, pendant; très fertile. — Répandue dans les contrées fruitières de nos environs, et estimée sur le marché de Metz, sous le nom de *Royale*.

GÉANTE D'HEDELFINGEN. Fruit très gros, noir marbré; à chair assez ferme, rouge foncé; de toute première qualité; maturité fin juin et commencement de juillet. Grand arbre, fertile. — Remarquable variété d'origine allemande.

C. P. BIGARREAU D'ESPEREN. Fruit gros, cordiforme, panaché de rouge vif sur fond jaunâtre; à chair ferme, croquante, jaunâtre, bien sucrée et savoureuse; de première qualité; maturité première quinzaine de juillet. Grand arbre, vigoureux et très fertile. — Le meilleur, le plus beau et le plus avantageux des Bigarreaux.

C. P. BIGARREAU REVERCHON. Fruit très gros, exactement cordiforme, rouge-brun pointillé; à chair très ferme, croquante, rougeâtre; de deuxième qualité. Maturité première quinzaine de juillet. Arbre à rameaux droits et courts, à feuilles crispées, peu fertile. — Distincte variété, remarquable par le volume de son fruit, et que tout amateur voudra posséder comme objet de curiosité et d'ornement. Introduite d'Italie par M. Paul Reverchon, de Lyon.

POWHATTAN. Fruit moyen ou assez gros, presque quadrangulaire, brun-noir; à chair assez ferme, juteuse; de première qualité; maturité première quinzaine de juillet. Arbre vigoureux, excessivement fertile. — Variété américaine, précieuse pour la culture de spéculation étant très propre au transport.

C. P. BIGARREAU GROS CŒURET. Fruit gros, cordiforme-pointu, rouge; à chair blanc jaunâtre, assez ferme, sucrée-acidulée, rafraîchissante; maturité première quinzaine de juillet. Arbre vigoureux et fertile.

C. P. WALPURGIS. Fruit gros, cordiforme-épais, pourpre intense; à chair ferme; de première qualité; maturité première quinzaine de juillet. Arbre très vigoureux, précoce au rapport, très rustique et très fertile. — Propre à la culture de spéculation. Variété obtenue à Walpurgis, près Cologne, vers 1846.

BIGARREAU JAUNE DE DŒNISSEN. Fruit gros, cordiforme-arrondi, jaune-paille brillant; à chair ferme, douce, sucrée, d'une saveur agréable; de première qualité; maturité première quinzaine de juillet. Arbre vigoureux, d'une belle végétation et d'une bonne fertilité. — Variété très recherchée pour conserves.

C. P. BIGARREAU JAUNE DE BUTTNER. Fruit assez gros, cordiforme régulier, beau jaune brillant; à chair ferme, juteuse; de première qualité; maturité mi-juillet. Arbre très fertile. Variété obtenue par M. Buttner, à Halle-sur-Saale (Saxe), vers 1798.

Ces deux variétés, d'origine allemande, sont de charmantes acquisitions, que le joli coloris de leurs fruits et leurs qualités engageront à se procurer. Ces derniers offrent l'avantage de se conserver longtemps sur l'arbre, étant, grâce à leur couleur, très rarement attaqués par les oiseaux.

C. P. GROS BIGARREAU ROUGE. Fruit gros, cordiforme-anguleux bosselé, rouge-pourpre foncé; à chair blanchâtre, teintée de rouge sous la peau et vers le noyau, très ferme, très consistante; de toute première qualité; maturité mi-juillet. Arbre de vigueur et fertilité moyennes.

BIGARREAU EMPEREUR FRANÇOIS. Fruit gros, cordiforme-obtus, rouge-marbré; à chair ferme, croquante, sucrée; de première qualité; maturité mi-juillet. Arbre vigoureux, d'une belle végétation et de bonne fertilité; très rustique. — Nous ignorons l'origine de cette remarquable variété, qui se recommande par la beauté et la qualité de son fruit parmi les Cerises de dernière saison.

ANGLAISES

C. P. MAY DUKE. Fruit assez gros, arrondi, rouge-brun; à chair tendre, juteuse, sucrée, et d'une saveur très agréable; de toute première qualité; maturité commencement de juin. Arbre de vigueur modérée, très fertile, propre à toutes formes. — Pour éviter la confusion inextricable qui existe au sujet des variétés connues sous les différents noms de *Royale hâtive, Anglaise, Royale d'Angleterre hâtive, Anglaise hâtive, Cerise de mai,* etc., nous nous sommes procuré en Angleterre la véritable *May Duke,* que nous multiplierons désormais sous cette dénomination.

C. P. IMPÉRATRICE EUGÉNIE. Fruit gros, de forme arrondie, rouge-cramoisi, à chair tendre, juteuse, sucrée, acidulée; de première qualité. Arbre fertile, d'une croissance trapue, particulièrement propre à la culture en pyramide et aux mi-vents de jardins. — Se distingue de la précédente par son fruit un peu plus gros, et par le port plus ramassé de son arbre. Variété trouvée dans une vigne, par M. Varenne, à Belleville, près Paris, et propagée par M. Armand Gontier.

DUKE DE JEFFREY. Fruit assez gros, de forme sphérique un peu allongée et le plus souvent muni d'une pointe à son extrémité, rouge-brun nuancé; à chair très tendre, juteuse, sucrée; de première qualité; maturité fin juin et commencement de juillet. Petit arbre, à branches courtes, formant un buisson compact; approprié aux petits jardins et à la culture en formes basses. — Variété d'origine anglaise, très peu connue et confondue avec d'autres par beaucoup d'auteurs.

ARCHDUKE. Fruit gros, à sillon profond, d'un beau rouge-brun ; à chair tendre, juteuse, sucrée et finement acidulée ; de toute première qualité ; maturité seconde quinzaine de juin et commencement de juillet. Arbre d'un beau port, très fertile. — Variété d'origine anglaise, presque inconnue sur le continent, et généralement confondue avec d'autres.

P, **BELLE DE CHOISY.** Fruit moyen, sphérique, à peau ferme, rouge nuancé d'ambre ; à chair fondante, bien sucrée et très agréable ; de toute première qualité ; maturité fin de juin et commencement de juillet. Arbre peu fertile, propre seulement au jardin fruitier ou au petit verger, et à cultiver de préférence en vase ou buisson. — On croit que cette variété a été trouvée par Gondouin, jardinier de Louis XV.

CERISE DE FOLGER. Fruit gros, sphérique-tronqué, rouge-pourpre foncé ; à chair tendre, légèrement acidulée ; de première qualité ; maturité courant de juillet. Arbre de vigueur modérée, précoce au rapport, très fertile, propre à toutes formes, mais principalement à la pyramide. — Remarquable par la maturation successive et très prolongée de ses fruits.

SYLVA DE PALLUAU. Fruit gros ou très gros, noirâtre luisant ; à chair rose, juteuse, sucrée et finement acidulée ; de toute première qualité ; maturité première quinzaine de juillet. Arbre de vigueur moyenne, à végétation pyramidale ; propre à toutes formes, mais surtout aux formes basses. — Nous ne connaissons pas l'origine de cette superbe variété, sans contredit la meilleure de la série des *Anglaises*.

P, **REINE-HORTENSE.** Fruit gros ou très gros, sphérico-ovoïde, rouge brillant ; à chair tendre, jaunâtre, fine, très juteuse, sucrée, acidulée ; de première qualité ; maturité première quinzaine de juillet. Arbre d'une belle végétation, peu élevé, de fertilité variable, assez souvent insuffisante ; propre à toutes formes, mais surtout à l'espalier et aux formes basses ; préférant les terrains secs. — La plus belle et l'une des meilleures Cerises d'amateur.

TRANSPARENTE DE RIVERS. Fruit gros, de forme sphérique déprimée, rose-carminé pointillé ; à chair assez ferme, très fine, juteuse, bien sucrée et légèrement acidulée ; de toute première qualité ; maturité première quinzaine de juillet. Arbre de fertilité moyenne, présentant une certaine analogie avec le précédent. — Nous avons introduit d'Angleterre, en 1865, cette remarquable Cerise d'amateur, qui se recommande par sa beauté, ses caractères distinctifs, la délicatesse de sa chair et sa maturité tardive.

DE PRUSSE. Fruit moyen ou gros, cordiforme raccourci, rouge-brun foncé mat ; à chair tendre, très juteuse, acidulée, rafraîchissante ; jus un peu coloré ; maturité première quinzaine de juillet. Arbre vigoureux et fertile. — D'origine allemande.

BONNEMAIN. Sous-variété de la *Belle de Choisy*, mais plus tardive que cette dernière. Fruit gros, aplati, rouge-brun brillant ; à chair rose ; de première qualité ; maturité première quinzaine de juillet. Arbre peu fertile.

NOUVELLE ROYALE. Fruit très gros, de forme irrégulière et caractéristique, souvent anguleux et comme carré, d'un beau rouge changeant et nuancé ; à chair rosée, acidulée ; de première qualité ; maturité mi-juillet. Arbre à branches courtes, érigées, formant une tête conique régulière ; propre à toutes formes, mais principalement à l'espalier et aux formes basses. — Rivale de la *Reine Hortense* par sa beauté, cette Cerise, encore fort peu connue, mérite une place dans tous les jardins.

P, **BELLE DE CHATENAY.** Fruit gros, cordiforme-arrondi, rouge vif passant au rouge-brun ; à chair fondante, douce, acidulée, rafraîchissante, de première qualité ; maturité seconde quinzaine de juillet. Arbre de bonne vigueur et de fertilité suffisante, l'un des plus grands parmi ceux de sa classe ; propre à toutes formes, mais surtout à la culture en espalier à l'exposition du nord. — Ne devrait manquer dans aucun jardin et dans aucun verger. Variété obtenue, vers 1795, par Chatenay, dit le Magnifique, pépiniériste à Vitry, près Paris.

AMARELLES

HATIVE DE LOUVAIN. Fruit assez gros, de forme sphérique déprimée, d'un beau rouge-brun ; maturité seconde quinzaine de juin. Arbre vigoureux, d'une bonne fertilité. — L'origine de cette remarquable variété est très obscure ; elle se recommande à l'amateur par sa précocité parmi les Cerises aigres et par la beauté et la qualité de son fruit.

P, **MONTMORENCY.** Fruit moyen, sphérique, rouge vif ; de première qualité à parfaite maturité, fin de juin. Arbre de vigueur modérée, très peu élevé, formant une tête sphérique, bien fertile. — Ancienne variété, toujours recherchée.

P, **GROS-GOBET.** Fruit assez gros ou gros, sphérique-déprimé, rouge vif brillant, à queue très courte ; de qualité variable ; maturité fin de juin et première quinzaine de juillet. Arbre de petites dimensions, peu fertile, à cultiver seulement à basse tige, et de préférence en espalier.

GROSSE TARDIVE. Précieuse variété, originaire des environs de Paris, dont le fruit, beau et bon, n'arrive à maturité qu'à une époque où toutes les autres Cerises aigres sont passées et où cette sorte de Cerise plaît précisément le plus : la première quinzaine d'août. L'arbre ressemble à celui de *Montmorency*.

GRIOTTES

DOUBLE-NATTE. Fruit assez gros, presque sphérique, brun-noir brillant; à chair molle, juteuse, acidulée; maturité fin juin et commencement de juillet. Petit arbre d'un beau port, sain et de bonne fertilité. L'une des plus belles et des meilleures Griottes précoces; d'origine hollandaise.

GRIOTTE IMPÉRIALE. Fruit gros ou très gros, de forme ovale, à queue très courte, pourpre foncé presque noir; chair rouge-sang foncé, à jus très coloré, fortement acidulé; maturité première quinzaine de juillet. Arbre fertile, peu élevé, propre à toutes formes.

C. P. **GRIOTTE DU NORD.** Fruit assez gros, de forme sphérique, à longue queue; à chair un peu ferme, pourpre foncé, juteuse, vineuse, acidulée; maturité fin juillet. Arbre très fertile, propre à toutes formes, mais dont la véritable destination est l'espalier au nord, où son fruit se conserve très tard en automne, et où il peut alors être consommé cru.

2ᵉ SÉRIE DE MÉRITE

(ORDRE DE MATURITÉ.)

GUIGNES

GUIGNE PRÉCOCE DE MAI. Fruit moyen, cordiforme-obtus, pourpre-brun noirâtre; à chair tendre; de deuxième qualité; maturité fin mai et commencement de juin. Arbre très fertile. — Estimée pour sa précocité là où ne sont pas connues les variétés très précoces de notre première série, qui lui sont bien préférables sous tous les rapports.

GUIGNE HATIVE DE WERDER. Fruit assez gros, régulièrement cordiforme, pourpre-noir; à chair tendre, fondante; maturité commencement de juin. Arbre de vigueur moyenne, très fertile.

GUIGNE HATIVE DE BOWYER. Fruit moyen, cordiforme-obtus, beau rouge-cerise sur fond jaune; à chair tendre, d'une saveur sucrée et relevée très agréable; maturité commencement de juin. Arbre vigoureux et très fertile, propre au grand verger.

GUIGNE HATIVE DE SCHNEIDER. Fruit gros, cordiforme-tronqué, brun-noir brillant; à chair consistante; de première qualité; maturité première quinzaine de juin. Arbre vigoureux et fertile. — D'origine allemande.

GUIGNE D'ADAM. Fruit moyen, cordiforme-obtus, rouge pâle; à chair tendre, sucrée; maturité première quinzaine de juin. Grand arbre, vigoureux, à branches dressées, précoce au rapport et d'une prodigieuse fertilité; propre au grand verger. — Probablement d'origine anglaise.

MAGÈSE. Fruit gros, ovoïde, rose marbré, jaunâtre à l'ombre; à chair demi-tendre, blanche, de bonne qualité; maturité première quinzaine de juin. Arbre assez vigoureux, fertile.

GUIGNE DE TILGENER. Fruit gros, cordiforme pointu, beau rouge sur fond jaune; à chair tendre, juteuse; de première qualité; maturité première quinzaine de juin. Arbre fertile. — Cette variété a une certaine ressemblance avec la *Guigne de Winkler*, mais cette dernière est moins précoce. Obtenu par M. Tilgener, de Guben (Allemagne).

BELLE D'ORLÉANS. Fruit moyen, cordiforme-arrondi, ambre pâle et rose vif; à chair tendre, juteuse, bien sucrée; de première qualité; maturité première quinzaine de juin. Arbre très vigoureux, formant une tête élargie, à feuilles grandes, d'un vert clair. C'est la meilleure des Guignes très précoces, parmi lesquelles elle tranche par son coloris et sa jolie apparence; elle offre en outre l'avantage d'être rarement attaquée par les oiseaux, que sa couleur trompe. — Nous avons rejeté cette variété de la 1ʳᵉ série de mérite parce qu'elle est sensible à la gelée dans nos pays.

GUIGNE DE BORDAN. Fruit gros, jaunâtre et rouge; à chair molle; de première qualité; maturité première quinzaine de juin. Arbre très fertile, précoce au rapport. — Variété allemande, recommandable pour la culture de spéculation, trouvée par un nommé Bordan, à Guben.

BRANT. Fruit gros, presque noir; de première qualité; maturité première quinzaine de juin. Arbre vigoureux, rustique et fertile; d'origine américaine. — Les fruits de cette variété mûrissent successivement.

GUIGNE LUCIEN. Fruit gros, régulièrement cordiforme, blanc jaunâtre et rouge clair pointillé; à chair blanche, de première qualité; maturité mi-juin. Arbre très fertile. — Fruit de marché trouvé aux environs de Brême, par M. Nellner, intendant des terres de Alt-Lüneburg (Duché de Brême).

LOGAN. Fruit assez gros, cordiforme-obtus, noir; à chair assez ferme; de première qualité; maturité mi-juin. Arbre vigoureux et très fertile, obtenu par le professeur Kirtland, de Cleveland (Ohio).

GUIGNE DE NICE. Fruit très gros, allongé, rouge clair; maturité mi-juin. Peut-être la plus belle cerise précoce dans les années chaudes. — Cette variété, placée à tort parmi les guignes, est très sensible sous notre climat.

GUIGNE DE TARASCON. Fruit assez gros, cordiforme-allongé, pourpre noirâtre; à chair pourpre foncé, un peu ferme, juteuse, sucrée et d'une saveur rafraîchissante agréable; maturité mi-juin. Arbre moyen, de vigueur modérée, précoce au rapport. — Jolie cerise d'amateur.

GUIGNE BELLE DE SAINT-TRONC. Fruit moyen, arrondi, fortement déprimé; à courte queue; peu brun noirâtre; à chair rouge foncé, juteuse; de première qualité; maturité mi-juin. Arbre vigoureux, précoce au rapport et très fertile. — Variété mise au commerce en 1873, par M. Antoine, horticulteur, à Marseille.

GUIGNE DE SPITZ. Fruit assez gros, cordiforme-obtus, brun-noir; à chair presque fondante, juteuse; de toute première qualité; maturité mi-juin. Arbre fertile. — Variété très recommandable, obtenue par M. Spitz, de Guben (Allemagne).

BEDFORD PROLIFIC. Fruit gros, cordiforme, brun foncé; à chair tendre, rouge; maturité deuxième quinzaine de juin. Variété ressemblant à la *Guigne noire de Tartarie,* mais dont l'arbre est plus robuste. — Originaire d'Angleterre.

PONTIAC. Fruit gros, arrondi, rouge marbré; à chair rose, douce, bonne; maturité seconde quinzaine de juin. — Variété obtenue en 1842 par le professeur Kirtland, de Cleveland (Ohio).

GUIGNE GUINDOLE. Fruit assez gros, cordiforme-allongé, rouge vif et marbré carmin sur fond jaune; à chair tendre, molle, très sucrée; maturité seconde quinzaine de juin. Arbre vigoureux, très fertile, particulièrement propre au grand verger pour le marché.

SUCRÉE D'ESPAGNE. Fruit assez gros, cordiforme-obtus, jaune terne ponctué de rouge; à chair fondante, remarquablement sucrée; maturité seconde quinzaine de juin. Arbre vigoureux et sain. — La peau de cette cerise étant très mince, la rend sensible et au moindre choc elle se tache.

GUIGNE DE LUDWIG. Fruit gros, cordiforme, ambre pâle et rouge pâle marbré; à chair tendre, bien sucrée; de première qualité; maturité seconde quinzaine de juin. Arbre vigoureux, très fertile. — Obtention du pépiniériste anglais Rivers, qui ne figure plus à son catalogue, et qui nous paraît cependant méritante et bien distincte.

P. **GUIGNE COURTE-QUEUE D'OULLINS.** Fruit assez gros, ovoïde, à queue assez grosse et courte; peau rouge-brun brillant; à chair tendre, rouge, d'une saveur agréable; maturité deuxième quinzaine de juin. Arbre très vigoureux et très fertile.

RED JACKET. Fruit assez gros, cordiforme, jaune blanchâtre et rouge vif; à chair tendre, bien sucrée; de première qualité; maturité fin de juin. Arbre à branches horizontales, précoce au rapport et très fertile. — Distinguée parmi les variétés de Guignes introduites d'Amérique, et propre à la culture de spéculation.

GUIGNE TOUPIE. Fruit gros, de forme allongée-pointue toute particulière, brun-noir; à chair tendre, juteuse, douce et d'une saveur très agréable; maturité fin de juin. Arbre très peu fertile. — Variété à admettre dans les grandes collections pour la singularité de son fruit. Obtenue par M. Henrard, horticulteur-démonstrateur du cours d'agriculture de l'université de Liège (Belgique).

TRANSPARENTE DE SIEBENFREUD. Belle et bonne guigne, mûrissant fin juin. Variété hongroise, gain de M. Siebenfreud, pharmacien à Tyrnau, à qui la pomologie est redevable de plusieurs fruits d'un mérite réel. Nous la devons à l'obligeance de M. le baron E. Trauttenberg.

TURKISCHE GROSSE. Fruit gros, terminé en pointe, rose pointillé, carmin au soleil; à chair blanche, sucrée; de première qualité; maturité fin juin et commencement de juillet. Variété ressemblant un peu à *Elton.* Originaire d'Allemagne

GUIGNE MARIE BESNARD. Fruit gros, cordiforme-allongé, rouge sur fond blanc jaunâtre; à chair tendre, juteuse; de première qualité; maturité commencement de juillet. Arbre très fertile. — Belle et bonne guigne tardive, que nous avons reçue de M. Baudriller, horticulteur à Gennes (Maine-et-Loire).

DOWNTON. Fruit assez gros, cordiforme-arrondi, jaune et rouge pâle; à chair tendre, douce, très sucrée; de première qualité; maturité commencement de juillet. Arbre vigoureux, fertile et rustique, propre au haut-vent. — Obtenue par M. Knight, au château de Downton, d'un semis de *Waterloo* ou d'*Elton.*

GUIGNE JAUNE. Fruit petit ou moyen, cordiforme-allongé, jaune clair transparent; à chair demi-tendre; assez bon à parfaite maturité, commencement de juillet. — Ancienne variété, curieuse par la couleur de son fruit, qui est rarement attaqué par les oiseaux.

GUIGNE DE L'ESCALIER. Fruit gros, bosselé et aplati au sommet, brun-noir; à chair rouge, sucrée, douce, un peu cassante; de première qualité; maturité commencement de juillet. Arbre fertile. — Nous avons reçu cette variété de MM. Jacquemet-Bonnefont, pépiniéristes à Annonay.

GUIGNE TARDIVE DE DOWNER. Fruit moyen, cordiforme-arrondi, rouge sur fond jaunâtre; à chair jaunâtre, fine, bien juteuse, très sucrée et parfumée; de toute première qualité; maturité première quinzaine de juillet. Arbre moyen. — Cerise d'amateur, originaire d'Amérique.

GUIGNE OLIVE. Fruit gros, très allongé, pourpre foncé; à chair tendre; maturité première quinzaine de juillet. — Reçue d'Italie.

GUIGNE ROYALE. Fruit cordiforme, à sillon profond, rouge foncé; à chair ferme, sucrée; maturité fin juillet. Arbre assez vigoureux et fertile. — Reçue de MM. Jacquemet-Bonnefont, horticulteurs à Annonay.

Guignes recommandables pour kirsch.

MARSOTTE. Fruit moyen, à queue demi-longue, noir; à chair juteuse, très sucrée. Il faut, dit-on, 17 livres et demie de cerises *MARSOTTE* pour faire un litre de kirsch. Arbre vigoureux, rustique, très fertile.

ROUGE DES VOSGES. Fruit rouge. Variété de mêmes qualités que la précédente.
— Les deux variétés ci-dessus sont les meilleures pour kirsch; mais la plupart des Guignes et Merises peuvent servir à cet usage. On peut citer les suivantes comme étant très bonnes pour la confection du kirschwasser, et qui ont déjà été décrites précédemment: *Grosse guigne noire luisante, Grosse merise noire, Guigne de Lamaurie.*

MERISES

DANKELMANN'S KIRSCHE. Fruit petit, jaune et rouge, transparent; à chair molle, très sucrée; maturité seconde quinzaine de juin. Arbre vigoureux et fertile. — Recommandée aux amateurs de Cerises très douces.

SUCRÉE LÉON-LECLERC. Fruit petit ou moyen, cordiforme-ovoïde, rose carmin vif; à chair demi-tendre, blanche, très sucrée; maturité fin juin et commencement juillet. Petit arbre, très fertile. — Se recommande à l'amateur par sa qualité. Obtenue par M. Léon Leclerc, de Laval (Mayenne).

GROSSE MERISE NOIRE. Fruit gros, cordiforme, noir foncé brillant; à chair tendre et à jus abondant, fortement coloré; maturité commencement de juillet. Grand arbre, très fertile. — C'est avec ce fruit que, dans certaines contrées, on fait la *soupe de Cerise*; il est particulièrement propre à la confection du kirsch, et on peut s'en servir pour colorer les ratafias.

BIGARREAUX

BIGARREAU ROCKPORT. Fruit gros, cordiforme-obtus bosselé, ambre pâle et rose vif; à chair demi-ferme, adhérente au noyau qui est gros, bien sucrée et d'une saveur agréable; maturité mi-juin. Arbre vigoureux et fertile. — Beau et bon fruit, obtenu par le docteur Kirtland, à Cleveland (Ohio).

BIGARREAU DE SCHRECKEN. Fruit gros, cordiforme-obtus, brun-noir luisant; à chair demi-ferme; de première qualité; maturité mi-juin. Arbre vigoureux et très fertile. — Variété allemande, très recommandable.

SPECKKIRSCHE. Fruit moyen ou assez gros, rouge marbré; à chair blanche, peu juteuse, sucrée; maturité seconde quinzaine de juin. Arbre à rameaux droits, fertile. — Variété d'origine allemande.

CŒURET ROUGE DE ROBERTS. Fruit moyen, [cordiforme-tronqué, rouge-cramoisi pointillé; à chair demi-ferme, parfois tendre; de première qualité; maturité fin de juin. Arbre rustique et très fertile. — Variété américaine de grande culture, obtenue par le chevalier David Roberts, de Salem, Massachusetts (États-Unis).

BIGARREAU BLANC D'ESPAGNE. Fruit assez gros, cordiforme arrondi, beau rouge-cerise sur fond jaune clair; à chair ferme; de première qualité; maturité fin de juin. Arbre moyen, fertile.

BIGARREAU DE SCHLEIHAHN. Fruit gros, cordiforme-obtus, brun-noir luisant; à chair assez ferme; de première qualité; maturité fin de juin. Arbre vigoureux et très fertile. — Variété trouvée dans le jardin de M. Schleihahn, hôtelier, à Drachenhause près Potsdam (Allemagne).

MARIE DE KIRTLAND. Fruit gros, cordiforme-obtus, blanc rosé et rouge vif brillant; à chair croquante, sucrée, parfumée; de première qualité; maturité commencement de juillet. Arbre très vigoureux, à grand feuillage. — Variété américaine, obtenue par le docteur Kirtland, de Cleveland (Ohio).

BIGARREAU DE MUNSTER. Fruit gros, cordiforme-arrondi, jaune blanchâtre et rose pâle; à chair ferme, croquante, fine, juteuse; de première qualité; maturité première quinzaine de juillet. Arbre fertile. — Cette variété, que nous avons reçue du Hanovre, n'est pas dépourvue de mérites.

GÉANTE DE BADACSON. Fruit très gros, rouge ; à chair sucrée, assez bonne ; maturité première quinzaine de juillet. — L'une des plus grosses Cerises connues. Nous l'avons reçue d'Allemagne en 1872.

BIGARREAU DE L'ONCE. Fruit très gros, cordiforme-allongé, rouge sur fond jaunâtre ; à chair ferme, croquante, jaunâtre ; maturité première quinzaine de juillet. Arbre très fertile. — Peut-être la plus grosse de toutes les Cerises ; originaire des environs de Nice, d'où elle nous a été communiquée par M. le marquis de Châteauneuf.

BIGARREAU NOIR DE KRUGER. Fruit gros ou très gros, brun-noir ; à chair demi-ferme, bien douce, quoique relevée ; maturité première quinzaine de juillet. Arbre vigoureux, précoce au rapport. — Variété d'origine allemande, recommandable pour la beauté et la qualité de son fruit et la fertilité de son arbre ; elle a une grande ressemblance avec le *Bigarreau noir de Winkler.*

BIGARREAU JAUNE DE GROTH. Fruit assez gros, cordiforme-tronqué, jaune brillant transparent ; à chair consistante, très sucrée, d'une saveur agréable ; de bonne qualité ; maturité première quinzaine de juillet. Arbre vigoureux et fertile. — Variété obtenue à Guben (Allemagne).

BIGARREAU POURPRÉ. Fruit gros, cordiforme-arrondi, rouge-brun foncé ; à chair assez ferme ; de première qualité ; maturité première quinzaine de juillet. Arbre vigoureux et fertile.

BIGARREAU NOIR D'ESPAGNE. Fruit gros, brun-noir ; à chair noire, demi-ferme ; de première qualité ; maturité première quinzaine de juillet. Arbre vigoureux et fertile.

BIGARREAU JAUNE DE DROGAN. Fruit gros ou très gros, cordiforme-obtus, jaune clair ; à chair assez ferme ; maturité mi-juillet. Arbre rustique, précoce au rapport. — A cultiver pour le marché, où son joli coloris le fera rechercher. Obtenu à Guben, par M. Drogan.

BIGARREAU NOIR DE KNIGHT. Fruit gros, cordiforme-obtus, brun foncé ; à chair ferme ; maturité mi-juillet. — Beau fruit, de qualité inférieure. Reçue d'Angleterre.

BIGARREAU NOIR A CHAIR TRÈS FERME. Fruit gros, brun-noir ; à chair très ferme, très sucrée ; de première qualité à parfaite maturité, mi-juillet. Arbre vigoureux et très fertile.

WILHELMINE KLEINDIENST. Fruit gros, rouge-brun brillant ; à chair assez ferme, d'une saveur douce agréable ; maturité mi-juillet. Arbre vigoureux et fertile. — Variété allemande très recommandable.

BIGARREAU NOIR DE HEINTZEN. Beau et bon Bigarreau noir, que nous avons reçu du célèbre pomologiste allemand Oberdieck. Maturité mi-juillet. Arbre très fertile.

BIGARREAU NOIR DE TILGNER. Fruit très gros, cordiforme, noir luisant ; à chair peu ferme ; de première qualité ; maturité mi-juillet. Arbre vigoureux, précoce au rapport. — D'origine allemande ; très recommandable.

BELLE DE KIS-ŒRS. Fruit moyen, allongé, rouge marbré ; à chair blanche, sucrée ; maturité mi-juillet. Arbre de bonne vigueur. — Variété hongroise que nous devons à l'obligeance de M. le baron Emmanuel Trauttenberg, de Prague.

BIGARREAU DE NAPLES. Fruit gros ou très gros, rouge-brun passant au noir ; à chair assez ferme ; de première qualité ; maturité mi-juillet. Arbre vigoureux, précoce au rapport, fertile.

BIGARREAU DE CAYENNE. Fruit gros, cordiforme-allongé ; rouge pâle marbré ; à chair ferme, croquante ; maturité seconde quinzaine de juillet.

RIVAL. Fruit moyen, de forme ovale bosselée, brun-noir ; à chair ferme, sucrée, agréable ; maturité très tardive. — Très appréciée dans certains endroits, cette Cerise a, dans d'autres, le défaut d'être souvent attaquée par les vers.

BIGARREAU TARDIF DE LIEKE. Fruit assez gros, cordiforme-arrondi, strié et ponctué de rouge sur fond jaune ; à chair demi-ferme ; maturité seconde quinzaine de juillet. Arbre très vigoureux et très fertile. — L'un des meilleurs Bigarreaux tardifs, obtenu par M. Lieke, pépiniériste à Hildesheim (Hanovre).

BIGARREAU TARDIF DE MEININGEN. Fruit assez gros, cordiforme, jaune mat et cramoisi foncé ; à chair très ferme ; de première qualité ; maturité fin juillet et courant d'août. Arbre vigoureux et fertile, à floraison tardive. — Variété allemande, propre à la culture de spéculation, et qui remplacera peut-être avantageusement la variété *Belle Agathe* pour la culture en espalier au nord.

BIGARREAU TARDIF DE HILDESHEIM. Fruit moyen, cordiforme, rose foncé ou rouge ; à chair très ferme, blanche, douce, croquante ; maturité deuxième quinzaine d'août. Le fruit est plus gros que celui de la variété *Belle Agathe.*

BELLE AGATHE. Fruit petit, de forme ovale arrondie, rouge clair marbré ; à chair ferme ; maturité très tardive. — Placé en espalier au nord, l'arbre y conserve ses fruits jusque la fin de septembre, et alors ils plaisent : c'est là le seul mérite de cette variété. Obtenue par le capitaine Thierry, de Hælen (Limbourg belge).

ANGLAISES

REINE-HORTENSE HATIVE. Obtenue d'un noyau de la *Reine-Hortense*, et mise au commerce en 1873 par l'auteur des *Meilleurs fruits*, cette variété a conservé tous les signes extérieurs de son ascendant ; l'arbre a le feuillage large et étoffé, le bois mince et tombant ; le fruit est très gros, oblong aplati sur une face ; mais celui-ci se distingue par sa chair rouge et par sa maturité plus hâtive de quinze jours à trois semaines ; il a d'ailleurs toutes les qualités de celui de la *Reine-Hortense*, et l'arbre s'annonce infiniment plus fertile que celui de cette dernière. — Cette variété étant encore trop nouvelle pour pouvoir être bien jugée, nous la laissons, provisoirement, dans la 2e série de mérite.

DUCHESSE DE PALLUAU. Fruit assez gros, sphérique, pourpre foncé nuancé et brillant ; à chair tendre, transparente, juteuse, d'une saveur rafraîchissante ; de toute première qualité ; maturité courant de juin. Arbre moyen, propre à toutes formes, mais surtout à la pyramide et à l'espalier. — Variété de premier ordre, obtenue par le docteur Bretonneau, de Tours.

CERISE POMME D'AMOUR. Fruit gros, de forme sphérique déprimée irrégulière, rouge pâle ; à chair jaunâtre, sucrée, acidulée ; maturité première quinzaine de juillet. — Originaire d'Espagne ; intéressante par la forme de son fruit, qui a quelque ressemblance avec celui de la Tomate.

ABBESSE D'OIGNIES. Fruit assez gros, de forme sphérique, rose carminé ; à chair jaunâtre, juteuse, douce acidulée ; maturité mi-juillet.

TRANSPARENTE DE BETTENBOURG. Fruit gros, cordiforme-obtus, pourpre foncé ; à chair fine, juteuse, bien sucrée et d'une saveur agréable ; de toute première qualité ; maturité mi-juillet. Arbre rustique et d'une bonne fertilité, propre surtout aux formes basses. — Variété très recommandable, obtenue, vers la fin du siècle dernier, par M. Truchsess, à Bettenbourg (Luxembourg).

GALOPIN. Fruit gros, rouge pâle ; de toute première qualité ; maturité juillet. — Variété distincte et méritante, probablement obtenue par l'honorable pépiniériste belge dont elle porte le nom.

CARNATION. Fruit gros, d'un beau rouge vif ; à chair bien sucrée, très peu acidulée ; de toute première qualité ; maturité juillet. Arbre peu vigoureux, de fertilité moyenne.

ROYALE TARDIVE. Fruit gros, cordiforme-obtus, pourpre noirâtre ; à chair tendre, juteuse, sucrée acidulée ; de première qualité ; maturité juillet. Arbre vigoureux et fertile, à très beau port.

AMARELLES

GOBET HATIF. Fruit moyen, sphérique, à peau très mince, rouge vif ; finement acidulé ; maturité fin de juin. Arbre moyen, peu fertile. — Cerise d'amateur, recommandable par sa qualité.

MONTMORENCY DE BOURGUEIL. Fruit gros, de forme sphérique déprimée, pourpre foncé à la maturité ; à chair relativement douce ; de toute première qualité ; maturité fin de juin. Arbre vigoureux. — Très estimée par certains auteurs, cette variété nous paraît laisser un peu à désirer sous le rapport de la fertilité ; c'est, toutefois, l'une des meilleures Cerises aigres.

AMARELLE A BOUQUET. Fruits petits, de forme sphérique, souvent réunis par deux ou trois sur la même queue, rouge pâle ; à chair fine, acidulée ; de première qualité ; maturité première quinzaine de juillet. Petit arbre, très fertile.

MONTMORENCY BRETONNEAU. Sous-variété de *Montmorency*, à fruit plus gros et plus tardif.

MADELEINE. Fruit moyen, sphérique déprimé, rouge clair passant au rouge-brun ; à chair aqueuse, toujours acide ; maturité seconde quinzaine de juillet. Arbre très fertile. — Variété tardive, propre à la culture de spéculation.

GRIOTTES

GRIOTTE DOUCE PRÉCOCE. Fruit petit, presque sphérique, brun foncé ; à chair très tendre, finement acidulée ; maturité seconde quinzaine de juin. Arbre très fertile et rustique.

GRIOTTE PRÉCOCE D'ESPAGNE. Fruit moyen, de forme sphérique un peu allongée, pourpre brun ; à chair tendre, délicate ; de première qualité ; maturité fin de juin. Arbre très rustique, de bonne fertilité, propre au haut-vent.

GROSSE GRIOTTE A VIN. Fruit assez gros, sphérique-déprimé, rouge noirâtre ; à chair tendre, très juteuse ; maturité fin de juin. Arbre vigoureux et fertile. — Estimée dans le Hanovre pour conserves, et employée par les marchands de vin pour colorer les vins rouges.

TRANSPARENTE D'ESPAGNE. Fruit assez gros, sphérico-cylindrique, pourpre vif ; à chair aqueuse, vineuse ; maturité fin de juin. Arbre de fertilité moyenne.

GRIOTTE DE FRAUENDORF. Fruit moyen, presque sphérique, rouge-brun ; à chair très tendre, très juteuse, acide ; maturité première quinzaine de juillet. Arbre extraordinairement fertile. — Obtenue à Frauendorf (Bavière).

GRIOTTE D'OSTHEIM. Fruit moyen, sphérique, pourpre noir; à chair tendre, bien juteuse; de première qualité à parfaite maturité, courant de juillet. Petit arbre, extraordinairement fertile. — Estimée en Allemagne, où on la propage de drageons, pour la cultiver en buisson.

GRIOTTE DE KLEPAROW. Fruit petit ou moyen, noir; à chair rouge foncé, acidulée sucrée; maturité courant de juillet. Arbre sain, vigoureux et fertile. — Variété originaire de la province de Posen, où elle est très estimée.

GRIOTTE DE BETTENBOURG. Fruit gros, rouge-brun; à chair assez consistante, d'un acidulé agréable lorsqu'il est bien mûr, vers la mi-juillet. Arbre peu fertile. — Obtenue par M. Truchsess, d'un noyau de « Gros Gobet ».

PLUMSTONE. Fruit gros, de forme ovale, rouge vif; à chair tendre, d'une saveur agréable à parfaite maturité, mi-juillet. — Distincte et méritante variété, d'origine américaine.

GRIOTTE ACHER. Fruit gros, cordiforme-raccourci, pourpre noir; à chair très rouge, très acide; maturité seconde quinzaine de juillet. Arbre excessivement fertile.

GRIOTTE DE JÉRUSALEM. Fruit assez gros, brun noirâtre luisant; à chair tendre, juteuse; maturité seconde quinzaine de juillet. Arbre vigoureux, pyramidal dans sa jeunesse, peu fertile.

GRIOTTE TARDIVE DE BUTTNER. Fruit moyen, cordiforme-ovoïde, pourpre brun; à chair ferme, très acide; ne pouvant être consommé que lorsqu'il est quelque peu desséché. Arbre à branches déliées et pendantes. — La plus tardive de toutes les Cerises. Obtenue par M. Buttner, de Halle (Prusse).

Variétés à l'étude.

1° CERISES DOUCES

(GUIGNES ET BIGARREAUX)

American Amber (*The Fr. and Fr.-Tr. of Am.*, p. 451). Fruit moyen, cordiforme-arrondi, ambre pâle et rouge brillant; à chair tendre, juteuse; maturité fin de juin. Arbre vigoureux et fertile. — Variété de GUIGNE introduite directement d'Amérique par l'Établissement.

American Heart (*The Fr. and Fr.-Tr. of Am.*, p. 451). Fruit assez gros, cordiforme, ambre et rouge vif; à chair demi-tendre; maturité commencement de juin. — Variété de GUIGNE américaine, introduite directement par l'Établissement en 1874.

Bigarreau à trochets (*Rev. hort.*, 1869, p. 357). Variété extrêmement productive, répandue dans le Châlonnais et le Charollais. Gros fruit rouge, à chair cassante, mûrissant dans la seconde quinzaine de juin.

Bigarreau de Kronberg (Wildling von Kronberg) (*Ill. Handb. der Obstk.*, t. VI, n° 124, p. 29). Fruit moyen, noir brillant; à chair ferme; de première qualité; maturité commencement de juin. Arbre très fertile.

Bigarreau d'Italie (*Les meill. fr.*, t. II, n° 21, p. 102). Reçu directement de M. de Mortillet.

Bigarreau doré. Fruit jaune, rond.

Bigarreau Grand. Fruit gros, cordiforme-arrondi, cramoisi foncé; à chair teintée de rose, surtout vers le noyau; de première qualité; maturité première quinzaine de juin. Arbre fertile, de vigueur moyenne. — Cette variété ne nous semble pas différer beaucoup du *Bigarreau Jaboulay*; elle a été introduite en 1849, dans le Lyonnais, par M. Grand, propriétaire à Menton (Alpes-Maritimes).

Bigarreau monstrueux de Baltava. Reçu avec recommandation de M. le baron Trauttenberg.

Bigarreau noir d'Écully. Obtenu de semis par M. Luizet, qui le dit méritant, tardif.

Bigarreau noir tardif. (*Les meill. fr.*, t. II, n° 25, p. 112). Reçu directement de M. de Mortillet.

Bigarreau tardif de Ladé. Reçu de M. Ladé, amateur allemand. Beau et bon Bigarreau noir, mûrissant mi-octobre.

Blasse Johanni Kirsche. Reçue, avec recommandation, de M. le baron Emmanuel Trauttenberg, de Prague.

Champagne (*The Fr. and Fr.-Tr. of Am.*, p. 458). Fruit moyen, cordiforme-arrondi, rouge-brique vif; à chair d'une saveur particulière très riche; de toute première qualité; maturité fin de juin. Arbre fertile. — Variété de GUIGNE, introduite directement d'Amérique par l'Établissement en 1874.

Early Black Bigarreau. Fruit gros, noir; de première qualité; maturité juin. Très recommandé.

Frogmore Late Bigarreau. Fruit très tardif et gros.

Frühe Bernsteinkirsche (*Ill. Handb. der Obstk.*, t. VI, n° 136, p. 53). Fruit gros, de forme particulière, ponctué de rouge sur fond jaune de cire; à chair ferme; de première qualité; maturité fin de juin. — Variété allemande, très recommandée.

Guigne noire ancienne (*Les meill. fr.*, t. II, n° 7, p. 66). Reçue directement de M. de Mortillet.

Mückelberger Grosse. Reçue, avec recommandation spéciale, du célèbre pomologiste allemand Oberdieck. Originaire de Guben.

Podiebrad. Remarquable variété hongroise, que nous devons à l'obligeance de M. le baron Trauttenberg, qui l'a reçue de M. Glocker, jardinier du prince Bathiany, lequel la devait à M. Braul, jardinier en chef du parc royal de Bubentsch-lez-Prague.

Rothe Molkenkirsche (*Ill. Handb. der Obstk.*, t. III, n° 79, p. 483). Fruit moyen, sphérique-déprimé, rouge brillant; à chair très tendre, de première qualité à parfaite maturité, mi-juin. Arbre très fertile.

Tecumseh (*The Fr. and Fr.-Tr. of Am.*, p. 474). Fruit assez gros, cordiforme-obtus, pourpre rougeâtre; à chair demi-tendre, d'une vive saveur vineuse; de toute première qualité; maturité fin juillet. Arbre de vigueur modérée, fertile. — Gain du professeur Kirtland, introduit directement d'Amérique par l'Établissement en 1874.

Uhlhorns Trauerkirsche. Cerisier pleureur reçu d'Allemagne, où on le dit remarquable par ses branches franchement retombantes jusqu'au sol, et son fruit gros et très bon.

Wilkinson. Variété de Guigne, très estimée en Amérique, d'où l'Établissement l'a introduite en 1872. Fruit moyen, noir; à chair tendre, juteuse et riche; maturité tardive. Arbre vigoureux, droit, fertile.

2° CERISES ACIDULÉES

(ANGLAISES, AMARELLES ET GRIOTTES)

Amarelle royale (*Les meill. fr.*, t. II, n° 53, p. 191). Fruit moyen, rouge clair; maturité mi-juin. Reçue directement de M. de Mortillet.

Amarelle tardive (*Ill. Handb. der Obstk.*, t. III, n° 108, p. 541). Fruit moyen, rouge vif; à chair blanche; maturité seconde quinzaine de juin. Reçue directement de M. Oberdieck.

Amarelle très fertile (*Les meill. fr.*, t. II, n° 56, p. 201). Fruit petit, rouge clair; maturité seconde quinzaine de juin. Reçue directement de M. de Mortillet.

Belle de Montreuil. Fruit très gros, rond, rouge marbré; à chair ferme, rouge foncé, sucrée, parfumée; maturité courant de juillet. Se rapproche de la *Reine-Hortense,* mais est plus fertile.

Belle de Sauvigny. Variété très répandue dans les environs d'Épernay. Fruit gros, rond, rouge, de bonne qualité. Sa maturité, qui vient aussitôt après l'*Anglaise hâtive,* fait qu'elle est très recherchée pour les marchés de Paris.

Cerise de Kent. Reçue directement de son lieu d'origine, cette variété ne nous paraît pas suffisamment distincte de notre *Montmorency.*

Cerise d'Olivet. Variété précoce à gros fruit rond, rouge foncé; chair rouge, à jus rosé, sucré, très finement acidulé, d'excellente qualité; maturité commencement de juin, se prolongeant jusqu'en juillet, sans perdre de sa qualité. Cette variété a la fertilité des meilleures cerises anglaises, et elle est certainement la plus grosse de cette série. — Trouvée à Olivet, près Orléans (Loiret).

Frogmore Morello. Sous-variété anglaise, dite perfectionnée, de la *Griotte du Nord.*

Griotte de Léopold (*Ill. Handb. der Obstk.*, t. VI, n° 199, p. 383). Fruit assez gros, noirâtre luisant; à chair colorée; maturité première quinzaine de juillet. Reçue directement de M. Oberdieck.

Griotte Louis-Philippe. (*Ill. Handb. der Obstk.*, t. VI, n° 196, p. 377). Fruit assez gros, brun foncé, à chair rouge, rafraîchissante; maturité fin juin.

Grosse Morelle (*Ill. Handb. der Obstk.*, t. III, n° 95, p. 515). Fruit assez gros, presque sphérique, brun-noir; à chair tendre, juteuse; maturité fin de juin. Arbre très vigoureux et fertile. — Variété de Griotte.

Henneberger Grafenkirsche (*Ill. Handb. der Obstk.*, t. III, n° 93, p. 511). Fruit assez gros, brun-noir, d'une saveur agréable; maturité fin de juin. — Variété allemande de Griotte.

Morelle von Wilhelmshöhe. Très bon fruit de table de la septième semaine de l'époque des cerises.

Neue Englische Weichsel (*Ill. Handb. der Obstk.*, t. VI, n° 151, p. 83). Fruit assez gros, noirâtre luisant; à chair rouge foncé, tendre; maturité fin juin. Reçue directement de M. Oberdieck.

Straussweichsel (*Ill. Handb. der Obstk.*, t. VI, n° 150, p. 81). Fruit assez gros, brun noirâtre; à chair tendre, très juteuse; de première qualité; maturité mi-juin.

Tardive d'Avignon (*Les meill. fr.*, t. II, n° 39, p. 153). Fruit gros, de forme arrondie mucronée, écarlate foncé brillant; à chair tendre, juteuse; maturité mi-juillet. Arbre très vigoureux.

Transparente de Meylan. Obtenue et mise au commerce en 1873, par M. de Mortillet, cette variété, qu'il dit très recommandable, appartient à sa race des grands cerisiers acides et à son groupe des cerises transparentes. Elle se rapproche de son *Anglaise hâtive* et de son *Impératrice Eugénie*, mais elle est plus précoce que la première et plus grosse que la seconde. Fruit gros, arrondi, transparent ; à chair délicate, sucrée, relevée d'un principe acide très fin ; maturité très hâtive, fin mai.

Wohltragende holländische Kirsche (*Ill. Handb. der Obstk.*, t. VI, n° 201, p. 387). Fruit assez gros, sphérique-aplati, brun-noir ; maturité fin juillet. — Variété de Griotte.

Variétés nouvelles.

Bigarreau grosse Gomballoise. Très beau et excellent fruit à peau noire ou sombre ; jus coloré.

Délices d'Erfurt. Variété tardive très recommandable, dont les fruits commencent à mûrir dans le courant de septembre, moment où les autres variétés ont déjà disparu du marché. Le fruit est d'un coloris rouge sombre, de bonne grosseur et de bonne qualité, légèrement acidulé.

Hâtive de Prin. Le fruit de cette variété est de la forme de la cerise *Montmorency* ; peau fine, d'une belle couleur rouge-cerise foncé, uniforme ; à chair rose foncé, bien transparente et pointillée ; à saveur franche, acidulée et sucrée à la fois ; eau abondante et relevée. Beau et bon fruit qui jusqu'ici n'a pas encore été décrit.

Montmorency pleureur. Bel arbre à branches franchement retombantes. Fruit analogue à celui de la variété *Montmorency*. Planté isolément sur une pelouse, cet arbre est très beau et produit un bel effet.

Variétés douteuses ou peu méritantes.

Albertine Millet.	Griotte commune.	Holme's late Duke.
Baseler Herzkirsche.	Griotte du Nord améliorée.	Précoce de Marest.
Bigarreau Early Rivers.	Griotte noire.	Romaine.
Bigarreau hâtif de Champagne.	Gros Bigarreau blanc.	Sauerjotte.
Dunkelrothe Knorpelkirsche.	Guigne hâtive d'Elsdorf.	Waterloo.

Variétés reconnues analogues à d'autres.

Admirable de Soissons,
Alfred Wesmael, } analogues à **Montmorency.**
Ambrée de Guben, analogue à **Bigarreau d'Esperen.**
Anglaise hâtive, analogue à **Duchesse de Palluau.**
Belle allemande, analogue à **Transparente de Bettenbourg.**
Belle de Bruxelles, analogue à **Belle d'Orléans.**
Belle de Caux, analogue à **Duchesse de Palluau.**
Belle de Marienhöhe, analogue à **Grosse merise noire.**
Belle de Ribeaucourt, analogue à **Archduke.**
Belle de Voisery, analogue à **Duchesse de Palluau.**
Bigarreau blanc de Groll,
Bigarreau blanc rosé de Piémont, } analogues à **Bigarreau d'Esperen.**
Bigarreau de Champvans,
Bigarreau Graffion,
Bigarreau rouge de Buttner, analogue à **Bigarreau de Mezel.**
Bocage, analogue à **Carnation.**
Constance Maisin, analogue à **Montmorency.**
De l'Ardèche, analogue à **Duchesse de Palluau.**
Délicate, analogue à **Bigarreau d'Esperen.**
De Vaux, analogue à **Duchesse de Palluau.**
Duchesse d'Angoulême, analogue à **Carnation.**
Early Red Bigarreau,
Early Red Guigne, } analogues à **Elton.**

Early Strassen, analogue à **Belle d'Orléans**.
Épiscopale, analogue à **Montmorency**.
Eugène Furst, analogue à **May Duke**.
Flamentine, analogue à **Guigne Guindole**.
Frogmore Early Bigarreau, analogue à **Transparente de Coë**.
Gottorper Kirsche, analogue à **Bigarreau d'Esperen**.
Gros Bigarreau noir, analogue à **Bigarreau Reverchon**.
Grosse cerise transparente, analogue à **Carnation**.
Grosse de Verrières, analogue à **Montmorency**.
Grosse merise blanche, analogue à **Guigne jaune**.
Grosse Nonnenkirsche, analogue à **Griotte douce précoce**.
Guigne de fer, analogue à **Belle Agathe**.
Guigne de Provence, analogue à **Transparente de Coë**.
Guigne précoce de Tarascon, analogue à **Guigne d'Annonay**.
Guigne reinette noire, analogue à **Bigarreau de Mezel**.
Howey, analogue à **Bigarreau d'Esperen**.
Late Black Bigarreau, analogue à **Bigarreau noir de Guben**.
Late Duke, analogue à **Belle de Chatenay**.
Madame Grégoire, analogue à **Reine-Hortense**.
Monstrueuse, analogue à **Montmorency**.
Noire hâtive de Knight, analogue à **Guigne noire de Tartarie**.
Précoce Lemercier,
Rothe Muskateller, } analogues à **Duchesse de Palluau**.
St. Margaret's, analogue à **Géante d'Hedelfingen**.
Sood Amarelle, analogue à **Montmorency**.
White Bigarreau, analogue à **Bigarreau de Munster**.

Chalef

À fruit comestible (Goumi du Japon). Joli arbuste ou arbrisseau, produisant des fruits rouges de la grosseur d'une cornouille. Ces fruits ont une saveur aigrelette très agréable quand ils sont arrivés à complète maturité. Un amateur de nos contrées en fait une eau-de-vie très fine ; on peut aussi en faire des confitures.

Châtaignes

C'est à tort que beaucoup de personnes considèrent la culture de ce fruit comme trop peu avantageuse pour notre climat. Nous avons les preuves du contraire, et le Châtaignier commun ne croît-il pas, au reste, à l'état sauvage, dans les bois montagneux de la rive gauche de la Moselle, en terrain calcaire, incliné à l'est ? Il s'accommode d'ailleurs de presque tous les sols qui ne sont pas trop humides.

COMMUNE. Fruit petit, bon. Arbre ornemental de premier ordre.
*MARRON DE LYON. La plus estimée et la plus convenable pour nos contrées. Fruit gros, très bon. Arbre à grand et beau feuillage.

Variétés nouvelles.

Du Japon. Arbre de proportion moyenne, à feuilles brillantes, irrégulièrement dentées, très distinct par son aspect ; bien plus rustique que le Châtaignier d'Europe (a supporté 25° en dessous de zéro). — Cette variété est de fertilité excessive.
Numbo. Variété très rustique et très productive, fructifiant de bonne heure. Fruit gros et bon, mûrissant en septembre.
Paragon. Variété très productive, à fruit très gros et d'excellente qualité.

Coings

Quoique originaire des contrées méridionales de l'Europe, le Coignassier est assez rustique pour être cultivé avec succès sous notre climat. Il préfère les sols de consistance moyenne, substantiels et un peu frais. On le cultive à haute tige dans le verger, et en buisson dans le jardin fruitier.

*CHAMPION. Originaire du Connecticut. Fruit plus gros que celui du *Portugal,* très beau, brillant, de bonne qualité et se conservant longtemps. Arbre productif.
D'ALGER. Fruit assez gros, presque piriforme.
*DE BOURGEAUT. Variété intermédiaire entre le *C. commun* et le *C. de Portugal,* originaire de l'Asie Mineure. Fruit très beau et très gros, piriforme. Arbre très vigoureux.
*DE CONSTANTINOPLE. Fruit gros, piriforme. Arbre très fertile.
DE LA CHINE. Variété distincte, à fruit très gros, mais dont l'arbre craint les hivers rigoureux et ne fructifie, sous notre climat, qu'en espalier.
DE PERSE. Variété reçue du Caucase, recommandée comme excellente.
*DE PORTUGAL. Le plus généralement estimé. Fruit gros, piriforme. Arbre fertile.
GROS D'ANGERS. Fruit moyen, beau. Arbre fertile.
*MAMMOUTH. Variété obtenue en Amérique, par M. Joseph Rea, Coxsackie, Greene Co. (État de New-York). C'est un superbe fruit, un tiers plus gros que le *Coing-Orange,* de mêmes forme et couleur, et de qualité supérieure.
MEECH PROLIFIC.
MUSQUÉ.
ORANGE. Très estimé en Amérique, où on le nomme aussi *Coing-Pomme.* Fruit d'une couleur orange brillant.
*POIRE. Fruit moyen, piriforme.

Cornouilles

Le Cornouiller mâle (CORNUS *Mas Lin.*) est un petit arbre indigène, très rustique, dont le fruit plaît à beaucoup de personnes lorsque l'extrême maturité a amolli sa pulpe et diminué son astringence.

On peut l'élever à haute tige ou le livrer à lui-même sur le bord des grands massifs, où il contribuera en même temps à l'ornementation.

Indépendamment du type sauvage à fruit rouge, on en connaît plusieurs variétés, dont voici les principales :

CORNOUILLE COMMUNE. Fruit moyen, rouge.
CORNOUILLE DOMESTIQUE. Très gros fruit, côtelé.
CORNOUILLE JAUNE. Fruit moyen, jaune.
CORNOUILLE VIOLETTE. Fruit moyen, violacé.

Figues

Dans nos contrées, la place la plus favorable au Figuier est un angle de mur, à l'exposition la plus chaude.

En hiver il doit être garanti contre les grands froids, soit en l'enfouissant complètement sous terre, soit en le recouvrant d'une bonne couche de paille après en avoir réuni les branches.

BLANCHE D'ARGENTEUIL. Fruit petit, jaune verdâtre ; à chair rose saumoné, adhérente à la peau, très sucrée. Bonne à sécher.
GRAVÉ. Fruit gros, allongé, marron ; à chair sucrée, bonne.

D'ADAM.

C. P. **DAUPHINE.** Fruit violet foncé, de première qualité.

C. P. **D'OR.** Fruit très gros, presque aussi large que haut, marron-vineux du côté de la fleur, devenant jaunâtre près de la queue ; chair bonne, douce, savoureuse.

DU CHATEAU DE KENNEDY. Obtenue en Écosse. Fruit très gros, brun pâle verdâtre ; à chair très fondante, d'une excellente saveur ; mûrissant quinze jours avant la F. *Blanche d'Argenteuil.*

HIRTA. Espèce japonaise introduite par M. de Siebold, qui la dit beaucoup plus rustique que les variétés du *Ficus carica* ou Figuier d'Europe ; cette espèce, très recherchée au Japon pour ses fruits, qui sont d'un goût très agréable, se distinguerait en outre par la propriété qu'aurait l'arbrisseau de fructifier en très jeunes sujets.

POTENZIANI. Fruit moyen, blanc verdâtre ; à chair très sucrée et très bonne.

VIOLETTE DE LA FRETTE. Fruit gros, bien allongé, violet-rougeâtre foncé. Variété rustique et très fertile. La meilleure pour notre climat.

Variété nouvelle.

De Dalmatie. Fruit gros, de première qualité. Variété fertile.

Framboises

Le Framboisier ne craint que les sols trop brûlants, mais il préfère les terrains frais et substantiels. Il aime l'air, mais se plaît surtout à l'exposition du nord, derrière les murs ou les palissades. Il demande à être souvent replanté et changé de place.

Si on le cultive en touffes, plantées à 1 mètre de distance en tous sens, il faut avoir soin de ne laisser à chacune que cinq ou six brins. Il y a avantage à palisser les rameaux à un treillage en fil de fer.

Les variétés de Framboises peuvent être divisées en deux catégories, caractérisées par leur mode de fructification : *estivale*, c'est-à-dire ne produisant qu'une seule fois, sur les rameaux de l'année précédente ; ou *automnale*, c'est-à-dire à l'extrémité des jets de l'année. Ces dernières fructifient également sur les rameaux de l'année, mais il est préférable de s'en tenir à la fructification automnale : on les nomme *bifères*.

L'Établissement a eu l'avantage de faire subir à ce genre de fruits une véritable transformation par le bon nombre de variétés d'un mérite réel qu'il a successivement obtenues et livrées au commerce.

VARIÉTÉS NON BIFÈRES

FRUITS ROUGES

CLARKE. Fruit gros, de forme conique régulière, cramoisi brillant ; de toute première qualité ; maturité tardive. — Variété américaine, obtenue par M. Clarke, de New Haven (Connecticut).

C. P. **FALSTOFF.** Fruit gros. Plante peu vigoureuse, parfois bifère. Variété d'origine anglaise.

FERTILE DE CARTER. Fruit assez gros, rond, tardif.

*****FILLBASKET.** Fruit gros, sphérique, rouge foncé ; de première qualité ; maturité tardive.

C. P. *****HORNET.** Fruit très gros, ovoïde ; de toute première qualité ; maturité tardive. — La plus belle et l'une des meilleures Framboises.

PRINCESSE ALICE. Fruit très gros, un peu allongé, rouge ; de première qualité ; maturité tardive. Variété très fertile.

ROUGE DE HOLLANDE. Fruit gros, ovoïde ; de première qualité.

ROYALE DE HERRENHAUSEN. Fruit gros, de forme très allongée, rouge foncé, de belle apparence; à chair ferme, d'un goût particulier. — Variété allemande très recommandable.

*SUPERBE D'ANGLETERRE. Fruit très gros. Variété très fertile.

FRUITS JAUNES

COLONEL WILDER. Fruit gros, arrondi, blanc jaunâtre ou couleur crème transparente, d'une saveur agréable. — Variété américaine, obtenue par le docteur Brinckle, de Philadelphie.

JAUNE DE HOLLANDE. Fruit gros, jaune orangé; de première qualité.

ORANGE DE BRINCKLE. Fruit assez gros, d'une couleur orange très vif, tranchant agréablement avec les autres Framboises; de toute première qualité.

SEMIS DE SIEDHOFF. Obtenue par le pomologiste américain Dr Siedhoff, et mise au commerce en 1874 par MM. Schiebler et fils, de Celle (Hanovre). Gros et beau fruit de couleur ambrée, très aromatisé. Plante très vigoureuse et fertile.

VARIÉTÉS BIFÈRES

FRUITS ROUGES

BELLE DE FONTENAY. Fruit gros. Plante naine, ne fructifiant bien qu'à l'automne.

FERTILE DE GLŒDE. Fruit moyen, allongé.

MERVEILLE ROUGE. Fruit moyen, de première qualité; maturité hâtive à la fructification estivale. Plante d'une fertilité abondante et pouvant donner des fruits durant presque toute la belle saison, jusqu'aux gelées. — Obtenue et mise au commerce par l'Établissement en 1849.

*PERPÉTUELLE DE BILLIARD. Fruit très gros, rond; de première qualité. Variété très productive.

*SURPASSE FALSTOFF. Fruit gros, presque sphérique; de toute première qualité. Plante fertile, à pousses d'un rouge vif. — De toutes les variétés de Framboises la plus avantageuse pour les personnes qui voudraient l'utiliser à une double fructification. Elle a été mise au commerce par l'Établissement.

FRUITS JAUNES

LARGE ORANGE. Fruit très gros, bon.

MERVEILLE BLANCHE. Fruit moyen, de première qualité; maturité hâtive à la fructification estivale. Plante d'une fertilité abondante et pouvant donner des fruits durant presque toute la belle saison, jusqu'aux gelées. — Obtenue et mise au commerce par l'Établissement en 1854.

*SUCRÉE DE METZ. Fruit gros, allongé, jaune-blanchâtre mat; à chair délicate, bien fondante, remarquablement sucrée et d'une saveur fine; de toute première qualité. — Obtenue et mise au commerce par l'Établissement en 1866.

*SURPASSE MERVEILLE. Fruit gros, presque sphérique, jaune pâle; de première qualité. Plante très fertile. — Supérieure à la *Merveille blanche*; obtenue et mise au commerce par l'Établissement en 1864.

*SURPRISE D'AUTOMNE. Fruit très gros, ovale-pointu, d'un beau jaune d'or. Plante robuste et très fertile. — La plus belle des Framboises bifères; elle a été obtenue et mise au commerce par l'Établissement en 1865.

Variétés à l'étude.

Magnum bonum blanc. Dite la plus productive des variétés à fruit blanc.
Queen of the Market. Fruit rouge. Variété rustique et productive.
Sans épines à fruits jaunes.

Variétés nouvelles.

Child's grosse japanische Weinbeere. Variété vigoureuse et rustique, à feuille verte en dessus et blanche en dessous. Les jeunes pousses sont recouvertes de poils rouges. Les fruits sont rouge écarlate, très bons et réunis en grappes, sur lesquelles il y en a souvent 75 à 100. La maturité commence en juillet et se prolonge longtemps. Nous avons reçu cette variété d'Allemagne.

Cuthbert. Fruit très gros, rouge brillant. Une des meilleures variétés tardives.

Superlative. Fruit conique, gros, rouge, doux, bien parfumé. Plante peu délicate et fertile, à tiges fortes et se tenant bien.

The Victor. Variété bien remontante et très fertile.

Groseilles

Considéré comme Arbuste fruitier, le genre Groseillier se divise en trois races distinctes, qui sont :

1° Les GROSEILLIERS A GRAPPES.
2° Les GROSEILLIERS CASSIS.
3° Les GROSEILLIERS A MAQUEREAUX.

Tous sont rustiques, de culture facile, prospérant dans tous les terrains et dans toutes les situations et manquant rarement à la récolte.

La meilleure forme à leur donner est la cépée ou touffe, que l'on rajeunit successivement et partiellement.

Les Groseilliers à grappes sont très estimés en Allemagne, où on en plante beaucoup pour la préparation de la boisson dite *vin de Groseilles*.

GROSEILLES EN GRAPPES

FRUITS ROUGES

*BELLE DE FONTENAY. Grain gros, très bon. Très bonne variété.
*BELLE DE SAINT-GILLES. Grain très gros, assez bon. Grappe forte.
C. P.   *CERISE. Grain très gros, acidulé.
CERISE GOLIATH. Grain gros, bon.
CERISE INCOMPARABLE. Grain très gros.
CERISE MERVEILLEUSE. Grain très gros.
CERISE PROGRÈS. Grain très gros.
CERISE SÉRAPHINE. Grain gros.
CHENONCEAU. Grain très gros, acidulé.
COULEUR DE CHAIR. Grain moyen, très bon. — Curieuse variété par sa couleur.
DU CAUCASE. Grain très gros.
EYATTS NOVA. Grain petit, bien sucré et légèrement acidulé.
FERTILE D'ANGERS. Grain gros ; très belle grappe.
FERTILE DE BERTIN. Grain moyen.
FERTILE DE PALLUAU. Grain rouge ; de première qualité. Grappe assez forte.
FOX'S NEW RED. Fruit très gros ; de première qualité.
GLOIRE DES SABLONS. Grain petit, strié de rouge, très acide. — Variété de fantaisie.
C. P.   *GONDOUIN ROUGE. Grain assez gros, rouge. Grappe bien garnie.
*GROSSE ROUGE ANCIENNE. Grain moyen. La moins acide et l'une des meilleures variétés à fruit rouge.
*GROSSE ROUGE DE BOULOGNE. Grain très gros, très bon. Variété de premier mérite.
GROSSE ROUGE DE KNIGHT. Grain gros, rouge. Variété tardive.
C. P.   *HATIVE DE BERTIN. Grain moyen, rouge foncé.
*IMPÉRIALE ROUGE. Belle grappe. Grain très gros ; moins acide que celui de la *Groseille-Cerise*.

LA TURINAISE. Grain gros, bon.
'LA VERSAILLAISE. Belle grappe. Grain gros; de première qualité.
'PRINCE ALBERT. Grain très gros, bon. Très longue et forte grappe.
ROUGE-CLAIR DE BUDDEUS. Grappe longue, bien garnie. Grain moyen, de couleur particulière, très acide. D'origine allemande.
'ROUGE DE HOLLANDE. Grain assez gros, rouge clair. Grappe longue, étroite et peu serrée.
ROUGE DE WILLMOTT. Grain moyen, rouge clair. Grappe très longue.
'ROUGE DOUCE DE KNIGHT. Grain moyen, bon. Variété hâtive.
RUHM VON HAARLEM. Grain gros, rouge.
'VICTORIA. Grain assez gros, rouge clair; de première qualité. Grappe longue. La plus tardive.
WARNER'S GRAPE. Grain moyen, rouge. Grappe très longue. Variété très recommandée en Angleterre.

FRUITS BLANCS

ATTRACTOR. Grain très gros, blanc. Feuillage allongé, lacinié.
BLANCHE DE HOLLANDE. Grain gros, blanc, doux. Grappe longue, peu serrée.
'BLANCHE TRANSPARENTE. Grain gros, blanc transparent, doux.
DE LA ROCHEPOZÉ. Grain gros, blanc.
'GROSSE BLANCHE ANCIENNE. La moins acide et la meilleure des blanches.
GROSSE BLANCHE DE BOULOGNE. Grappe longue. Grain gros, de première qualité.
GROSSE WEISSE DESSERTBEERE. Grain moyen, blanc.
'IMPÉRIALE BLANCHE. Belle grappe. Grain très gros.
JAUNE ALLEMANDE. Fruit très gros, doux, bon.
'LA VERSAILLAISE BLANCHE. Variété de même valeur que la *Versaillaise rouge*, mais à fruit blanc.
PERLE BLANCHE. Grain gros, très transparent.

Variétés à l'étude.

Blanche de Verrières.
Red Houghton Castle.
Rouge de Pitmaston. Variété anglaise à beau et bon fruit.

Variétés nouvelles.

Cerise de Geppert. Grain un peu plus petit que celui de la *Groseille-Cerise*; mais l'arbuste est plus fertile.
Fay's new prolific. Variété nouvelle originaire d'Amérique. Fruit rouge, énorme. Grappe longue. C'est la plus fertile et la plus grosse de toutes les variétés connues.

GROSEILLES CASSIS

P. **'CASSIS DE NAPLES.** Grappe courte. Grain gros. Le plus beau des Cassis.
CASSIS D'OGDEN. Grain assez gros, de première qualité.
CASSIS JAUNE. Grain moyen, vert-brun jaunâtre.
P. **CASSIS ORDINAIRE.** Grain moyen, noir.
FERTILE DE LEE. Grain assez gros, noir, sucré. Variété hâtive.
MERVEILLE DE LA GIRONDE.

Variétés reconnues analogues à d'autres.

Bang-up,
Cassis de Frauendorf, } analogues au **Cassis de Naples.**

GROSEILLES A MAQUEREAU

Variétés anglaises.

Collection très complète, comprenant toutes les meilleures variétés, à fruits gros ou très gros, ronds ou oblongs, de couleurs rouge, brune, jaune, blanche, verte; lisses ou hérissés.

Variétés à fruits jaunâtres.

Bankers Hill.	Freecost.	Ostrich.
Bear white.	Golden Crown.	Regulator.
Bird-lime.	Golden Drop.	Ringer.
Britannia.	Golden gourd.	Rockwood.
Briton.	Green Prince.	Smuggler.
Broom Girl.	Highvagman.	Two to One.
Brougham.	Huntsman.	Viper.
Champagne.	Husbandman.	Yellow Champagne.
Early Sulphur.	Needhams Delight.	

Variétés à fruits rougeâtres ou rouges.

Achilles.	Guido.	Righley's Honeyman.
Alicant.	Ironmonger.	Roaring Lion.
Atlas.	Ironsides.	Rob Roy.
Bank of England.	Keen's Seeding.	Royal Forrester.
Bates' Favorite.	Leader.	Slanghterman.
Billiard ou sans épines.	Leigh's Rifleman.	Sportsman.
Bloodhound.	Liberty.	Triumphant.
British Crown.	Magnet.	Victory.
Cleworth's white Lion.	Mistake.	Warrington Red.
Conquering hero.	Prince Régent.	Water House.
Crown Bob.	Printer.	Wellington's glory.
Defiance.	Queen Mab.	Wilmot's Early Red.
Dobson's Seedling.	Red Robin.	
Golden purce.	Richemont Hill.	

Variétés à fruits verdâtres.

Aaron.	Lancashire Lad.	Queen Caroline.
Apollo.	Lord Byron.	Riley's Tallyho.
Bank's Dublin.	Maid of the mill.	Riley's Thumper.
Drill.	Marigold.	Shanon.
Duck Wing.	Napoléon-le-Grand.	Shuttle yellow.
Favourite.	Océan.	Snowdrop.
Fleur de Lis.	Peru.	Sparcklet.
Golden Chain.	Pilot.	Toper.
Great Britain.	Princess Royal.	Wandering Girl.
Gunner.	Profit.	White Muslin.
Jolly Anglers.	Queen Ann.	White Swan.

Variété nouvelle.

Whinham's Industry. Nouvelle variété anglaise extrêmement productive, à fruit très gros, rouge vif, hérissé.

Mûre

Le Mûrier noir, le seul qui puisse être considéré comme Arbre fruitier, est un assez grand arbre, au port et au feuillage élégants, et dont le fruit, gros et de couleur noire, plaît à beaucoup de personnes par sa saveur acidulée rafraîchissante.

On le place ordinairement dans les basses-cours, en terre légère, où il se plaît parfaitement ; les volailles sont très friandes de son fruit. Il aime la chaleur et craint les hivers très rigoureux. Il reprend assez difficilement ; les meilleurs moments pour le planter sont : de bonne heure en automne ou bien à son entrée en végétation.

GROSSE NOIRE D'ESPAGNE.

Nèfles

Si ce fruit est bien connu et apprécié de tout le monde, il n'en est pas de même de la valeur ornementale de l'arbre qui le produit. Et bien que cela soit hors de propos ici, nous ne pouvons nous empêcher de faire remarquer que son port, lorsqu'il est bien venu, la beauté de son feuillage d'une couleur tranchée, enfin ses nombreuses et larges fleurs, sont autant de titres à l'attention du planteur qui veut joindre l'agréable à l'utile.

COMMUNE. Fruit moyen.
P. *GROSSE ANCIENNE.** Fruit gros, très bon. Arbre vigoureux.
*MONSTRUEUSE DE HOLLANDE.** Fruit plus gros que la *Grosse ancienne.* Arbre moins vigoureux.
NOTTINGHAM. Fruit petit, sphérique, d'un goût relevé très agréable. — Estimée en Angleterre.
ROYALE. Fruit plus gros que le précédent, et de même goût.
SANS OSSELETS. Fruit petit, d'assez bonne qualité.

Noisettes

Le Noisetier est peu difficile sur la nature du sol : cependant, il préfère les terrains légers et un peu frais, et redoute ceux qui sont trop compacts ou marécageux.

On le fait ordinairement concourir à la formation des dessous de grands massifs ou des lisières dans les parcs. Sa place favorite est derrière les murs ou grandes palissades, à l'exposition du nord.

Sa croissance est en général très rapide ; aussi pour obtenir une belle végétation et une bonne fructification, est-il avantageux de le rajeunir de temps à autre en le rabattant.

ABEL'S RIESEN-NUSS. Fruit moyen, allongé. D'origine allemande.
APOLDA. Fruit gros, un peu allongé, aplati. D'origine allemande.
*ATLAS.** Fruit gros, arrondi-aplati. Maturité hâtive. Variété d'origine anglaise.
AVELINE A FEUILLE LACINIÉE. Fruit petit, comme celui du noisetier des bois. Feuillage lacinié très ornemental.
AVELINE COMMUNE (Noisetier des bois). Fruit petit ou moyen. Arbrisseau très commun dans les bois.
*AVELINE D'ANGLETERRE.** Fruit très gros, arrondi-bosselé. Arbrisseau très vigoureux, au large feuillage, atteignant de grandes dimensions.

*AVELINE DE BARCELONNE. Fruit gros, arrondi, à involucre luisant et peu développé.
AVELINE DE MEHL. Fruit gros, arrondi, terminé en pointe. Arbrisseau fertile.
C. P. ***AVELINE DE PIÉMONT.** Fruit gros, se distinguant de l'*Aveline d'Angleterre* par sa forme plus allongée et son involucre plus développé.
BELLE DE GIUBILINO. Fruit assez gros, rond.
COSFORD. Fruit assez gros, allongé. Coque très tendre, bien pleine.
*DE BEYNE. Variété méritante, à très gros fruit, allongé. Originaire des environs de Liège.
EMPEROR. Fruit gros, allongé. D'origine anglaise.
EUGÉNIE. Fruit assez gros, allongé, à coque tendre. D'origine anglaise.
FERTILE DE NOTTINGHAM. Fruit moyen, allongé-comprimé ; maturité précoce. Arbrisseau très fertile.
FERTILE DE PEARSON. Remarquable variété anglaise, formant un buisson nain, très fertile, à fruit petit, allongé, bon.
*FRANCHE BLANCHE. Fruit assez gros, oblong, à pellicule recouvrant l'amande blanche ; de première qualité ; maturité précoce. Arbrisseau fertile.
*FRANCHE POURPRE. Bien connue et l'une des plus avantageuses sous tous les rapports. Arbrisseau fertile, très ornemental par son magnifique feuillage pourpre. Fruit gros et très bon.
*FRANCHE ROUGE. Analogue à *Franche blanche,* sauf que la pellicule est rouge.
*FRIZZLED. Fruit moyen, presque sphérique ; maturité précoce. Arbrisseau très fertile.
*GÉANTE DE HALLE. Fruit gros, arrondi, terminé en pointe ; maturité hâtive.
*GIANT COB. Fruit énorme, allongé, irrégulier. La plus grosse de toutes les noisettes. Arbrisseau fertile.
*GUNSLEBER. Fruit gros, allongé, bien plein, à coque tendre. Variété très productive.
*IMPÉRIALE DE TRÉBIZONDE. Remarquable variété à très gros fruit et à involucre curieux par son développement ; introduite de la Turquie d'Asie. Arbrisseau relativement nain quoique vigoureux, précoce au rapport et très fertile.
LAMBERT FILBERT. Fruit gros, allongé, à involucre deux fois plus long que le fruit. D'origine anglaise.
*LOUIS BERGER. Fruit très gros, allongé, très bon. Mise au commerce par la maison Jacob-Makoy et Cⁱᵉ, de Liège.
C. P. ***MERVEILLE DE BOLLWILLER.** Fruit très gros, arrondi, peu allongé et aplati ; à coque dure. Arbrisseau très vigoureux et fertile, facile à distinguer des autres variétés par ses yeux rouges.
*PRÉCOCE DE GRUGLIASCO. Fruit très gros, allongé, très bon. Une des plus grosses et des meilleures noisettes. Arbrisseau vigoureux et fertile.
PROLIFIQUE A COQUE SERREE. Fruit gros, allongé, à coque tendre. Variété fertile.
WALLY'S. Fruit gros, allongé, aplati. Variété fertile et vigoureuse.
WEBB'S PRICE COB FILBERT. Fruit gros, très allongé. Variété anglaise remarquable par sa fertilité.

Variété à l'étude.

Cornu.

Variétés douteuses ou peu méritantes.

A fruits striés.	Daveana Cob.	Gubener Barzelloner.
Burchardt's.	Downton.	Précoce de Frauendorf.

Noix

Le Noyer est un arbre d'un excellent rapport, par son fruit d'abord, mais surtout par son bois. Aussi est-il, à notre avis, généralement trop peu employé à la plantation des avenues, des routes, des chemins de grande communication, des promenades, aux alentours des grandes villes, etc. Il aime un terrain profond, perméable, à base calcaire ou granitique.

Les variétés ornementales ne sauraient être trop recommandées comme arbres à isoler dans les parcs, où elles joindront l'utile à l'agréable.

A BIJOUX. Fruit très gros, à coque souvent peu garnie, de deuxième qualité.

. P. ***CHABERTE**. Fruit moyen, arrondi, à coque assez tendre. Arbre très vigoureux, à végétation tardive, très régulièrement fertile. La plus recherchée pour la fabrication de l'huile. — Variété obtenue, au siècle dernier, par un nommé Chabert, dans l'Isère.

*NOYER COMMUN. Le plus avantageux sous le rapport du produit, et pour les grandes plantations.

. P. ***DE BARTHÈRE**. Fruit gros, très allongé, se terminant en pointe; à coque demi-dure, bien pleine. — Obtenue par les frères Barthère, pépiniéristes à Toulouse.

*DE VOUREY. Fruit moyen, un peu allongé, bien plein. Arbre vigoureux, tardif, très fertile. — Très bonne pour huile.

*FERTILE DE CHATENAY. Fruit moyen, très bon, à coque tendre, bien pleine. Arbre vigoureux, très fertile, précoce au rapport. Maturité hâtive.

. P. ***FRANQUETTE**. Fruit gros, très allongé, pointu au sommet, plein, à coque demi-dure. Arbre très vigoureux, tardif et d'une bonne fertilité. — Une des plus belles variétés pour dessert. Trouvée il y a environ 70 ans, près de Notre-Dame-de-l'Ozier (Isère), par un nommé Franquet.

. P. ***MAYETTE**. Fruit gros, assez allongé, aplati à la base, atténué au sommet, à coque demi-dure. Arbre très vigoureux, à végétation tardive, très productif. — La plus recherchée pour dessert. Obtenue dans l'Isère, au siècle dernier, par un nommé Mayet.

. P. ***PARISIENNE**. Fruit gros, oblong, presque aussi large au sommet qu'à la base, bien plein; à coque fine, demi-dure. Arbre vigoureux et productif. — Variété obtenue dans l'Isère.

VARIÉTÉS ORNEMENTALES

NOYER A FEUILLE ENTIÈRE. Très curieux par son feuillage et ses petits fruits ressemblant à des noisettes.

*NOYER A FEUILLE LACINIÉE. Joli fruit, gros, bien plein, d'un goût particulier et de toute première qualité. Arbre magnifique par son feuillage des plus élégants.

NOYER HÉTÉROPHYLLE. Fruit gros, à coque tendre, souvent ouvert au sommet. Feuilles irrégulièrement et diversement conformées.

*NOYER PLEUREUR. Cet arbre, rare encore, sera très recherché lorsqu'il sera mieux connu. Par son port majestueux et son large feuillage, il constitue certainement l'un des plus beaux arbres à rameaux pendants. Il produit de beaux et bons fruits.

———————

Variétés à l'étude.

Mésange.

Meylanaise. Fruit gros ou très gros, arrondi; à coque tendre. Arbre très vigoureux et très productif, à végétation tardive.

Pourman. Mise au commerce en 1874 par M. Lartay, horticulteur à Bordeaux, qui la dit aussi grosse que la *Noix à bijoux*, à coque dure, pleine, sans rivale. Arbre vigoureux, très productif, d'une belle végétation, se reproduisant de semis.

Tardive de la Saint-Jean. Fruit moyen. Végétation tardive.

———————

Variété inédite.

EN GRAPPES DE BORNY. Cette variété, que nous avons trouvée à Borny, près Metz, est remarquable par sa fructification en sortes de grappes, composées de 10 à 12 et quelquefois même 18 fruits. L'arbre est très fertile, s'élève peu et forme une tête arrondie.

------------------------------------ ❊ ------------------------------------

Pêches

On greffe le Pêcher sur prunier et sur amandier. Les sujets greffés sur amandier ne sont réellement avantageux, pour nos contrées, que dans les sols absolument trop légers, secs et profonds. Ceux sur prunier sont plus rustiques et beaucoup moins difficiles sur la nature du sol, qui, cependant, doit être assaini lorsqu'il est trop humide et trop froid.

Sous notre climat, on ne peut guère cultiver le Pêcher qu'en espalier, et les expositions qui lui conviennent le mieux sont celles qui se rapprochent le plus du sud-est. Cependant, dans certaines localités privilégiées, et aux expositions abritées des vents froids du nord-est, en terrain calcaire incliné à l'ouest, la culture en plein vent peut donner de bons résultats, surtout lorsqu'une série d'hivers rigoureux ne fatigue pas trop les arbres. Ne voit-on pas, en effet, dans quelques vignobles, certaines races de Pêches propagées par semis, produire des fruits appréciés et d'une vente lucrative sur nos marchés? Mais ce que l'on ignore généralement, c'est que la plupart des bonnes variétés greffées sont aussi susceptibles de réussir dans cette culture, et donnent alors des produits bien supérieurs.

L'époque de maturité des Pêches, plus encore que celle des autres fruits, varie suivant l'âge et la vigueur des arbres, la nature du sol, l'exposition, la température de l'année, etc. La moyenne que nous donnons est celle de notre École, exposée au sud-est.

Le genre Pêcher se partage en deux races bien tranchées, qui sont:

1° Les **Pêches** proprement dites, c'est-à-dire à peau duveteuse.

2° Les **Nectarines** ou Pêches à peau lisse, appelées par beaucoup de personnes *Brugnons*, dénomination qui doit être réservée à celles d'entre elles dont la chair adhère au noyau.

Cette sorte de Pêche, très estimée et avec raison en Angleterre, l'est beaucoup moins sur le continent, et cela parce qu'on n'y connaît que très superficiellement et fort incomplètement les belles et excellentes variétés d'origines anglaise et belge dont nous possédons une collection très complète, et qui n'ont rien de commun dans le volume et la qualité des fruits avec les quelques variétés anciennement connues en France et ailleurs. Beaucoup de personnes auxquelles nous avons fait goûter de ces fruits dans de bonnes conditions de maturation, ont, comme nous, manifesté leur étonnement qu'ils soient si peu répandus. Nous engageons donc vivement les amateurs disposés à sacrifier un peu le volume à la qualité, à essayer quelques-unes des variétés de premier ordre que nous leur offrons ci-dessous: ils s'en trouveront bien.

Les *Pavies*, ou Pêches à chair adhérente au noyau, méritent peu la culture dans nos contrées: aussi le nombre des variétés en est-il fort restreint dans notre collection.

Pour faciliter la connaissance exacte des variétés du Pêcher, on a mis à profit deux caractères parfaitement constants de l'arbre, qui servent aussi à leur classification. Ce sont:

1° La forme et la grandeur des fleurs;

2° La forme ou l'absence des *glandes*, petites saillies placées sur le pétiole ou à la base du limbe des feuilles.

Les fleurs dites de *forme campanulée*, faciles à reconnaître à leurs dimensions réduites, leur coloris d'un rose plus ou moins vif ou terne, leurs pétales cucullés ou canaliculés et peu étalés, se distinguent parfaitement et à première vue des fleurs de *forme rosacée*, dont les pétales, beaucoup plus grands et presque toujours bien étalés, sont d'un beau rose tendre à peu près uniforme. Parmi les fleurs de forme campanulée, on en distingue de *petites*, dont les pétales sont arrondis et repliés au sommet en cuilleron, et de *moyennes*, à pétales allongés, étroits et pliés en cornet. Les fleurs de forme rosacée sont de dimensions moins variables : il s'en trouve toutefois de *très grandes* et aussi de moins grandes que la dimension ordinaire. — Il existe en outre deux variétés à fleur d'un *blanc pur*, l'une de forme rosacée, l'autre de forme campanulée.

Les glandes dites *globuleuses* sont celles qui ressemblent à de petits points saillants, arrondis ; elles sont toujours moins volumineuses que les glandes *réniformes*, ainsi nommées parce qu'étant creusées et élargies, elles ont la forme de reins. L'expression glandes *nulles* indique que ces organes manquent complètement, et alors la dentelure des feuilles est toujours plus profonde et plus aiguë. Les variétés de Pêches proprement dites appartenant à cette dernière catégorie sont connues sous le nom de *Madeleines*. Parfois les glandes sont *mixtes*, c'est-à-dire les unes globuleuses, les autres réniformes, sur le même sujet.

1re SÉRIE DE MÉRITE

(ORDRE DE MATURITÉ)

PÊCHES

C. P. **AMSDEN**. Fruit moyen, arrondi-déprimé, fortement coloré de pourpre ; à chair d'un blanc verdâtre, fine, juteuse, tendre, délicieuse, adhérente au noyau ; de première qualité ; maturité mi-juillet. Arbre vigoureux et fertile, mais se dégarnissant facilement, comme la plupart des variétés précoces. Fleurs grandes, de forme rosacée. Glandes mixtes, mais le plus souvent globuleuses. De toutes les variétés précoces, c'est généralement la plus estimée, surtout pour la culture forcée. — D'origine américaine.

C. P. **ALEXANDER**. Fruit moyen, arrondi-déprimé, marbré rouge, fortement coloré du côté du soleil, sur fond blanc jaunâtre ; à chair blanche, fine, sucrée, très rafraîchissante, adhérente au noyau ; de première qualité ; maturité mi-juillet. Arbre vigoureux et fertile. Fleurs grandes, de forme rosacée. Glandes mixtes, mais généralement globuleuses. Cette variété nous semble très peu différer de la précédente. — D'origine américaine.

CUMBERLAND. Fruit moyen, sphérique, un peu aplati, rouge du côté du soleil ; à sillon bien prononcé ; à chair blanchâtre, juteuse, sucrée, très bonne, se détachant assez bien du noyau ; de première qualité ; maturité mi-juillet et deuxième quinzaine de juillet. Arbre vigoureux et fertile. Fleurs de forme rosacée. Glandes nulles. — Variété américaine très méritante.

MUSSER. Fruit moyen, veiné et pointillé de rouge foncé, sur fond blanc jaunâtre ; à chair blanche, juteuse, sucrée, un peu adhérente au noyau ; de première qualité ; maturité mi-juillet et deuxième quinzaine de juillet. Arbre vigoureux et fertile. Fleurs de forme rosacée. Glandes globuleuses. — Variété d'introduction récente, originaire d'Amérique, où elle est très appréciée sur les marchés.

ROUGE DE MAI DE BRIGG. Fruit moyen, arrondi, coloré à l'insolation ; à chair blanche, sucrée, tendre, fondante ; de bonne qualité ; maturité seconde quinzaine de juillet. Fleurs de forme rosacée. Glandes nulles. Arbre vigoureux et fertile. — Cette variété a été livrée au commerce comme étant la plus précoce ; mais c'est une erreur.

DOWNING. Fruit moyen, marbré et pointillé de rouge, sur fond jaune ; à chair blanche, se détachant assez bien du noyau, fine, juteuse ; de bonne qualité ; maturité seconde quinzaine de juillet. Fleurs de forme rosacée. Glandes nulles. Arbre vigoureux et fertile. D'origine américaine, où elle est très appréciée sur les marchés.

PRÉCOCE BÉATRICE. Fruit moyen, de forme ovale, fortement coloré de pourpre brun ; à chair blanche, légèrement adhérente au noyau, fine, fondante, très juteuse ; de première qualité pour la saison ; maturité seconde quinzaine de juillet. Arbre vigoureux, très fertile. Fleurs de forme rosacée, peu ouvertes. Glandes réniformes. — Obtenue par M. Rivers.

PRÉCOCE D'HARPER. Fruit moyen ou gros, rouge, ombré de pourpre ; à chair blanche, fondante, juteuse, légèrement adhérente au noyau ; de première qualité ; maturité seconde quinzaine de juillet. Arbre vigoureux et fertile. Fleurs de forme rosacée. Glandes globuleuses.

PRÉCOCE LOUISE. Fruit moyen, sphérique-allongé, coloré de pourpre ; à chair verdâtre, fondante, très juteuse, quelquefois un peu adhérente au noyau ; maturité seconde quinzaine de juillet. Fleurs de forme campanulée, petites, rose très vif, abondantes, résistant assez bien à la gelée. Glandes réniformes. Arbre vigoureux et fertile. — Obtenue par M. Rivers, en 1865.

C. P. **PRÉCOCE DE RIVERS**. Fruit assez gros, presque sphérique, jaune-paille lavé d'un joli pourpre vif ; à chair blanche, fondante, d'une riche saveur spiritueuse très agréable ; maturité fin de juillet. Arbre vigoureux, précoce au rapport, très fertile. Fleurs de forme rosacée, rose pâle. Glandes réniformes. — Pêche anglaise, très remarquable par son volume et sa qualité parmi les Pêches très précoces. Obtenue par M. Rivers.

PRÉCOCE DU CANADA. Fruit gros, sphérique, bien coloré ; à chair fine, juteuse ; de première qualité ; maturité fin de juillet. Arbre vigoureux et fertile. Fleurs de forme rosacée. Glandes globuleuses. — Obtenue par Abraham High de Jordan (Ontario). L'une des plus grosses parmi les pêches précoces.

C. P. **PRÉCOCE DE HALE.** Fruit moyen, sphérique, à peau très mince, bien coloré, très joli ; à chair très fine ; de toute première qualité ; maturité fin juillet et commencement d'août. Arbre de bonne vigueur, très fertile et rustique. Fleurs de forme rosacée. Glandes globuleuses. — Obtenue par un Allemand, dans le comté de Summit (Ohio).

YORK PRÉCOCE. Fruit moyen, sphérico-ovoïde, à peau très mince, bien colorée de pourpre carminé intense sur fond blanc jaunâtre ; à chair très tendre, fine, bien fondante et juteuse ; de première qualité ; maturité seconde quinzaine d'août. Arbre de vigueur moyenne, de bonne fertilité. Fleurs de forme rosacée. Glandes nulles. — Cette jolie Pêche précoce demande des soins particuliers à la cueillette.

C. P. **GROSSE-MIGNONNE HATIVE.** Fruit gros, arrondi-bosselé, bien coloré et pointillé ; à chair bien fondante, sucrée ; de première qualité ; maturité seconde quinzaine d'août. Arbre de bonne vigueur, très fertile, propre à toutes formes. Fleurs de forme rosacée. Glandes globuleuses. — L'une des premières à admettre dans une pêcherie.

ACTON SCOT. Fruit presque moyen, de forme régulière, largement recouvert et pointillé de pourpre ; à chair très fine, bien fondante et juteuse, sucrée, vineuse, parfumée ; maturité seconde quinzaine d'août. Arbre très fertile, préférant l'exposition du midi. Fleurs de forme rosacée. Glandes globuleuses. — Jolie et excellente petite Pêche précoce, obtenue par M. Knight, de Downton Castle.

YORK PRÉCOCE DE RIVERS. Fruit moyen, marbré de rouge ; à chair très fondante et juteuse, d'une saveur délicieuse, ayant de l'analogie avec celle de la *Nectarine Stanwick*, non adhérente au noyau ; maturité seconde quinzaine d'août. Arbre moins sujet au blanc que celui de *York précoce*, très rustique, ayant résisté à l'hiver 1879-1880. Fleurs de forme rosacée. Glandes globuleuses. — Obtenue par M. Rivers.

C. P. **BARON DUFOUR.** Fruit très gros, pourpre carminé brillant et brun ; à chair fine, bien fondante, juteuse, sucrée et parfumée ; de première qualité ; maturité seconde quinzaine d'août. Arbre très vigoureux et très fertile. Fleurs de forme campanulée, moyennes. Glandes globuleuses. — Nous considérons cette variété, que nous avons mise au commerce en 1872, comme l'une des plus méritantes de notre collection.

MADELEINE A MOYENNES FLEURS. Fruit assez gros ou gros, largement recouvert et marbré de pourpre brun sur fond blanc verdâtre ; à chair d'un pourpre-cerise autour du noyau, fine, bien fondante et juteuse ; de première qualité ; maturité seconde quinzaine d'août. Arbre très vigoureux et très fertile, propre aux grandes formes. Fleurs de forme campanulée, moyennes. Glandes nulles. — Avantageuse pour la culture de spéculation.

C. P. **BELLE DE DOUÉ.** Fruit gros, arrondi, jaune, lavé de rouge carmin, pourpre à l'insolation ; à chair blanc verdâtre, pourprée vers le noyau, fine, fondante ; de première qualité ; maturité seconde quinzaine d'août. Arbre peu vigoureux, très fertile. Fleurs de forme campanulée, petites. Glandes globuleuses. — Obtenue vers 1842, par M. Dimas-Chatenay, à Doué-la-Fontaine (Maine-et-Loire).

GALANDE CRAMOISIE. Fruit assez gros, sphérique un peu irrégulier, presque entièrement recouvert d'un pourpre cramoisi très foncé ; à chair très fine, bien fondante et très juteuse, d'une délicieuse saveur ; maturité fin d'août. Arbre vigoureux, robuste et très fertile. Fleurs de forme campanulée. Glandes globuleuses. — Variété anglaise obtenue par M. Rivers ; préférable à l'ancienne *Galande*.

C. P. **PRÉCOCE DE CRAWFORD.** Fruit gros, irrégulièrement arrondi, jaune vif et pourpre-brun ; à chair d'un beau jaune, fondante, juteuse, sucrée et d'une saveur très agréable ; de première qualité ; maturité fin août et commencement septembre. Arbre vigoureux, rustique et très fertile. Fleurs de forme campanulée. Glandes globuleuses. — La plus belle et la meilleure des Pêches jaunes précoces. Introduite d'Amérique, vers 1850, par M. Gaillard, de Brignais (Rhône).

CONDOR. Fruit gros, cramoisi brillant ; à chair blanche, d'une piquante et riche saveur, se détachant bien du noyau ; de première qualité ; maturité fin août et commencement de septembre. Arbre vigoureux, bien fertile. Fleurs de forme rosacée. Glandes réniformes. — Obtenue d'un noyau d'*Argentée précoce*, par M. Rivers.

CHARLES RONGÉ. Fruit gros, sphérique-déprimé, jaunâtre et rouge carminé intense ; à chair presque entièrement blanche, bien fine, bien fondante et juteuse, sucrée et très agréablement parfumée ; de première qualité ; maturité fin août et commencement de septembre. Arbre vigoureux, rustique et fertile, propre aux grandes formes à l'exposition du midi. Fleurs de forme campanulée, moyennes. Glandes globuleuses. — Obtenue à Liège, et mise au commerce par M. Galopin, pépiniériste dans cette ville.

MADELEINE BLANCHE DE LOISEL. Fruit assez gros ou gros, lourd, de forme sphérique régulière, jaune verdâtre légèrement marbré de rouge ; à chair entièrement blanc verdâtre, fine, bien fondante et juteuse ; de première qualité ; maturité fin août et commencement de septembre. Fleurs de forme rosacée. Glandes nulles.

MADELEINE HARIOT. Fruit gros ou très gros, ovoïde, atténué à la base, jaune verdâtre lavé, strié et marbré de pourpre carminé foncé ; à chair presque entièrement blanc jaunâtre, fine, juteuse, vineuse ; de première qualité ; maturité fin août et commencement de septembre. Arbre excessivement vigoureux, de bonne fertilité, exigeant les grandes formes. Fleurs de forme rosacée. Glandes nulles. — Bien distincte par sa forme parmi les *Madeleines*. Trouvée dans le jardin de M. Hariot, à Méry (Aube) ; mise au commerce par M. Baltet, de Troyes (Aube).

P. **NOBLESSE.** Fruit gros, sphérique, vert pâle légèrement marbré de rouge pâle ; à chair entièrement blanc verdâtre, fine, bien fondante et juteuse, sucrée ; maturité fin d'août et commencement de septembre. Arbre fertile, dont la vigueur est parfois affaiblie par le *blanc* ; préférant les expositions du levant et du sud-ouest. Fleurs de forme rosacée, d'un rose assez pâle. Glandes nulles. — Pêche d'amateur, de qualité supérieure.

SULHAMSTEAD. Fruit assez gros, sphérique régulier, blanc jaunâtre, légèrement lavé et marbré de rouge-sanguin ; à chair entièrement blanc jaunâtre, fine, bien fondante et très juteuse, sucrée et bien parfumée ; de première qualité ; maturité commencement septembre. Arbre de vigueur modérée, propre aux formes de moyenne étendue, préférant l'exposition du midi. Fleurs de forme rosacée. Glandes nulles. — Belle et bonne Pêche d'amateur, obtenue dans le jardin de M. Troytes, de Sulhamstead House, près de Reading (comté de Berks).

PUCELLE DE MALINES. Fruit moyen, sphérique, à peau très fine, largement lavé et pointillé de rouge-carmin sur fond jaunâtre ; à chair très fine, bien fondante et juteuse, parfumée ; maturité commencement de septembre. Arbre de bonnes vigueur et fertilité, mais réclamant un sol léger et une bonne exposition. Fleurs de forme rosacée. Glandes nulles. — Jolie et excellente Pêche d'amateur, qui demande à être maniée avec précaution. Obtenue par le major Esperen.

P. **ADMIRABLE.** Fruit gros, sphérique, jaune clair, pointillé de rouge du côté de l'ombre, lavé de rouge-carmin à l'insolation ; à chair blanche, lavée et veinée de rose près du noyau, un peu ferme, fine, juteuse ; de toute première qualité ; maturité commencement de septembre. Fleurs moyennes, de forme campanulée. Glandes globuleuses. Arbre vigoureux, de fertilité moyenne, sujet à la cloque.

P. **GROSSE-MIGNONNE.** Fruit gros, irrégulièrement sphérique, lavé et pointillé de rouge cramoisi sur fond jaunâtre ; à chair fine, bien fondante et bien juteuse, sucrée, parfumée ; de toute première qualité ; maturité première quinzaine de septembre. Arbre de bonne vigueur, très fertile, propre à toutes formes. Fleurs de forme rosacée. Glandes globuleuses. — De toutes les Pêches la plus généralement estimée, et à juste titre.

DAUN. Fruit gros, très lourd, sphérique régulier, vert pâle jaunâtre marbré de rouge-brun ; à chair très fine, bien fondante et excessivement juteuse, sucrée et finement parfumée ; de toute première qualité ; maturité première quinzaine de septembre. Arbre très vigoureux, rustique et de bonne fertilité, propre aux petites formes. Fleurs de forme rosacée, très grandes. Glandes globuleuses. — A notre avis, de toutes les variétés de Pêches, la plus avantageuse sous tous les rapports et à tous les points de vue : en un mot, la première à admettre dans une plantation.

TRIOMPHE SAINT-LAURENT. Fruit gros, sphérique-déprimé, à peau luisante par suite de la légèreté du duvet, presque entièrement recouverte de rouge-brun foncé ; à chair veinée de rouge, rouge sous la peau du côté du soleil, bien fondante et bien juteuse ; maturité première quinzaine de septembre. Arbre très vigoureux, propre aux grandes formes. Fleurs de forme campanulée, moyennes, rose vif. Glandes globuleuses. — Variété bien distincte, remarquable par la beauté et la qualité de son fruit, et la robusticité de son arbre ; très avantageuse, surtout pour la culture de spéculation. Originaire des environs de Liège.

DE FRANQUIÈRES. Fruit gros, bien arrondi, entièrement coloré de rouge-carmin ; à chair rouge autour du noyau, délicate, juteuse ; de première qualité ; maturité première quinzaine de septembre. Arbre vigoureux et fertile. Fleurs de forme campanulée. Glandes réniformes. — Cette variété ressemble à la *Reine des vergers*, mais elle est un peu plus hâtive, plus arrondie et de meilleure qualité ; très convenable pour la culture de spéculation.

STIRLING CASTLE. Fruit gros, subsphérique, bien coloré de pourpre-brun ; à chair rouge près du noyau, vineuse, parfumée ; de première qualité ; maturité première quinzaine de septembre. Fleurs de forme campanulée. Glandes globuleuses. — Beau fruit.

P. **REINE DES VERGERS.** Fruit gros, de forme sphérique un peu allongée, vert blanchâtre largement recouvert de rouge-brun ; à chair verdâtre, rouge vers le noyau, ferme, parfois de deuxième qualité ; maturité première quinzaine de septembre. Arbre vigoureux, rustique et très fertile, préférant l'exposition du midi. Fleurs de forme campanulée, petites. Glandes réniformes. — L'une des plus avantageuses pour la culture de spéculation. Découverte en 1844, par M. Joneau, propriétaire à Lozère, près de Doué (Maine-et-Loire).

P. **BELLE BAUSSE.** Fruit moyen ou gros, arrondi, mais déprimé aux deux pôles, jaune clair, rouge à l'insolation ; à chair verdâtre, rouge autour du noyau, fine, fondante, savoureuse ; de première qualité ; maturité première quinzaine de septembre. Fleurs grandes, de forme rosacée. Glandes globuleuses, petites, très peu nombreuses. Arbre vigoureux et fertile.

C. P. **GALANDE**. Fruit assez gros, presque sphérique, très largement recouvert de pourpre-violet foncé ; à chair bien fine, succulente, très agréablement relevée ; de première qualité ; maturité première quinzaine de septembre. Arbre de vigueur modérée. Fleurs de forme campanulée, petites. Glandes globuleuses. — L'une des plus estimées dans les cultures de Montreuil.

FAVORITE DE MOORE. Fruit gros, sphérique régulier, à duvet abondant, cramoisi brun sur fond blanc jaunâtre ; à chair fine, très rouge près du noyau, parfaitement fondante et très juteuse, sucrée et parfumée ; maturité mi-septembre. Arbre vigoureux, rustique et très fertile. Fleurs de forme campanulée. Glandes globuleuses. — Très jolie et bonne variété, introduite d'Amérique par l'Établissement.

MALTE DE GOUIN. Fruit moyen ou assez gros, de forme sphérique, lavé et marbré de rouge pourpre ; à chair presque entièrement blanche, très fine, bien fondante et très juteuse, sucrée et parfumée ; maturité mi-septembre et seconde quinzaine de septembre. Arbre très fertile. Fleurs de forme rosacée, de couleur pâle. Glandes nulles. — Le fruit de cette variété est plus gros, plus coloré et d'aussi bonne qualité que celui de la P. *Malte* ; l'arbre est plus fertile.

C. P. **ALEXIS LEPÈRE**. Fruit assez gros ou gros, de forme régulière, d'un beau rouge vif, marbré de rouge foncé ; à chair ferme, juteuse, blanc jaunâtre, un peu rouge vers le noyau, auquel elle adhère légèrement ; de première qualité ; maturité mi-septembre et seconde quinzaine de septembre. Arbre vigoureux, rustique et fertile. Fleurs petites, rose vif, de forme campanulée. Glandes nulles. — Variété d'obtention récente, obtenue par M. Alexis Lepère fils, de Montreuil.

C. P. **PRINCE OF WALES**. Fruit gros, sphérico-ovoïde, jaunâtre et cramoisi foncé ; à chair blanc rosé, pourpre vers le noyau, fine, juteuse ; de première qualité ; maturité mi-septembre et seconde quinzaine de septembre. Arbre vigoureux et fertile. Fleurs très petites, rose foncé, de forme campanulée. Glandes réniformes. — Obtenue par M. Rivers.

C. P. **BELLE IMPÉRIALE**. Fruit gros ou très gros, sphérique, jaunâtre, fortement coloré de rouge pourpre ; à chair blanche, légèrement carminée vers le noyau, assez fine, fondante ; à saveur sucrée, vineuse ; de première qualité ; maturité mi-septembre et seconde quinzaine de septembre. Arbre vigoureux et fertile. Fleurs moyennes, de forme campanulée. Glandes globuleuses. — Obtenue par M. Chevalier, de Montreuil. Cette variété est plus vigoureuse que *Bonouvrier*.

C. P. **LÉOPOLD Ier**. Fruit gros ou très gros, subsphérique régulier, marbré et pointillé de rouge sur fond jaunâtre ; à chair ferme, fondante, juteuse, sucrée et parfumée ; maturité mi-septembre et seconde quinzaine de septembre. Arbre vigoureux, fertile et rustique, propre aux grandes formes et préférant l'exposition de l'est ou du sud-ouest. Fleurs de forme rosacée, floraison abondante. Glandes globuleuses. — Très avantageuse pour la culture de spéculation. Obtenue par M. Van Orlé, curé de Villerne (Belgique).

PÊCHE DE BONLEZ. Fruit gros, irrégulièrement ovoïde, largement recouvert et marbré de pourpre vif sur fond blanc verdâtre ; à chair très fine, bien fondante et juteuse, sucrée et bien parfumée ; de toute première qualité ; maturité mi-septembre et seconde quinzaine de septembre. Arbre fertile. Fleurs de forme rosacée. Glandes réniformes. — L'une des plus belles, des meilleures et des plus avantageuses parmi les Pêches mi-tardives. Obtenue, vers 1835, dans le jardin de M. le duc de Looz, à Bonlez (Belgique).

BARRINGTON. Fruit gros, sphérico-ovoïde, verdâtre pâle et cramoisi ; à chair blanc jaunâtre, fondante, juteuse, sucrée et d'une saveur très agréable ; maturité mi-septembre et seconde quinzaine de septembre. Arbre très vigoureux et très fertile, propre aux grandes formes. Fleurs de forme rosacée. Glandes globuleuses. — Belle et excellente variété, obtenue en Angleterre au commencement de ce siècle.

C. P **BELLE DE VITRY**. Fruit gros, sphérique, un peu plus renflé au sommet qu'à la base, jaune verdâtre, rouge pourpre à l'insolation ; à chair blanchâtre, un peu rougeâtre vers le noyau, assez fine, fondante, très juteuse ; à saveur sucrée, relevée et bien parfumée ; de première qualité ; maturité mi-septembre et seconde quinzaine de septembre. Arbre très vigoureux et fertile. Fleurs petites, de forme campanulée. Glandes globuleuses.

SURPRISE DE PELLAINE. Fruit gros, sphérico-ovoïde, jaune verdâtre pâle et rouge-carmin ; à chair fine, fondante, juteuse ; de première qualité pour la saison ; maturité seconde quinzaine de septembre. Arbre vigoureux, fertile et rustique, propre aux grandes formes. Fleurs de forme rosacée. Glandes nulles. — Jolie Pêche, remarquable par son coloris parmi celles d'arrière-saison ; très convenable pour la culture de spéculation.

C. P. **BONOUVRIER**. Fruit gros, presque sphérique, largement recouvert de pourpre-brun sur fond blanc verdâtre ; à chair bien colorée autour du noyau, juteuse ; de première qualité ; maturité seconde quinzaine de septembre. Arbre de vigueur modérée, très fertile. Fleurs moyennes, de forme campanulée. Glandes globuleuses. — Attribuée à Bonouvrier, horticulteur à Montreuil.

BRANDYWYNE. Fruit très gros, jaune, rouge à l'insolation ; à chair jaune, juteuse ; de bonne qualité ; maturité seconde quinzaine de septembre. Arbre vigoureux et fertile. Fleurs de forme campanulée. Glandes globuleuses.

BOURDINE. Fruit gros, ovoïde, jaune pâle et pourpre foncé; à chair fine, fondante, juteuse, sucrée, vineuse et bien parfumée; de première qualité; maturité seconde quinzaine de septembre. Arbre très vigoureux, propre aux grandes formes, préférant l'exposition de l'est et celle du sud-ouest. Fleurs de forme campanulée, moyennes. Glandes globuleuses.

LAURENT DE BAVAY. Fruit gros, subsphérique, jaunâtre légèrement lavé de rose; à chair entièrement blanche, fine, bien fondante et juteuse, sucrée, parfumée; de première qualité; maturité seconde quinzaine de septembre. Fleurs de forme rosacée, d'un rose assez pâle. Glandes globuleuses. — Excellente et distincte Pêche tardive d'amateur, obtenue par M. Loisel et dédiée à M. Laurent de Bavay.

LORD PALMERSTON. Fruit très gros, blanc de crème légèrement lavé de rose; à chair ferme quoique fondante, adhérente au noyau avant la parfaite maturité, très juteuse et riche; maturité seconde quinzaine de septembre. Fleurs de forme rosacée. Glandes globuleuses. — Obtenue d'un noyau de *Princesse de Galles*, par le célèbre pépiniériste anglais Rivers. L'une des plus belles et des meille ures parmi les Pêches tardives.

PÊCHE DE CHAZOTTE. Fruit très gros, de forme très irrégulière et bosselée; à chair fine, rouge près du noyau, bien fondante et juteuse; de première qualité; maturité seconde quinzaine de septembre et commencement octobre. Arbre de bonnes vigueur et fertilité. Fleurs de forme rosacée. Glandes réniformes. — L'une des plus belles et meilleures Pêches tardives, que nous avons reçue de MM. Jacquemet-Bonnefont, d'Annonay.

CLÉMENCE ISAURE. Fruit gros, sphérico-ovoïde, jaune lavé de vermillon pourpré; à chair jaune, bien fondante et juteuse, sucrée et relevée d'un parfum d'Abricot; de première qualité; maturité en septembre. Arbre vigoureux et fertile. Fleurs de forme campanulée, petites. Glandes réniformes. — Beau fruit, de qualité distinguée parmi les Pêches jaunes tardives. Obtenue, d'un semis de hasard, par M. Barthère, horticulteur à Toulouse.

BALTET. Fruit gros ou très gros, bien fait et bien coloré; à chair fine, juteuse; de première qualité; maturité fin septembre. Arbre vigoureux et fertile. Fleurs moyennes, de forme campanulée. Glandes nulles. — L'une des meilleures parmi les Pêches tardives.

ORFRAIE. Fruit gros, sphérique, légèrement lavé de rouge vers le pédoncule; à chair jaunâtre, rouge près du noyau, fine, bien fondante et très juteuse; de première qualité; maturité fin de septembre. Fleurs moyennes, de forme campanulée. Glandes réniformes. — Obtenue par M. Rivers.

PRINCESSE DE GALLES. Fruit gros ou très gros, sphérico-ovoïde, blanc de crème légèrement lavé et marbré de rose pourpré, très joli; à chair blanche, fine, bien fondante, sucrée et parfumée; de toute première qualité pour la saison; maturité commencement octobre. Arbre très vigoureux et très fertile, rustique dans sa fleur et tenant bien ses fruits. Fleurs de forme rosacée. Glandes globuleuses. — Variété extrêmement avantageuse sous tous les rapports, obtenue par le pépiniériste anglais Rivers, vers 1860.

BELLE DE TOULOUSE. — Fruit gros ou très gros, blanc jaunâtre, pourpre violacé à l'insolation; à chair blanche, mi-fine, fondante, juteuse; de première qualité; maturité commencement d'octobre. Arbre vigoureux, très fertile. Fleurs de forme campanulée, petites, rose très pâle, tardives. Glandes réniformes, nombreuses. — Obtenue, avant 1860, par M. Barthère, horticulteur à Toulouse.

P. **SALWAY.** Fruit gros, subsphérique, jaune d'or et rouge-brun; à chair d'un jaune vif, un peu ferme, sucrée et d'une saveur agréable; de première qualité pour la saison; maturité seconde quinzaine d'octobre. Arbre de bonne vigueur, fertile, à placer à l'exposition la plus chaude. Fleurs de forme campanulée, rose vif. Glandes réniformes. — Abriter les fruits par un auvent contre les pluies froides d'automne. Obtenue en 1844, par le colonel Salway, à Eghamparck, comté de Surrey (Angleterre).

LA GRANGE. Fruit gros, oblong, blanc verdâtre, très légèrement lavé de rouge; à chair blanche, très fine; de première qualité; maturité deuxième quinzaine d'octobre. Fleurs petites, rose terne, de forme campanulée. Glandes réniformes. — Variété d'origine américaine, qui n'a qu'un défaut: c'est de manquer de couleur. Arbre vigoureux et fertile; à placer à bonne exposition.

NECTARINES

BRONZÉE DE HUNT. Fruit moyen, subsphérique, presque entièrement recouvert de pourpre foncé sur fond jaune-orange; à chair jaune, rouge près du noyau, fine, tendre, sucrée et parfumée; maturité seconde quinzaine d'août. Arbre peu vigoureux, très fertile, propre aux petites formes; à placer à l'exposition de l'est ou du sud-ouest. Fleurs de forme campanulée, moyennes. Glandes nulles. — Joli fruit précoce, qui demande à être entrecueilli. D'origine anglaise.

3

C. P. NECTARINE DE FÉLIGNIES. Fruit petit ou moyen, subsphérique, presque entièrement recouvert de rouge très foncé sur fond blanc de cire; à chair fondante, juteuse, parfumée; de première qualité; maturité seconde quinzaine d'août. Arbre très vigoureux, très rustique, propre aux localités peu favorables. Fleurs de forme rosacée, floraison abondante. Glandes réniformes. — Obtenue, au siècle dernier, par M. Presin de Félignies, au château de Neufvilles, près Soignies (Belgique).

BALGOWAN. Fruit assez gros, subsphérique, lavé, marbré et pointillé de rouge-pourpre sur un fond blanc jaunâtre de cire; à chair très fine, fondante, juteuse, sucrée et délicieusement parfumée; maturité seconde quinzaine d'août et commencement de septembre. Arbre de bonne vigueur, très fertile. Fleurs de forme campanulée, moyennes. Glandes réniformes. — Se recommande par sa qualité exquise et sa facile conservation à l'office.

OLDENBOURG. Fruit gros, subsphérique, jaune pâle, légèrement marbré de rouge pâle; à chair entièrement blanc jaunâtre, fine, juteuse, sucrée et finement relevée; de première qualité; maturité fin août et commencement de septembre. Arbre peu vigoureux. Fleurs de forme campanulée, petites, rose terne. Glandes réniformes. — Bien distincte par sa couleur. Obtenue par M. Rivers.

C. P. LORD NAPIER. Fruit gros, sphérico-ovoïde, blanc jaunâtre et rouge-cerise brillant; à chair très fine, remarquablement fondante et juteuse, sucrée et parfumée; maturité fin août et commencement de septembre. Arbre vigoureux, très fertile. Fleurs de forme rosacée, rose pâle. Glandes réniformes. — Très belle et excellente Nectarine, obtenue en Angleterre par M. Rivers.

ORANGE DE RIVERS. Fruit assez gros, sphérico-ovoïde, presque entièrement recouvert de pourpre-brun pointillé sur fond jaune d'or; à chair jaune-orange, fine, fondante, sucrée et bien parfumée; de première qualité; maturité fin août et première quinzaine de septembre. Arbre vigoureux et rustique. Fleurs de forme rosacée, très grandes. Glandes réniformes. — D'origine anglaise.

ANANAS. Fruit moyen, ovale mamelonné, largement recouvert et strié cramoisi très intense sur fond orange foncé; à chair d'un beau jaune-orange, fine, succulente et bien juteuse, sucrée et d'un parfum distingué; maturité fin août et première quinzaine de septembre. Fleurs de forme rosacée, très grandes. Glandes globuleuses. — Excellente variété anglaise, obtenue par M. Rivers.

INCOMPARABLE. Fruit gros, ovoïde, jaunâtre, lavé et pointillé de rouge-carmin foncé; à chair rouge près du noyau, sucrée et bien parfumée; de toute première qualité; maturité commencement de septembre. Arbre très fertile et rustique. Fleurs de forme rosacée. Glandes réniformes. — D'origine liégeoise.

DOWNTON. Fruit gros, sphérico-ovoïde, largement recouvert de rouge-cerise foncé sur fond jaunâtre; à chair rouge foncé près du noyau, fine, fondante, juteuse, sucrée et agréablement parfumée; de première qualité; maturité première quinzaine de septembre. Arbre de bonnes vigueur et fertilité. Fleurs de forme campanulée. Glandes réniformes. — Obtenue par M. Knight.

ELRUGE. Fruit assez gros, sphérico-ovoïde, vert pâle de marbre lavé de pourpre foncé; à chair très fine, bien fondante et juteuse, sucrée, parfumée; de première qualité; maturité première quinzaine de septembre. Arbre de bonnes vigueur et fertilité, préférant l'exposition du midi. Fleurs de forme campanulée, petites. Glandes réniformes.

C. P. GALOPIN. Fruit très gros, irrégulièrement sphérique, presque entièrement recouvert et marbré de rouge-brun sombre; à chair verdâtre, fine, fondante et très juteuse, sucrée et très agréablement parfumée; maturité première quinzaine de septembre. Arbre vigoureux et rustique. Fleurs de forme rosacée. Glandes nulles. — En même temps la plus grosse et l'une des meilleures Nectarines fondantes; sa peau épaisse la rend propre au transport. Obtenue vers 1859, par M. Galopin, pépiniériste à Liège (Belgique).

MUFFRUM. Fruit moyen ou assez gros, sphérique régulier, d'un beau jaune doré recouvert de pourpre foncé; à chair jaune-orange, fine, fondante, sucrée, parfumée; de première qualité; maturité première quinzaine de septembre et mi-septembre. Arbre très rustique et fertile. Fleurs de forme campanulée, petites. Glandes réniformes.

GROSSE ELRUGE. Fruit très gros, ovale arrondi, lavé, marbré et pointillé de pourpre mat, sur fond verdâtre; à chair verdâtre, très fine, juteuse, rouge vers le noyau; de toute première qualité; maturité première quinzaine de septembre. Arbre vigoureux et fertile. Fleurs de forme campanulée, petites, rose très pâle. Glandes réniformes. — Obtenue par M. Rivers.

HUMBOLDT. Fruit gros, rouge très foncé, sur fond jaune; à chair jaune, fine, fondante, sucrée, bien savoureuse; de toute première qualité; maturité mi-septembre et seconde quinzaine de septembre. Fleurs de forme rosacée, très grandes. Glandes globuleuses. — Obtenue par M. Rivers d'un noyau de la N. Ananas; elle est plus grosse que cette dernière et l'égale en saveur.

VICTORIA. Fruit assez gros, sphérico-ovoïde, cramoisi-brun pointillé jaune sur fond vert clair ; à chair verdâtre, bien fine, bien fondante et juteuse, sucrée et parfumée ; de toute première qualité ; maturité fin septembre. Arbre vigoureux et fertile, préférant les sols secs et les situations chaudes. Fleurs de forme campanulée, rose très vif. Glandes réniformes. — Obtenue par M. Rivers.

2ᵉ SÉRIE DE MÉRITE

(ORDRE DE MATURITÉ)

PÊCHES

WILDER. Fruit moyen, rouge pointillé et veiné, sur fond jaune, pourpre à l'insolation ; à chair blanche, fine, juteuse, de bonne qualité, se détachant assez bien du noyau ; maturité fin de juillet. — Variété d'origine américaine. Fleurs de forme rosacée. Glandes globuleuses.

WATERLOO. Fruit moyen, rouge foncé, sur fond blanc pointillé ; à chair très fine, juteuse, bien sucrée, non adhérente au noyau ; de première qualité ; maturité fin de juillet. Fleurs de forme rosacée. Glandes réniformes. — Originaire d'Amérique, où elle est très appréciée sur les marchés.

GOVERNOR GARLAND. Fruit moyen ou gros, d'un beau coloris rose ; à chair fine, fondante, juteuse ; de bonne qualité ; maturité fin de juillet. Fleurs de forme rosacée. Glandes globuleuses. Arbre vigoureux et fertile.

PRÉCOCE LÉOPOLD. Fruit assez gros, lavé et strié de pourpre clair, sur fond jaunâtre ; à chair fine, juteuse ; de bonne qualité ; maturité fin de juillet. Arbre de bonne vigueur, fertile. Fleurs de forme campanulée. Glandes réniformes. — Obtenue par M. Rivers.

PÊCHE DE SAINTE-ANNE. Fruit gros, très beau, fortement coloré de pourpre noirâtre ; à chair jaunâtre, un peu fibreuse, rouge près du noyau, juteuse, un peu acidulée ; maturité fin de juillet. Fleurs de forme campanulée. Glandes réniformes. — Variété originaire de la Lombardie, dont le fruit a le défaut d'être souvent complètement creux.

ARKANSAS. Fruit moyen, beau ; à chair fine, juteuse, se détachant assez bien du noyau ; de bonne qualité ; maturité commencement d'août. Arbre de bonne vigueur, fertile. Fleurs de forme rosacée. Glandes globuleuses. — Variété d'origine américaine.

FAVORITE DE BOLLWILLER. Fruit assez gros, de forme irrégulière, jaunâtre, légèrement lavé de rouge ; à chair fine, entièrement blanche, fondante et très juteuse, vineuse ; maturité mi-août. Arbre peu vigoureux, à placer au midi. Fleurs de forme rosacée, moyennes. Glandes réniformes. — Probablement obtenue par M. Eugène Baumann, de Bollwiller (Alsace).

LAPORTE. Fruit assez gros, de forme ovale atténuée à la base, à peau duveteuse, entièrement et fortement colorée ; chair bien blanche, de première qualité ; maturité mi-août. Arbre très rustique et très fertile, souffrant aux expositions trop chaudes. Fleurs de forme campanulée. Glandes réniformes très prononcées. — Variété très distincte, obtenue d'un semis de la *Belle de Vitry*, par M. Laporte, à Ecully, près Lyon.

TILLOTSON PRÉCOCE. Fruit moyen, sphérique, largement recouvert de pourpre foncé sur fond blanc jaunâtre ; à chair fine, serrée, juteuse, bien sucrée et délicatement parfumée ; maturité mi-août. Arbre de bonne vigueur, fertile. Fleurs de forme campanulée, petites. Glandes nulles. — Excellente Pêche précoce, d'origine américaine.

HATIVE DE TROTH. Fruit moyen, sphérique, assez régulier, carmin pointillé sur fond blanc jaunâtre ; à chair blanche, rouge autour du noyau, fine, fondante, juteuse, bien sucrée et parfumée ; maturité seconde quinzaine d'août. Arbre de bonne vigueur, bien fertile. Fleurs de forme campanulée. Glandes globuleuses. — Jolie et bonne Pêche mi-précoce, introduite d'Amérique par l'Établissement.

PRÉCOCE VICTORIA. Fruit moyen, sphérico-ovoïde, bien coloré ; à chair blanche, très fondante, juteuse, sucrée, non adhérente au noyau ; maturité seconde quinzaine d'août. Fleurs de forme rosacée. Glandes nulles. — Cette variété ressemble à *York Précoce*, mais elle est plus rustique. Obtenue par M. Rivers.

BONNE JULIE. Fruit gros ou très gros, à peau très fine, lavée et pointillée de rouge carminé ; chair très fondante et excessivement juteuse, d'une saveur très relevée ; maturité seconde quinzaine d'août. Arbre vigoureux et fertile. — Magnifique et excellent gain de M. Buisson, pomologiste français auquel on doit une bonne étude sur la classification des Pêches. Fleurs grandes, de forme rosacée. Glandes nulles.

MADELEINE BLANCHE. Fruit moyen, sphérique, légèrement coloré de rouge vif sur fond blanc jaunâtre ; à chair fine, sucrée et bien parfumée ; maturité seconde quinzaine d'août. Arbre de vigueur moyenne, de fertilité inconstante, demandant une bonne exposition. Fleurs de forme rosacée, rose pâle. Glandes nulles.

FAUCON. Fruit gros ou très gros, de couleur jaune pâle, lavé de carmin à l'insolation ; à chair jaunâtre, un peu rouge près du noyau, dont elle se détache bien, juteuse, sucrée, d'une saveur piquante ; maturité seconde quinzaine d'août. Fleurs moyennes, de forme campanulée. Glandes réniformes. Arbre de bonne vigueur, fertile. — Obtenue par M. Rivers, d'un noyau de la *Nectarine blanche ancienne.*

CONKLIND. Fruit moyen, de forme irrégulière, terminé par un mamelon, jaune vif, rouge à l'insolation ; à chair jaune, un peu rouge près du noyau, dont elle se détache très bien, juteuse, très sucrée ; de première qualité ; maturité seconde quinzaine d'août. Fleurs de forme campanulée. Glandes globuleuses. Arbre vigoureux et fertile.

MIGNONNE DUBARLE. Fruit moyen, beau, assez coloré ; à chair fine, très juteuse, sucrée ; de première qualité ; maturité fin août. Fleurs grandes, de forme rosacée. Glandes globuleuses. Arbre de bonne vigueur, fertile. — Reçue de M. de Mortillet.

GALANDE POINTUE. Fruit moyen, mamelonné, presque entièrement recouvert de pourpre foncé ; à chair bien fondante ; de première qualité ; maturité fin août. Arbre de vigueur modérée, très fertile. Fleurs de forme campanulée, petites. Glandes globuleuses. — Propagée par un cultivateur de Montreuil du nom de Dormeau.

DAGMAR. Fruit moyen, très duveteux, cramoisi foncé ; à chair blanc jaunâtre, rouge près du noyau auquel elle adhère, juteuse, fondante, très bonne ; maturité fin d'août. Fleurs petites, de forme campanulée, rose vif. Glandes réniformes. Obtenue par M. Rivers, d'un noyau de l'*Albert précoce.*

PRÉCOCE ALFRED. Fruit moyen ou assez gros, bien coloré de pourpre foncé, très joli ; à chair fondante, d'une saveur particulièrement riche et agréable ; maturité fin août et commencement septembre. Fleurs de forme rosacée, très grandes. Glandes nulles. — Délicieuse Pêche anglaise, obtenue d'un noyau de la Nectarine *Bronzée de Hunt.*

CANARI. Fruit assez gros ou gros, sphérico-ovoïde bosselé, d'un beau jaune canari, légèrement lavé de rouge orangé ; à chair jaune, fine, fondante, sucrée et parfumée ; maturité fin août et commencement de septembre. Arbre fertile, réclamant l'exposition du midi et un sol sec et chaud. Fleurs de forme campanulée, moyennes. Glandes globuleuses. — Distincte par son joli coloris. Obtenue par le pépiniériste anglais Rivers.

ALBERT PRÉCOCE. Fruit moyen ou gros, sphérico-ovoïde, à duvet abondant, pourpre sur fond jaunâtre ; à chair presque entièrement blanche, très fine, bien fondante et juteuse, sucrée et bien parfumée ; de première qualité ; maturité fin août et commencement de septembre. Arbre vigoureux, rustique et très fertile. Fleurs de forme campanulée, petites, rose vif. Glandes réniformes.

BLANCHE D'AMÉRIQUE. Fruit moyen, ovoïde, blanc jaunâtre unicolore ; à chair entièrement blanche, fondante, juteuse, parfumée ; ordinairement de première qualité ; maturité fin août et commencement de septembre. Arbre de vigueur modérée, très fertile. Fleurs de forme rosacée, blanc pur. Glandes réniformes.

DOCTEUR HOGG. Fruit moyen, sphérique déprimé irrégulier, caractéristiquement creusé au sommet dans le sens du sillon, presque entièrement recouvert de pourpre-brun terne sur fond vert pâle ; à chair ferme, rouge près du noyau ; maturité fin août et commencement de septembre. Arbre vigoureux, rustique et fertile. Fleurs de forme rosacée. Glandes réniformes. — Variété anglaise distincte par sa forme et surtout par son coloris ; recommandée à la culture de spéculation.

BELLE DE LA CROIX. Fruit moyen, sphérique régulier, blanc très légèrement jaunâtre, lavé, strié et pointillé de pourpre-brun ; à chair fine, rouge autour du noyau, douce, sucrée et parfumée ; de première qualité ; maturité fin août et commencement de septembre. Arbre fertile. Fleurs de forme campanulée, petites. Glandes réniformes. — Joli fruit distingué.

CHOIX DE MARIE. Fruit assez gros, sphérico-ovoïde, jaune pâle et cramoisi vermillonné ; à chair jaune blanchâtre, fine, bien fondante ; de première qualité ; maturité fin août et première quinzaine de septembre. Arbre très fertile. Fleurs de forme campanulée. Glandes globuleuses. — Introduite d'Amérique par l'Établissement en 1867.

SUPERBE DE VAN ZANDT. Fruit assez gros, sphérico-ovoïde, jaune blanchâtre lavé et pointillé de rouge-cramoisi foncé ; à chair fine, fondante, juteuse, sucrée et parfumée ; de première qualité ; maturité fin août et première quinzaine de septembre. Arbre très fertile. Fleurs de forme campanulée, moyennes. Glandes globuleuses. — Jolie et distincte variété, d'origine américaine.

GEORGES IV. Fruit moyen, sphérique déprimé, jaunâtre et vermillon brillant ; à chair fine, fondante et bien juteuse, d'un parfum très agréable ; de toute première qualité ; maturité fin août et première quinzaine de septembre. Arbre de bonnes vigueur et fertilité. Fleurs de forme campanulée, petites. Glandes globuleuses. — Très estimée en Amérique, d'où elle est originaire, et où elle est généralement donnée comme à gros fruit.

PÊCHE NEIGE. Fruit assez gros, presque sphérique, blanc d'argent unicolore ; à chair fine, entièrement blanche, fondante, juteuse, sucrée et parfumée ; de première qualité ; maturité fin août et première quinzaine de septembre. Arbre vigoureux et fertile. Fleurs de forme campanulée, moyennes, blanc pur. Glandes réniformes. — D'origine américaine et tout à fait digne d'attention, non seulement par ses caractères, mais encore par son mérite : bien supérieure à *Blanche d'Amérique.*

DOUBLE-MONTAGNE. Fruit moyen ou gros, de couleur pâle, très peu coloré; à chair blanche, fine, juteuse, sucrée; de première qualité; maturité commencement de septembre. Arbre vigoureux et fertile. Fleurs de forme rosacée. Glandes nulles. — Belle et bonne Pêche.

RED-CHEEK MELOCOTON. Fruit gros, ovale arrondi, mamelonné, jaune et rouge foncé; à chair jaune foncé; maturité commencement de septembre. Arbre vigoureux et fertile. Fleurs de forme campanulée. Glandes globuleuses. — Ancienne variété très répandue aux États-Unis.

BERGEN'S YELLOW. Fruit gros, mesurant jusque 23 centimètres de circonférence, sphérique déprimé, orange foncé largement recouvert de rouge; à chair jaune foncé; de première qualité; maturité commencement de septembre. Arbre peu fertile. Fleurs de forme campanulée. Glandes réniformes. — L'une des meilleures Pêches jaunes; d'origine américaine.

BELLE DE LIÈGE. Fruit gros, sphérique, bien coloré; à chair fine, juteuse, rouge vers le noyau; de première qualité; maturité commencement de septembre. Arbre de bonne vigueur, fertile. Fleurs de forme campanulée. Glandes nulles.

CHANCELIÈRE. Fruit assez gros, irrégulièrement arrondi, vert jaunâtre, pointillé et lavé de carmin à l'insolation; à chair blanche, rouge autour du noyau; de bonne qualité; maturité commencement de septembre. Arbre vigoureux et très fertile. Fleurs moyennes, de forme campanulée. Glandes réniformes.

FAVORITE DE REEVES. Fruit gros, sphérico-ovoïde, jaune terne lavé et pointillé de cramoisi; à chair jaune pâle, fine, de première qualité; maturité première quinzaine de septembre. Fleurs de forme campanulée. Glandes globuleuses. — Belle et bonne Pêche jaune, introduite d'Amérique par l'Établissement.

MAGDALA. Fruit moyen, sphérico-ovoïde, blanc jaunâtre, fortement coloré et pointillé de cramoisi foncé; à chair jaunâtre, fine, d'une saveur rappelant la Nectarine; de première qualité; maturité première quinzaine de septembre. Fleurs moyennes, rose vif, de forme campanulée. Glandes réniformes. — Remarquable variété, obtenue par M. Rivers, d'un noyau de la *Nectarine Orange de Rivers.*

UNIQUE. Fruit moyen, irrégulièrement sphérique, pourpre violacé sur fond blanc verdâtre; de première qualité; maturité première quinzaine de septembre. Arbre assez délicat, peu fertile, à feuilles allongées et laciniées. Fleurs de forme campanulée. Glandes nulles. — Bonne variété, curieuse par la bizarrerie de son feuillage.

AUTOUR. Fruit moyen ou gros de forme sphérique régulière, lavé et pointillé de pourpre, sur fond verdâtre; de première qualité; maturité première quinzaine de septembre. Fleurs de forme rosacée. Glandes nulles. Arbre vigoureux et fertile. — D'origine anglaise.

RAYMACKERS. Fruit gros, lourd, sphérique, vert pâle, marbré de carmin; à chair verdâtre, fine, bien fondante et très juteuse; de première qualité; maturité première quinzaine de septembre. Arbre vigoureux et fertile. Fleurs de forme rosacée. Glandes globuleuses. — D'origine anglaise.

MADAME PYNAERT. Fruit de belle grosseur, bien coloré; à chair blanche, juteuse, sucrée, de bonne qualité; maturité première quinzaine de septembre. Fleurs de forme campanulée. Glandes réniformes. Arbre vigoureux et fertile. — Variété rustique, produisant de beaux et bons fruits en plein vent, même dans les climats du Nord. Obtenue par M. Dervaes, pépiniériste à Wetteren (Belgique).

PÊCHE DE CHANG-HAI. Fruit gros ou très gros, obovale, lavé et fouetté de rouge sur fond jaunâtre; à chair très adhérente au noyau, très juteuse; maturité première quinzaine de septembre et mi-septembre. Arbre vigoureux, à grand feuillage, rustique et fertile. Fleurs de forme rosacée, très grandes, d'un beau rose. Glandes réniformes. — Beau fruit, assez agréable par l'abondance de son eau. Variété chinoise.

STUMP THE WORLD. Fruit très gros, arrondi oblong, blanc crème lavé de rouge brillant; à chair blanche; de première qualité; maturité mi-septembre. Fleurs de forme campanulée, petites. Glandes globuleuses. — D'origine américaine; recommandée à la culture de spéculation.

SIEULLE. Fruit gros, de forme subsphérique, rouge violacé sur fond vert clair; de première qualité; maturité mi-septembre. Arbre vigoureux, peu fertile. Fleurs de forme campanulée, moyennes. Glandes réniformes. — Très beau fruit, obtenu par M. Sieulle, jardinier à Puteaux, près Paris.

P. **TÉTON DE VÉNUS.** Fruit gros, allongé mamelonné, vert jaunâtre légèrement lavé de rouge vif; à chair juteuse, sucrée, aromatisée; maturité mi-septembre. Arbre très vigoureux, souvent peu fertile. Fleurs de forme campanulée, petites. Glandes globuleuses. — Généralement estimée, mais à notre avis de second ordre.

NECTARINE. Fruit assez gros, sphérico-ovoïde mamelonné, lavé et marbré de cramoisi vif sur fond jaunâtre; à chair blanche, juteuse, rafraîchissante, rouge près du noyau; maturité mi-septembre ou seconde quinzaine de septembre. Fleurs de forme rosacée. Glandes réniformes. Arbre vigoureux et fertile. — Obtenue en Angleterre, d'un noyau de *Nectarine.*

SUSQUEHANNA. Fruit gros ou très gros, de forme sphérique irrégulière, beau jaune lavé et pointillé de pourpre brun; à chair d'un jaune d'or; maturité mi-septembre et seconde quinzaine du même mois. Fleurs de forme campanulée. Glandes réniformes. — Très belle Pêche, d'origine américaine.

GROSSE ROYALE DE PIÉMONT. Fruit très gros, lavé de rouge marbré sur fond blanc jaunâtre; à chair blanche, fine, juteuse; de première qualité; maturité mi-septembre et seconde quinzaine du même mois. Arbre vigoureux et fertile. Fleurs moyennes, de forme campanulée. Glandes réniformes. — Probablement d'origine italienne.

ANANIEL. Fruit gros, irrégulièrement sphérique, largement recouvert de pourpre sur fond blanc jaunâtre; à chair bien fondante, très juteuse; de première qualité; maturité seconde quinzaine de septembre. Fleurs de forme campanulée, petites, rose vif. Glandes globuleuses. — Originaire des environs de Tournay; ressemble beaucoup à *Bonouvrier*.

ALBATROS. Fruit gros, de forme ovale, jaunâtre, légèrement marbré de rouge; à chair blanche, fine, juteuse; de première qualité; maturité seconde quinzaine de septembre. Fleurs de forme rosacée. Glandes nulles. — Très belle variété, obtenue en Angleterre, d'un noyau de *Princesse de Galles.*

MONTAGNE TARDIVE. Fruit gros, très beau, mais peu coloré; à chair blanche, fine, juteuse; de première qualité; maturité seconde quinzaine de septembre. Fleurs de forme campanulée. Glandes globuleuses. Arbre vigoureux et fertile.

EXQUISITE. Fruit moyen, sphérique, bien coloré; à chair jaune, juteuse, sucrée; de première qualité; maturité seconde quinzaine de septembre. Arbre vigoureux et de bonne fertilité. Fleurs de forme campanulée. Glandes globuleuses. — Variété d'origine anglaise.

AIGLE DE MER. Fruit gros, de couleur pâle; à chair très fine, juteuse, rouge près du noyau; de première qualité; maturité seconde quinzaine de septembre. Fleurs de forme rosacée. Glandes globuleuses. Arbre vigoureux et fertile. — Variété obtenue par M. Rivers.

POURPRE DE FROGMORE. Fruit moyen, presque sphérique, très largement recouvert de pourpre foncé; à chair très fine, fondante, blanche, sucrée, rafraîchissante; de première qualité; maturité seconde quinzaine de septembre. Fleurs de forme campanulée. Glandes globuleuses. — Variété d'origine anglaise.

PÊCHE DE SYRIE. Fruit gros, ovoïde atténué à la base; à chair blanche, pourpre vif autour du noyau, bien fondante, juteuse; maturité fin septembre. Arbre peu vigoureux, rustique, très fertile. Fleurs de forme campanulée, très petites. Glandes réniformes. — Importée de Syrie par le commandant Barral qui en fut le premier propagateur dans le département de l'Isère. Variété se reproduisant assez bien de noyau.

MADELEINE DE COURSON. Fruit gros, jaune verdâtre, pointillé et lavé de rouge; à chair blanche, fine, juteuse, rouge autour du noyau; de première qualité; maturité fin de septembre. Arbre de bonne vigueur, fertile. Fleurs de forme rosacée. Glandes nulles.

C. P. **FINE JABOULAYE.** Fruit gros, sphérique, jaune verdâtre, marbré et lavé de rouge à l'insolation; à chair blanche, fine, fondante, juteuse, sucrée; de première qualité; maturité fin septembre. Arbre vigoureux et fertile. Fleurs moyennes, rose foncé vif, de forme campanulée. Glandes réniformes. — Obtenue probablement par M. Armand Jaboulaye, à Oullins (Rhône).

ADMIRABLE JAUNE. Fruit gros ou très gros, arrondi, un peu plus haut que large, jaune d'or et orangé, lavé de rouge; à chair assez ferme, jaune, d'une saveur rappelant celle de l'abricot; maturité fin septembre. Fleurs de forme campanulée, petites, rose saumon. Glandes réniformes. — Ancienne variété, estimée autrefois, mais surpassée aujourd'hui.

PRÉSIDENT CHURCH. Fruit assez gros, sphérico-ovoïde, pourpre très foncé sur fond blanc verdâtre; à chair bien fondante; de première qualité; maturité fin septembre. Arbre très fertile et rustique. Fleurs de forme campanulée, moyennes. Glandes réniformes. — D'Amérique.

TIPPECANOE. Fruit gros, irrégulièrement sphérique, beau jaune vif lavé et marbré de pourpre; à chair adhérente au noyau, moins ferme que dans les autres PAVIES, fine, très juteuse, délicieusement sucrée; de toute première qualité; maturité fin septembre. Arbre très fertile. Fleurs de forme campanulée, petites. Glandes réniformes. — Obtenue par M. Georges Thomas, de Philadelphie.

C. P. **TEISSIER.** Fruit gros ou très gros, sphérico-conique, à sommet surmonté d'un mamelon, jaune clair, coloré de rouge; à chair fine, fondante, très juteuse, relevée, teintée de rose vers le noyau; de première qualité; maturité fin septembre et commencement d'octobre. Arbre peu vigoureux, très fertile. Fleurs petites, rose terne, de forme campanulée. Glandes globuleuses. — Trouvée dans une vigne, à Oullins, près Lyon, et propagée par M. Jaboulay, vers 1855.

C. P. **NIVETTE VELOUTÉE.** Fruit gros ou très gros, sphérico-ovoïde, pourpre plus ou moins foncé sur fond blanc verdâtre; à chair juteuse, agréablement parfumée; maturité fin septembre et commencement octobre. Arbre très vigoureux, peu fertile, réclamant un grand espace, un sol chaud et une exposition favorable. Fleurs petites, de forme campanulée. Glandes réniformes.

SANGUINOLE. Fruit assez gros, sphérique, pourpre violacé, à duvet abondant; chair rouge betterave, plus foncé sous la peau; maturité fin septembre et commencement octobre. Arbre peu vigoureux, très fertile, réclamant un sol sec et chaud. Fleurs de forme rosacée. Glandes réniformes. — Estimée pour compotes et conserves.

AIGLE DORÉ. Fruit très gros, de couleur jaune-citron ; à chair jaune ; de deuxième qualité ; maturité fin septembre et commencement octobre. Fleurs rose vif, de forme campanulée. Glandes réniformes. — Obtenue par M. Rivers.

TROYES. Fruit gros ou très gros, de forme arrondie irrégulière, jaunâtre, lavé et marbré de pourpre brun ; à chair veinée de rouge, surtout vers le noyau ; maturité commencement d'octobre. Fleurs de forme campanulée, petites. Glandes réniformes. — Belle Pêche tardive, obtenue à Samatan (Gers), par la famille Troyes.

LEATHERBURY LATE. Fruit gros, sphérique, jaune pâle, largement recouvert de rouge ; à chair jaune clair, très juteuse, marbrée de rouge près du noyau ; maturité commencement d'octobre. Arbre vigoureux et fertile. Fleurs petites, de forme campanulée. Glandes réniformes.

TARDIVE D'OULLINS. Fruit gros ou très gros, sphérico-ovoïde, largement recouvert de rouge carminé sur fond vert blanchâtre ; à chair rouge autour du noyau, fine, juteuse, d'une saveur rafraîchissante, de première qualité ; maturité commencement d'octobre. Arbre de vigueur modérée, un peu délicat dans nos contrées. Fleurs de forme campanulée, petites, tardives. Glandes réniformes. — Trouvée par M. Lagrange, pépiniériste, dans une vigne, à Oullins, près de Lyon.

PÊCHE DE SMOCK. Fruit gros, obovoïde, d'un beau jaune-orange lavé et marbré de rouge feu ; à chair jaune foncé ; de première qualité ; maturité première quinzaine d'octobre. Arbre peu vigoureux, fertile, à placer à l'exposition du midi. Fleurs de forme campanulée, petites. Glandes réniformes. — Bon fruit, de curieuse apparence, obtenu par M. Smock, de Middleton, New-Jersey (États-Unis).

TARDIVE D'ORLÉANS. Fruit gros, assez coloré, surtout du côté du soleil ; à chair jaune, fine, fondante, juteuse ; de première qualité ; maturité première quinzaine d'octobre. Fleurs de forme campanulée. Glandes réniformes. Arbre vigoureux et fertile. — Cette variété, vu sa tardiveté, demande une bonne exposition.

NECTARINES

ADVANCE. Fruit moyen, rouge-marron clair ; à chair saumon, juteuse, sucrée ; de première qualité ; maturité mi-août. Arbre vigoureux et fertile. Fleurs grandes, de forme rosacée. Glandes nulles. — Obtenue par M. Rivers.

VIOLETTE HATIVE. Fruit petit ou moyen, ovoïde, jaune verdâtre et pourpre violacé ; à chair blanc jaunâtre, rouge vers le noyau ; maturité fin août et commencement de septembre. Arbre rustique. Fleurs de forme campanulée, moyennes. Glandes réniformes. — Ancienne variété, surpassée aujourd'hui.

HÉLÈNE SCHMIDT. Fruit assez gros, sphérico-ovoïde, presque entièrement recouvert et pointillé de rouge foncé luisant ; à chair fine, très fondante et très juteuse, bien sucrée et parfumée ; de toute première qualité ; maturité fin août et commencement de septembre. Arbre très vigoureux et rustique. Fleurs de forme rosacée. Glandes réniformes. — D'origine allemande.

MURRY. Fruit moyen ou assez gros, sphérico-ovoïde, à peau épaisse, presque entièrement recouverte et marbrée de pourpre ; chair légèrement adhérente au noyau, tendre, juteuse, vineuse, parfumée ; maturité fin août et première quinzaine de septembre. Fleurs de forme campanulée, petites, rose vif. Glandes réniformes. — D'origine anglaise.

BOSTON. Fruit gros, ovale arrondi, rouge foncé sur fond jaune brillant ; à chair jaune ; maturité commencement de septembre. Arbre très rustique et fertile. Fleurs de forme campanulée. Glandes globuleuses. — D'origine américaine.

DARWIN. Fruit moyen, sphérique, de couleur orange ; à chair jaune, fine, d'une délicieuse saveur rappelant celle de la *Nectarine Stanwick* ; de première qualité ; maturité commencement de septembre. — Obtenue par M. Rivers, d'un noyau de la *Nectarine Orange de Rivers*, dont la fleur avait été fécondée par la *Nectarine Stanwick*. Fleurs de forme rosacée. Glandes réniformes.

IMPÉRATRICE. Fruit gros, sphérico-ovoïde, pourpre brun sur fond jaunâtre ; à chair légèrement adhérente au noyau, fondante, juteuse ; de première qualité ; maturité première quinzaine de septembre. Arbre fertile. Fleurs de forme campanulée, moyennes. Glandes réniformes.

SEMIS DE HARDWICK. Fruit gros, arrondi, vert jaunâtre lavé et marbré rouge vif ; à chair verdâtre, fondante, juteuse, sucrée et bien parfumée ; de toute première qualité ; maturité première quinzaine de septembre. Arbre très vigoureux. Fleurs de forme rosacée. Glandes nulles.

GATHOYE. Fruit petit ou moyen, presque sphérique, vert pâle et pourpre sanguin ; à chair fine, fondante, parfumée ; de toute première qualité ; maturité première quinzaine de septembre. Fleurs de forme rosacée. Glandes globuleuses. — Probablement obtenue par M. Gathoye, pépiniériste aux Bayards-lez-Liège (Belgique).

PITMASTON ORANGE. Fruit assez gros, sphérico-ovoïde, presque entièrement recouvert de brun sur fond jaune intense ; à chair jaune orange, fondante, juteuse, bien sucrée, parfumée et relevée d'un goût d'Abricot ; de première qualité ; maturité première quinzaine de septembre. Arbre vigoureux, fertile et robuste, d'un très bel effet à la floraison. Fleurs de forme rosacée, très grandes, d'un beau rose. Glandes globuleuses. — Obtenue, au commencement du siècle, par le chevalier John Williams, de Pitmaston, près de Worcester (Angleterre), d'un semis de l'*Elruge*.

NECTARINE DE PADOUE. Fruit assez gros, sphérique jaune unicolore ; à chair jaune, fine, fondante, juteuse, d'un goût particulier ; de première qualité ; maturité première quinzaine de septembre et mi-septembre. Fleurs de forme rosacée, rose pâle. Glandes réniformes. Arbre vigoureux et fertile. — Variété très distincte.

STANWICK. Fruit gros, sphérico-ovoïde, vert pâle et rouge-brun ; à chair fine, juteuse, sucrée, parfumée ; de première qualité ; maturité mi-septembre. Arbre peu vigoureux, délicat. Fleurs de forme rosacée, d'un beau rose ; floraison abondante. Glandes réniformes. — Obtenue en Angleterre de noyaux envoyés de Syrie. Beau fruit mais ayant le défaut de se fendre.

Variétés à l'étude.

PÊCHES

Baron Ackenthal. Variété reçue d'Autriche avec grande recommandation. Fleurs de forme rosacée. Glandes globuleuses.

C. P. **Belle Cartière.** Fruit gros, sphérique, un peu bosselé ; à peau fine se détachant assez bien, d'un blanc rosé granité de rouge clair, abondamment lavée de rouge pourpre, presque noire à l'insolation ; à chair d'un blanc jaunâtre, frangée de rouge carmin autour du noyau, fine, bien fondante ; à saveur sucrée, vineuse et agréablement parfumée. Maturité fin août et commencement de septembre. Fleurs de forme campanulée. Glandes réniformes. Arbre vigoureux et fertile. — Trouvée, vers 1845, par M. Armand Jaboulay, dans un vignoble de Mᵐᵉ Cartier, à Oullins, près Lyon.

Belle de Logelbach. Fruit énorme, juteux, d'un goût très aromatisé ; maturité mi-septembre. Arbre vigoureux et fertile. Fleurs de forme campanulée. Glandes réniformes.

Bilyeu's October. Reçue de M. Rivers. Fleurs de forme campanulée. Glandes globuleuses.

Duchesse de Galliera (*Journ. de vulg. de l'hort.*, 1888, nº 1). Très gros, un peu déprimé, mucroné au sommet ; peau mince, duveteuse, très colorée, rouge pourpre au soleil ; chair blanche, violacée auprès du noyau qui se détache très bien, fondante, extrêmement juteuse, agréablement sucrée et parfumée ; maturité seconde quinzaine de septembre. Arbre vigoureux et fertile. — Variété hors ligne donnant de très beaux fruits en plein vent. Fleurs de forme campanulée. Glandes globuleuses.

Du Prado. Fleurs rose pâle, de forme campanulée. Glandes globuleuses.

Franz Kœlitz. Reçue d'Allemagne, où on la dit une des meilleures pêches précoces à gros fruit. Ce qui la recommande et la distingue, c'est qu'elle n'est pas sujette aux influences des changements de température du printemps. Fleurs de forme campanulée. Glandes nulles.

Madeleine striée. Fruit gros, bien arrondi ; à peau excessivement fine, couverte d'un duvet délicat blanc jaunâtre strié de rouge du côté du soleil ; à chair très fine, sucrée, fondante et parfumée ; maturité seconde quinzaine d'août. Arbre très fertile. Fleurs de forme rosacée. Glandes nulles.

Mignonne tardive. Fruit moyen. Fleurs de forme rosacée. Glandes globuleuses.

Nanticoke. Variété à très gros fruit ; à chair jaune, striée de rouge. Arbre très fertile. Maturité septembre-octobre. Fleurs de forme campanulée. Glandes réniformes.

Pavie Lantheaume (*Rev. hort.*, janvier 1887). Fruit gros ou très gros, d'un beau jaune d'or un peu foncé à la maturité, coloré en rouge foncé au soleil. Chair jaune, ferme, sucrée, onctueuse, agréable à manger ; eau abondante, sucrée, finement parfumée ; maturité octobre-novembre. Se conserve longtemps après être cueillie, et grâce à la fermeté de sa chair, peut être exportée à de grandes distances. Placée dans un endroit sec, après sa cueillette, elle se conserve jusqu'en novembre et plus tard ; alors elle fait d'excellents desserts étant coupée en tranches et assaisonnée de kirsch. — Fleurs de forme campanulée. Glandes réniformes.

Précoce argentée. Variété américaine dite aussi précoce que l'*Amsden*, et paraissant même devancer celle-ci. Fleurs de forme rosacée. Glandes réniformes.

Précoce de Saint-Assiscle. Fruit d'une belle grosseur, d'un coloris magnifique, d'une saveur délicieuse ; à chair fondante se détachant bien du noyau ; maturité juillet-août. Fleurs de forme campanulée. Glandes réniformes.

Précoce de Schlœsser. Fruit très gros, plat, de 7 à 8 centimètres de large, sur 6 à 7 de hauteur, jaune pâle, un peu rouge du côté du soleil ; à chair très juteuse et douce. Maturité fin juillet et commencement d'août.

Quetier. Fruit gros ; à chair jaune, fondante, non adhérente au noyau, rouge autour de celui-ci ; eau abondante, sucrée, vineuse, d'une saveur agréable qui rappelle celle des pêches à chair jaune ; maturité du 5 au 20 octobre. Fleurs de forme campanulée. Glandes réniformes.

Radclyffe. Fruit très gros, de couleur pâle ; d'excellente saveur ; maturité fin septembre et commencement d'octobre. Fleurs de forme campanulée. Glandes réniformes. Obtenue par M. Rivers.

Robert Lavallée (*Rev. hort.*, 16 mai 1887). Fruit ovale atténué aux deux bouts, de 8 centimètres et plus de haut, fortement laineux, couleur rouge foncé rubané, noirâtre au soleil, lavé rose à l'ombre ; à chair blanc jaunâtre, rouge sang foncé autour du noyau qui se détache très bien ; eau abondante, légèrement acidulée, peu sucrée. Maturité mi-septembre. Arbre fertile, robuste, peu vigoureux. Fleurs de forme campanulée. Glandes réniformes ou mixtes.

Saunders. Variété dite plus précoce que la variété *Amsden*. Fleurs de forme rosacée. Glandes nulles.

Strawberry (*The Fr. and Fr.-Tr. of Am.*, p. 633). Fruit moyen, de forme ovale, marbré de rouge sur presque toute sa surface ; d'une saveur délicieuse ; maturité mi-août. Fleurs de forme campanulée. Glandes réniformes.

Superbe de Choisy. Fruit très gros, ayant jusqu'à 9 centimètres de diamètre ; à chair blanc mat, rouge vineux autour du noyau, non adhérente, très fondante, contenant en abondance une eau sucrée, agréablement parfumée. Cette variété est précieuse d'abord parce qu'elle est très belle et bonne, qu'elle est fortement colorée et qu'elle a de l'œil ; ensuite parce qu'elle vient à une époque où les bonnes pêches font presque complètement défaut. Elle est pour la seconde quinzaine de septembre, ce que les *Grosse Mignonne, Belle Beauce*, etc., sont pour la première quinzaine de septembre. Arbre très rustique, très vigoureux, résistant parfaitement à la cloque et au blanc. Fleurs de forme campanulée. Glandes nulles.

Tardive Gros. Fleurs de forme campanulée, petites. Glandes réniformes.

Vilmorin (*Journ. de vulg. de l'hort.*, 1888, n° 1). Fruit gros, régulier, à peine sillonné, mucroné. Peau duveteuse, rouge ponceau très foncé sur les parties isolées, fortement marmorée de rouge sur les autres ; chair blanche, rouge autour du noyau, très fondante ; eau excessivement abondante, sucrée, finement parfumée. Cette excellente variété a l'aspect de la *Grosse Mignonne*. Elle mûrit à partir de la fin de septembre jusqu'au 15 octobre. Arbre vigoureux et fertile. Fleurs moyennes de forme campanulée. Glandes globuleuses.

York Précoce Stanwick (Rivers). Fruit moyen, jaune verdâtre lavé de rouge ; d'une saveur distinguée, analogue à celle de la *Nectarine Stanwick*. Fleurs de forme campanulée, moyennes. Glandes nulles.

Variétés douteuses ou peu méritantes.

PÊCHES

Alberge jaune. Nous paraît analogue à *Admirable jaune*.

Chevreuse hâtive. Ne répond pas exactement à la description de l'horticulteur qui nous l'a adressée.

D'Italie. Analogue à *Reine des vergers*.

Grosse Madeleine. Cette variété nous paraît analogue à *Madeleine à moyennes fleurs*.

Pourprée tardive. Variété dont l'identité n'est pas suffisamment établie.

NECTARINES

A feuilles sablées. Nom qui nous paraît faux, les feuilles n'étant pas sablées.

Bowden. Ne répond pas à la description de celui qui nous l'a adressée.

Violette musquée. Ne répond pas à la description de celui qui nous l'a adressée.

Variétés nouvelles.

PÊCHES

Belle de Bade. Fruit très gros ; à chair fondante, agréablement parfumée et sucrée, jaune. Maturité septembre. Glandes globuleuses.

Bérénice. Variété du type chinois ; à fruit gros, jaune, marbré carmin ; à chair non adhérente au noyau. Maturité fin juin à mi-juillet. Glandes réniformes.

Clarissa. Très grosse et superbe pêche ; à chair jaune, de bonne qualité ; maturité mi-octobre.

Domergue (*Rev. hort.*, 1889, n° 7). Fruit assez gros, bien coloré, très bon ; maturité août. Arbre très fertile. Fleurs de forme campanulée. Glandes globuleuses.

Elberta. Fruit gros, jaune, rouge du côté du soleil ; à chair jaune, non adhérente au noyau, juteuse, hautement parfumée. Glandes réniformes.

Fords late. Variété tardive à fruit magnifique ; chair blanche se détachant bien du noyau ; de bonne qualité. Maturité octobre.

Globe. Beau fruit, de grosseur moyenne, jaune d'or ; à chair non adhérente au noyau, ferme, parfumée, de bonne qualité. Maturité du 15 septembre au 1er octobre.

Lowet's white. Variété très tardive à fruit blanc, très gros, de belle forme ; à chair douce, excellente.

Sally Worrel. Superbe pêche de 40 centimètres de circonférence, blanc crèmeux avec un côté rose, de très bonne qualité. Maturité août-septembre. Glandes globuleuses.

Souvenir de Gérard Galopin. Fruit très gros, fort beau, d'une couleur pourpre noir, pesant jusque 180 grammes. Il est à belle chair jaune, fine, juteuse, avec auréole rouge autour du noyau, dont elle se détache franchement. Arbre vigoureux et fertile. Maturité première quinzaine de septembre. Glandes globuleuses.

Spottswood. Semblable à *Plate de Chine.* Fruit très gros d'excellente qualité ; à chair se détachant bien du noyau.

Wheatland. La plus grosse et la meilleure pêche de la saison ; à chair jaune, ferme, juteuse, non adhérente au noyau. Maturité août-septembre. Glandes réniformes.

NECTARINES

Early Rivers. Fruit magnifique ; à chair non adhérente au noyau. La plus précoce de toutes les Nectarines, mûrissant trois semaines avant *Lord Napier.* Obtenue par M. Rivers ; récompensée d'un certificat de mérite de première classe, par la Société royale d'horticulture de Londres.

Précoce de Croncels. Variété se recommandant par la vigueur et la fertilité de son arbre, par la maturité hâtive du fruit et par la bonne qualité vineuse de sa chair. Le fruit est assez gros, amplement coloré de violet sur un fond beurre frais ; à chair non adhérente au noyau. Maturité première quinzaine d'août. Fleurs de forme rosacée. Glandes réniformes.

Vineuse Henri de Monicourt. Fruit de grosseur moyenne, à peau luisante, très lisse, rouge sang violacé ; à chair rouge sang sous la peau, puis blanc flammé ou rougeâtre ; eau assez abondante, sucrée, parfumée, d'une saveur particulière. Maturité très tardive. Glandes réniformes.

PÊCHERS A FEUILLAGE COLORÉ

DEMOUILLES (*Rev. hort.*, 1870-1871, pp. 11 et 549). Variété très remarquable par la couleur jaune foncé de ses rameaux et de son feuillage à l'automne, et en même temps par ses fruits, qui sont gros, de forme très régulière, jaune foncé et rouge pourpre ; de bonne qualité ; maturité seconde quinzaine de septembre. Arbre très fertile, d'un joli aspect lorsqu'il est couvert de ses fruits. Fleurs de forme campanulée, petites. Glandes réniformes.

PÊCHER A FEUILLES POURPRES. Très intéressante variété américaine, introduite en 1873. Le fruit est à peau et à chair complètement rouges. Quant au feuillage, il est très ornemental par son coloris d'un beau rouge sang, faisant un contraste frappant et très agréable. L'arbre est excessivement vigoureux et robuste ; il est très rustique, et se prête parfaitement à la culture en plein vent, ce qui permet d'utiliser, plus facilement et en même temps, sa valeur ornementale, et son mérite comme variété fruitière. Fleurs de forme rosacée, pâles. Glandes réniformes.

Variété naine.

Nain Aubinel (*Rev. hort.*, 1871, p. 318). Acquisition réellement remarquable et précieuse, bien supérieure aux anciennes variétés de Pêchers nains. Arbre excessivement nain, à rameaux gros et courts, mais en même temps d'un aspect sain et robuste, remarquable par les dimensions de ses longues feuilles ondulées et retombantes, du plus beau vert; très fertile. Fruit assez gros, de forme régulière, jaune d'or légèrement lavé de rouge; à chair libre, jaune orangé, très fondante, sucrée et agréablement relevée; de première qualité. — A ces divers mérites, cette curieuse variété joint celui de se reproduire identiquement de semis. Elle sera très avantageuse pour la culture en pots, et l'arbre formera, sans qu'il soit besoin de s'en occuper, de charmants buissons, d'un très joli effet au bord des allées, où ils pourront être placés absolument comme s'il s'agissait de Groseilliers.

Variété à fleurs doubles.

Clara Mayer. Superbe variété à très grande fleur, très double, rose vif, de forme rosacée. Fruit assez gros, ovoïde arrondi, jaune verdâtre, légèrement coloré du côté du soleil; à chair jaune verdâtre, juteuse, se détachant bien du noyau, d'un arome très fin. Le fruit peut être utilisé pour faire des compotes. Arbre très fertile, de premier ordre pour l'ornementation des massifs. Glandes réniformes. — Obtenue par MM. Lambert et Reiter de Trèves (Prusse rhénane).

Poires

Le Poirier est, de tous les Arbres fruitiers, le plus généralement estimé et le plus répandu. Il doit cette préférence, d'une part à la qualité et à la variété de ses produits, offrant un assortiment si utile aux approvisionnements et dont on jouit pour ainsi dire pendant toute l'année; de l'autre à la facilité de culture de son arbre, se pliant aux nombreuses formes qu'on lui impose et se conformant aux exigences de terrains, de situations, d'espaces, etc.

On greffe le Poirier sur *franc* ou sur *coignassier*. Les sujets greffés sur franc prospèrent à peu près partout, vivent longtemps, sont susceptibles de prendre de grands développements, mais ils exigent un bon emploi de leur vigueur dans les formes soumises à la taille pour être fertiles: c'est à peu près exclusivement ce sujet dont on se sert pour le haut-vent. Ceux greffés sur coignassier sont presque toujours moins vigoureux, surtout lorsqu'ils atteignent un certain âge, et vivent moins longtemps; mais ils sont plus précoces au rapport, plus convenables pour les formes réduites, et ils donnent généralement de plus beaux et de meilleurs fruits: ils sont aussi moins susceptibles d'infertilité dans certains sols et sous l'influence d'une taille mal raisonnée.

Bien que souvent l'expérience seule puisse décider lequel de ces sujets doit être préféré, on peut dire, d'une manière générale, que le coignassier aime les sols argilo-siliceux ou schisteux, assez profonds, et qu'il redoute les sols sableux et brûlants. On doit éviter de l'employer pour les remplacements et dans les replantations de jardins fruitiers dont le sol est épuisé. Par contre, on lui donnera la préférence dans les terrains n'ayant pas encore nourri d'arbres et dans les sols riches: en un mot partout où il prospère bien. Dans l'incertitude, et lorsque la nature de la plantation le permettra, il sera très avantageux de planter alternativement un *franc* et un *coignassier*, à une distance assez rapprochée pour pouvoir par la suite supprimer l'un ou l'autre. Lorsqu'on sera assuré du succès pour les arbres greffés sur coignassier, on déplacera les *francs*, opération très avantageuse pour leur mise à fruits. Si, au contraire, le sol n'est pas favorable aux *coignassiers*, ils n'en produiront pas moins le plus souvent et très vite de beaux et bons fruits, tout en s'épuisant promptement: on les supprimera alors dès que les *francs* seront en rapport. Il ne faut pas perdre de vue, toutefois, que certaines variétés sont d'une vigueur presque toujours insuffisante sur coignassier; comme, ordinairement, ces mêmes variétés sont d'une fertilité suffisante sur franc, il y a avantage à leur donner ce sujet.

Les formes auxquelles on soumet le Poirier sont multiples, mais elles peuvent être groupées dans les quatre modes de culture suivants : 1° le *haut-vent*; 2° les *autres formes de plein air*; 3° le *contre-espalier*; 4° l'*espalier*.

Toutes les variétés ne s'accommodent pas également bien de ces diverses formes, et un choix judicieux de celles qui se prêtent le mieux aux unes et aux autres est d'une très grande importance dans une plantation : malheureusement il laisse bien souvent à désirer. Aussi avons-nous eu soin, dans les descriptions qui vont suivre, de donner à ce sujet toutes les indications désirables, que nous compléterons par les données générales suivantes :

1° Pour le *haut-vent*, on choisira les arbres fertiles, dont la vigueur, la rusticité, le volume des fruits seront en rapport avec la situation plus ou moins favorable et plus ou moins abritée des grands vents, et que la nature de leurs produits indiquera comme remplissant le but que l'on se propose.

2° Pour les *autres formes de plein air*, telle que la pyramide ou quenouille, le vase, le fuseau, etc., on s'en tiendra préférablement aux variétés que leur mode de végétation et leur port désigneront comme offrant le plus de facilités dans la formation des arbres, en réservant encore autant que possible pour les formes palissées les variétés à fruits trop gros ou mal attachés, surtout dans les situations exposées aux vents d'automne.

3° Le *contre-espalier* est le mode de culture qui exclut le moins de variétés et qui permet d'en réunir, dans un espace donné, le plus grand nombre. C'est aussi l'un des plus avantageux sous tous les rapports. Aussi tend-il de plus en plus à gagner la faveur des amateurs.

4° Enfin l'*espalier* sera réservé aux variétés à gros fruits, à celles de premier mérite qui, dans quelques cas, le réclament pour bien prospérer, et enfin aux anciennes variétés devenues délicates, mais que certaines personnes persistent à vouloir conserver, bien qu'elles soient tout au moins égalées par d'autres plus rustiques. On aura soin, toutefois, de placer les fruits d'été et d'automne les moins délicats aux expositions les moins favorisées, tandis que les fruits d'hiver et les variétés les plus délicates recevront les expositions les plus chaudes.

Lorsque, dans les descriptions qui vont suivre, il ne sera pas donné d'indications spéciales concernant les formes à adopter de préférence, la variété pourra être considérée comme propre à toutes formes, en tenant compte, bien entendu, des considérations ci-dessus.

La cueillette des Poires est une opération qui a, sur la qualité et la bonne conservation des fruits, une influence plus grande qu'on ne le croit généralement, et qui, bien souvent, est loin d'être faite dans de bonnes conditions.

La plus grande partie des Poires d'été demandent à être entrecueillies, c'est-à-dire à être détachées de l'arbre avant qu'elles aient atteint leur maturité. C'est même à cette condition seulement qu'un certain nombre acquerront toutes leurs qualités : d'autres ne pourront être utilisées sans cette précaution. — Les Poires d'automne doivent être cueillies successivement, en raison de l'époque à laquelle elles mûrissent, mais toujours une quinzaine de jours avant cette époque. — Enfin celles d'hiver resteront sur les arbres aussi longtemps qu'elles ne paraîtront pas en souffrir, qu'il n'en tombera pas une trop grande quantité, et que l'état de la température le permettra : les plus tardives ne devant être cueillies que lors des premières gelées.

En raison de son importance et du grand nombre de variétés méritantes qu'il renferme, nous avons cru devoir diviser les variétés bien connues du genre Poirier en trois séries de mérite, au lieu de deux comme nous le faisons pour les autres genres.

La 1re série se compose des variétés auxquelles on doit à peu près exclusivement se borner pour les petits jardins, et qui doivent constituer le fond de toute plantation.

La 2e série est consacrée à celles qui ne doivent manquer dans aucune plantation d'une certaine étendue, et dans laquelle se trouvent réunis les divers modes de culture, les diverses formes et les diverses expositions.

Enfin la 3e série comprend toutes les autres variétés offrant un intérêt quelconque, et pouvant être admises dans les grandes collections.

L'hiver de 1879-1880 ayant détruit la plus grande partie des collections, l'étude des fruits a été interrompue pendant quelques années, de sorte que beaucoup de variétés, quoique déjà anciennes, sont restées à l'étude.

1ʳᵉ SÉRIE DE MÉRITE

(ORDRE DE MATURITÉ)

POIRES D'ÉTÉ

P. **DOYENNÉ DE JUILLET.** Fruit petit, venant en bouquet, en forme de Doyenné, jaune d'or et rouge vif; à chair blanche, mi-fondante, juteuse; de première qualité pour la saison; maturité première quinzaine de juillet. Arbre peu vigoureux sur coignassier, très fertile. — Joli fruit.

P. **BEURRÉ GIFFARD.** Fruit moyen, piriforme régulier, vert jaunâtre frappé de carmin; à chair fine, bien fondante, juteuse, sucrée et relevée d'un léger parfum; de première qualité; maturité seconde quinzaine de juillet. Arbre de vigueur très modérée, aussi bien sur franc que sur coignassier, d'un mauvais port en pyramide, de bonne fertilité; à cultiver en contre-espalier, en espalier au midi et à haut vent en sol riche. — L'une des meilleures Poires de la saison, mais qu'il faut entrecueillir et consommer à point. Variété trouvée par M. Giffard, d'Angers.

P. **ANDRÉ DESPORTES.** Fruit moyen, turbiné obtus régulier, jaune verdâtre; à chair très fine, juteuse, d'un parfum délicieux; de première qualité; maturité fin juillet et commencement d'août. Arbre très vigoureux et d'une fertilité remarquable. — Obtenue par M. André Leroy, pépiniériste à Angers, en 1854, et dédiée au fils aîné du directeur de la partie commerciale de son établissement.

P. **BRANDYWINE.** Fruit moyen ou assez gros, courtement piriforme et aplati à sa base, jaune pâle réticulé de fauve et lavé de rouge-brun; à chair beurrée, bien fondante, sucrée et agréablement relevée; de première qualité; maturité première quinzaine d'août. Arbre vigoureux sur coignassier, d'un beau port en pyramide, très fertile en haut-vent. — Variété trouvée dans la ferme de M. Élie Harvey, à Chaddsforth sur les bords de la Brandywine (Delaware. — États-Unis).

P. **DOCTEUR JULES GUYOT.** Fruit gros, oblong renflé et tronqué, jaune paille fouetté de rose carmin; à chair fine, fondante, juteuse, aromatisée; de première qualité; maturité seconde quinzaine d'août. Arbre de vigueur modérée sur coignassier, très fertile, propre à toutes formes. — Variété obtenue par MM. Baltet frères, à Troyes, en 1870.

P. **GROS ROUSSELET D'AOUT.** Fruit assez gros, piriforme régulier, jaune lavé de rouge rosat; à chair fine, fondante, juteuse, sucrée, acidulée, parfumée; maturité seconde quinzaine d'août. Arbre vigoureux sur coignassier, très fertile, propre à toutes formes et surtout au haut-vent. — Il est regrettable que cet excellent fruit soit aussi mal nommé; car rien en lui ne justifie la qualification de Rousselet. Variété obtenue par Van Mons, à Bruxelles, et propagée par M. Millot, pomologue à Nancy.

P. **WILLIAMS.** Fruit gros, oblong ventru bosselé, jaune d'or vif; à chair très fine, fondante, juteuse, fortement musquée; de première qualité; maturité août-septembre. Arbre de bonne vigueur, très fertile, à cultiver de préférence sur franc. — L'un des plus beaux et des meilleurs fruits d'été, surtout pour les personnes auxquelles ne déplaît pas la nature de son parfum. Variété originaire du Berkshire (Angleterre), et propagée dès 1770, par un horticulteur de Londres, nommé Williams.

BEURRÉ DE MORTILLET. Fruit gros ou très gros, turbiné piriforme, renflé dans le centre, vert tendre pointillé de roux, légèrement frappé d'incarnat du côté du soleil; à chair blanche, excessivement fine, beurrée, bien fondante, juteuse; de première qualité; maturité août-septembre. Arbre vigoureux et fertile, propre à toutes formes. — Excellente variété d'obtention récente.

P. **MARGUERITE MARILLAT.** Fruit gros, piriforme turbiné, jaune paille taché de roux fauve, rougeâtre à l'insolation; à chair blanc jaunâtre, mi-fine, bien juteuse, sucrée, acidulée, relevée d'un goût légèrement musqué; de première qualité; maturité août-septembre. Arbre de bonne vigueur, d'un bon port, de bonne fertilité sur franc et sur coignassier. — Variété obtenue par M. Marillat, horticulteur à Villeurbanne, près de Lyon, vers 1874.

P. **MONSALLARD.** Fruit assez gros, de forme oblongue régulière, jaune mat, un peu ponctué de verdâtre; à chair blanche, fondante, juteuse, bien sucrée et d'une excellente saveur; de toute première qualité; maturité août-septembre. Arbre vigoureux d'un beau port et de bonne fertilité. — Variété trouvée vers 1810, par M. Monsallard, sur la terre des Biards, à Valeuil, canton de Brantôme (Dordogne).

P. **FAVORITE DE CLAPP.** Fruit gros ou très gros, obovale piriforme, jaune citron pâle marbré de brun; à chair fine, fondante, beurrée, bien sucrée et d'une saveur agréable; de première qualité; maturité fin août. Arbre vigoureux sur coignassier, d'un beau port, robuste et fertile. — Très beau et bon fruit, recommandé surtout aux personnes auxquelles déplaît la saveur musquée de la *Williams*. Variété obtenue par M. Thaddeus Clapp, de Dorchester (Massachusetts. — États-Unis). Cette variété a un peu résisté à la gelée de 1879-1880.

C. P. **POIRE DE L'ASSOMPTION.** Fruit gros, de forme variable, jaune citron taché et strié de roux ; à chair mi-fine, très juteuse, bien sucrée ; de première qualité ; maturité commencement de septembre. Arbre peu vigoureux sur coignassier, d'un beau port pyramidal, très fertile. — Belle et bonne Poire d'été, obtenue en 1863, par M. Ruillé de Beauchamps, près de Nantes.

C. P. **TRIOMPHE DE VIENNE.** Fruit gros, piriforme obtus, jaune vif marbré de fauve, teinté de carmin au soleil ; à chair blanche, fine, fondante, juteuse, sucrée, parfumée ; de première qualité ; maturité commencement de septembre. Arbre vigoureux et fertile, propre à toutes formes. — Variété obtenue par M. Cl. Blanchet, horticulteur à Vienne (Isère).

C. P. **DUCHESSE DE BERRY.** Fruit moyen, arrondi, jaune paillé ; à chair blanche, fine, fondante, juteuse, sucrée, acidulée, parfumée ; de toute première qualité ; maturité commencement de septembre. Arbre fertile, vigoureux sur coignassier, mais propre surtout au haut-vent. — Se recommande par la qualité hors ligne de son fruit, l'un des meilleurs de la saison. Variété trouvée, en 1827, à Saint-Herbelain (Loire-Inférieure), par M. Gabriel Bruneau, pépiniériste, à Nantes.

C. P. **SOUVENIR DU CONGRÈS.** Fruit très gros, de forme variable, jaune d'or lavé de rouge vif ; à chair mi-fondante, juteuse, acidulée, musquée ; maturité commencement de septembre. Arbre très vigoureux sur coignassier, d'un beau port en pyramide, très fertile. — Superbe fruit, parfois de deuxième qualité, mais souvent bon. Variété obtenue par M. Morel, pépiniériste à Lyon-Vaise. A un peu résisté à la gelée de 1879-1880.

C. P. **MADAME TREYVE.** Fruit assez gros, turbiné obtus, jaune verdâtre lavé de rouge orangé ; à chair fine, bien fondante, très juteuse, très sucrée, rafraîchissante, parfumée ; de toute première qualité ; maturité commencement de septembre. Arbre peu vigoureux sur coignassier, précoce au rapport. — Beau et excellent fruit, exempt de la saveur musquée commune à beaucoup de Poires d'été. Variété obtenue, en 1848, par M. Treyve, horticulteur à Trévoux (Ain).

C. P. **BONNE D'EZÉE.** Fruit assez gros, ovoïde allongé, jaune pâle ; à chair fine, fondante, très juteuse, bien sucrée ; de première qualité ; maturité septembre. Arbre de vigueur modérée, très fertile sur franc, propre à toutes formes, mais réclamant un bon sol. — Trouvée en 1838, à Ezée, près de Loches (Indre-et-Loire), par M. Dupuy-Jamain, de Paris.

C. P. **BEURRÉ D'AMANLIS.** Fruit gros, piriforme ventru, vert jaunâtre ; à chair blanche, fondante, juteuse, sucrée, d'une saveur relevée et acidulée ; de première qualité ; maturité septembre. Arbre très vigoureux, rustique et bien fertile, d'un mauvais port en pyramide, propre surtout au haut-vent en situation abritée du vent. — Variété de rapport, originaire d'Amanlis, près de Rennes.

FONDANTE DE CUERNE. Fruit gros, piriforme pyramidal, vert clair ; à chair fine, beurrée, fondante, sucrée, vineuse, parfumée ; de première qualité ; maturité courant de septembre. Arbre vigoureux sur coignassier, d'un bon port. — Cette Poire est sujette à blettir et à devenir pâteuse, mais son volume et sa qualité lorsqu'elle est entrecueillie et consommée à point, c'est-à-dire avant que sa peau s'éclaircisse trop, la recommandent aux amateurs de beaux fruits, et pour le marché. Originaire de Cuerne près de Courtrai (Belgique).

C. P. **ROUSSELET DE REIMS.** Fruit petit, turbiné régulier, jaune obscur lavé de rouge-brun ; à chair mi-cassante, juteuse, d'un parfum musqué particulier ; maturité fin d'été. Arbre vigoureux et fertile, devenu délicat en plein vent. — Ancienne variété, toujours recherchée, surtout pour conserves.

POIRES D'AUTOMNE

C. P. **LOUISE-BONNE-D'AVRANCHES.** Fruit assez gros, piriforme allongé, jaune verdâtre largement lavé de rouge sanguin ; à chair bien fine, bien fondante et très juteuse, sucrée, douce, parfumée ; de toute première qualité ; maturité septembre. Arbre vigoureux et très fertile, propre à toutes formes, mais surtout à celles de plein-vent et particulièrement au haut-vent. — L'une des variétés de Poires les plus avantageuses sous tous les rapports. Obtenue, vers 1780, par M. de Longueval, à Avranches.

C. P. **POIRE D'ANGLETERRE.** Fruit petit ou moyen, allongé, vert pâle ; à chair fine, beurrée, d'une saveur agréable ; maturité septembre-octobre. Arbre vigoureux, très fertile, particulièrement propre au haut-vent. — Fruit de marché, estimé par quelques personnes.

C. P. **FONDANTE DES BOIS.** Fruit gros ou très gros, conico-cylindrique, jaune paille lavé de rouge brillant ; à chair fine, fondante, juteuse ; de première qualité ; maturité septembre-octobre. Arbre de bonne vigueur sur coignassier. — Très beau fruit, dont le seul défaut est de passer un peu vite. Trouvée dans un bois, aux environs d'Alost (Flandre orientale).

ELLIS. Fruit gros, oblong obtus, jaune verdâtre ; à chair fondante, juteuse, aromatisée ; de première qualité ; maturité septembre-octobre. Arbre vigoureux sur coignassier, d'un beau port, précoce au rapport et très fertile. — Beau et bon fruit, d'origine américaine. A un peu résisté à l'hiver de 1879-1880.

P. **BEURRÉ HARDY.** Fruit assez gros, ovale tronqué, verdâtre recouvert de rouille dorée ; à chair fine, fondante, bien sucrée et parfumée ; de toute première qualité ; maturité septembre-octobre. Arbre vigoureux sur coignassier, d'un beau port en pyramide. — Variété hors ligne sous tous les rapports, destinée à remplacer très avantageusement le *Beurré gris*. Obtenue par M. Bonnet, à Boulogne-sur-mer, et propagée par M. Jean-Laurent Jamin. A résisté à l'hiver de 1879-1880.

P. **LE BRUN.** Fruit assez gros, conique et très allongé, jaune paille verdâtre unicolore ; à chair blanc jaunâtre, fine, compacte, beurrée, juteuse, très sucrée, musquée ; de toute première qualité ; maturité septembre-octobre. Arbre très vigoureux sur coignassier, d'un mauvais port. — Cette poire est presque toujours dépourvue de pépins ; elle demande à être entrecueillie. Obtenue en 1856, par M. Gueniot, horticulteur à Troyes, et dédiée à M. Lebrun-Dalbanne, Président de la société d'horticulture de l'Aube.

P. **COMTE LELIEUR.** Fruit assez gros, ovale arrondi, jaune de Naples pointillé de fauve et lavé de carmin ; à chair fine, fondante, très juteuse, sucrée, d'un arome délicieux ; de toute première qualité ; maturité septembre-octobre. Arbre peu vigoureux, d'un beau port, précoce au rapport, à fleur double très jolie. — Se recommande en outre par sa maturation lente et prolongée. Obtenue par MM. Baltet frères, horticulteurs à Troyes, en 1865.

P. **BEURRÉ SUPERFIN.** Fruit assez gros, ovoïde ventru, à peau lisse, jaune clair parfois légèrement lavé de rouge brun ; à chair fine, bien fondante, juteuse, sucrée, acidulée ; de première qualité ; maturité fin septembre et commencement octobre. Arbre de bonnes vigueur et fertilité sur coignassier. — Ce fruit excellent dans les sols et situations qui lui sont favorables, est très propre à remplacer le *Beurré gris*, dont il rappelle la saveur. Obtenue, en 1844, par M. Goubault, pépiniériste à Millepieds, près d'Angers.

P. **SEIGNEUR D'ESPEREN.** Fruit assez gros, turbiné arrondi, jaune paille marbré de fauve ; à chair très fine, bien fondante et juteuse, très sucrée et délicieusement parfumée ; de toute première qualité ; maturité fin septembre et octobre. Arbre rustique, de vigueur moyenne sur coignassier, très fertile, propre à toutes formes, en situation abritée du vent pour celles à air libre, et sur franc pour celles de grande étendue. — L'une des meilleures Poires. Obtenue par le major Esperen, de Malines (Belgique).

P. **DOYENNÉ DE MÉRODE.** Fruit gros, turbiné sphérique, jaune paille parfois légèrement lavé de rouge ; à chair bien fondante et juteuse, parfumée ; maturité octobre. Arbre très fertile, à planter de préférence sur franc. — Poire de première qualité dans les sols favorables, de deuxième dans les sols trop froids. Obtenue par Van Mons, vers 1800, et dédiée au comte de Mérode, de Waterloo.

P. **URBANISTE.** Fruit moyen ou assez gros, ovale obtus, à peau onctueuse, jaune léger taché de fauve ; chair beurrée, fondante, très juteuse, bien sucrée et d'une exquise saveur acidulée ; de toute première qualité ; maturité octobre. Arbre vigoureux, d'un beau port, propre à toutes formes, mais surtout au haut-vent et à la pyramide sur coignassier. — Excellente variété, dont le seul défaut est le peu de fertilité de l'arbre dans sa jeunesse. Obtenue dans le jardin des religieuses Urbanistes, à Malines, vers 1783. A résisté à l'hiver de 1879-1880.

P. **BEURRÉ GRIS.** Fruit moyen, turbiné arrondi, jaune doré recouvert de rouille ; à chair fine, bien fondante, sucrée, acidulée et délicieusement parfumée ; de première qualité ; maturité octobre. Arbre assez vigoureux sur coignassier, mais très délicat, exigeant l'espalier à bonne exposition. — Ancienne variété, toujours recherchée, mais qui est avantageusement remplacé aujourd'hui.

P. **FONDANTE THIRRIOT.** Fruit assez gros, piriforme, jaune pâle verdâtre, piqueté de gris-brun ; à chair blanche, mi-fine, fondante, d'une excellente saveur ; de toute première qualité ; maturité irrégulière, d'octobre à décembre. Arbre vigoureux et très fertile. — Obtenue, en 1858, par MM. Thirriot frères, pépiniéristes au Moulin-à-Vent, à Charleville (Ardennes). A résisté à l'hiver de 1879-1880.

P. **MARIE-LOUISE.** Fruit assez gros, allongé, jaune tendre taché de fauve ; à chair blanche, très fine, bien fondante, juteuse, sucrée et bien parfumée ; de toute première qualité ; maturité octobre. Arbre vigoureux sur franc, très fertile, d'un mauvais port en pyramide ; propre à toutes les autres formes et surtout au haut-vent. — Obtenue, en 1809, par l'abbé Duquesne, à Cuesmes, près Mons (Belgique).

DUCHESSE D'ANGOULÊME DE WILLIAMS. Fruit très gros, piriforme obtus, vert jaunâtre ; à chair fondante, beurrée, juteuse et d'une saveur agréable ; de première qualité ; maturité octobre. Arbre très vigoureux et très fertile, propre à toutes formes. — Variété anglaise, d'obtention assez récente, de tout premier mérite.

P. **FONDANTE DE CHARNEU.** Fruit assez gros, de forme allongée irrégulière, vert clair nuancé de jaune pâle ; à chair fine, très fondante ; bien juteuse ; de première qualité ; maturité octobre. Arbre de bonne vigueur. — Excellente lorsqu'elle est mangée à point, cette Poire demande à être entrecueillie et surveillée au fruitier. Trouvée aux environs du village de Charneu, province de Liège (Belgique).

BEURRÉ DILLY. Fruit assez gros, piriforme ventru, vert d'eau mat jaunâtre, parfois lavé de rouge terreux ; à chair verdâtre, très fine, bien fondante, juteuse, sucrée et agréablement parfumée ; de toute première qualité ; maturité octobre. Arbre vigoureux sur coignassier. — Variété trop peu connue, obtenue par M. Alexandre Delannoy, à Wez, près Tournay (Belgique). A résisté à la gelée de 1879-1880.

C. P.   **CONSEILLER DE LA COUR.** Fruit assez gros ou gros, piriforme, vert clair jaunâtre ; à chair mi-fondante, très juteuse, acidulée ; maturité octobre. Arbre très vigoureux sur coignassier, très fertile. — Beau fruit, de qualité variable, bon dans les sols chauds et secs. Obtenue par Van Mons, en 1840, et dédiée par lui à son fils, conseiller à la cour de Bruxelles.

VICE-PRÉSIDENT DELEHAYE. Fruit moyen, turbiné ovoïde, jaune citron brillant ; à chair bien fondante, juteuse, délicatement parfumée ; de toute première qualité ; maturité octobre-novembre. Arbre de bonne vigueur sur coignassier, précoce au rapport. — Obtenue par M. Grégoire, de Jodoigne, et dédiée à M. Delehaye, de Nivelles (Belgique).

C. P.   **DOYENNÉ DU COMICE.** Fruit gros, turbiné ventru, jaune paille largement lavé de rouge sanguin ; à chair très fine, bien fondante, juteuse, sucrée et très agréablement parfumée ; de toute première qualité ; maturité octobre-novembre. Arbre très vigoureux sur coignassier, d'un beau port en pyramide, propre surtout aux grandes formes. — Cette Poire réunit le volume à la qualité ; on ne peut lui reprocher que le peu de fertilité de son arbre. Obtenue dans les jardins du comice horticole d'Angers. A résisté à la gelée de 1879-1880.

C. P.   **BEURRÉ DURONDEAU.** Fruit gros, piriforme ventru, fond jaune foncé presque entièrement recouvert de rouille brune et largement lavé de rouge orangé ; à chair mi-fondante, très juteuse, bien sucrée, acidulée, parfumée ; maturité octobre-novembre. Arbre de bonne vigueur sur coignassier. — Très belle Poire, le plus souvent de première qualité. Obtenue, en 1811, par M. Charles-Louis Durondeau, brasseur, à Tongres-Notre-Dame, près de Tournay.

C. P.   **FONDANTE DU PANISEL.** Fruit moyen, de forme arrondie, jaune brillant taché de fauve ; à chair jaunâtre, bien fondante, parfumée ; de toute première qualité ; maturité octobre-novembre. Arbre de vigueur modérée, bien fertile, à végétation pyramidale. — Obtenue, vers 1762, par l'abbé d'Hardenpont, au mont Panisel, près de Mons (Belgique).

C. P.   **SUCRÉE DE MONTLUÇON.** Fruit assez gros, turbiné obtus régulier, d'un beau jaune ; à chair ferme, fondante, bien juteuse, assez sucrée et légèrement parfumée ; de première qualité ; maturité octobre-novembre. Arbre vigoureux sur coignassier, très fertile. — Se recommande par la beauté de son fruit, dont la maturation a lieu successivement et assez lentement. Trouvée, vers 1812, dans une haie du jardin du collège de Montluçon (Allier), par M. Rocher, qui en était alors jardinier.

C. P.   **BEURRÉ D'APREMONT.** Fruit assez gros, calebassiforme, presque entièrement recouvert de fauve couleur cannelle ; à chair bien fine, serrée, juteuse, très sucrée et parfumée ; de toute première qualité ; maturité octobre-novembre. Arbre peu vigoureux sur coignassier, fertile sur franc. — Découverte dans la forêt d'Apremont (Haute-Saône). Vers 1835, des greffes envoyées au jardin des plantes de Paris y donnèrent d'excellents fruits et la variété fut dédiée à Bosc, alors que dans le pays d'origine elle gardait le nom d'Apremont.

C. P.   **DÉLICES D'HARDENPONT.** Fruit assez gros, de forme variable, ovoïde arrondie ou turbinée allongée, jaune paille ; à chair très fine, bien fondante et juteuse, sucrée et d'un parfum exquis ; de toute première qualité ; maturité octobre-novembre. Arbre de vigueur modérée, à port droit, de bonne fertilité, propre surtout à l'espalier, au contre-espalier et au fuseau. — Obtenue par l'abbé d'Hardenpont, en 1759, dans son jardin de la porte d'Avré, à Mons (Belgique).

BEURRÉ ROYAL DE TURIN. Fruit gros, de forme arrondie irrégulière, jaune herbacé pointillé ; à chair blanche, fine, beurrée, fondante, sucrée et relevée d'une excellente saveur acidulée ; de première qualité ; maturité fin octobre et courant de novembre. Arbre de bonne vigueur sur coignassier, très fertile. — Variété originaire d'Italie, remarquable par la ressemblance frappante de ses fruits dans leur forme, leur couleur, la consistance et le parfum de la chair, avec ceux du *Doyenné d'hiver*.

C. P.   **DUCHESSE-D'ANGOULÊME.** Fruit gros ou très gros, conico-cylindrique, jaune clair ; à chair mi-fondante, bien juteuse, sucrée, plus ou moins parfumée ; ordinairement de première qualité ; maturité courant d'automne et commencement d'hiver. Arbre de bonne vigueur sur coignassier, très fertile. — L'une des variétés de Poires les plus généralement estimées. Obtenue d'un semis de hasard, trouvé à la ferme des Eparonnais, commune de Cherré (Maine-et-Loire) ; propagé par M. A. F. Audusson, vers 1812.

C. P.   **SOLDAT-LABOUREUR.** Fruit assez gros, piriforme turbiné, jaune paille marbré de fauve ; à chair mi-fine, fondante, juteuse, bien sucrée et d'une excellente saveur ; de première qualité ; maturité octobre-novembre. Arbre vigoureux sur coignassier, d'un beau port pyramidal, très fertile, à cultiver de préférence en formes palissées, son fruit étant très mal attaché. — Obtenue par le major Esperen, de Malines (Belgique).

COLMAR D'ARENBERG. Fruit gros ou très gros, turbiné ventru irrégulier, jaune paille pâle taché de roux ; à chair mi-fondante, juteuse ; maturité fin octobre et courant novembre. Arbre de vigueur très modérée, faible sur coignassier, très fertile ; à cultiver de préférence en formes palissées. — Beau fruit, de qualité variable, obtenu par Van Mons, vers 1821.

P. **DUCHESSE-D'ANGOULÊME BRONZÉE.** Très belle et excellente sous-variété de la *Duchesse-d'Angoulême*, comme le *Doyenné roux* est une sous-variété du *Doyenné blanc*, trouvée dans un jardin d'amateur par M. Weber, de Dijon, et mise au commerce en 1873 par MM. Baltet frères. Fruit gros ou très gros, différent de son type par un épiderme mordoré ou bronzé, parfaitement constant ; chair assez fine, fondante, juteuse, sucrée ; de première qualité ; maturité prolongée d'octobre à décembre. Arbre vigoureux et très fertile, sur franc et sur coignassier.

P. **NAPOLÉON.** Fruit assez gros, piriforme ventru, jaune paille brillant ; à chair blanche, fine, bien fondante, très juteuse, bien sucrée ; de première qualité ; maturité première quinzaine de novembre. Arbre peu vigoureux sur coignassier, précoce au rapport, fertile ; propre à toutes formes, mais préférant l'espalier ou le contre-espalier, sur franc, en sol chaud. — Excellente Poire, qui n'a que le défaut de ne pas bien tenir à l'arbre. Obtenue, en 1808, par M. Nicolas Liard, jardinier à Mons.

P. **BEURRÉ DUMONT.** Fruit gros, de forme cylindrique, vert clair taché de gris ; à chair très fine, beurrée, juteuse, bien sucrée et d'une exquise saveur légèrement musquée ; de toute première qualité ; maturité novembre. Arbre de bonne vigueur sur coignassier, d'un beau port et de fertilité suffisante ; propre à toutes formes, mais surtout à la pyramide. — Obtenue, en 1831, par M. Joseph Dumont-Dachy, jardinier du baron de Joigny, à Esquelmes, près de Tournay.

P. **DOYENNÉ ROUX.** Fruit moyen, sphérico-ovoïde, uniformément recouvert de rouille dorée ; à chair très fine, bien fondante, bien sucrée et parfumée ; de toute première qualité ; maturité novembre. Arbre de vigueur modérée, très fertile, préférant le franc et l'espalier.

P. **VAN MONS.** Fruit assez gros, piriforme cylindrique, jaune verdâtre taché de roux ; à chair bien fine, fondante, beurrée, finement parfumée ; de première qualité ; maturité novembre. Arbre de vigueur très modérée, à bois souvent chancreux, exigeant presque toujours le franc, préférant l'espalier ou le contre-espalier, propre cependant aussi aux autres formes, et particulièrement au haut-vent dans le petit verger d'amateur bien situé. — Obtenue par M. Léon Leclerc, ancien député de la Mayenne, à Laval, et dédiée par lui à Van Mons.

ANGÉLIQUE LECLERC. Fruit moyen, de forme ovoïde allongée régulière, jaune verdâtre lavé de rose pâle ; à chair blanche, sucrée, juteuse ; de première qualité ; maturité novembre-décembre. Arbre vigoureux sur coignassier, fertile. — Très bon fruit se conservant long-temps en maturité, obtenu par M. Léon Leclerc, de Laval.

P. **CASTELLINE.** Fruit moyen, turbiné piriforme, vert jaunâtre tavelé de rouille ; à chair jaunâtre, fine, juteuse, très agréablement parfumée ; de première qualité ; maturité novembre-décembre. Arbre rustique, d'une bonne vigueur, de fertilité moyenne. — Obtenue, en 1835, par M. Florimond Castelain, à Étaimpuis, près de Tournai.

P. **TRIOMPHE DE JODOIGNE.** Fruit gros ou très gros, piriforme ventru, jaune pâle verdâtre, parfois légèrement lavé de rouge ; à chair mi-fondante, juteuse, sucrée, et d'un parfum agréable ; maturité fin d'automne. Arbre de bonnes vigueur et fertilité sur coignassier, très vigoureux sur franc, à cultiver de préférence en formes palissées. — Très beau fruit, de qualité variable. Obtenue, en 1830, par M. Bouvier, bourgmestre de Jodoigne (Belgique).

P. **GRASLIN.** Fruit assez gros, de forme variable, jaune verdâtre réticulé de brun fauve et lavé de rouge orangé ; à chair ferme, beurrée, juteuse, agréablement parfumée ; de première qualité ; maturité fin d'automne. Arbre de bonne vigueur sur coignassier. — Trouvée dans la propriété de Malitourne, commune de Flée (Sarthe), appartenant à la famille Graslin ; propagée par le docteur Bretonneau, en 1841.

PRINCE CONSORT. Fruit gros, de forme oblongue irrégulière et bosselé, vert jaunâtre largement recouvert de fauve ; à chair fondante, très juteuse ; de première qualité ; maturité fin d'automne. Arbre vigoureux sur coignassier, très fertile. — Obtenue en Angleterre par le croisement de l'*Orpheline d'Enghien* avec le *Passe-Colmar*. Cette excellente Poire n'a qu'un défaut : elle est sujette à crevasser.

P. **NEC PLUS MEURIS.** Fruit assez gros, arrondi turbiné, jaune pâle doré ; à chair blanche, bien fine, fondante, beurrée, juteuse, très sucrée et bien parfumée ; de toute première qualité ; maturité fin d'automne. Arbre de vigueur modérée, assez fertile sur coignassier. — Obtenue par Van Mons et dédiée à son jardinier, Pierre Meuris.

P. **MADAME BONNEFOND.** Fruit gros en forme de calebasse, vert jaunâtre unicolore ; à chair bien fondante, juteuse, sucrée et délicatement parfumée ; de première qualité ; maturité fin d'automne. Arbre de bonne vigueur, d'un beau port, propre surtout à la pyramide et au haut-vent. — Obtenue en 1848, par M. Bonnefond, ancien notaire à Villefranche (Rhône). A résisté à la gelée de 1879-1880.

4

C. P. **ZÉPHIRIN GRÉGOIRE.** Fruit petit ou moyen, arrondi bosselé, jaune citron clair ; à chair très fine, fondante, très juteuse, sucrée et bien parfumée ; maturité fin d'automne et commencement d'hiver. Arbre de bonne vigueur sur coignassier, très fertile. — Excellente Poire, à laquelle on ne peut reprocher que son peu de volume. Obtenue, vers 1831, par M. Grégoire Nélis, de Jodoigne (Belgique).

POIRES D'HIVER

AMIRAL CÉCILE. Fruit moyen, sphérique, vert jaunâtre marbré de fauve ; à chair beurrée, fondante, juteuse, sucrée et délicatement parfumée, relevée d'une saveur fraîche ; maturité commencement d'hiver. Arbre vigoureux. — Quoique pierreuse au centre, cette poire est excellente et se recommande par sa maturation lente et prolongée. Obtenue par M. Boisbunel fils, pépiniériste à Rouen. A résisté à la gelée de 1879-1880.

C. P. **BEURRÉ CLAIRGEAU.** Fruit gros, piriforme allongé, beau jaune taché de fauve et largement lavé de vermillon orangé ; à chair jaunâtre, mi-fondante, plus ou moins sucrée et parfumée ; maturité commencement d'hiver. Arbre très faible sur coignassier, de bonne vigueur et très fertile sur franc, d'un beau port et d'une conduite facile sous toutes formes. — L'une des plus belles Poires ; très avantageuse surtout pour la culture de spéculation. Obtenue, vers 1838, par M. Pierre Clairgeau, pépiniériste à Nantes.

COLMAR DARAS. Fruit gros, pyramidal allongé, jaune citron brillant, marbré de fauve ; à chair très fondante et très juteuse, très sucrée ; de toute première qualité ; maturité commencement d'hiver. Arbre vigoureux et fertile. — Obtenue par M. Daras de Naghin, d'Anvers.

C. P. **BEURRÉ DIEL.** Fruit gros, conique piriforme irrégulier, jaune doré ; à chair jaunâtre, mi-fondante, juteuse, bien sucrée et parfumée ; ordinairement de première qualité ; maturité commencement d'hiver. Arbre de bonne vigueur sur coignassier, rustique et très fertile, préférant les formes palissées. — Recommandable surtout pour la culture de spéculation. Trouvée au commencement du siècle sur la ferme des Trois-Tours, près Vilvorde (Belgique), par Meuris, jardinier de van Mons.

C. P. **PRÉSIDENT MAS.** Fruit gros ou très gros, de forme cylindrique, jaune clair, pointillé roux ; à chair blanchâtre, très fine, fondante, beurrée, juteuse ; de toute première qualité ; maturité novembre à janvier. Arbre vigoureux et fertile. — Obtenue par M. Boisbunel, horticulteur à Rouen. A résisté à la gelée de 1879-1880.

C. P. **CHAUMONTEL.** Fruit assez gros, de forme variable, jaune citron lavé de rouge brun ; à chair jaunâtre, serrée, juteuse, bien sucrée et parfumée ; ordinairement de première qualité ; maturité commencement d'hiver. Arbre de bonne vigueur, mais d'un port irrégulier ; à cultiver de préférence en formes palissées et à haut-vent, en sol riche et un peu frais. — Ancienne variété, de qualité variable dans quelques terrains. Trouvée, vers 1660, à Chaumontel, près Luzarche (Seine-et-Oise).

C. P. **BEURRÉ SIX.** Fruit assez gros ou gros, calebassiforme ventru, pointu vers la queue, vert clair ; à chair verdâtre, très fine, beurrée, fondante, délicatement parfumée ; de première qualité ; maturité commencement d'hiver. Arbre de vigueur modérée sur coignassier, à croissance trapue et ramifiée, propre à toutes formes, mais préférant le contre-espalier et l'espalier. — Cueillir assez tôt et surveiller au fruitier. Obtenue, vers 1845, par M. Six, jardinier à Courtrai (Belgique).

C. P. **SŒUR GRÉGOIRE.** Fruit gros, de forme allongée, variable, jaune d'ocre largement taché de gris-roux ; à chair jaunâtre, fondante, très sucrée et d'une bonne saveur ; de première qualité ; maturité commencement d'hiver. Arbre assez vigoureux, de bonne fertilité. — Obtenue par M. Grégoire-Nélis, de Jodoigne (Belgique).

C. P. **BEURRÉ BACHELIER.** Fruit gros, piriforme ventru, jaune verdâtre ; à chair blanche, fine, bien fondante, juteuse, acidulée et agréablement parfumée ; de première qualité ; maturité commencement d'hiver. Arbre de vigueur modérée sur coignassier, fertile sur franc, demandant une situation abritée du vent pour les formes de plein air. — Obtenue, avant 1845, par M. L. F. Bachelier, horticulteur à Capelle-Brouck (Nord).

C. P. **PASSE-COLMAR.** Fruit moyen, piriforme ventru, jaune citron parfois lavé de rouge ; à chair jaunâtre, fine, un peu ferme mais bien fondante, juteuse, très sucrée et richement parfumée ; de toute première qualité ; maturité commencement d'hiver. Arbre de bonne vigueur, très fertile. — L'une des variétés de Poires les plus généralement estimées. Obtenue par l'abbé Hardenpont, à Mons (Belgique).

THÉOPHILE LACROIX. Fruit gros ou très gros, piriforme ventru, dans le genre de *Beurré Diel*, jaune foncé, largement taché et marbré de roux cannelle ; à chair jaunâtre, fine, juteuse, bien parfumée avec un léger goût d'orange très agréable, un peu pierreuse autour des loges ; de toute première qualité ; maturité décembre-janvier. Arbre de bonne vigueur, fertile. — Cette variété, que nous devons à l'obligeance de M. Daras de Naghin, d'Anvers, sera très appréciée pour la culture de spéculation quand elle sera mieux connue.

P. **BEURRÉ D'HARDENPONT.** Fruit assez gros ou gros, en forme de Coing, à peau lisse, jaune clair; à chair bien fine, fondante et très juteuse, sucrée, vineuse et d'un parfum distingué; de toute première qualité; maturité décembre-janvier. Arbre vigoureux sur coignassier, parfois délicat dans sa fleur; propre à toutes formes, mais préférant l'espalier. — Très répandue, et, parmi les Poires du commencement de l'hiver, l'une des plus recherchées. Obtenue, en 1759, par Nicolas Hardenpont, dans sa propriété du Mont-Panisel, près Mons (Hainaut).

BEURRÉ STERCKMANS. Fruit assez gros, ordinairement turbiné ventru, parfois plus allongé, jaune paille largement lavé de cramoisi; à chair mi-cassante, très juteuse, bien sucrée et relevée; maturité décembre-janvier. Arbre vigoureux sur coignassier, très fertile. — Cette poire est, plus que toute autre, sujette aux vers. Obtenue par M. Sterckmans, de Louvain.

P. **MARIE BENOIST.** Fruit gros, turbiné, plus ou moins allongé, très irrégulier, vert clair, marbré de fauve; à chair très juteuse, délicatement parfumée; de toute première qualité; maturité janvier. Arbre de bonne vigueur sur franc, mais pas sur coignassier, très fertile. — Obtenue, en 1853, par M. Auguste Benoist, à Brissac (Maine-et-Loire).

P. **BONNE DE MALINES.** Fruit petit ou moyen, sphérico-ovoïde, jaune sombre pointillé marbré de rouille; à chair très fine, bien fondante, juteuse, très sucrée; de toute première qualité; maturité commencement et milieu d'hiver. Arbre à bois faible, d'une vigueur insuffisante sur coignassier, précoce au rapport et bien fertile, à cultiver de préférence en contre-espalier. — Obtenue par M. Nélis, conseiller à la cour de Malines, vers 1814 ou 1815.

P. **LA FRANCE.** Fruit moyen ou assez gros, arrondi conique, irrégulier, vert jaunâtre pointillé de gris; à chair blanche, fine, très fondante, juteuse, très sucrée; de toute première qualité; maturité commencement et milieu d'hiver. Arbre vigoureux et fertile. — Obtenue, vers 1864, par M. Claude Blanchet, pépiniériste à Vienne (Isère).

P. **BEURRÉ DE LUÇON.** Fruit assez gros, irrégulièrement arrondi, presque entièrement recouvert de rouille; à chair pierreuse au centre, beurrée, fondante, sucrée et parfumée; de première qualité; maturité commencement et milieu d'hiver. Arbre peu vigoureux sur coignassier, à élever de préférence en formes palissées, sur franc, en terrain léger. — Trouvée dans les environs de Luçon (Vendée).

P. **ORPHELINE D'ENGHIEN.** Fruit moyen, piriforme court irrégulier, jaune citron taché de fauve; à chair jaunâtre; fine, beurrée, fondante, juteuse, bien parfumée; de toute première qualité; maturité courant d'hiver. Arbre de bonne vigueur sur coignassier, très fertile, demandant l'espalier dans les situations défavorables. — Obtenue, vers 1820, par l'abbé Deschamps, directeur de l'Hospice des orphelins, à Enghien (Belgique).

P. **BEURRÉ PERRAULT.** Fruit moyen, sphérico-conique, jaune citron recouvert de rouille dorée; à chair fine, juteuse, très sucrée et bien parfumée; de première qualité; maturité courant d'hiver. Arbre de vigueur modérée, fertile, précoce au rapport. — Obtenue, vers 1850, par M. A. Lecher, propriétaire à La Gohardière, commune de Montjean (Maine-et-Loire).

P. **NOUVELLE FULVIE.** Fruit assez gros, calebassiforme bosselé, jaune d'or recouvert de fauve et lavé de vermillon; à chair très fine, bien fondante, très juteuse, très sucrée et richement aromatisée; de toute première qualité; maturité courant d'hiver. Arbre de bonnes vigueur et fertilité, mais d'un mauvais port, propre surtout à l'espalier et au contre-espalier, et de préférence sur franc. On ne peut reprocher à cette belle et excellente poire que l'aspect peu flatteur et la difficulté de conduite de son arbre. — Obtenue par Grégoire Nélis, de Jodoigne (Belgique).

P. **PRÉSIDENT DROUARD.** Fruit assez gros ou gros, turbiné ventru, jaune uniforme, finement pointillé de fauve; à chair blanche, fine, fondante, juteuse, sucrée, parfumée; de toute première qualité; maturité courant d'hiver. Arbre de bonne vigueur, fertile. — Trouvée aux environs de Pont-de-Cé (Maine-et-Loire), par M. Olivier, jardinier au jardin fruitier d'Angers.

P. **SAINT-GERMAIN D'HIVER.** Fruit assez gros, allongé, jaune herbacé; à chair tendre, fondante, très juteuse, sucrée, acidulée, parfumée; de première qualité; maturité courant d'hiver. Arbre vigoureux sur coignassier, très fertile, exigeant le plus souvent l'espalier à bonne exposition, et toujours un sol chaud et sec. Ancienne variété, encore très recherchée, quoique avantageusement remplacée. — Trouvée sur les bords de la Fare, à Saint-Germain d'Arcé, près la petite ville de Lude (Sarthe).

P. **BEURRÉ MILLET.** Fruit petit ou moyen, turbiné court bosselé, vert jaunâtre nuancé de brun terne; à chair fine, fondante, juteuse, très sucrée et bien parfumée; de toute première qualité; maturité courant d'hiver. Arbre de bonne vigueur sur coignassier, très fertile même sur franc. Se recommande par sa maturation lente et prolongée. — Obtenue, en 1847, dans le jardin du comice horticole de Maine-et-Loire et dédiée à son président.

TRIOMPHE DE TOURNAI. Fruit gros, allongé, de forme *Beurré de Rance*, jaune; à chair fine, juteuse, sucrée, relevée; de toute première qualité; maturité janvier-février. Arbre vigoureux et fertile, à rameaux érigés, très propre à la pyramide. — Belle et excellente variété, reçue de M. Daras de Naghin.

TOURNAY D'HIVER. Fruit gros ou très gros, de forme et couleur *Doyenné d'hiver*; à chair beurrée, fondante, fine, vineuse, de toute première qualité; maturité janvier-février. Arbre vigoureux et fertile, propre surtout aux formes palissées. — Obtenue par M. B. C. Du Mortier.

C. P. **BEURRÉ DUBUISSON.** Fruit gros, oblong tronqué, jaune maculé de fauve; à chair fine, beurrée, très juteuse, sucrée et légèrement aromatisée; de première qualité; maturité janvier-février. Arbre assez vigoureux sur coignassier, d'un beau port en pyramide, fertile. Variété très peu répandue, et vivement recommandée. — Obtenue vers 1832, par M. Isidore Dubuisson, jardinier à Jolain, près Tournay (Belgique).

C. P. **BEURRÉ GAMBIER.** Fruit moyen ou assez gros, piriforme ventru, jaune citron brillant lavé de rouge; à chair blanchâtre, fine, fondante, sucrée, un peu acidulée; maturité janvier-février. Arbre peu vigoureux, très fertile. — Obtenue par M. Gambier, de Rhodes-Sainte-Genèse, près Bruxelles.

C. P. **ROYALE VENDÉE.** Fruit moyen, ovoïde arrondi, vert clair, taché de roux; à chair des plus fines, très fondante et excessivement juteuse, savoureusement parfumée; de première qualité; maturité janvier à mars. Arbre de vigueur modérée, même sur franc, bien fertile. Obtenue, en 1860, par M. Eug. des Nouhes, dans sa propriété de la Cacaudière, commune de Pouzauges (Vendée).

C. P. **PASSE CRASSANE.** Fruit assez gros, de forme arrondie irrégulière, jaune taché de roux doré; à chair bien fondante, juteuse, de première qualité; maturité milieu et fin d'hiver. Arbre peu vigoureux sur coignassier, très fertile. — Poire de qualité variable, mais presque toujours excellente. Obtenue, en 1845, par M. Boisbunel, horticulteur à Rouen.

MADAME HUTIN. Fruit gros, presque entièrement recouvert de rouille sur fond jaune clair; à chair jaune, fine, compacte, juteuse, bien parfumée; de première qualité; maturité février-mars. Arbre très vigoureux et très fertile. A un peu résisté à l'hiver de 1879-1880. — Obtenue, en 1841, par M. Léon Leclerc, de Laval, d'un pépin de la poire *Léon Leclerc de Laval*.

C. P. **JOSÉPHINE DE MALINES.** Fruit moyen, turbiné arrondi, jaune paille taché de fauve; à chair saumonée, très fine, bien fondante et très juteuse, sucrée et relevée d'un parfum de rose; de toute première qualité; maturité milieu et fin d'hiver. Arbre de bonne vigueur sur coignassier et de fertilité suffisante, d'un assez mauvais port en pyramide, très propre aux formes palissées et au haut-vent. L'une des plus fines Poires d'hiver. — Obtenue, en 1830, par le major Esperen, de Malines (Belgique). A résisté à l'hiver de 1879-1880.

BEURRÉ DE NAGHIN. Fruit gros, ovale tronqué, jaune d'or; à chair fondante, beurrée, très juteuse, bien sucrée; de première qualité; maturité mars-avril. Arbre très vigoureux, exigeant le coignassier pour que son fruit atteigne toute sa qualité. — Obtenue par M. Norbert Daras de Naghin, propriétaire à Tournay.

BEURRÉ HENRI COURCELLE. Fruit moyen, à pédoncule gros et court, vert grisâtre; à chair très fine, d'un parfum particulier et des plus agréables; de toute première qualité; maturité hiver et printemps. Arbre vigoureux et fertile. — Obtenue par M. Sannier, pépiniériste à Rouen. A résisté à la gelée de 1879-1880.

C. P. **DOYENNÉ D'HIVER.** Fruit gros ou très gros, sphérico-ovoïde irrégulier, jaune herbacé pointillé; à chair blanche, fine, beurrée, fondante, sucrée et relevée d'une excellente saveur acidulée; de première qualité; maturité courant et fin d'hiver. Arbre de bonne vigueur sur franc, bien fertile, particulièrement propre à l'espalier, à bonne exposition, en grandes formes. — Toujours l'une des poires les plus généralement estimées, et à juste titre, mais que malheureusement, il n'est plus guère possible d'obtenir saine en plein air. A résisté à l'hiver de 1879-1880.

C. P. **DOYENNÉ DE MONTJEAN.** Fruit gros, ovoïde, jaune, marbré de fauve; à chair blanche très fine, fondante, juteuse, sucrée, vineuse, parfumée; de toute première qualité; maturité courant d'hiver et printemps. Arbre de vigueur moyenne, très fertile. — Obtenue, en 1848, par M. Trottier, ancien percepteur à Montjean, arrondissement de Cholet (Maine-et-Loire).

C. P. **DOYENNÉ D'ALENÇON.** Fruit moyen, de forme ovoïde arrondie, jaune pâle, taché de rouille plombée; à chair jaunâtre, beurrée, juteuse, bien sucrée et très agréablement relevée; de première qualité; maturité courant et fin d'hiver. Arbre de bonne vigueur sur coignassier. — Se recommande par sa maturation lente et prolongée. Trouvée au territoire de Cussey, près d'Alençon, par l'abbé Malassis.

C. P. **BEURRÉ RANCE.** Fruit gros, oblong ovoïde, vert jaunâtre; à chair verdâtre, bien fondante, très juteuse, très sucrée et d'une saveur très rafraîchissante; ordinairement de première qualité; maturité courant et fin d'hiver. Arbre exigeant le plus souvent le franc, à planter de préférence en formes palissées, et demandant un sol riche. — Obtenue, en 1762, par l'abbé Nicolas Hardenpont, au Mont-Panisel, près Mons (Belgique).

C. P. **OLIVIER DE SERRES.** Fruit assez gros, en forme de pomme, jaune citron pâle unicolore taché de rouille; à chair blanche, fine, bien fondante, juteuse, très sucrée et délicieusement parfumée; de toute première qualité. Arbre de bonne vigueur sur coignassier, bien fertile. L'une des meilleures poires de fin d'hiver. — Obtenue, vers 1847, par M. Boisbunel.

PRINCE NAPOLÉON. Fruit moyen, sphérico-ovoïde, presque entièrement recouvert de rouille ; à chair verdâtre, très fine, bien sucrée et très agréablement parfumée ; de première qualité ; maturité fin d'hiver. Arbre de bonne vigueur sur coignassier, d'un beau port, précoce au rapport. Offre beaucoup d'analogie dans la forme, la couleur et la saveur du fruit avec le *Beurré gris*. — Obtenue de la *Passe-Crassane*, par M. Boisbunel, de Rouen.

P, **BERGAMOTTE ESPEREN.** Fruit moyen, arrondi bosselé, jaune citron pointillé : à chair jaunâtre, fine, fondante, sucrée et bien parfumée ; maturité fin d'hiver. Arbre de bonne vigueur sur coignassier, propre à toutes formes, mais l'un des premiers à admettre à l'espalier, à bonne exposition ; en haut-vent, il demande un terrain riche et une situation favorable. Parfois variable dans sa saveur, cette poire est presque toujours de première et souvent de toute première qualité. — Obtenue, vers 1820, par le major Esperen, de Malines (Belgique).

MARIE GUISSE. Fruit assez gros, piriforme ventru, jaune terne lavé de rouge orangé pâle ; à chair assez fine, un peu ferme, bien sucrée ; de première qualité pour la saison et en raison de son volume ; maturité fin d'hiver et printemps. Arbre vigoureux sur coignassier, d'un beau port, très fertile. — Beau fruit de longue conservation, et qui ne doit être consommé qu'à son point extrême de maturité. Arbre très avantageux. Variété mise au commerce par l'Établissement en 1862.

CHARLES COGNÉE. Fruit assez gros, turbiné arrondi, jaune citron ponctué de fauve ; à chair fine, fondante, juteuse, sucrée, parfumée ; de toute première qualité ; maturité fin d'hiver et printemps. Arbre vigoureux, très fertile. — Variété mise au commerce par MM. Baltet frères, horticulteurs à Troyes.

BESI-CARÊME. Fruit gros, de forme de Doyenné, jaune d'or, lavé de vermillon et pointillé de fauve ; à chair jaune, cassante, juteuse, bien sucrée ; de première qualité ; maturité fin d'hiver et printemps. Arbre vigoureux, de bonne fertilité.

BERGAMOTTE SANNIER. Fruit moyen, conique arrondi, à pédoncule court, jaune pointillé vert ; à chair mi-fine, fondante, juteuse, d'un goût délicieux ; de première qualité ; maturité fin d'hiver et printemps. Arbre très vigoureux, fertile. — Obtenue par M. Arsène Sannier, de Rouen. A résisté à la gelée de 1879-1880.

P, **FORTUNÉE.** Fruit moyen, irrégulièrement arrondi, presque entièrement recouvert de rouille dorée ; à chair jaunâtre, mi-fondante, bien sucrée et parfumée, relevée d'un acide fin, parfois un peu trop développé ; maturité fin d'hiver et printemps. Arbre de vigueur moyenne, de bonne fertilité, propre à toutes formes, mais à cultiver de préférence en espalier au midi, sur franc, en sol léger et sec. Cueillir le plus tard possible. — Trouvée par M. Fortuné de Raisme, orfèvre à Enghien (Hainaut), vers 1820.

?, **BERGAMOTTE HERTRICH.** Fruit petit ou moyen, sphérique, vert jaunâtre lavé de rouge brun terne ; à chair fine, fondante, juteuse ; de toute première qualité pour la saison ; maturité fin d'hiver et printemps. Arbre de bonne vigueur sur coignassier, d'un beau port, très fertile. Variété trop peu connue, recommandable surtout par la longue conservation de son fruit. — Obtenue par M. Hertrich, négociant à Colmar, d'un semis de pepins de *Bergamotte fortunée*. La première fructification a eu lieu en 1853. M. Baumann, de Bollwiller, l'a mise au commerce en 1858.

POIRES A CUIRE

?, **BEURRÉ CAPIAUMONT.** Fruit moyen, piriforme allongé, rouille dorée, parfois lavé de rouge aurore ; à chair fine, serrée, bien sucrée ; de toute première qualité cuite ; maturité octobre. Arbre assez peu vigoureux sur coignassier, propre à toutes formes, mais surtout au haut-vent. Excellente poire à sécher et à cuire. — Obtenue, en 1787, par M. Capiaumont, pharmacien à Mons (Belgique).

?, **POIRE DE CURÉ.** Fruit assez gros, très allongé, jaune verdâtre pâle, souvent traversé longitudinalement par une ligne fauve ; à chair mi-fondante, plus ou moins sucrée et parfumée suivant le terrain et la saison ; souvent de bonne qualité pour la table, toujours de première qualité pour cuire ; maturité fin d'automne et commencement d'hiver. Arbre très vigoureux et fertile, propre surtout au haut-vent et à la grande pyramide. — C'est la poire de rapport par excellence. Trouvée en 1760, par M. Leroy, curé à Villiers-en-Brenne, près de Clion (Indre). A résisté à la gelée de 1879-1880.

?, **BON-CHRÉTIEN D'HIVER.** Fruit gros, piriforme ventru, jaune paille ; à chair jaunâtre, cassante, juteuse, bien sucrée et parfumée ; maturité fin d'hiver et printemps. Arbre vigoureux sur coignassier, exigeant l'espalier au midi. Très ancienne variété, toujours recherchée par quelques personnes.

?, **CATILLAC.** Fruit très gros, turbiné ventru, jaune lavé de rouge sombre ; à chair blanche, devenant d'un beau rouge par la cuisson, et alors ferme, bien sucrée ; de toute première qualité pour cet usage ; maturité fin d'hiver et printemps. Arbre très vigoureux et très fertile, propre à toutes formes, mais surtout au haut-vent, son fruit étant bien attaché. A résisté à la gelée de 1879-1880.

POIRES D'ORNEMENT

VAN MARUM. Fruit très gros, piriforme très allongé, vert jaunâtre bronzé ; à chair verdâtre, beurrée ; maturité octobre. Arbre faible sur coignassier, très fertile sur franc, propre surtout aux formes palissées. — Cueillie et consommée à point, cette belle poire est souvent de bonne qualité au couteau. Obtenue par Van Mons ; première fructification en 1820.

DIRECTEUR ALPHAND. Fruit très gros, ayant l'aspect de la *Belle Angevine*, vert jaunâtre, passant au vert doré, ponctué et taché de roux ; à chair blanche, ferme, dense, mi-fine, légèrement granuleuse vers le centre, sucrée ; d'assez bonne qualité ; maturité fin d'hiver et printemps. Arbre vigoureux et très fertile, issu de *Doyenné d'hiver*. — Très belle poire d'ornement, obtenue récemment par MM. Croux et fils, pépiniéristes à Chatenay (Seine).

BELLE ANGEVINE. Fruit très gros, piriforme allongé, jaune citron doré lavé de rouge pourpre ; maturité fin d'hiver et printemps. Arbre de bonne vigueur sur coignassier. Cultivée en espalier, à bonne exposition, cette variété produit des fruits énormes et de toute beauté, propres à l'ornementation des desserts : c'est là son seul mérite.

2e SÉRIE DE MÉRITE

(ORDRE DE MATURITÉ)

POIRES D'ÉTÉ

C. P. MADELEINE. Fruit petit ou moyen, venant en bouquet, turbiné-ovoïde, vert jaunâtre ; à chair juteuse, sucrée acidulée, rafraîchissante ; maturité première quinzaine de juillet. Arbre de bonne vigueur, très fertile, propre surtout au grand verger. — Fruit de deuxième qualité, estimé pour sa précocité et la fertilité de son arbre.

COLORÉE DE JUILLET. Fruit petit ou moyen, ovoïde tronqué, jaune verdâtre largement lavé de rouge sanguin ; à chair fine, sucrée et d'une saveur agréable ; maturité courant de juillet. Arbre de vigueur modérée, précoce au rapport. — Obtenue par M. Boisbunel fils, de Rouen.

C. P. ÉPARGNE. Fruit moyen, très allongé, vert jaunâtre fouetté de rouge sanguin ; à chair mi-fondante, juteuse, d'une saveur acidulée rafraîchissante, très agréable pour la saison ; maturité fin juillet et commencement d'août. Arbre très vigoureux et fertile, propre surtout au hautvent.

MARIE MARGUERITE. Fruit moyen, de forme arrondie, à longue queue, coloré d'un beau rouge carmin du côté du soleil ; à chair fine, fondante, d'une saveur acidulée agréable ; maturité commencement d'août. Arbre vigoureux et fertile. — Obtenue par M. Joannon, de Saint-Cyr (Rhône).

C. P. POIRE DES CANOURGUES. Fruit petit ou moyen, ovoïde allongé, jaune paille brillant légèrement lavé de rouge ; à chair blanche, très fine, bien fondante, hautement parfumée ; de première qualité ; maturité commencement d'août. Arbre précoce au rapport. — Trouvée par M. Lauzeral, de Monestier (Tarn), et née dans une haie de son domaine des Canourgues.

DÉLICES DE LA CACAUDIÈRE. Fruit moyen, conique allongé, jaune paille foncé lavé de rouge sanguin ; à chair fine, juteuse, agréablement parfumée ; de première qualité ; maturité commencement d'août. Arbre vigoureux et fertile. — Obtenue en 1846, par M. le comte Eugène des Nouhes, à son château de la Cacaudière près Pouzauges (Vendée).

C. P. BERGAMOTTE D'ÉTÉ. Fruit petit ou moyen, turbiné court, vert jaunâtre ; à chair beurrée, assez fine, un peu granuleuse au centre ; maturité courant d'août. Arbre peu vigoureux, sujet au chancre, exigeant un sol léger. — Ancienne variété estimée par certaines personnes.

GÉNÉRAL DE BONCHAMP. Fruit moyen, de forme variable, jaune verdâtre pointillé ; à chair blanche, juteuse ; de première qualité ; maturité courant d'août. Arbre vigoureux. — Trouvée dans le domaine du Coteau, à Saint-Florent-le-Vieil (Maine-et-Loire), et dédiée à un général de l'Anjou.

C. P. CLAUDE BLANCHET. Fruit petit ou moyen, ovoïde obtus et un peu ventru, vert lavé de jaunâtre ; à chair blanchâtre, mi-fine, juteuse, sucrée acidulée ; d'assez bonne qualité ; maturité courant d'août. Arbre vigoureux et fertile. — Obtenue par M. Claude Blanchet, pépiniériste à Vienne (Isère).

TYSON. Fruit presque moyen, conique piriforme, jaune foncé lavé et strié de rouge sanguin ; à chair très fondante, bien sucrée et parfumée ; de première qualité ; maturité mi-août. Arbre de bonne vigueur sur coignassier. — Variété trouvée dans une haie, appartenant à la ferme de M. Jonathan Tyson, à Jenkintown près Philadelphie (Amérique).

GROS BLANQUET. Fruit petit ou moyen, ovoïde, jaune paille ; à chair blanche, cassante, juteuse, sucrée, raffraîchissante, parfumée ; maturité mi-août. Arbre très fertile et rustique, propre au grand verger. — Variété ancienne, convenable pour la culture de spéculation, à cause de la belle apparence et de la facilité de transport de ses produits.

PRÉCOCE DE TRÉVOUX. Fruit moyen, forme *Bon chrétien*, jaune vif, lavé de rose carmin à l'insolation ; à chair blanche, fine, fondante, juteuse ; à saveur sucrée, relevée, agréablement parfumée ; maturité mi-août. Arbre vigoureux et fertile, propre à toutes formes. — Obtenue par M. Treyve, horticulteur à Trévoux (Ain).

AUGUSTE JURIE. Fruit petit, venant en bouquet, ovoïde, jaune citron lavé de rouge sanguin ; à chair bien fine, beurrée, sucrée, musquée ; de première qualité ; maturité seconde quinzaine d'août. Arbre peu vigoureux, propre aux petites formes. — Obtenue par M. C. F. Willermoz, à Ecully, près Lyon.

ROUSSELET DE STUTTGARD. Fruit petit, piriforme, vert jaunâtre pointillé et lavé de rouge-brun ; à chair tendre, beurrée, bien sucrée et aromatisée ; de première qualité ; maturité seconde quinzaine d'août. Grand arbre, vigoureux et fertile, à cultiver surtout en haut-vent et en pyramide sur coignassier. — Cet excellent petit fruit, plus propre à être mangé à la main qu'au dessert, est surtout convenable pour le grand verger, principalement dans les pays de montagnes, où il donne de grands produits estimés sur les marchés à l'égal du *Rousselet de Reims*, et pouvant servir aux mêmes usages ; l'arbre est plus rustique et robuste que celui de ce dernier.

BELLE DE STRESA. Fruit moyen, piriforme régulier, vert olivâtre lavé de rouge-brun obscur du côté du soleil ; à chair beurrée, fondante, juteuse, bien sucrée et d'un parfum délicat et raffraîchissant ; de première qualité ; maturité seconde quinzaine d'août. Arbre très vigoureux sur coignassier, d'un beau port pyramidal, très fertile. — L'une des meilleures poires de la saison. Variété très recommandable sous tous les rapports. Trouvée sur les bords du lac Majeur par M. Prudent Besson, horticulteur à Turin.

PETITE MARGUERITE. Fruit moyen, sphérico-ovoïde, vert herbacé lavé et strié de rose orange léger ; à chair fine, fondante, beurrée et bien juteuse, très sucrée et d'un parfum très savoureux ; de toute première qualité ; maturité seconde quinzaine d'août. Arbre bien vigoureux sur coignassier, rustique, précoce au rapport et excessivement fertile. — Une étude plus approfondie de ce gain de M. André Leroy le fera probablement ranger parmi les variétés de premier ordre, pour l'amateur comme pour le spéculateur.

DÉSIRÉ CORNÉLIS. Fruit assez gros, piriforme raccourci, vert d'eau pointillé ; à chair bien blanche, fondante, juteuse, très sucrée ; de première qualité ; maturité seconde quinzaine d'août. Arbre très vigoureux sur coignassier, bien rustique, à cultiver de préférence en formes palissées et à haut-vent. Entrecueillir. — Obtenue par Van Mons, de Louvain (Belgique).

UWCHLAN. Fruit moyen, de forme variable, roux grisâtre ; à chair bien fondante, très juteuse, très sucrée et délicieusement parfumée ; de première qualité ; maturité seconde quinzaine d'août. Arbre vigoureux et fertile. — Obtenue par la veuve Dowlin, dans la circonscription d'Uwchlan, près de la rivière de Brandywine (Pensylvanie).

DÉLICIEUSE DE GRAMMONT. Fruit moyen, piriforme allongé, vert tendre jaunâtre ; à chair blanche, très juteuse ; de toute première qualité ; maturité fin d'août. — Nous devons cette variété à l'obligeance du regretté M. de la Croix d'Ogimont, pomologiste distingué du Tournaisis.

POIRE D'ŒUF. Fruit petit, ovoïde pointu, jaune verdâtre lavé de rouge-brun ; à chair mi-fondante, bien sucrée, d'une saveur particulière ; maturité fin d'août. Arbre vigoureux, fertile et rustique, propre au haut-vent. — Très estimée dans certaines contrées. A un peu résisté à la gelée de 1879-1880.

CALEBASSE D'ÉTÉ. Fruit moyen, allongé, vert clair légèrement marbré de brun pâle ; à chair fine, fondante, juteuse, bien sucrée et parfumée ; de première qualité ; maturité fin août et commencement de septembre. Arbre vigoureux sur coignassier, fertile. — Se recommande par sa maturation successive et sans blettir. Obtenue par M. le major Esperen, de Malines.

BEURRÉ OUDINOT. Fruit assez gros, piriforme turbiné, vert d'eau légèrement frappé de carmin sombre ; à chair beurrée, juteuse, sucrée acidulée ; de première qualité ; maturité fin août et première quinzaine de septembre. Arbre vigoureux sur coignassier, fertile. — Variété obtenue par M. A. Leroy d'Angers.

SÉNATEUR VAISSE. Fruit assez gros, ovoïde régulier, jaune orange légèrement lavé de rouge ; à chair blanc jaunâtre, mi-fondante, juteuse ; maturité commencement de septembre. Arbre peu vigoureux, fertile. — Obtenue par M. Lagrange, pépiniériste à Oullins, près Lyon.

SAINT-MENIN. Fruit moyen ou assez gros, ovale, vert clair jaunâtre pointillé de gris ; à chair fine, fondante et très juteuse, bien sucrée ; de première qualité ; maturité commencement de septembre. Arbre de bonne vigueur sur coignassier, rustique et très fertile. — Cette poire, très peu connue, mérite d'être propagée.

KIRTLAND. Fruit moyen, obovale obtus, beau jaune presque entièrement recouvert de roux-cannelle ; à chair fondante, juteuse, aromatisée ; de première qualité ; maturité commencement de septembre. Arbre de vigueur modérée, d'origine américaine.

PROFESSEUR DUBREUIL. Fruit moyen, piriforme, jaune citron verdâtre lavé de rouge vineux ; à chair blanche ; beurrée, juteuse, bien sucrée, d'un parfum très agréable ; de première qualité ; maturité commencement de septembre. Arbre peu vigoureux sur coignassier, propre au haut-vent. — Obtenue par M. Dubreuil, professeur d'arboriculture.

BEURRÉ DE NANTES. Fruit assez gros, oblong obtus, jaune verdâtre pâle ; à chair blanche, beurrée, sucrée, plus ou moins parfumée ; maturité commencement de septembre. Arbre de bonne vigueur sur coignassier, au port pyramidal, rustique et très fertile. — Obtenue par M. Maisonneuve, de Nantes.

BEURRÉ GOUBAULT. Fruit moyen, sphérique, jaune verdâtre ; à chair fondante, très juteuse ; de première qualité ; maturité première quinzaine de septembre. Arbre de bonne vigueur sur coignassier, très fertile, propre surtout au haut vent. — Obtenue par M. Goubault, horticulteur, près d'Angers.

BELLE SANS PÉPINS. Fruit moyen, sphérique, jaune verdâtre ; à chair bien blanche, beurrée, sucrée et légèrement parfumée ; maturité courant de septembre. Arbre très vigoureux. — Variété de grande culture.

BON CHRÉTIEN D'ÉTÉ. Fruit assez gros, de forme variable, jaune brillant lavé de vermillon ; à chair mi-cassante, bien juteuse, très sucrée et parfumée ; de première qualité ; maturité courant de septembre. Arbre assez vigoureux, d'un mauvais port, propre aux formes palissées et au haut vent en situation favorable.

LÉONIE BOUVIER. Fruit moyen, piriforme, jaune blanchâtre lavé de rouge orangé ; à chair fine, bien fondante et juteuse, sucrée, vineuse, parfumée ; maturité septembre. Arbre de bonne vigueur sur coignassier, fertile et rustique. Très joli et bon fruit. — Obtenue par Simon Bouvier, de Jodoigne.

EUGÈNE APPERT. Fruit moyen, sphérique, vert herbacé jaunâtre, recouvert de gris ; à chair beurrée, très fondante et juteuse, bien sucrée et délicieusement parfumée ; maturité septembre. — Gain de M. André Leroy, remarquable par son exquise qualité et par la fertilité de l'arbre.

CANANDAIGUA. Fruit gros, cylindrique irrégulier, jaune verdâtre pointillé ; à chair juteuse, sucrée ; de bonne qualité ; maturité septembre. Arbre vigoureux et fertile, probablement d'origine américaine.

DÉLICES DE HUY. Fruit gros, conique piriforme, vert jaunâtre ; à chair jaune verdâtre, juteuse, agréablement parfumée ; de première qualité ; maturité septembre. Arbre de vigueur moyenne, de fertilité soutenue.

HARRIS. Fruit moyen, piriforme, jaune pointillé de roux ; à chair blanche, juteuse, sucrée ; de première qualité ; maturité septembre. Arbre de bonne vigueur, fertile. — Reçue de M. Gilbert, d'Anvers.

NAPOLÉON III. Fruit gros, de forme ovoïde ventrue, jaune d'ocre ; à chair fine, très fondante et excessivement juteuse ; d'un arome des plus savoureux ; de première qualité ; maturité septembre. Arbre vigoureux. — Obtenue par M. André Leroy, d'Angers.

BEURRÉ MAUXION. Fruit moyen, en forme de pomme, jaune pâle taché de fauve ; à chair très fine, fondante, beurrée, juteuse, bien sucrée et relevée d'une fine saveur rafraîchissante et particulière ; de toute première qualité ; maturité septembre. Arbre de bonne vigueur sur coignassier, fertile. — Trop peu connue.

BEURRÉ D'ARENBERG D'ÉTÉ. Fruit petit ou moyen, piriforme court, vert lavé de gris fauve ; à chair très fine, beurrée, fondante et bien juteuse ; de première qualité ; maturité mi-septembre. Arbre vigoureux, d'un beau port pyramidal, fertile. — Variété anglaise, obtenue d'un pepin d'*Orpheline d'Enghien*.

SAINT-ANDRÉ. Fruit petit ou moyen, ovoïde régulier, vert jaunâtre ; à chair très fine, bien fondante et très juteuse, fortement parfumée ; de première qualité ; maturité mi-septembre et seconde quinzaine du même mois. Arbre très vigoureux.

POIRES D'AUTOMNE

DÉLICES DE CHAUMONT. Fruit assez gros, oblong tronqué, vert olivâtre maculé de gris ; à chair beurrée, bien sucrée et parfumée ; de première qualité ; maturité fin septembre. Arbre très fertile. Joli fruit distinct.

PIERRE MACÉ. Fruit assez gros ou gros, turbiné arrondi, jaune pointillé de fauve ; à chair fine, fondante, juteuse, bien parfumée ; de première qualité ; maturité seconde quinzaine de septembre et commencement d'octobre. Arbre vigoureux et fertile.

). **SECKEL.** Fruit petit, venant en bouquet, forme de petit Doyenné, jaune sombre recouvert de rouille et largement lavé de rouge brun ; à chair très fine, beurrée, bien sucrée et relevée d'un parfum pénétrant particulier ; maturité fin septembre et commencement octobre. Arbre très peu vigoureux, très faible sur coignassier, précoce au rapport et très fertile, particulièrement propre aux petites formes et au petit haut-vent d'amateur. — Il est regrettable que la vigueur insuffisante de l'arbre ne permette pas de recommander cette variété américaine pour le grand verger, où elle aurait avantageusement remplacé le *Rousselet de Reims*. — Trouvée vers 1760 sur les bords de la Delaware, dans une forêt, près de Philadelphie (Amérique).

MADAME FAVRE. Fruit assez gros, sphérique bosselé, jaune verdâtre taché de gris-roux et lavé de vermillon ; à chair très fine, très juteuse, bien sucrée et délicieusement parfumée ; de première qualité ; maturité fin septembre et commencement d'octobre. Arbre vigoureux et fertile. A résisté à la gelée de 1879-1880. — Obtenue par M. Favre, de Chalon-sur-Saône.

BELLE ROUENNAISE. Fruit moyen ou assez gros, allongé ventru, vert jaunâtre unicolore ; à chair beurrée, fondante, juteuse, sucrée, acidulée, savoureuse ; de première qualité ; maturité fin septembre et commencement octobre. Arbre de bonne vigueur sur coignassier. — Obtenue par M. Boisbunel, de Rouen.

). **COMTE DE CHAMBORD.** Fruit moyen, obtus, jaune verdâtre, taché de brun-roux ; à chair blanche, très fine, juteuse, fondante ; de première qualité ; maturité fin septembre et commencement octobre. Arbre de bonne vigueur sur coignassier, fertile, propre à toutes formes. — Trouvée par M. Eugène des Nouhes, à Nantes.

BEURRÉ DE KONINCK. Fruit gros, piriforme ventru, vert olivâtre unicolore avec une tache rousse près de la queue ; à chair beurrée, fondante, bien sucrée et parfumée ; de première qualité ; maturité fin septembre et première quinzaine d'octobre. Arbre vigoureux sur coignassier, d'un joli port en pyramide, fertile. Beau et bon fruit, peu répandu. — Obtenue par Van Mons.

). **POIRE DE DUVERGNIES.** Fruit moyen, piriforme, jaune clair lavé de rouge pâle ; à chair fine, fondante, bien parfumée, d'une saveur particulière ; de première qualité ; maturité septembre-octobre. Arbre peu vigoureux, très fertile, propre aux petites formes. — Obtenue par M. Duvergnies, à Mons (Belgique).

). **PROFESSEUR HORTOLÈS.** Fruit assez gros, de forme *Beurré d'Amanlis*, jaune verdâtre, coloré de rouge-brun à l'insolation ; à chair blanche, fine, fondante, très juteuse ; de première qualité ; maturité septembre-octobre. Arbre vigoureux et fertile, propre à toutes formes. — Obtenue par M. F. Morel, horticulteur à Lyon.

MADAME ANTOINE LORMIER. Fruit moyen ou gros, piriforme régulier, jaune pointillé ; à chair fine, fondante, très sucrée ; de première qualité ; maturité septembre-octobre. Arbre vigoureux et fertile. — Obtenue par M. Sannier, de Rouen.

GOLDEN BELL. Fruit gros, piriforme, gris-roux doré ; à chair blanc jaunâtre, sucrée, de bonne qualité ; maturité septembre-octobre. Arbre vigoureux et fertile. Joli fruit, distinct par sa couleur. — Reçue de M. Gilbert, d'Anvers.

CHAIGNEAU. Fruit moyen, de forme turbinée ventrue régulière, vert jaunâtre ; à chair fondante, très juteuse ; de première qualité ; maturité commencement octobre. Arbre de vigueur et fertilité moyennes, d'un beau port en pyramide. — Obtenue par M. Jacques Jalais, de Nantes.

THÉODORE VAN MONS. Fruit gros, piriforme ventru, vert jaunâtre unicolore ; à chair bien fondante, très juteuse, relevée d'une saveur particulière ; de première qualité ; maturité commencement d'octobre. Arbre de bonne vigueur sur coignassier, d'un beau port en pyramide, très fertile. — Obtenue par Van Mons et dédiée à un de ses fils, par M. Bouvier.

ROUSSELET THAON. Fruit petit, ovoïde, vert blanchâtre lavé de fauve ; à chair fine, mi-fondante, bien sucrée et d'un parfum de Rousselet excessivement prononcé ; de toute première qualité ; maturité première quinzaine d'octobre. Arbre très fertile. Très propre à remplacer le *Rousselet de Reims*, qu'il surpasse dans son parfum. — Obtenue par M. Bivort.

). **PRÉMICES D'ÉCULLY.** Fruit assez gros, oblong bosselé, jaune herbacé ; à chair très blanche, fine, fondante et très juteuse, bien sucrée et musquée ; maturité première quinzaine d'octobre. Arbre vigoureux, précoce au rapport, d'un beau port en pyramide, rustique. — Obtenue, en 1847, par M. G. Luizet père, pépiniériste, à Écully-lès-Lyon.

HOWELL. Fruit moyen ou assez gros, piriforme régulier, jaune de Naples unicolore ; à chair fine, fondante, juteuse, sucrée, acidulée, citronnée ; de première qualité ; maturité première quinzaine d'octobre. Arbre peu vigoureux sur coignassier, très fertile sur franc. — Obtenue par M. Thomas Howell, de New-Hawen (États-Unis).

PASSE COLMAR MUSQUÉ. Fruit moyen, turbiné obtus, jaune doré recouvert de rouille et légèrement lavé de rouge ; à chair très fine, serrée, fondante, sucrée et d'un parfum musqué très agréable ; de toute première qualité ; maturité octobre. Arbre de bonne vigueur sur coignassier, propre surtout aux formes palissées et au haut vent. — Obtenue par le major Esperen, de Malines.

C. P. **FAVORITE MOREL.** Fruit gros, calebassiforme, jaune largement marbré de rouille ; à chair blanche, fine, fondante, juteuse, fraîche, vineuse, acidulée ; de toute première qualité ; maturité octobre. Arbre robuste, très vigoureux sur coignassier, d'un beau port en pyramide, précoce au rapport et très fertile. — Obtenue, vers 1870, d'un pepin de *Williams* par M. Morel, pépiniériste à Lyon et semeur heureux.

ROUSSELET D'ANVERS. Fruit moyen, sphérico-ovoïde, vert jaunâtre, légèrement lavé de rouge sombre ; à chair mi-fine, fondante, sucrée et finement relevée ; de première qualité ; maturité octobre. Arbre vigoureux, fertile et rustique, ayant résisté à la gelée de 1879-1880. — Variété belge que nous avons reçue de M. Daras de Naghin, d'Anvers.

C. P. **BEURRÉ DALBRET.** Fruit moyen, piriforme irrégulier, recouvert de rouille sur fond jaune ; à chair verdâtre, très fine, bien fondante, d'un parfum analogue à celui du *Beurré gris* ; de toute première qualité ; maturité octobre. Arbre de bonne vigueur sur coignassier, précoce au rapport et très fertile. — Obtenu par Van Mons, envoyée par lui à Poiteau qui, en 1834, lui donna le nom du chef de l'École des arbres fruitiers du Muséum.

SOUVENIR DE LYDIE. Fruit assez gros, de forme Doyenné, jaune verdâtre ; à chair mi-fine, fondante, très sucrée ; de première qualité ; maturité octobre. Arbre vigoureux et fertile. — Variété d'origine belge, que nous devons à l'obligeance de M. Daras de Naghin, d'Anvers.

NAPOLÉON SAVINIEN. Fruit assez gros, turbiné ventru, jaune verdâtre taché de brun ; à chair fine, fondante, très juteuse ; maturité octobre. Arbre vigoureux et fertile. — Variété d'origine belge.

C. P. **DOYENNÉ BLANC.** Fruit moyen, turbiné court, jaune brillant ; à chair très blanche, fine, bien fondante, sucrée et parfumée ; de première qualité ; maturité octobre. Arbre de vigueur modérée et de bonne fertilité, devenu délicat. — Ancienne variété toujours recherchée.

C. P. **BEURRÉ BENOIST.** Fruit gros, turbiné ventru, jaune brillant ; à chair blanche, fondante, bien sucrée ; de première qualité ; maturité octobre. Arbre de bonne vigueur sur coignassier, fertile sur franc. — Trouvée, en 1846, dans une haie, à Brissac (Maine-et-Loire), par M. Auguste Benoist.

BEURRÉ SPAE. Fruit assez gros, turbiné allongé, jaune blafard taché de fauve ; à chair fine, serrée, fondante, juteuse, bien sucrée et parfumée ; de première qualité ; maturité octobre. Arbre peu vigoureux, très faible sur coignassier, précoce au rapport et très fertile ; particulièrement propre aux petites formes. — Obtenue par M. Spae, fleuriste à Gand.

SUCRÉ VERT. Fruit petit, ovoïde, vert jaunâtre ; à chair fine, bien fondante, très sucrée et parfumée ; maturité octobre. Arbre vigoureux, très fertile, propre surtout au haut vent, mais seulement dans les sols secs et aux situations chaudes. A un peu résisté à la gelée de 1879-1880.

MADAME DE ROUCOURT. Fruit assez gros ou gros, jaunâtre, ponctué de brun foncé ; à chair fine, cassante, très juteuse ; de première qualité ; maturité octobre. Arbre vigoureux et fertile. — Nous avons reçu cette variété de M. Daras de Naghin, d'Anvers.

ARBRE COURBÉ. Fruit gros, piriforme ventru, vert tendre pointillé de gris ; à chair verdâtre, très fine, beurrée, agréablement parfumée ; de première qualité ; maturité octobre. Arbre de vigueur modérée sur coignassier, très fertile sur franc, à branches retombantes, à cultiver de préférence en formes palissées. Entrecueillir et surveiller au fruitier. — Obtenue par Van Mons.

FONDANTE DE SAINT-AMAND. Fruit moyen, presque sphérique, jaune orange un peu piqueté de roux ; à chair fine, sucrée, parfumée ; de première qualité ; maturité octobre. Arbre vigoureux et fertile, d'origine belge.

C. P. **SAINT-NICOLAS.** Fruit moyen, piriforme allongé, jaune citron brillant recouvert de rouille ; à chair jaunâtre, très fine, bien parfumée ; de première qualité ; maturité octobre. Arbre de bonne vigueur. — Trouvée par M. Maurier à la Garenne de Saint-Nicolas, à Angers, et propagée par M. Flon, pépiniériste en cette ville.

BEURRÉ DELBECQ. Fruit moyen, conique piriforme, jaune citron ; à chair très fine, très fondante, bien sucrée ; de première qualité ; maturité octobre. Arbre de bonne vigueur sur coignassier.

C. P. **BEURRÉ DU MORTIER.** Fruit assez gros, turbiné ovoïde, vert jaunâtre ; à chair fine, très juteuse, bien sucrée et parfumée ; maturité octobre. Arbre d'un beau port, fertile. Bon fruit, sujet à passer vite. — Obtenue, en 1818, par Van Mons et dédiée à B. C. Du Mortier, naturaliste à Tournay.

POIRE DES DEUX SŒURS. Fruit assez gros, de forme oblongue très allongée, jaune verdâtre doré ; à chair mi-fondante, sucrée, assez agréable ; maturité octobre. Arbre de bonne vigueur sur coignassier, très fertile, mais à bois galeux. Fruit de marché. — Obtenue dans le jardin des demoiselles Knoop, à Malines.

C. P. **HÉLÈNE GRÉGOIRE.** Fruit assez gros, piriforme ovoïde, vert jaunâtre unicolore ; à chair blanche, très fine, bien fondante, délicieusement parfumée ; de toute première qualité ; maturité octobre. Arbre de bonne vigueur. — Obtenue, en 1840, par M. Grégoire Nélis, de Jodoigne (Belgique).

NÉLIS D'AUTOMNE. Fruit petit ou moyen, turbiné sphérique, jaune marbré et largement recouvert de fauve ; à chair fine, beurrée, fondante, juteuse, sucrée et relevée d'un parfum distingué ; de première qualité ; maturité octobre. Arbre à croissance régulière et trapue, au feuillage ondulé, précoce au rapport et très fertile.

NOUVEAU POITEAU. Fruit gros, piriforme ovoïde, vert sombre pointillé ; à chair extrêmement fine, beurrée, fondante, juteuse, bien sucrée et relevée ; de première qualité ; maturité octobre. Arbre très vigoureux, même sur coignassier, d'un beau port en pyramide. Entrecueillir et surveiller au fruitier, la peau restant verte à la maturité. — Obtenue par Van Mons et dédiée par ses fils à M. Poiteau.

P. **DÉLICES DE LOVENJOUL.** Fruit moyen, ovale tronqué, jaune verdâtre lavé de rouge orangé ; à chair blanche, juteuse, richement parfumée ; de toute première qualité ; maturité octobre. Arbre de vigueur modérée, très fertile, propre à toutes formes en situation abritée du vent, de préférence sur franc. — Obtenue par Van Mons, vers 1836.

P. **ALEXANDRINE DOUILLARD.** Fruit assez gros, piriforme, jaune paille pâle unicolore ; à chair mi-cassante, juteuse, sucrée et bien parfumée ; ordinairement de première qualité ; maturité octobre. Arbre de bonne vigueur sur coignassier, très fertile sur franc, d'un beau port en pyramide, propre à toutes formes, mais en situation abritée du vent pour celles de plein air. — Obtenue par M. Douillard jeune, architecte, à Nantes.

VALFLORE DE FONTENELLE. Fruit moyen, de forme de Bergamotte ; à chair sèche, très sucrée ; de première qualité ; maturité octobre. Arbre vigoureux et fertile. — Variété obtenue par M. Grégoire, de Jodoigne.

P. **SAINT-MICHEL ARCHANGE.** Fruit moyen, piriforme ventru, jaune olivâtre ; à chair fine, beurrée, fondante, très juteuse, d'un arome particulier très agréable ; de toute première qualité ; maturité octobre. Arbre de vigueur très modérée sur coignassier, fertile sur franc.

CALEBASSE TOUGARD. Fruit assez gros, piriforme allongé, à peau épaisse, vert d'eau clair taché de rouille brune ; à chair saumonée, serrée, beurrée, richement sucrée et parfumée ; de première qualité ; maturité octobre. Arbre de vigueur modérée sur franc, très fertile ; exigeant l'espalier à bonne exposition sous les climats humides, où le fruit est sujet à se crevasser. — Variété obtenue par Van Mons et propagée par M. Bivort.

P. **JALOUSIE DE FONTENAY.** Fruit moyen, piriforme obtus, jaune pâle taché de fauve ; à chair blanche, juteuse, sucrée, légèrement musquée et bien parfumée ; maturité octobre. Arbre de bonne vigueur, d'un beau port, fertile. Excellent fruit, qui a le défaut de passer un peu vite. — Trouvée, sur le domaine de Bouchereau, près Fontenay (Vendée) et propagée par M. Levêque, vers 1828. A résisté à la gelée de 1879-1880.

VICTORIA DE WILLIAMS. Fruit gros ou assez gros, turbiné, à pédoncule charnu, jaune citron taché de roux cannelle ; à chair fine, très tendre, fondante, beurrée, très juteuse, d'une saveur riche et finement parfumée ; de première qualité ; maturité octobre. — Variété anglaise ayant résisté à la gelée de 1879-1880.

ESPERINE. Fruit assez gros, ovoïde allongé, jaune herbacé lavé de rose ; à chair mi-fondante, juteuse, d'un parfum distingué ; de première qualité ; maturité octobre. Arbre de vigueur modérée, rustique et très fertile. Variété avantageuse pour la culture de spéculation. — Obtenue par Van Mons.

P. **THOMPSON.** Fruit assez gros, ovoïde bosselé, jaune blanchâtre unicolore ; à chair fine, bien fondante et juteuse, sucrée et d'un parfum exquis ; de toute première qualité ; maturité octobre. Arbre de bonne vigueur sur coignassier, bien fertile, propre à toutes formes, mais préférant le contr'espalier. Ordinairement excellent, ce fruit serait, paraît-il, variable dans sa qualité. — Obtenue par Van Mons, avant 1820.

BEURRÉ BURNICQ. Fruit moyen, ovoïde, presque entièrement recouvert de rouille bronzée ; à chair verdâtre, fine, bien fondante, d'un parfum distingué et très prononcé ; de première qualité ; maturité octobre. Arbre de bonne vigueur sur coignassier, rustique et très fertile. — Obtenue par le major Espéren.

BEURRÉ CURTET. Fruit petit ou moyen, turbiné court, beau jaune paille lavé de rouge orangé ; à chair jaunâtre, ferme, bien fine, très juteuse, d'un parfum délicieux ; de toute première qualité ; maturité octobre. Arbre de bonne vigueur sur coignassier, très fertile, propre surtout aux formes palissées et à la petite pyramide. — Obtenue par M. Bouvier, de Jodoigne.

BEURRÉ DE SAINT-AMAND. Fruit moyen, turbiné ovoïde obtus, jaune clair brillant pointillé taché de fauve ; à chair jaunâtre, bien fine, fondante, très sucrée, relevée d'un parfum très agréable ; de toute première qualité ; maturité seconde quinzaine d'octobre. Arbre peu vigoureux, très fertile, propre aux petites formes, à la pyramide sur franc et au petit haut-vent d'amateur. — Obtenue par M. Grégoire, curé de Saint-Amand, près Fleurus.

BEURRÉ MONDELLE. Fruit moyen, turbiné ventru, jaune largement recouvert de rouille ; à chair mi-fondante, vineuse, très agréablement parfumée ; de première qualité ; maturité seconde quinzaine d'octobre. Arbre vigoureux sur coignassier, d'un beau port en pyramide, rustique et fertile. — A résisté à la gelée de 1879-1880.

C. P. BARONNE DE MELLO. Fruit moyen, turbiné ventru, entièrement recouvert de roux-brun ; à chair fine, bien fondante, très juteuse, hautement parfumée ; de première qualité ; maturité seconde quinzaine d'octobre. Arbre de bonne vigueur sur coignassier, bien fertile. Cette Poire est sujette à se crevasser et à être trop acidulée dans les sols froids et humides. — Obtenue par Van Mons ; introduite en France sous le nom de P. His, par Poiteau, vers 1830 ; propagée plus tard par M. J.-L. Jamin, sous le nom de Baronne de Mello.

DUC DE NEMOURS. Fruit assez gros, ovoïde piriforme, jaune verdâtre ; à chair bien fine, fondante, très juteuse, agréablement parfumée ; de première qualité ; maturité fin octobre. Arbre vigoureux sur coignassier, d'un beau port en pyramide, rustique et très fertile. — Obtenue par Van Mons et nommée par M. Bouvier, de Jodoigne.

CHAMARET. Fruit assez gros, turbiné allongé, bosselé près de la queue ; à peau grasse, jaune clair brillant unicolore ; chair fine, fondante, très juteuse, sucrée et bien parfumée ; de première qualité ; maturité fin octobre. Arbre vigoureux sur coignassier, d'un très beau port en pyramide. — Obtenue par M. Léon Leclerc, de Laval.

DÉLICES DE LIGAUDIÈRES. Fruit moyen, genre Doyenné blanc, mais à queue plus grosse et plus courte ; à chair fine, fondante ; de première qualité ; maturité courant octobre et commencement de novembre. — A un peu résisté à la gelée de 1879-1880.

DUPUY CHARLES. Fruit petit ou moyen, calebassiforme, largement recouvert de fauve sur fond jaune foncé ; à chair bien fine, serrée, fondante, sucrée et hautement parfumée ; de première qualité ; maturité fin octobre et commencement de novembre. Arbre vigoureux sur coignassier, très fertile. — Obtenue à Gand, par M. Louis Berckmans, pépiniériste, et dédiée à M. Dupuy (Charles), à Loches (Indre-et-Loire).

BARONNE LEROY. Fruit moyen ou gros ; à chair fine, très fondante et juteuse, très sucrée et relevée d'un goût excellent ; de première qualité ; maturité octobre-novembre. Arbre vigoureux et fertile. — Obtenue par M. Boisbunel.

PRINCE IMPÉRIAL. Fruit gros, ovoïde, jaune clair uniforme ; à chair saumonée, beurrée. assez juteuse, sucrée et d'un parfum agréable ; de première qualité ; maturité octobre-novembre. Arbre vigoureux et fertile. — Obtenue par M. Grégoire, de Jodoigne, en 1850.

AMÉDÉE THIRRIOT. Fruit gros, ovale allongé bosselé ; à chair très fondante ; de première qualité ; maturité octobre-novembre. Arbre très vigoureux et très fertile. — Obtenue par MM. Thirriot frères.

MARIE-LOUISE D'UCCLE. Fruit gros, piriforme ventru, jaune verdâtre recouvert de rouille brune ; à chair très fine, bien fondante, très sucrée et parfumée ; de première qualité ; maturité octobre-novembre. Arbre de bonne vigueur sur coignassier, très rustique et bien fertile, propre aux formes basses ou palissées.

BEURRÉ PRINGALLE. Fruit moyen, ovale oblong. à peau grise ; chair très fine, beurrée, très fondante, bien sucrée et aromatisée ; de première qualité ; maturité octobre-novembre. Arbre de vigueur modérée, précoce au rapport et très fertile. — Obtenue par M. Célestin Pringalle, pépiniériste à Lesdain, près Tournay.

SOUVENIR DE JULIA. Fruit moyen, de forme arrondie, jaune blanchâtre lavé de rose-aurore ; à chair fine, mi-fondante, juteuse, sucrée ; de première qualité ; maturité octobre-novembre. Arbre vigoureux et fertile. — Variété belge, que nous avons reçue de M. Daras de Naghin, d'Anvers.

PIERRE PATERNOTTE. Fruit gros, allongé, jaune pointillé et marbré de gris ; à chair blanche, fine, fondante, juteuse ; de première qualité ; maturité octobre-novembre. Arbre vigoureux et fertile. — Obtenue par M. Pierre Paternotte, à Molenbeck-Saint-Jean, près Bruxelles, d'un pépin de *Marie-Louise*.

GÉNÉRAL TOTTLEBEN. Fruit gros ou très gros, piriforme ventru, jaune verdâtre ; à chair souvent saumonée, fondante, juteuse ; ordinairement de première qualité ; maturité octobre-novembre. Arbre très vigoureux, de bonne fertilité. Beau fruit, sujet à passer un peu vite. — Obtenue par M. Fontaine de Ghelin et couronnée en 1842 par la Société d'horticulture de Tournay.

PROFESSEUR BARRAL. Fruit très gros, de forme arrondie bosselée, jaune orangé ; à chair fondante, juteuse, de première qualité ; maturité octobre-novembre. Arbre vigoureux. — Obtenue d'un pépin de *Williams*, par M. Boisselot, propriétaire à Nantes.

PRÉSIDENT D'OSMONVILLE. Fruit assez gros, conique allongé bosselé, jaune clair unicolore ; à chair jaune, fine, fondante et très juteuse, sucrée, acidulée et d'une saveur musquée très prononcée ; de première qualité ; maturité octobre-novembre. Arbre de bonne vigueur sur coignassier. — Obtenue par M. Léon Leclerc, de Laval.

PRÉSIDENT LE SANT. Fruit moyen, en forme de Bergamotte, à peau grasse, unie, jaune pointillé de fauve ; chair fine, fondante, juteuse, sucrée et relevée d'un arome agréable ; de première qualité ; maturité octobre-novembre. Arbre vigoureux et fertile.

POIRE DIX. Fruit assez gros, piriforme conique allongé, jaune foncé lavé de rouge orangé ; à chair fine, beurrée, juteuse, sucrée et richement parfumée ; de première qualité ; maturité octobre-novembre. Arbre vigoureux et rustique. — Obtenue dans le jardin de Mᵐᵉ Dix, à Boston (États-Unis). A un peu résisté à la gelée de 1879-1880.

P. **BOUVIER BOURGMESTRE.** Fruit assez gros, conique allongé, jaune clair brillant ; à chair mi-fondante, sucrée et parfumée ; de première qualité ; maturité octobre-novembre. Arbre de bonne vigueur sur coignassier, mais réclamant un bon sol. — Variété issue d'un semis fait en 1824, par M. Bouvier, ancien bourgmestre de Jodoigne.

SOUVENIR DE LA REINE DES BELGES. Fruit assez gros, de forme turbinée obtuse irrégulière, jaune indien lavé de carmin ; à chair jaunâtre, mi-cassante, très juteuse, parfumée ; de première qualité ; maturité octobre-novembre. Arbre vigoureux, d'un mauvais port en pyramide, propre aux formes palissées et au haut-vent. — Obtenue en 1855, par M. Grégoire, de Jodoigne.

BEURRÉ BALTET PÈRE. Fruit gros, vert jaunâtre ; à chair très fine, fondante et très juteuse, relevée d'une saveur fine et délicate ; de première qualité ; maturité octobre-novembre. Arbre d'un beau port, trapu, très fertile. — Obtenue par MM. Baltet frères, à Troyes, vers 1865.

DÉLICES DE FROYENNES. Fruit moyen, de forme ovale, jaune recouvert de fauve ; à chair très fine, très juteuse, bien sucrée et parfumée ; de toute première qualité ; maturité octobre-novembre. Arbre de bonne vigueur, très fertile — Obtenue par M. Isidore Degand, jardinier du comte de Germiny, à Froyennes-lez-Tournay.

P. **BRUNE DE GASSELIN.** Fruit moyen, ovoïde pyramidal, jaunâtre lavé de fauve roux ; à chair très tendre, juteuse, très sucrée et parfumée ; de première qualité ; maturité octobre-novembre. — Obtenue, en 1854, par M. Durand-Gasselin, architecte, à Nantes.

MADAME ELISA. Fruit assez gros, piriforme régulier, vert pâle ; à chair souvent saumonée, très fine, bien fondante, finement relevée d'un parfum rafraîchissant ; de première qualité ; maturité octobre-novembre. Arbre vigoureux sur coignassier, sensible aux fortes gelées d'hiver, propre surtout aux formes palissées. — Obtenue par M. Bivort et dédiée par lui à Madame Elisa Berckmans.

ROI CHARLES DE WURTEMBERG. Fruit très gros, ovale bosselé, forme de *Bon chrétien*, jaunâtre taché de rouille ; à chair fine, juteuse, presque fondante. agréablement parfumée ; maturité octobre-novembre. Arbre de bonne vigueur sur coignassier, à port pyramidal, d'une grande fertilité. — Obtenue récemment, d'un semis de *Beurré Clairgeau*, par M. Müller, jardinier du roi de Wurtemberg, et mise au commerce par M. Lucas de Reutlingen.

CHARLES FREDERICKX. Fruit moyen, piriforme allongé, jaune pâle unicolore ; à chair remarquablement fine, ferme, beurrée, fondante et juteuse, bien sucrée et d'un parfum légèrement musqué très agréable ; maturité octobre-novembre. Arbre de bonne vigueur et fertile sur coignassier. Excellent fruit, de maturation lente et prolongée. — Obtenue par Van Mons.

EUGÈNE THIRRIOT. Fruit gros, piriforme régulier ; jaune pâle verdâtre ; à chair fondante, beurrée, très juteuse, sucrée, parfumée ; de première qualité ; maturité octobre-novembre. Arbre fertile et d'un port superbe. — Obtenue et mise au commerce par MM. Thirriot frères.

DOYENNÉ DEFAYS. Fruit moyen, presque cylindrique, jaune citron doré ; à chair fine, juteuse, d'un parfum analogue à celui du *Beurré d'Hardenpont*; maturité octobre-novembre. Arbre de vigueur modérée, un peu maladif, propre seulement au jardin fruitier, en sol sain et situation favorable. — Obtenue par François-André Defays, à la ferme de la Tour-en-Saint-Laud, près d'Angers.

P. **FIGUE D'ALENÇON.** Fruit moyen, imitant très bien la Figue dans sa forme et son coloris ; à chair verdâtre, fondante, bien sucrée, acidulée et parfumée ; de première qualité ; maturité fin octobre à décembre. Arbre assez délicat, exigeant un sol et un climat favorables. — Obtenue par M. Lecomte-Mortefontaine, vers 1829, à Cussay, près d'Alençon.

ÉMILE D'HEYST. Fruit assez gros, ovoïde allongé, gris rouille sur fond vert clair ; à chair fine, compacte, très juteuse, bien parfumée ; de première qualité ; maturité novembre. Arbre de bonne vigueur sur coignassier, bien fertile. — Obtenue par M. Grousset, à Nantes.

CALEBASSE ABBÉ FÉTEL. Fruit très gros, de forme très allongée, rouge clair du côté du soleil ; à chair fondante, très juteuse, sucrée ; de toute première qualité ; maturité novembre. Arbre vigoureux, affectant la forme pyramidale, se comportant bien sur coignassier et sur franc, très fertile.

BEURRÉ DELFOSSE. Fruit moyen, turbiné sphérique, presque entièrement recouvert de rouille dorée ; à chair fine, fondante, sucrée et bien parfumée ; de première qualité ; maturité novembre. Arbre de bonne vigueur sur coignassier, d'un beau port en pyramide. — Obtenue par M. Grégoire, de Jodoigne ; premier rapport en 1847.

BEURRÉ AMANDÉ. Fruit moyen ou gros, à surface bosselée et à pédoncule charnu, jaune serin transparent ; à chair fine, d'un goût d'amande très prononcé, délicieux ; maturité novembre. Arbre assez vigoureux, très fertile. — Obtenue par M. Sannier, de Rouen.

FONDANTE DU COMICE. Fruit assez gros, turbiné piriforme, jaune pâle blanchâtre unicolore ; à chair blanche, fine, fondante, très juteuse, sucrée, plus ou moins relevée ; ordinairement de première qualité ; maturité novembre. Arbre de bonne vigueur sur coignassier, rustique et de fertilité constante. — Obtenue dans le jardin du Comice horticole d'Angers.

ROUSSELET BIVORT. Fruit petit, turbiné, jaune citron; à chair remarquablement fine, jaunâtre, beurrée, fondante, juteuse, bien sucrée et parfumée; de toute première qualité; maturité novembre. Arbre vigoureux sur coignassier, très fertile. A résisté à la gelée de 1879-1880. — Obtenue par M. Bivort.

DOYEN DILLEN. Fruit assez gros, ovoïde allongé, jaune foncé taché de fauve; à chair mi-fondante, bien parfumée; de première qualité; maturité novembre. Arbre de bonne vigueur sur coignassier, très fertile. Convenable surtout pour la culture de spéculation. A résisté à la gelée de 1879-1880. — Obtenue par Van Mons, à Louvain.

INCOMPARABLE D'HACON. Fruit assez gros, presque sphérique, jaune paille verdâtre légèrement lavé de rouge orangé; à chair jaunâtre, très fine, fondante, hautement parfumée; de toute première qualité; maturité novembre. Arbre de bonne vigueur sur coignassier, souvent peu fertile, propre surtout aux formes palissées. — D'origine anglaise.

SUPRÊME COLOMA. Fruit moyen, ovale obtus, d'un beau jaune unicolore; à chair fine, ferme, douce, sucrée et fortement musquée; maturité novembre-décembre. Arbre très vigoureux, aux jeunes pousses rouges, d'un beau port, bien fertile. Poire de première qualité pour les personnes auxquelles plaira son parfum prononcé et caractéristique : elle demande à être consommée avant que sa chair devienne pâteuse. A un peu résisté à la gelée de 1879-1880. — Obtenue par le comte Coloma, de Malines.

ANTOINE DELFOSSE. Fruit moyen, de forme arrondie, marbré et pointillé de fauve; à chair fine, bien fondante, juteuse, sucrée et parfumée; de première qualité; maturité novembre-décembre. Arbre vigoureux et fertile. A résisté à la gelée de 1879-1880. — Obtenue par M. Grégoire, de Jodoigne.

CLÉMENCE VAN RUMBECK. Fruit moyen ou gros, presque rond, roux marron sur fond jaune; à chair jaunâtre, fine, fondante; de première qualité; maturité novembre-décembre. Arbre vigoureux et fertile.

DOCTEUR BOURGEOIS. Fruit moyen ressemblant à *Olivier de Serres*; à chair fine, juteuse, d'un parfum très agréable, avec quelques granulations au centre; maturité novembre-décembre. Arbre sain, de bonne vigueur, très fertile. — Obtenue par M. Sannier, de Rouen.

BEURRÉ DE GHELIN. Fruit assez gros, de forme irrégulière, bosselé, jaune paille taché de fauve et lavé de rouge clair; à chair fondante, très sucrée, délicatement parfumée; de toute première qualité; maturité fin d'automne. Arbre peu vigoureux sur coignassier. — Obtenue par M. Fontaine de Ghelin, propriétaire à Mons (Belgique); propagée par M. Verschaffelt, à Gand.

SMET FILS UNIQUE. Fruit gros, de forme Doyenné; à chair fine, fondante, juteuse; de première qualité; maturité fin d'automne. Arbre vigoureux et fertile. — Variété d'origine belge, ayant résisté à la gelée de 1879-1880.

C. P. ÉPINE DU MAS. Fruit assez gros, piriforme oblong, jaune citron; à chair blanche, mi-fondante, sucrée, acidulée et relevée d'un parfum agréable; de première qualité; maturité fin d'automne. Arbre de vigueur modérée; très fertile. Maturation prolongée. — Trouvée dans la forêt de Rochechouart, sur le territoire du Mas (Haute-Vienne).

SYLVANGE. Fruit petit ou moyen, turbiné sphérique, vert jaunâtre; à chair jaunâtre, bien fine, serrée fondante, bien sucrée; ordinairement de toute première qualité; maturité fin d'automne. Arbre de vigueur moyenne, spécialement propre au haut-vent, mais devenu délicat. — Variété estimée dans nos environs, d'où elle est probablement originaire.

ZÉNON. Fruit moyen, forme de Doyenné; à chair très fine, juteuse, sucrée, savoureuse, un peu parfumée, granuleuse autour des loges; de première qualité; maturité fin d'automne. Arbre de vigueur moyenne, donnant des fruits excellents sur franc. — Variété que nous avons reçue de M. Daras de Naghin, d'Anvers.

CHARLES ERNEST. Fruit gros ou très gros, piriforme ventru, coloré de rose carmin sur fond jaune d'or; à chair ferme, fine, très sucrée; de bonne qualité; maturité fin d'automne. Arbre vigoureux sur coignassier et sur franc, à végétation pyramidale. — Obtenue par MM. Baltet frères, de Troyes.

DOCTEUR CAPRON. Fruit moyen ou assez gros, ovoïde régulier, jaune citron; à chair fondante, beurrée, bien sucrée et relevée d'un parfum d'amande; de première qualité; maturité fin d'automne. Arbre de bonne vigueur sur coignassier, rustique. — Cette poire se recommande par sa maturation lente et prolongée. Obtenue par Van Mons et dédiée par lui au docteur Capron, de Jodoigne (Belgique).

BEURRÉ VANILLE. Fruit moyen, piriforme, roux, jaune et rougeâtre au soleil; à chair fine, fondante, très sucrée et très juteuse; de toute première qualité; maturité fin d'automne. Arbre de vigueur moyenne, très fertile. — Nous avons reçu cette excellente variété, de M. Proche, pomologue à Sloupno (Bohême).

BESI ESPEREN. Fruit moyen, ovoïde piriforme, vert jaunâtre; à chair bien fine, fondante, très juteuse, sucrée et parfumée; de première qualité; maturité fin d'automne. Arbre de vigueur moyenne sur coignassier, d'un assez mauvais port, propre aux formes palissées et au haut-vent, en sol riche. — Obtenue par le major Esperen, de Malines (Belgique), vers 1838.

NOUVELLE AGLAÉ. Fruit moyen ou assez gros, en forme de bergamotte, jaune taché de fauve ; à chair fine, juteuse ; de première qualité ; maturité fin d'automne. Arbre vigoureux et fertile. — A un peu résisté à la gelée de 1879-1880. Obtenue par M. Grégoire, de Jodoigne.

P. LOUISE-BONNE SANNIER. Fruit moyen, ovale allongé obtus, jaune foncé frappé de rouge clair ; à chair jaune, juteuse, remarquablement sucrée, relevée et parfumée ; de toute première qualité ; maturité fin d'automne. Arbre vigoureux et fertile. — Obtenue par M. Sannier, pépiniériste à Rouen, d'un pepin de *Louise-Bonne d'Avranches*, et mise au commerce en 1873.

HOVEY DE DANA. Fruit petit, ovoïde piriforme, jaune citron recouvert de rouille ; à chair très fine, serrée, fondante, bien sucrée et richement parfumée ; de toute première qualité ; maturité fin d'automne et commencement d'hiver. Arbre de bonnes vigueur et fertilité. — Variété américaine, recommandée aux personnes qui recherchent les poires très sapides.

DOYENNE SIEULLE. Fruit moyen ou assez gros, sphérique tronqué, jaune citron brillant ; à chair très fine, serrée, juteuse, sucrée, vineuse, acidulée ; maturité fin d'automne et commencement d'hiver. Arbre de vigueur modérée. Cette poire est réellement de première qualité lorsqu'elle est consommée à son point extrême de maturation. — Semis de hasard propagé par M. Clément Sieulle, de Paris.

BON GUSTAVE. Fruit assez gros, turbiné ventru, vert clair marbré de roux ; à chair jaune, verdâtre, beurrée, sucrée, parfumée ; de première qualité ; maturité fin d'automne et commencement d'hiver. Arbre vigoureux et fertile. — Obtenue par le major Esperen, de Malines.

P. CRASSANE. Fruit moyen, sphérique déprimé, jaune verdâtre pointillé ; à chair fondante, très juteuse, sucrée et d'un parfum distingué très agréable ; de première qualité ; maturité fin d'automne et commencement d'hiver. Arbre vigoureux sur coignassier, bien fertile, exigeant l'espalier au levant. — Ancienne variété, toujours estimée.

BERGAMOTTE TARDIVE DE GANSEL. Fruit moyen ou assez gros, de forme sphérique déprimée, jaune verdâtre recouvert de fauve ; à chair grenue, beurrée, fondante, vineuse et parfumée ; maturité fin d'automne et commencement d'hiver. Arbre très vigoureux, même sur coignassier, à feuillage ondulé ; très rustique. — Obtenue de semis par M. Williams, de Pitmaston (Angleterre).

COMTE DE FLANDRE. Fruit gros, piriforme allongé, jaune clair réticulé de rouille ; à chair bien fine, serrée, sucrée et relevée d'un parfum agréable ; de première qualité ; maturité fin d'automne et commencement d'hiver. Arbre de vigueur très modérée, faible sur coignassier. — Obtenue par Van Mons, et dédiée par M. Bouvier, au comte de Flandre.

POIRES D'HIVER

COLMAR SIRAND. Fruit moyen, piriforme, jaune citron ; à chair bien fine, fondante, d'un parfum distingué ; de première qualité ; maturité décembre. Arbre peu vigoureux, très fertile. — Obtenue par M. Parizet, ancien notaire à Curciat-Dongalon (Ain) ; dédiée à M. Sirand, ancien vice-président de la société d'horticulture de l'Ain.

BEURRÉ LUIZET. Fruit gros, turbiné allongé, jaune citron ; à chair fondante et bien juteuse, sucrée, rafraîchissante ; de première qualité ; maturité commencement d'hiver. Arbre vigoureux sur coignassier, très fertile, particulièrement propre à la pyramide. — Obtenue par M. Luizet père, à Ecully, près Lyon.

P. JULES D'AIROLLES DE LECLERC. Fruit assez gros, conique allongé, jaune verdâtre clair lavé de carmin ; à chair mi-fondante, très sucrée et bien parfumée ; de première qualité ; maturité commencement d'hiver. — Obtenue, en 1836, par M. Léon Leclerc, de Laval ; propagée par M. Hutin, lors de la première fructification, en 1852.

P. MADAME GRÉGOIRE. Fruit assez gros, ovale allongé, vert jaunâtre ; à chair rosée, fondante, juteuse, sucrée, vineuse, parfumée ; de toute première qualité ; maturité commencement d'hiver. Arbre vigoureux et fertile. — Obtenue en 1860, par M. Grégoire-Nélis, à Jodoigne (Belgique).

BEURRÉ DUVAL. Fruit moyen, ovoïde allongé, jaune paille pâle ; à chair très fine, serrée, sucrée, acidulée ; de première qualité ; maturité commencement d'hiver. Arbre de bonne vigueur sur coignassier. — Obtenue par M. Duval, dans le Hainaut.

P. SAINT-GERMAIN-GRIS. Fruit moyen, ovoïde allongé, vert grisâtre, ponctué de brun ; à chair jaunâtre, assez fine, juteuse, fondante, sucrée ; de première qualité ; maturité novembre à janvier. Arbre de vigueur modérée sur coignassier, assez fertile. — Trouvée, vers 1804, par M. Prévost, dans le jardin des anciens moines de Saint-Ouen, à Rouen.

P. SOUVENIR DE DUBREUIL PÈRE. Fruit moyen, subsphérique, jaune herbacé taché de roux clair ; à chair fondante, juteuse, très sucrée, agréablement parfumée ; de toute première qualité ; maturité novembre à janvier. — Obtenue par M. Dubreuil, alors professeur au jardin des plantes de Rouen ; propagée par M. Nicolle, de Rouen, vers 1856.

JAMINÈTTE. Fruit moyen, turbiné ventru, vert jaunâtre pointillé ; à chair verdâtre, bien sucrée, d'un parfum particulier qui plaît beaucoup à certaines personnes ; maturité novembre à janvier. Arbre très vigoureux sur coignassier, devenu délicat, et réclamant le plus souvent l'espalier. — Variété très appréciée dans les environs de Metz, qui est probablement son pays d'origine.

BEURRÉ DE JONGHE. Fruit moyen, piriforme ovoïde, jaune paille doré taché de fauve ; à chair jaunâtre, très fine, bien fondante, d'un parfum très agréable ; de première qualité ; maturité décembre-janvier. Arbre de vigueur modérée, rustique et fertile, propre aux petites formes. — Obtenue dans les jardins de M. Gambier, de Rhode-Saint-Genèse, près de Bruxelles, et dédiée par lui à M. de Jonghe.

FONDANTE DE NOEL. Fruit moyen, piriforme court, jaune vif lavé de rouge-orange ; à chair très fine, bien fondante, juteuse ; de première qualité ; maturité décembre-janvier. Arbre peu vigoureux sur coignassier. — Obtenue par le major Esperen.

BEURRÉ DE WETTEREN. Fruit assez gros, sphérico-conique, jaune citron taché de rouille et lavé de rouge-brun ; à chair jaunâtre, beurrée, juteuse, bien sucrée et parfumée ; de toute première qualité ; maturité décembre-janvier. Arbre très vigoureux sur coignassier, à élever de préférence en formes palissées. — Obtenue par M. Berckmans, pépiniériste à Heyst-op-den-Berg (Belgique).

PRÉSIDENT POUYER-QUERTIER. Fruit moyen, un peu allongé, gris roux ; à chair très fine, juteuse, sucrée ; de première qualité ; maturité décembre-janvier. Arbre vigoureux et fertile. — Variété dédiée au président de la Société d'horticulture de Rouen.

C. P. **BONNESERRE DE SAINT-DENIS.** Fruit moyen turbiné arrondi, jaune verdâtre taché de roux ; à chair fondante, d'un parfum délicieux ; maturité décembre-janvier. Arbre de vigueur modérée, de bonne fertilité. — Obtenue en 1863, par M. André Leroy et dédiée à M. Bonneserre de Saint-Denis.

BEURRÉ BERCKMANS. Fruit moyen, irrégulièrement piriforme, jaune paille blanchâtre recouvert de rouille ; à chair très fine, bien fondante, richement sucrée et agréablement parfumée ; de première qualité ; maturité décembre-janvier. Arbre de bonne vigueur sur coignassier, d'un beau port en pyramide, de bonne fertilité. — Obtenue par M. Bivort ; dédiée à M. Berckmans, continuateur des semis du major Esperen.

MADAME VERTÉ. Fruit moyen, de forme ovoïde tronquée, à peau épaisse, lavée de brun fauve sur fond jaune sale ; chair mi-fondante, juteuse, sucrée, d'un bon parfum ; maturité décembre-janvier. Arbre vigoureux, d'un beau port, bien fertile.

C. P. **BEURRÉ DE NIVELLES.** Fruit moyen, turbiné sphérique, jaune citron foncé réticulé de rouille et lavé de rouge-brun ; à chair mi-fondante, bien parfumée ; de première qualité ; maturité décembre à février. Arbre peu vigoureux sur coignassier. — Se recommande par sa maturation lente et prolongée. Obtenue, vers 1840, par M. François Parmentier, à Nivelles (Belgique).

MINOT JEAN MARIE. Fruit gros, piriforme raccourci, roux sur fond jaune ; à chair jaunâtre, cassante, très juteuse, sucrée ; de première qualité ; maturité décembre à février. Arbre vigoureux et fertile. — Obtenue par M. Grégoire, de Jodoigne.

WILLIAMS D'HIVER. Fruit gros, ovoïde allongé, jaune clair maculé de fauve ; à chair très fine, bien fondante, très juteuse, savoureusement parfumée ; de première qualité ; maturité décembre à février. Arbre vigoureux et fertile.

BEURRÉ ALEXANDRE LUCAS. Fruit assez gros, ressemblant à la *Duchesse d'Angoulême* par sa forme ; à chair mi-fondante, très juteuse, vineuse, sucrée ; de bonne qualité ; maturité décembre à février. Arbre vigoureux, de bonne fertilité.

LYCURGUS. Fruit petit, piriforme oblong, presque entièrement recouvert de rouille brune ; à chair fondante, juteuse ; de toute première qualité ; maturité décembre à février. — Variété américaine à laquelle on ne peut reprocher que son peu de volume.

COLUMBIA. Fruit assez gros, ovoïde régulier, jaune mat unicolore ; à chair mi-fondante, douce, sucrée, d'une saveur agréable ; de première qualité ; maturité commencement et courant d'hiver. Arbre de bonne vigueur sur coignassier, bien fertile, d'un assez mauvais port en pyramide, propre surtout aux formes palissées. Joli fruit, recommandable par sa maturation prolongée. — Variété trouvée dans le comté de Westchester (États-Unis).

VICE-PRÉSIDENT DELBÉE. Fruit moyen ou gros affectant la forme de la *Passe Crassane* et venant par trochets ; à chair fine, fondante, d'un goût particulier ; de première qualité ; maturité commencement et courant d'hiver. Arbre de bonne vigueur, fertile. — Obtenue par M. Sannier, de Rouen.

C. P. **VIRGOULEUSE.** Fruit moyen, ovoïde, jaune paille ; à chair jaunâtre, beurrée, juteuse, sucrée et d'un parfum particulier ; de première qualité ; maturité commencement et courant d'hiver. Arbre vigoureux sur coignassier, mais exigeant le plus souvent l'espalier, à l'exposition du levant. — Trouvée au village de Virgoulée, près Limoges, vers 1650.

DOYENNÉ FLON. Fruit gros, sphérique, jaune verdâtre et brun jaunâtre ; à chair fine, fondante et très juteuse, bien sucrée et relevée d'un parfum de rose ; de première qualité ; maturité commencement et milieu d'hiver. Arbre fertile. — Obtenue de semis par M. Flon aîné, horticulteur à Angers.

P. **ROYALE D'HIVER.** Fruit assez gros, ventru, jaune-chamois lavé de rouge orangé ; à chair mi-fondante, relevée d'un parfum particulier ; maturité milieu d'hiver. Arbre vigoureux mais délicat, exigeant l'espalier au midi. — Ancienne variété, d'origine méridionale, qui réussit rarement sous notre climat.

COLMAR. Fruit assez gros, piriforme obtus, jaune verdâtre ; à chair mi-fondante, beurrée, bien sucrée ; de première qualité dans les sols chauds ; maturité milieu d'hiver. Arbre vigoureux sur coignassier, souvent peu fertile, exigeant l'espalier à bonne exposition. — Ancienne variété, moins recherchée aujourd'hui qu'autrefois.

P. **FORTUNÉE BOISSELOT.** Fruit assez gros, de forme turbinée obtuse très régulière ; à peau rugueuse, jaune d'ocre taché de gris roux ; chair blanche, juteuse ; maturité milieu d'hiver. Arbre très vigoureux. — Obtenue par M. Auguste Boisselot, à Nantes.

BON-CHRÉTIEN ANTOINE LORMIER. Fruit gros ou très gros, renflé au milieu, obtus à ses extrémités, jaune clair frappé de rouge-brun ; à chair mi-fondante, sucrée et relevée ; maturité janvier-février. Arbre vigoureux et fertile, propre à toutes formes. — Poire d'un grand mérite, obtenue, d'un pepin de *Doyenné d'Amanlis*, par M. Sannier, pépiniériste à Rouen, et mise au commerce en 1873.

BESI DE SAINT-WAAST. Fruit moyen, piriforme turbiné, jaune pâle recouvert de rouille et parfois lavé de rouge sombre ; à chair très fine, bien fondante, juteuse, bien sucrée et relevée d'un parfum particulier ; de première qualité ; maturité milieu d'hiver. Arbre de vigueur modérée souvent peu fertile, propre surtout aux formes palissées.

BEURRÉ ROME GAUJARD. Fruit assez gros, piriforme, rugueux, vert brun roux, passant au vert jaunâtre à la maturité ; à chair blanche, un peu ferme, fondante, parfumée ; maturité janvier-février. Arbre vigoureux, à végétation verticale. — Variété d'origine belge, donnant des fruits qui viennent par trochets, et tenant bien à l'arbre.

VICTORIA DE HUYSHE. Fruit assez gros, oblong, jaune pâle orangé lavé de fauve ; à chair fine, beurrée, juteuse, bien sucrée ; de première qualité ; maturité milieu d'hiver. — Variété anglaise très méritante, que nous avons reçue de M. Rivers.

LYDIE THIÉRARD. Fruit assez gros de la forme de la *Crassane*, vert clair pointillé ; à chair fine, très fondante, juteuse, agréablement parfumée ; de toute première qualité ; maturité janvier à mars. Arbre très vigoureux, fructifiant en bouquets. — Obtenue d'un pepin de *Crassane*, par MM. Thirriot frères, horticulteurs à Charleville (Ardennes).

CALEBASSE BOISBUNEL. Fruit gros, forme de *Calebasse*, jaune verdâtre lavé de roux ; à chair très fine, juteuse, très sucrée ; de première qualité ; maturité février-mars. Arbre très vigoureux, excessivement fertile. — Variété obtenue par M. Boisbunel, de Rouen.

JEAN DE WITTE. Fruit presque moyen, turbiné court, jaune terne réticulé de rouille ; à chair très fine, mi-fondante, très sucrée et délicatement parfumée ; de première qualité ; maturité courant d'hiver. Arbre de bonne vigueur sur coignassier. — Obtenue par M. Witzumb, directeur du jardin botanique de Bruxelles, vers le commencement du siècle.

P. **BROOM PARK.** Fruit assez gros, irrégulièrement sphérique déprimé et bosselé, jaune verdâtre pointillé taché de fauve ; à chair mi-fondante, juteuse, bien parfumée ; de première qualité ; maturité courant et fin d'hiver. Arbre de bonne vigueur sur coignassier, très fertile, d'un port assez disgracieux en pyramide, et demandant un sol riche. — Trouvée, avant 1838, par M. Knight, président de la Société d'horticulture de Londres. A résisté à la gelée de 1879-1880.

MARÉCHAL VAILLANT. Fruit gros ou très gros, turbiné sphérique, vert jaunâtre unicolore ; à chair blanc jaunâtre, assez fine, bien fondante ; maturité milieu et fin d'hiver. Arbre vigoureux et fertile, propre surtout à l'espalier. — Obtenue par M. Boisbunel, pépiniériste à Rouen.

P. **DOYENNÉ GOUBAULT.** Fruit moyen ou assez gros, turbiné aplati, jaune-paille blanchâtre ; à chair jaunâtre, fine, serrée, beurrée ou mi-cassante, sucrée, vineuse et hautement parfumée ; maturité courant et fin d'hiver. Arbre peu vigoureux sur coignassier, de bonne fertilité sur franc. — Obtenue par M. Goubault, horticulteur à Angers.

LEHOU GRIGNON. Fruit de grosseur au-dessus de la moyenne, de forme *Doyenné du Comice*, jaune clair, à chair mi-fine, cassante, suffisamment juteuse, sucrée, légèrement musquée ; de bonne qualité ; maturité courant et fin d'hiver. — Semis de hasard qui a levé dans la propriété de M. Lehou Grignon, à Doué-la-Fontaine ; propagé par M. Chatenay, pépiniériste. Arbre vigoureux et fertile.

NOTAIRE LEPIN. Fruit gros, de forme irrégulière ; à chair fine, juteuse, sucrée et parfumée ; de première qualité ; maturité fin de janvier à avril. Arbre de bonne vigueur, productif.

STÉPHANIE MILLET. Fruit moyen ou gros, ovale arrondi, jaune roux ; à chair mi-fondante, juteuse, très sucrée ; de première qualité ; maturité fin d'hiver. Arbre vigoureux, fertile et rustique, ayant un peu résisté à la gelée de 1879-1880. — Reçue de Louvain (Belgique).

P. **SUZETTE DE BAVAY.** Fruit petit, turbiné ovoïde, jaune-citron brillant ; à chair blanche, mi-fondante, sucrée et parfumée ; de première qualité pour la saison ; maturité fin d'hiver. Arbre de bonne vigueur sur coignassier, d'un beau port pyramidal, très fertile, mais demandant un sol riche. — Obtenue par le major Esperen, de Malines (Belgique). A un peu résisté à la gelée de 1879-1880.

5

PRINCE ALBERT. Fruit moyen, piriforme allongé, jaune verdâtre pointillé et taché de fauve ; à chair jaunâtre, beurrée, sucrée et parfumée ; maturité fin d'hiver. Arbre vigoureux sur coignassier, réclamant un sol sec et une situation chaude. — Cueillir très tard, cette poire étant sujette à se rider. Semis de Van Mons dédié par M. Rivers à son Altesse royale le prince Albert d'Angleterre. A résisté à la gelée de 1879-1880.

BEURRÉ BRETONNEAU. Fruit gros, oblong ventru, jaune-citron pointillé ; à chair grenue, mi-fondante, acidulée, assez agréable ; maturité fin d'hiver et printemps. Arbre peu vigoureux sur coignassier, assez fertile sur franc, propre surtout aux formes palissées. Beau fruit, de très longue garde, de bonne qualité dans les sols légers et chauds. — Obtenue par le major Esperen.

C. P. **ALEXANDRINE MAS.** Fruit moyen, piriforme irrégulier, jaune-paille ; à chair un peu ferme, fondante, richement sucrée et parfumée ; de première qualité ; maturité mars-avril. Arbre de bonne vigueur, réclamant l'espalier à bonne exposition. — Obtenue d'un semis de pepins de *Passe-Colmar*, fait en 1850 par Alphonse Mas, qui l'a dédiée à son épouse.

COURTE-QUEUE D'HIVER. Fruit gros, gris ; à chair fine, très fondante, sucrée et parfumée, un peu musquée ; maturité mars à mai. Arbre vigoureux, d'un rapport constant. — Obtenue par M. Boisbunel, de Rouen.

MUSCAT ALLEMAND D'HIVER. Fruit assez gros, turbiné-arrondi, jaune grisâtre ; à chair jaunâtre, mi-fondante, très juteuse ; maturité mars à mai. Arbre très vigoureux et fertile.

BELLE DES ABRÈS. Fruit très gros, pesant 300 à 400 grammes, de belle forme, légèrement lavé de rose ; à chair fine, suave ; de toute première qualité pour cuire et bon à manger cru ; maturité mars à juin. Arbre vigoureux, très rustique, d'un très beau port pyramidal. — Mise au commerce par M. Houdin, propriétaire à Châteaudun (Eure-et-Loir).

POIRES A CUIRE

C. P. **CERTEAU D'AUTOMNE.** Fruit moyen, venant en bouquet, piriforme allongé, jaune lavé de rouge orangé brillant ; à chair mi-cassante, bien sucrée ; de première qualité cuit ; maturité octobre. Arbre de bonne vigueur, rustique et d'une abondante fertilité, propre surtout au grand verger. A résisté à la gelée de 1879-1880.

C. P. **MESSIRE JEAN.** Fruit moyen, piriforme arrondi, recouvert de rouille d'un brun rougeâtre ; à chair jaunâtre, cassante, juteuse, très sucrée et bien parfumée ; de première qualité pour cuire et pour sécher ; maturité octobre-novembre. Arbre de bonnes vigueur et fertilité, cependant moins rustique qu'autrefois.

MARTIN-SEC. Fruit petit ou moyen, piriforme-allongé régulier, jaunâtre, recouvert de fauve et lavé de carmin ; à chair cassante, bien rouge après la cuisson, richement sucrée et bien parfumée ; de toute première qualité pour cuire et pour sécher ; maturité commencement et milieu d'hiver. Arbre rustique et fertile, propre surtout au haut-vent.

PHILIPPOT. Fruit gros, ovoïde ventru, presque entièrement recouvert de brun fauve ; à chair très blanche, mi-cassante, juteuse ; maturité milieu et fin d'hiver. Arbre vigoureux sur coignassier, d'un beau port pyramidal. Joli fruit. — M. Philippot, pépiniériste à Saint-Quentin (Aisne), est le propagateur de cette variété, poussée spontanément chez lui.

BERGAMOTTE DE HOLLANDE. Fruit gros, sphérique, jaune-citron ; à chair mi-cassante ; de toute première qualité cuite ; maturité fin d'hiver et printemps. Arbre vigoureux sur coignassier, d'un mauvais port, à élever de préférence en formes plates.

RATEAU BLANC. Fruit gros, de forme pyramidale, vert jaunâtre unicolore pointillé ; à chair blanche, serrée ; excellent cuit et parfois bon cru ; maturité fin d'hiver et printemps. Arbre très fertile, propre au haut-vent.

DUCHESSE DE MOUCHY. Fruit assez gros, turbiné ventru, jaune olivâtre clair ; à chair mi-cassante, juteuse ; maturité fin d'hiver et printemps. Arbre très vigoureux sur coignassier, d'un beau port. — Trouvée dans le jardin de M. le curé de Breteuil (Oise).

TARDIVE DE TOULOUSE. Fruit gros, piriforme arrondi, jaune citron clair ; à chair blanche, juteuse ; maturité fin d'hiver et printemps. Arbre de vigueur modérée, propre aux petites formes et à la pyramide sur franc. Belle poire, de très longue et facile conservation. — Propagée par M. Barthère aîné, pépiniériste à Toulouse.

LÉON LECLERC DE LAVAL. Fruit gros, turbiné piriforme ventru, jaune-paille ; à chair blanche, mi-cassante, juteuse ; maturité fin d'hiver et printemps. Arbre de vigueur modérée, très fertile sur franc, propre surtout au haut-vent, en situation abritée des vents. Beau fruit, de longue conservation, souvent d'assez bonne qualité cru à son point extrême de maturation. — Obtenue par Van Mons et dédiée par lui à M. Léon Leclerc, ancien député de la Mayenne.

TAVERNIER DE BOULLONGNE. Fruit moyen, allongé, jaune-citron ; à chair blanche, ferme, serrée ; de première qualité cuite ; maturité fin du printemps et jusqu'en été. Arbre rustique, propre au grand verger. Peu de Poires sont d'une aussi longue et facile conservation. — Trouvée près d'Angers, dans un bois, par M. Tavernier de Boullongne ; propagée par M. Joulain, pépiniériste à Angers.

POIRES PANACHÉES

LOUISE-BONNE-D'AVRANCHES PANACHÉE.

P. **DUCHESSE D'ANGOULÊME PANACHÉE.** Arbre vigoureux ; très beau fruit. — Obtenue et fixée, vers 1840, dans les pépinières d'André Leroy, à Angers.

DOYENNÉ DU COMICE PANACHÉE. Fruit panaché de jaune. — A résisté à la gelée de 1879-1880.

3ᵉ SÉRIE DE MÉRITE

(ORDRE DE MATURITÉ)

POIRES D'ÉTÉ

AMIRÉ-JOHANNET. Fruit petit, exactement piriforme, jaune-citron doré ; à chair mi-cassante, légèrement musquée ; maturité commencement de juillet. Arbre rustique et fertile, propre au grand verger. — La plus précoce de toutes les Poires.

MUSCAT ROBERT. Fruit très petit, sphérico-ovoïde, jaune-paille ; à chair mi-cassante, plus ou moins parfumée ; maturité seconde quinzaine de juillet. Arbre rustique et très fertile, propre seulement au grand verger dans les localités montagneuses. Ancienne variété, de peu de mérite.

ROUSSELET HATIF. Fruit petit, turbiné arrondi, jaune-paille largement lavé de rouge-brun ; à chair beurrée, sucrée et musquée ; maturité fin de juillet. Arbre rustique et fertile, propre surtout au haut-vent. A résisté à la gelée de 1879-1880.

BELLE DE FLUSHING. Fruit presque moyen, régulièrement piriforme, jaune de cire largement lavé de cramoisi ; à chair blanche, sucrée, acidulée ; maturité commencement d'août. Arbre précoce au rapport et très fertile, propre surtout au grand verger. Poire de marché. A résisté à la gelée de 1879-1880. — Probablement obtenue dans les pépinières de M. Prince, à Flushing (New-York).

PRINCESSE DE LUBECK. Fruit moyen, piriforme allongé, genre *Certeau*, jaune rayé de rouge au soleil ; à chair cassante, parfumée, juteuse, rappelant le *Rousselet* par son goût ; de bonne qualité ; maturité commencement d'août. Arbre vigoureux, fertile, rustique, ayant résisté à la gelée de 1879-1880. — Très répandue aux environs de Lübeck (Allemagne).

MONSEIGNEUR DES HONS. Fruit moyen, piriforme cylindrique ; jaune-paille recouvert de rouille ; à chair fine, beurrée, sucrée et d'un bon parfum ; de première qualité ; maturité commencement d'août. Arbre vigoureux sur cognassier, très fertile, propre au haut-vent. A résisté à la gelée de 1879-1880. — Obtenue par M. Gibey-Lorne, de Troyes.

PERRIER. Fruit moyen, de forme arrondie, vert ; à chair fine, fondante, juteuse ; de bonne qualité ; maturité commencement d'août. Arbre de bonne vigueur, très fertile. — Obtenue par M. Morel.

ŒUF DE WOLTMANN. Fruit petit, exactement ovoïde, jaune pâle ; à chair blanche, mi-cassante, bien sucrée ; maturité commencement d'août. Arbre très rustique et d'une fertilité prodigieuse, propre au grand verger. — D'origine allemande.

BEURRÉ DES MOUCHOUSES. Fruit assez gros, turbiné arrondi, vert clair jaunâtre ; à chair fondante, juteuse, vineuse, acidulée ; maturité première quinzaine d'août. Arbre de vigueur très modérée, précoce au rapport. — Obtenue par M. Rongiéras, sur sa propriété des Mouchouses.

ÉPINE ROSE. Fruit petit, sphérique, vert clair lavé de rouge terreux ; à chair grenue, juteuse, bien sucrée et agréablement relevée ; maturité première quinzaine d'août. Arbre de bonne vigueur, souvent peu fertile.

SUPRÊME DE QUIMPER. Fruit moyen, ovoïde ventru, vert jaunâtre taché de gris fauve et lavé de rouge obscur ; à chair fondante, bien sucrée et d'une saveur rafraîchissante ; maturité première quinzaine d'août. Arbre très fertile.

GIRAM. Fruit petit ou moyen, turbiné ovoïde, vert jaunâtre doré ; à chair très fondante, bien sucrée et finement musquée ; de première qualité ; maturité première quinzaine d'août. Arbre très fertile. — Semis de hasard trouvé dans une haie de la propriété de Giram, à Uryosse près Nogaro (Gers), et propagé par le Dʳ Doat.

POIRE DE VALLÉE. Fruit petit ou moyen, irrégulièrement turbiné, vert jaunâtre unicolore ; à chair tendre, juteuse, très sucrée et bien relevée ; maturité première quinzaine d'août. Très grand arbre, extrêmement vigoureux sur franc, propre au grand verger. — Poire de marché.

SÉBASTOPOL D'ÉTÉ. Fruit moyen, turbiné ovoïde, vert blanchâtre unicolore ; à chair blanche, fondante, très juteuse, bien sucrée et parfumée ; de bonne qualité ; maturité courant
d'août. Arbre assez vigoureux sur coignassier, d'un port peu gracieux, très fertile. — Obtenue par M. J.-M. Minot, de Jodoigne (Belgique).

POIRE-PÊCHE. Fruit moyen, turbiné arrondi, jaune pâle ; à chair bien fondante, juteuse, acidulée ; maturité courant d'août. Arbre vigoureux sur coignassier, de bonne fertilité. De première qualité dans les terrains chauds et secs. — Obtenue par le major Esperen.

MIGNONNE D'ÉTÉ. Fruit moyen ou gros, en forme de calebasse, à peau lisse et jaunâtre,
finement ponctuée et rayée de gris roux ; à chair fine, fondante ; maturité courant d'août.
Recommandée pour sa longue conservation en maturation. — Obtenue par M. Boisbunel, de
Rouen ; mise au commerce en 1874.

DOYENNÉ NÉRARD. Fruit petit, sphérico-conique, blanc jaunâtre marbré de rouge clair ; à
chair mi-cassante, très sucrée ; maturité courant d'août. Arbre assez vigoureux, rustique,
très fertile et précoce au rapport ; propre surtout au haut-vent. — Obtenue, vers 1850, par
M. Bonnefoy, pépiniériste à Saint-Genis-Laval, près Lyon.

BEURRÉ GRIS D'ÉTÉ. Fruit moyen, turbiné piriforme, vert recouvert de rouille ; à chair
beurrée, sucrée, vineuse et d'un parfum très agréable ; de première qualité ; maturité mi-
août. Grand arbre, vigoureux et très fertile, propre surtout au haut-vent. A résisté à la gelée
de 1879-1880. — Originaire de Hollande.

SEMIS DE DEARBORN. Fruit petit, turbiné et plus ou moins allongé, jaune-paille unicolore ;
à chair fine, fondante, juteuse, bien sucrée et musquée ; de première qualité ; maturité mi-
août. — Obtenue, en 1818, par Dearborn, de Boston (États-Unis).

JEAN COTTINEAU. Fruit moyen, arrondi, vert jaunâtre, piqueté de rouge au soleil ; à chair
blanche, sucrée ; de bonne qualité ; maturité mi-août. Arbre de bonne vigueur, fertile. —
Reçue de Nantes.

CHAIR A DAME. Fruit moyen, turbiné ventru, vert jaunâtre lavé de rouge sanguin ; à chair
mi-cassante, relevée d'un parfum agréable ; maturité août. Arbre de bonne vigueur, très
fertile, propre au grand verger. — A résisté à la gelée de 1879-1880.

PRÉCOCE DE TIVOLI. Fruit moyen, piriforme, jaune-paille ; à chair blanche, pierreuse, mi-
cassante, sucrée ; de bonne qualité ; maturité août. Ce fruit est sujet à blettir.

MARGARET. Fruit petit ou moyen, obovale oblong, jaune presque entièrement recouvert de
rouge foncé ; à chair juteuse, vineuse rappelant le *Rousselet* par son goût ; maturité août.
Arbre vigoureux, précoce au rapport.

BELLISSIME D'ÉTÉ. Fruit petit ou moyen, turbiné piriforme régulier, jaune brillant lavé de
rouge brun ; à chair mi-fondante ; maturité août. Arbre propre seulement aux climats secs,
très fertile. — Ancienne poire de marché.

ISABELLE DE MALÈVES. Fruit petit ou moyen, allongé, en forme de figue, vert herbacé ; à
chair verdâtre, fondante, juteuse, rafraîchissante ; de première qualité ; maturité août. —
A résisté à la gelée de 1879-1880.

SANGUINOLE. Fruit petit, turbiné sphérique, vert pâle terne, taché de rouge vineux ; à chair
rosée, juteuse, assez agréable ; maturité août. — Curiosité.

BONNE CHARLOTTE. Fruit petit, piriforme court, jaune blanchâtre rayé de rose vif ; à chair
beurrée, légèrement musquée ; maturité seconde quinzaine d'août. Arbre fertile. Entrecueillir. — Obtenue par M. Bivort.

POIRE DE KLEVENOW. Fruit petit, piriforme, vert sombre jaunâtre nuancé de rouge ; à
chair beurrée, très sucrée ; maturité seconde quinzaine d'août. Arbre rustique, très fertile,
propre au grand verger. A résisté à la gelée de 1879-1880. — Originaire des environs de
Klevenow (Poméranie).

BARBE NÉLIS. Fruit petit ou moyen, turbiné sphérique, vert jaunâtre ; à chair beurrée, fondante, sucrée et agréablement relevée d'un acidulé fin ; maturité seconde quinzaine d'août.
Arbre vigoureux sur coignassier, fertile. — Variété recommandable, mais dont le fruit n'est
réellement bon que lorsqu'il a été cueilli longtemps d'avance. A résisté à la gelée de 1879-
1880. — Obtenue par M. Grégoire, de Jodoigne.

BEURRÉ DE CONITZ. Fruit moyen, conique, jaune-citron clair lavé de rouge feu ; à chair
bien fondante, très sucrée, agréablement parfumée ; maturité seconde quinzaine d'août. A un
peu résisté à la gelée de 1879-1880. — Très répandue aux environs de Dantzick (Prusse).

LANGE GELBE MUSCATELLERBIRN. Fruit petit, à longue queue, jaune pointillé de carmin ;
d'assez bonne qualité ; maturité seconde quinzaine d'août. Arbre vigoureux, fertile, rustique,
ayant résisté à la gelée de 1879-1880. — Reçue d'Allemagne.

POIRE DES TROIS FRÈRES. Fruit moyen, allongé, vert ; à chair verdâtre, beurrée, sucrée
et parfumée ; de première qualité ; maturité fin d'août. Arbre peu vigoureux, très fertile,
propre surtout au haut-vent. — Trouvée sur le territoire de la commune de Semécourt, près
Maizières-lès-Metz ; propagée par les frères Maline, et mise au commerce par l'établissement
en 1863.

COMTESSE CLARA FRIJS. Fruit moyen ou gros, jaune-paille pointillé ; à chair blanche, fondante, juteuse, sucrée, parfumée ; de bonne qualité ; maturité fin d'août.

SUCRÉE BLANCHE. Fruit assez gros, piriforme allongé, vert très clair, blanchâtre unicolore ; à chair blanche, fondante, très sucrée ; maturité fin août. Arbre de bonnes vigueur et fertilité. — A un peu résisté à la gelée de 1879-1880. Obtenue par M. Boisbunel fils, pépiniériste à Rouen.

ROUSSELET THEUSS. Fruit petit ou moyen, turbiné ovoïde, jaune-paille lavé de cramoisi ; à chair mi-fine, bien parfumée ; de première qualité ; maturité fin août. Arbre rustique, de vigueur modérée. — Obtenue par Van Mons.

SDEGNATA. Fruit gros, ovoïde allongé, vert-pré marbré de gris roussâtre ; à chair compacte, très juteuse, bien sucrée et délicieusement parfumée ; de première qualité ; maturité fin d'août. Arbre de vigueur modérée, très fertile. — Obtenue par le major Esperen, de Malines.

GILAIN. Fruit moyen, piriforme, vert pâle lavé de rouge léger ; à chair beurrée, fondante, bien sucrée et d'un bon parfum ; de première qualité ; maturité fin août. Arbre vigoureux et fertile. — Obtenue par M. Grégoire, de Jodoigne. A résisté à la gelée de 1879-1880.

MOYAMENSING. Fruit moyen, sphérique irrégulier, jaune-citron taché de brun roux ; à chair fondante, d'une saveur très agréable ; maturité fin d'août. Arbre peu vigoureux, très fertile. — Trouvée dans le jardin de M. J.-B. Smith, à Philadelphie, canton de Moyamensing.

P. BOUTOC. Fruit moyen, raccourci, jaune-citron ; à chair fondante, musquée ; de première qualité ; maturité août-septembre. Arbre vigoureux et très fertile, propre surtout au haut-vent. Entrecueillir. — Variété très anciennement cultivée dans la Gironde.

FONDANTE D'INGENDAELE. Fruit moyen, piriforme régulier, jaune verdâtre taché de gris et de rouge ; à chair fine, fondante ; de bonne qualité ; maturité fin d'août. — Reçue de Belgique.

SIMON BOUVIER. Fruit petit ou moyen, de forme ovoïde régulière, vert-pré nuancé de jaune blafard ; à chair fondante, très juteuse, bien sucrée et hautement parfumée ; de première qualité ; maturité fin août et commencement de septembre. Arbre peu vigoureux, fertile, propre aux petites formes et au haut-vent, sur franc. — Obtenue par M. Simon Bouvier, de Jodoigne.

ROBINE. Fruit petit, turbiné sphérique, vert jaunâtre lavé de rouge terreux ; à chair jaunâtre, mi-cassante, musquée ; maturité commencement de septembre. Arbre vigoureux et rustique, propre au grand verger. — Fruit de marché. A résisté à la gelée de 1879-1880.

DOYENNÉ DE SAUMUR. Fruit moyen, de forme variable, jaune pâle verdâtre ; à chair très fine, musquée ; de première qualité ; maturité commencement de septembre. Arbre excessivement fertile.

HENRI BIVORT. Fruit assez gros, ovoïde, vert clair unicolore ponctué de brun ; à chair mi-fondante ; maturité commencement de septembre. Arbre fertile, rustique, ayant résisté à la gelée de 1879-1880. — Obtenue par M. Bivort et dédiée par lui à M. Henri Bivort, de Jumet (Belgique).

GRACIOLI DE JERSEY. Fruit moyen, turbiné obtus, jaune terne verdâtre taché de rouille ; à chair grenue, beurrée, sucrée, acidulée, parfumée ; maturité commencement de septembre. Arbre fertile. Entrecueillir. A résisté à la gelée de 1879-1880. — Originaire de l'île de Jersey.

POIRE DE CHYPRE. Fruit petit, turbiné arrondi, vert clair grisâtre maculé de rouge brun ; à chair mi-cassante, très juteuse, d'un parfum particulier ; maturité commencement de septembre. Arbre extrêmement fertile.

LE BERRIAYS. Fruit moyen, turbiné arrondi, jaune-citron pointillé ; à chair très blanche, fondante et bien juteuse, acidulée et rafraîchissante ; maturité première quinzaine de septembre. Arbre vigoureux sur coignassier, précoce au rapport. — Obtenue par M. Boisbunel, de Rouen.

BIJOU. Fruit petit ou moyen, allongé, jaune-paille frappé de vermillon ; à chair fondante, juteuse, très rafraîchissante ; maturité première quinzaine de septembre. — Obtenue par M. de Mortillet.

BEAU PRÉSENT D'ARTOIS. Fruit gros, oblong ventru, jaune verdâtre marbré de fauve ; à chair mi-fondante, d'un parfum agréable ; maturité mi-septembre. Arbre vigoureux et fertile.

FONDANTE DES EMMURÉES. Fruit moyen, turbiné renflé, jaune clair pointillé de gris ; à chair jaunâtre, sucrée, parfumée ; de bonne qualité ; maturité mi-septembre. Arbre de vigueur moyenne, fertile. — Obtenue d'un pepin de *Doyenné de Mérode*, par M. Sannier, pépiniériste à Rouen ; mise au commerce en 1873.

AEHRENTHAL. Fruit moyen, ventru, vert clair passant au jaune ; à chair blanche, fondante, juteuse ; de bonne qualité ; maturité mi-septembre. Arbre vigoureux, très fertile. — Dédiée par Diel à M. le baron d'Aehrenthal, de Prague.

ADOLPHE CACHET. Fruit moyen, turbiné irrégulier, jaune brillant très clair ; à chair très juteuse, d'une délicieuse saveur musquée ; maturité mi-septembre. Arbre vigoureux. — Obtenue par M. André Leroy, d'Angers ; dédiée à M. Adolphe Cachet, horticulteur à Angers (Maine-et-Loire).

VERTE-LONGUE DE LA SARTHE. Fruit moyen, turbiné régulier, vert clair largement lavé de rose foncé ; à chair très juteuse, agréablement musquée ; de première qualité ; maturité septembre. Arbre excessivement vigoureux et remarquablement fertile, estimé dans la Sarthe.

SEMIS DE BEADNELL. Fruit petit, turbiné court, jaune verdâtre lavé de rouge terne ; à chair fondante, très juteuse, d'une saveur riche ; de première qualité ; maturité septembre. Arbre vigoureux et très fertile. — D'origine anglaise.

BERGAMOTTE-REINETTE. Fruit petit ou moyen, de forme arrondie irrégulière, jaune d'or ; à chair ferme, très juteuse, d'un parfum particulier ; de première qualité ; maturité septembre. Arbre de bonne vigueur et de bonne fertilité. — Obtenue par M. Boisbunel fils, à Rouen.

CITRON-DES-CARMES A LONGUE QUEUE. Fruit petit, turbiné arrondi régulier, jaune largement taché de gris ; à chair cassante, très juteuse, agréablement parfumée ; de première qualité ; maturité septembre. Arbre très vigoureux, d'une fertilité peu commune. — Obtenue par M. André Leroy, à Angers.

MARASQUINE. Fruit moyen, piriforme régulier, vert tendre doré ; à chair blanche, très fine, d'un parfum particulier ; maturité septembre. Arbre fertile, propre surtout au verger. — Obtenue par le major Esperen, de Malines (Belgique).

HENRI DESPORTES. Fruit gros, turbiné obtus, bosselé, jaune verdâtre ; à chair beurrée, fondante, vineuse, parfumée ; maturité septembre. Arbre de bonne vigueur sur cognassier, précoce au rapport et très fertile. — Obtenue par M. André Leroy, d'Angers.

DELPIERRE. Fruit gros, ovoïde obtus régulier, jaune olivâtre pointillé ; à chair beurrée, fondante, acidulée ; de première qualité ; maturité septembre. Arbre vigoureux sur cognassier, fertile et rustique. Très propre à la culture de spéculation. — Trouvée dans le canton de Jodoigne, dans le jardin d'un fermier nommé Delpierre.

GÉNÉRAL DUTILLEUL. Fruit moyen, turbiné allongé, jaune clair largement lavé de carmin foncé ; à chair compacte, savoureusement parfumée ; de bonne qualité ; maturité septembre. Arbre très précoce au rapport. — Genre de *Certeau*, mais plus petit. Semis de Van Mons.

KINGSESSING. Fruit gros, piriforme obtus, jaune verdâtre ; à chair fondante, beurrée, d'un parfum doux ; de première qualité ; maturité septembre. Arbre vigoureux.

MARIE-ANNE DE NANCY. Fruit moyen, de forme turbinée très régulière, vert pré maculé de brun roux ; à chair mi-fondante, très juteuse, bien sucrée ; maturité septembre. A résisté à la gelée de 1879-1880. — Semis de Van Mons, propagé par M. Millot, pomologue à Nancy.

BERGAMOTTE D'ANGLETERRE. Fruit assez gros, turbiné arrondi ; vert jaunâtre taché de roux ; à chair mi-cassante, juteuse, musquée ; maturité septembre. Arbre faible sur coignassier, fertile sur franc. — D'origine anglaise. A résisté à la gelée de 1879-1880.

POIRE DE VOLKMARSEN. Fruit petit, ovoïde régulier, recouvert d'une rouille brun clair ; à chair mi-fondante, richement sucrée ; maturité septembre. Arbre très rustique, d'une prodigieuse fertilité, propre au grand verger. — A résisté à la gelée de 1879-1880.

LORIOL DE BARNY. Fruit moyen, très allongé, jaune d'ocre ; à chair fine, beurrée, fondante, juteuse, très sucrée ; de première qualité ; maturité septembre. Arbre très fertile. — Obtenue par M. André Leroy, d'Angers.

KAESTNER. Fruit moyen, ovale, jaune-citron ; à chair fondante, juteuse, sucrée ; d'assez bonne qualité ; maturité septembre. Arbre très fertile. — Variété obtenue par Van Mons.

WESTRUMB. Fruit moyen, turbiné régulier, jaune verdâtre bronzé et réticulé de gris ; à chair très juteuse, d'un parfum très savoureux ; de première qualité ; maturité septembre. Arbre très fertile. — Obtenue par Van Mons et dédiée au chimiste Westrumb.

DÉLICES DE SAINT-MÉDARD. Fruit moyen ou assez gros, jaune lustré taché de roux ; à chair fine, fondante, sucrée ; de bonne qualité ; maturité septembre. Arbre vigoureux et fertile. — Reçue de Belgique.

LONGUE DU BOSQUET. Fruit moyen, conique allongé régulier, jaune verdâtre ; à chair juteuse, très sucrée, délicieusement parfumée ; maturité septembre. Arbre fertile. — Obtenue par M. André Leroy, d'Angers.

DU VOYAGEUR. Fruit moyen, piriforme, à queue longue, vert jaunâtre ; à chair juteuse, granuleuse près des loges ; maturité septembre. Arbre vigoureux et fertile. — Obtenue par M. Boisbunel, de Rouen.

OSWEGO INCOMPARABLE. Fruit assez gros, piriforme obtus, jaune lavé de cramoisi ; à chair fine, acidulée, un peu âpre ; maturité septembre. Arbre très fertile. — Reçue d'Amérique.

CAMACK. Fruit moyen, piriforme obtus, vert jaunâtre légèrement lavé de carmin ; à chair fine, juteuse, sucrée ; de bonne qualité ; maturité septembre. Arbre vigoureux et fertile. — Variété américaine, introduite par l'Établissement en 1872.

ROUSSELINE DE TOURNAY. Fruit petit, pyramidal allongé, jaunâtre lavé de rouge ; à chair très juteuse, relevée d'un parfum de *Rousselet* ; maturité septembre. Arbre vigoureux, pyramidal. — Obtenue par M. B.-C. du Mortier.

OGNON. Fruit petit ou moyen, sphérique irrégulier, vert recouvert de rouille ; maturité septembre. Fruit sujet à blettir, curieux par sa forme. — Reçue de M. Gilbert, d'Anvers.

PETITE FONDANTE. Fruit moyen, turbiné ventru, vert-pré mat pointillé de gris ; à chair fondante ; de bonne qualité ; maturité septembre. Arbre vigoureux, fertile et rustique, ayant un peu résisté à la gelée de 1879-1880.

FERTILITY. Fruit moyen, piriforme régulier, jaune pointillé et layé de fauve ; à chair très juteuse, sucrée ; de bonne qualité ; maturité septembre. Arbre très fertile. — Obtenue par le pépiniériste anglais Rivers, d'un pepin de Beurré Goubault.

STYER. Fruit petit, presque sphérique, jaune ; à chair jaunâtre, juteuse, sucrée ; d'assez bonne qualité ; maturité septembre. Arbre rustique, ayant résisté à la gelée de 1879-1880.

WILMINGTON. Fruit petit ou moyen, piriforme obtus, jaune verdâtre recouvert de gris ; de qualité assez médiocre ; maturité septembre. — Introduite d'Amérique par l'Établissement en 1872.

BESI QUESSOY D'ÉTÉ. Fruit petit ou moyen, presque sphérique, entièrement recouvert d'une rouille épaisse ; à chair fondante, très sucrée et hautement parfumée ; de première qualité ; maturité septembre. Arbre rustique et très fertile, de bonne vigueur sur coignassier, mais propre surtout au haut-vent. — Probablement originaire des environs de Guérande (Loire-Inférieure), et propagée par M. Bruneau, pépiniériste à Nantes.

POIRES D'AUTOMNE

BEURRÉ DORÉ DE BILBAO. Fruit moyen, ovoïde allongé, jaune brillant taché de rouille ; à chair jaunâtre, fine, beurrée, d'un parfum très agréable ; de première qualité ; maturité septembre. Arbre de bonne vigueur sur coignassier.

ELIOT'S EARLY. Fruit moyen, rouge au soleil et strié rose sur fond jaune ; à chair parfumée, sucrée, agréable ; de bonne qualité, maturité seconde quinzaine de septembre. Arbre de bonne vigueur, fertile. — Reçue de M. Gilbert, d'Anvers.

BEURRÉ BOISBUNEL. Fruit moyen, piriforme ventru, jaune-paille avec une tache caractéristique près de la queue ; à chair très fine, fondante, juteuse, bien sucrée et relevée d'un acide fin ; maturité seconde quinzaine de septembre. Arbre vigoureux sur coignassier, fertile. Dans les sols secs et chauds, lorsque l'acidité de son eau n'est pas trop prononcée, cette Poire est de première qualité. — Obtenue par M. Boisbunel, pépiniériste à Rouen.

BEURRÉ LAGASSE. Fruit moyen, vert jaunâtre, ovale piriforme ; à chair fine, fondante, juteuse ; de bonne qualité ; maturité seconde quinzaine de septembre. Arbre rustique ayant résisté à la gelée de 1879-1880.

LÉONCE DE VAUBERNIER. Fruit assez gros, oviforme, vert très pâle taché de roux et lavé de carmin foncé ; à chair jaunâtre, fine, tassée, d'une saveur très agréable ; maturité seconde quinzaine de septembre. Arbre vigoureux sur coignassier, très fertile et rustique.

HEDWIG VON DER OSTEN. Fruit assez gros, piriforme allongé, jaune mat ; à chair beurrée, parfumée ; de deuxième qualité ; maturité seconde quinzaine de septembre. Arbre peu vigoureux. — Semis de Van Mons, nommé par M. Schmidt, de Blumberg (Allemagne).

BERGAMOTTE DE STRYKER. Fruit petit ou moyen, subsphérique, jaune verdâtre légèrement lavé de rouge-orange ; à chair très fine, bien fondante et juteuse, sucrée, vineuse ; de première qualité ; maturité fin septembre. Arbre rustique, excessivement fertile, propre surtout au haut-vent. — Probablement obtenue par M. Parmentier, d'Enghien.

URSULA. Fruit assez gros, piriforme allongé, jaune brun cannelle ; à chair fine, juteuse, de bonne qualité ; maturité fin de septembre. Beau fruit. — Reçue de M. le baron Trauttenberg, de Prague.

DOAT. Fruit gros, en forme de calebasse, jaune brillant taché de fauve ; de bonne qualité ; maturité fin de septembre. Arbre peu vigoureux. A un peu résisté à la gelée de 1879-1880.

CITRONNÉE. Fruit assez gros, arrondi, jaune-citron lavé de rose tendre ; à chair compacte, très juteuse ; de deuxième qualité ; maturité fin de septembre.

FLEUR DE NEIGE. Fruit assez gros, piriforme ventru, jaune clair taché de rouille et lavé de rouge terreux très foncé ; à chair fondante, relevée d'un parfum particulier ; maturité fin de septembre. Arbre très vigoureux sur coignassier, rustique. Entrecueillir. — A résisté à la gelée de 1879-1880. Obtenue par Van Mons et propagée par M. de Maraise.

BEURRÉ GAUJARD. Fruit moyen, oblong arrondi, jaune recouvert de fauve léger ; à chair fine, mi-fondante, d'un parfum particulier très prononcé ; maturité septembre et commencement d'octobre. Arbre de bonne vigueur sur coignassier, très précoce au rapport et des plus fertiles.

ADAMS. Fruit moyen, turbiné obtus, jaune verdâtre ; à chair très juteuse, bien sucrée, granuleuse ; de bonne qualité ; maturité septembre-octobre. Arbre peu vigoureux, très fertile. — Obtenue par le Dʳ H. Adams, dans sa propriété de Waltham (Massachusetts).

DEMOCRAT. Fruit petit ou moyen, obovale arrondi, jaune verdâtre ; maturité septembre-octobre. Arbre de vigueur moyenne. — Introduite d'Amérique par l'Établissement, en 1872.

BRIALMONT. Fruit moyen, piriforme régulier, jaune verdâtre ; à chair fine, fondante, juteuse ; d'assez bonne qualité ; maturité septembre-octobre. Arbre de bonne vigueur, fertile.

BERGAMOTTE DOUBLE. Fruit moyen, presque sphérique, jaune verdâtre ; à chair mi-fondante, juteuse ; de bonne qualité ; maturité septembre-octobre. Arbre vigoureux et fertile.

COLMAR ÉPINE. Fruit assez gros, conique allongé, vert pâle ; à chair verdâtre, fondante, juteuse, souvent de première qualité ; maturité septembre-octobre. Arbre de bonne vigueur, rustique, très fertile, propre surtout à la pyramide. — Probablement obtenue par Van Mons.

ANGÉLIQUE CUVIER. Fruit moyen, piriforme, aminci près du pédoncule, presque entièrement recouvert de fauve sur fond jaune ; à chair fine, fondante, juteuse ; de bonne qualité ; maturité septembre-octobre. Arbre de bonne vigueur, fertile.

PRATT. Fruit assez gros, ovoïde arrondi, jaune verdâtre pointillé ; à chair fine, fondante, de bonne qualité ; maturité septembre-octobre. Arbre de vigueur et fertilité moyennes. — Originaire d'Amérique.

BESI DE MONTIGNY. Fruit moyen, turbiné piriforme, jaune verdâtre ; à chair beurrée, fondante, musquée ; maturité septembre-octobre. Arbre de bonne vigueur sur coignassier, fertile. Entrecueillir. — A résisté à la gelée de 1879-1880.

DÉLISSE. Fruit moyen, de forme oblongue régulière, fortement recouvert de fauve ; à chair fine, fondante, très juteuse ; de bonne qualité ; maturité septembre-octobre. Arbre vigoureux et fertile. — A un peu résisté à la gelée de 1879-1880.

COLMAR DE JONGHE. Fruit moyen, piriforme, vert clair jaunâtre lavé de brun ; à chair jaunâtre, très fine, mi-fondante, juteuse, parfumée ; de première qualité ; maturité septembre-octobre. Arbre vigoureux sur coignassier, précoce au rapport.

AMIRAL FARAGUT. Fruit gros, piriforme ventru, jaune verdâtre pointillé et marbré de fauve ; à chair fine, juteuse, acidulée, rafraîchissante ; maturité septembre-octobre. Arbre fertile. — Beau fruit, mais dont la qualité laisse à désirer.

WESTCOTT. Fruit moyen, sphérique irrégulier, jaune brillant ; à chair fine, peu sucrée ; maturité septembre-octobre. Arbre très fertile. — Originaire de Cranston, Rhode-Island (États-Unis) ; introduite par l'Établissement en 1872.

PRÉSIDENT PARIGOT. Fruit assez gros, de forme conique allongée, jaune orangé lavé de gris clair ; à chair juteuse, très sucrée ; de bonne qualité ; maturité septembre-octobre. Arbre de bonne vigueur, assez fertile. — Obtenue de semis, par M. le comte des Nouhes, au château de la Cacaudière, près Pouzauges (Vendée).

POIRE DES CHASSEURS. Fruit assez gros, oblong tronqué, verdâtre, ponctué et taché de roux ; à chair grenue, juteuse, agréablement parfumée ; maturité septembre-octobre. Arbre vigoureux, très fertile, propre surtout au haut-vent. Poire de marché. — Obtenue par Van Mons.

MAURICE DESPORTES. Fruit moyen, conique allongé pointu, jaune d'or lavé de vermillon ; à chair très fine, bien fondante et très juteuse, d'une délicieuse saveur ; de bonne qualité ; maturité septembre-octobre. Arbre de vigueur modérée. — Obtenue par M. André Leroy, d'Angers.

CATHARINE GARDETTE. Fruit moyen, obovale arrondi, jaune pointillé de carmin ; à chair fine, fondante, de bonne qualité ; maturité septembre-octobre. — Variété reçue d'Amérique en 1872.

BOIS NAPOLÉON. Fruit moyen, oviforme obtus, vert-pré ; à chair beurrée, bien sucrée et parfumée ; de première qualité ; maturité fin septembre et commencement octobre. Arbre très vigoureux et très fertile, propre surtout au haut-vent. — Obtenue par Van Mons.

BEURRÉ DE BRIGNÉ. Fruit moyen, turbiné sphérique, jaune-paille pointillé ; à chair très blanche, bien sucrée et musquée ; de première qualité ; maturité fin septembre et octobre. Arbre de vigueur modérée, précoce au rapport et très fertile. — Originaire de Brigné, près Saumur.

PIE IX. Fruit gros, piriforme ventru, jaune-citron brillant ; à chair jaune, bien fondante, délicatement parfumée ; maturité commencement octobre. Arbre vigoureux sur coignassier, d'un beau port. Joli fruit, passant vite. A résisté à la gelée de 1879-1880. — Semis de Van Mons propagé par M. Bivort.

PHILIPPE COUVREUR. Fruit assez gros ou gros, jaune-orange pointillé de roux ; à chair blanche, un peu saumonée, fine, juteuse, bien parfumée ; de bonne qualité ; maturité commencement octobre. Arbre vigoureux et fertile, très propre au verger. — D'origine belge.

LAURE DE GLYMES. Fruit moyen, turbiné sphérique, recouvert de rouille cannelle ; à chair mi-fondante, parfumée ; maturité commencement octobre. Arbre vigoureux sur coignassier, rustique et très fertile. Entrecueillir. A un peu résisté à la gelée de 1879-1880. — Semis de Van Mons, dédié par M. Bivort à Mme la comtesse Laure de Glymes, de Jodoigne-la-Souveraine (Belgique).

MADAME APPERT. Fruit moyen, de forme allongée régulière, jaune grisâtre ; à chair très fine, beurrée, fondante, juteuse, bien sucrée et d'un parfum fin ; de première qualité ; maturité commencement octobre. Arbre vigoureux. — Obtenue par M. André Leroy, d'Angers.

GROSSE POIRE D'AMANDE. Fruit gros, conique allongé, à peau très épaisse, jaune olivâtre foncé nuancé de roux grisâtre ; chair juteuse, très sucrée, relevée d'une saveur d'amande ; de bonne qualité ; maturité commencement d'octobre.

BEURRÉ KENNES. Fruit moyen, turbiné-piriforme, à peau épaisse, brun roux ; chair ferme, mi-fondante, sucrée et bien parfumée ; maturité première quinzaine d'octobre. Arbre vigoureux sur coignassier, rustique et constamment fertile. Bon et joli fruit, distingué, sujet à blettir vite au centre. — Obtenue probablement des semis de Van Mons, par M. Bivort, et dédiée par lui à M. Kennes, curé de Neervelp (Belgique).

JULES BLAIZE. Fruit petit ou moyen, piriforme, entièrement marbré et ponctué de fauve ; à chair jaunâtre, beurrée, fondante, juteuse, sucrée, parfumée, rafraîchissante ; de première qualité ; maturité première quinzaine d'octobre. Arbre vigoureux, précoce au rapport, très fertile.

ARLEQUIN MUSQUÉ. Fruit assez gros ou gros, turbiné arrondi, vert-olive marbré et pointillé de roux ; à chair beurrée, sucrée, parfumée, musquée ; maturité première quinzaine d'octobre. Arbre de vigueur modérée sur coignassier, assez fertile sur franc, rustique. — Obtenue par Van Mons.

SARAH. Fruit moyen, piriforme obovale arrondi, jaune verdâtre pâle ; à chair fine, fondante, juteuse ; de première qualité ; maturité octobre. Arbre au port droit, rustique et fertile.

ANANAS. Fruit petit ou moyen, de forme irrégulière, bosselé, jaune verdâtre taché de rouille et lavé de rouge terreux ; à chair très fine, serrée, fondante, très sucrée et musquée ; de première qualité ; maturité octobre. Arbre de vigueur modérée, très fertile. — A un peu résisté à la gelée de 1879-1880.

BESI DE LA MOTTE. Fruit petit ou moyen, turbiné aplati, jaune verdâtre ; à chair très fine, beurrée, fondante, sucrée et relevée d'une saveur d'amande très agréable ; maturité octobre. Arbre de bonne vigueur, peu fertile sur franc, à planter en terrain riche.

POIRE DE BAVAY. Fruit moyen, piriforme obtus, à queue longue et forte, jaune-citron ; chair mi-fine, mi-fondante, sucrée et d'un parfum rafraîchissant ; de première qualité ; maturité octobre. Arbre vigoureux sur coignassier, d'un beau port et d'une belle végétation, propre surtout au haut-vent. A résisté à la gelée de 1879-1880. — Obtenue par Van Mons et dédiée par lui à M. de Bavay, directeur des pépinières royales de Vilvorde (Belgique).

CHANCELLOR. Fruit assez gros, ovoïde régulier, jaune verdâtre pointillé lavé de rouge sombre ; à chair fine, juteuse, très sucrée ; de bonne qualité ; maturité octobre. Arbre de bonne vigueur, fertile. — Obtenue à Germantown (Pensylvanie), dans la propriété de M. Chancellor.

BERGAMOTTE HEIMBOURG. Fruit moyen, sphérico-conique, jaune-citron taché de rouille ; à chair bien sucrée, finement parfumée ; de bonne qualité ; maturité octobre. — Semis de Van Mons, dédié par M. Bivort, à M. Heimbourg, de Bruxelles.

CONGRÈS DE GAND. Fruit moyen, piriforme, couleur fauve ; à chair blanche, fondante ; de bonne qualité ; maturité octobre. Arbre vigoureux et fertile, se formant bien en fuseau et pyramide. A résisté à la gelée de 1879-1880. — Variété belge que nous devons à l'obligeance de M. Daras de Naghin, d'Anvers.

BERGAMOTTE D'HILDESHEIM. Fruit petit, de forme sphérique aplatie, vert terne réticulé de rouille ; à chair verdâtre, serrée, bien fondante, relevée d'une saveur de Bergamotte ; de première qualité ; maturité octobre. Arbre très fertile, propre au haut-vent. — Originaire d'Hildesheim (Hanovre).

SOUVENIR FAVRE. Fruit moyen, turbiné ovoïde, vert jaunâtre ; à chair mi-fine, fondante, juteuse, sucrée ; de bonne qualité ; maturité octobre. Arbre de bonne vigueur, fertile. — Obtenue par M. Favre, président de la section d'horticulture de la Société d'agriculture de Chalon-sur-Saône.

BELLE JULIE. Fruit moyen, oblong régulier, à peau épaisse, presque entièrement recouverte de fauve gris foncé ; à chair mi-fondante, beurrée, sucrée et d'un parfum fin et distingué ; de première qualité ; maturité octobre. Arbre de bonne vigueur, très fertile, propre surtout au haut-vent. — Particulièrement recommandable pour la culture de spéculation, par la solidité d'attache et la facilité de transport de son fruit. Obtenue par Van Mons et dédiée à sa petite-fille, Julie Van Mons.

PREMIER PRÉSIDENT MÉTIVIER. Fruit assez gros, sphérique aplati, vert-pré taché de roux ; à chair très blanche, excessivement juteuse, bien sucrée, d'un parfum particulier ; de deuxième qualité ; maturité octobre. Arbre vigoureux et fertile. — Obtenue par M. André Leroy.

PRÉSIDENT ROYER. Fruit moyen, en forme de coing, jaune clair largement lavé de rose tendre ; à chair ferme, bien fondante, juteuse, très parfumée, de bonne qualité ; maturité octobre. — Obtenue par M. Xavier Grégoire, de Jodoigne. A résisté à la gelée de 1879-1880.

CATINKA. Fruit moyen, turbiné ovoïde, jaune-citron clair unicolore ; à chair mi-fine, juteuse, bien sucrée, parfumée ; maturité octobre. Arbre vigoureux, rustique et très fertile, propre surtout au haut-vent. — Obtenue par le major Esperen, de Malines.

SEMIS D'URBANISTE. Fruit moyen, piriforme régulier, jaune-citron foncé ; à chair beurrée, bien parfumée ; maturité octobre. Arbre robuste.

COLMAR ARTOISENET. Fruit gros, turbiné ventru, jaune-orange recouvert de rouille dorée ; à chair mi-fondante, juteuse, relevée ; maturité octobre. Arbre faible sur coignassier, fertile sur franc, rustique, propre surtout au haut-vent. — Poire de marché, trouvée par M. Simon Bouvier, dans le jardin de M. Artoisenet, à Jodoigne.

ÉLÉONORE VAN BERKELAER. Fruit gros, sphérico-conique, jaune-paille brillant taché de rouille ; à chair blanche, juteuse ; maturité octobre. Arbre très fertile. Fruit de marché. A résisté à la gelée de 1879-1880. — Obtenue par la société Van Mons.

DÉLICES DE CHARLES. Fruit moyen, turbiné piriforme, jaune-citron terne pointillé ; à chair fine, beurrée, fondante, sucrée et d'une saveur agréable ; de toute première qualité ; maturité octobre. Arbre peu vigoureux, maladif.

BERGAMOTTE LESÈBLE. Fruit assez gros, turbiné arrondi, jaune d'or légèrement lavé de rose pâle ; à chair très juteuse, relevée d'une saveur d'anis ; de première qualité ; maturité octobre. Arbre vigoureux, excessivement fertile. A résisté à la gelée de 1879-1880. — Trouvée dans une vigne de la terre de Rochefuret (Indre-et-Loire), appartenant à M. Narcisse Lesèble.

BEURRÉ DE FROMENTEL. Fruit moyen, ovale piriforme, jaune recouvert de fauve ; à chair beurrée, juteuse, sucrée, aromatisée ; maturité octobre. Arbre assez vigoureux. — Obtenue par M. Fontaine de Ghelin.

CITÉ GOMAND. Fruit moyen, turbiné ovoïde, jaune pointillé ; à chair fondante, juteuse ; de bonne qualité ; maturité octobre. Arbre de vigueur moyenne, fertile. — Obtenue par M. Grégoire, de Jodoigne.

BEURRÉ D'ELLEZELLES. Fruit moyen, piriforme, jaune pointillé de fauve ; à chair fondante, juteuse, un peu âpre ; maturité octobre. Arbre de bonne vigueur et de bonne fertilité. — Reçue de Belgique.

JULES D'AIROLLES DE GRÉGOIRE. Fruit moyen, irrégulièrement sphérique, jaune blanchâtre pointillé ; à chair très blanche, beurrée, juteuse ; maturité octobre. Variété vigoureuse, de bonne fertilité. — Obtenue par M. Grégoire, de Jodoigne.

DOYENNÉ BLANC LONG. Fruit moyen, piriforme pointu, jaune brillant ; à chair très fondante, finement musquée ; de première qualité ; maturité octobre. Arbre de vigueur modérée, très fertile.

GROSSE DE HARRISON. Fruit gros, piriforme ventru, jaune clair flammé de rouge orangé ; à chair blanche, relevée d'une saveur de melon ; maturité octobre. Arbre très vigoureux, précoce au rapport. — D'origine américaine.

DOCTEUR LENTIER. Fruit assez gros, piriforme régulier, vert herbacé jaunâtre taché de fauve vers la queue ; à chair fine, très juteuse, parfumée, parfois un peu astringente ; maturité octobre. Arbre de bonne vigueur sur coignassier, d'un beau port en pyramide. — Obtenue par M. Grégoire, de Jodoigne, et dédiée au Dr Lentier, de Louvain.

DOYENNÉ ROBIN. Fruit gros, ovoïde, jaunâtre unicolore ; à chair fondante, d'un arome agréable ; de première qualité ; maturité octobre. Arbre vigoureux. — Obtenue par M. Robin, jardinier à Angers.

BEURRÉ MENAND. Fruit assez gros, turbiné obtus, jaune clair taché de vert brillant ; à chair fine, fondante, d'une saveur beurrée et relevée d'un aigrelet très agréable ; de bonne qualité ; maturité courant d'octobre. — Obtenue par M. André Leroy, d'Angers.

ÉPINE DU SUFFOLK. Fruit moyen, turbiné arrondi, jaune-citron pâle taché de fauve ; à chair très fondante, bien sucrée, d'un arome délicieux ; de bonne qualité ; maturité octobre. Arbre rustique ; très fertile.

LÉON REY. Fruit moyen, turbiné arrondi, jaune d'or pointillé ; à chair très blanche, bien fine, très juteuse, bien sucrée ; de première qualité ; maturité octobre. Arbre vigoureux et fertile. — Obtenue par M. Rey, pépiniériste à Toulouse.

NAIN VERT. Fruit moyen, sphérique bosselé, vert jaunâtre taché de gris roux ; maturité octobre. Arbre très nain, à bois monstrueux. Curiosité. — Obtenue par M. de Nerbonne, à Huillé (Maine-et-Loire).

ONONDAGA. Fruit moyen ou gros, piriforme ventru, presque entièrement recouvert de rouille brune sur fond jaune-citron ; à chair bien fondante, très juteuse, très sucrée ; de deuxième qualité ; maturité octobre. Arbre faible sur coignassier, précoce au rapport et très fertile sur franc. — Originaire d'Amérique.

ORANGE MANDARINE. Fruit petit ou moyen, sphérique régulier, jaune pâle lavé de roux clair ; à chair très fondante, très juteuse, d'un parfum exquis ; de première qualité ; maturité octobre. — Obtenue par M. André Leroy, à Angers.

SURPASSE VIRGALIEU. Fruit moyen, cylindrique, vert-pré taché de fauve ; à chair verdâtre, mi-cassante, excessivement sucrée et d'une délicate saveur musquée ; de première qualité ; maturité octobre. Arbre extrêmement fertile. — Originaire d'Amérique.

CALEBASSE OBERDIECK. Fruit gros, très allongé, jaune orangé ; à chair bien fine, mi-fondante, très juteuse, d'un arome délicieux ; de première qualité ; maturité octobre. Arbre vigoureux. — Obtenue par M. André Leroy, à Angers.

PRINCESSE CHARLOTTE. Fruit moyen, de forme irrégulière, jaune-citron légèrement lavé de rouge ; à chair fondante, juteuse, parfumée ; de première qualité ; maturité octobre. Arbre de bonne vigueur sur coignassier, fertile. — Obtenue par le major Esperen et dédiée par lui à la princesse Charlotte de Belgique.

DUCHESSE DE BRABANT. Fruit assez gros, turbiné allongé, vert jaunâtre taché de fauve ; à chair fondante, juteuse ; de bonne qualité ; maturité courant d'octobre. — Obtenue par Van Mons.

RONDELET. Fruit moyen, arrondi déprimé, brun roux pâle ; à chair beurrée, fondante, juteuse, sucrée et musquée ; de toute première qualité ; maturité octobre. Arbre très fertile. — Obtenue par M. François Dehove.

POIRE DE SORLUS. Fruit gros, piriforme cylindrique, jaune-paille verdâtre ; à chair blanche, bien fondante, sucrée ; maturité octobre. Arbre de bonne vigueur. — Poire de marché, obtenue par Van Mons.

BERGAMOTTE POITEAU. Fruit moyen, sphérique irrégulier, jaune d'or taché de roux et légèrement lavé de rouge sombre ; à chair blanche, très juteuse, bien sucrée, d'un parfum agréable ; de première qualité ; maturité octobre. — Obtenue par Poiteau, dans le jardin fruitier de la Société d'horticulture de la Seine.

SURPASSE MEURIS. Fruit assez gros, turbiné piriforme ventru, jaune d'or lavé de rouge orange ; à chair fine, bien fondante, très juteuse, agréablement parfumée ; de première qualité ; maturité octobre. Arbre fertile, d'un mauvais port, un peu faible sur cognassier. — Obtenue par Van Mons.

VANASSCHE. Fruit assez gros, turbiné sphérique, jaune blanchâtre lavé de rouge-cerise ; à chair blanche, juteuse ; maturité octobre. Arbre fertile, propre surtout au haut-vent. — Obtenue par Simon Bouvier, de Jodoigne (Belgique).

VERTE-LONGUE. Fruit moyen, oblong, vert jaunâtre ; à chair blanche, fine, très fondante et juteuse ; maturité octobre. Arbre très vigoureux, excessivement fertile, propre surtout au grand verger, en sol sec et chaud.

POIRE DE VIGNE. Fruit petit, turbiné sphérique, à longue queue ; chair jaunâtre, grenue, bien parfumée ; maturité octobre. Grand arbre rustique et fertile, propre au grand verger.

BEURRÉ BRONZÉ. Fruit moyen, presque cylindrique, verdâtre bronzé ; à chair ferme, juteuse, sucrée et bien parfumée ; de première qualité ; maturité seconde quinzaine d'octobre. Arbre de vigueur modérée, de bonne fertilité, propre surtout à la pyramide. Cueillir aussitôt que les premiers fruits commencent à tomber, et consommer dès que la teinte de la peau s'éclaircit légèrement. — Probablement obtenue par Van Mons.

AIMÉE ADAM. Fruit assez gros, piriforme obtus, entièrement fauve ; à chair jaunâtre, mi-fondante, sucrée, relevée d'une saveur rafraîchissante ; maturité seconde quinzaine d'octobre. Arbre de bonnes vigueur et fertilité. — Obtenue par Simon Bouvier, de Jodoigne (Belgique).

FRÉDÉRIC DE WURTEMBERG. Fruit assez gros, piriforme ventru, jaune clair brillant lavé de carmin ; à chair fine, fondante, juteuse, bien sucrée et parfumée ; de première qualité ; maturité seconde quinzaine d'octobre. Arbre peu vigoureux, même sur franc, très précoce au rapport et fertile sur ce dernier sujet ; particulièrement propre aux petites formes palissées. — Obtenue par Van Mons.

COMTE DE PARIS. Fruit assez gros, conique, jaune verdâtre obscur lavé de roux clair ; à chair beurrée, très juteuse, bien sucrée ; de première qualité ; maturité fin octobre. Arbre très vigoureux. — Semis de Van Mons, propagé par M. Bivort.

DUCHESSE HÉLÈNE D'ORLÉANS. Fruit assez gros, piriforme, vert clair ; à chair très fine, fondante, juteuse, sucrée et parfumée ; de première qualité ; maturité fin octobre. Arbre très vigoureux. — Semis de Van Mons, propagé par M. Bivort.

MADAME DURIEUX. Fruit petit ou moyen, en forme de bergamotte, jaune grisâtre ; à chair fondante, très juteuse ; de première qualité ; maturité fin octobre. Arbre très fertile. A résisté à la gelée de 1879-1880. — Semis de Van Mons, propagé par M. Bivort.

PLASCART. Fruit assez gros, piriforme ventru, vert jaunâtre, carmin au soleil ; à chair assez fine, fondante, juteuse, très sucrée ; maturité fin octobre. Arbre de bonne vigueur, fertile. — Reçue de Belgique.

SURPASSE CRASSANE. Fruit moyen, presque sphérique, jaune verdâtre terne ; à chair fondante, juteuse, bien sucrée et d'une saveur très agréable rappelant la Crassane ; de première qualité ; maturité fin octobre et première quinzaine de novembre. Arbre fertile et rustique, propre surtout au haut-vent. — Obtenue par Van Mons.

BELLE LYONNAISE. Fruit gros, piriforme ; à chair mi-fine, mi-fondante, musquée ; maturité octobre à décembre. Arbre vigoureux, à bois très gros, d'une grande fertilité et d'une mise à fruits très prompte. — Très belle poire.

MARIA DE NANTES. Fruit petit, ovale turbiné, jaune verdâtre recouvert de fauve ; à chair fine, beurrée, fondante, juteuse, sucrée et bien parfumée ; de première qualité ; maturité octobre à décembre. Arbre très fertile, propre surtout au haut-vent. — Obtenue par M. Garnier.

MARIE JALLAIS. Fruit petit ou moyen, piriforme court, pointillé et taché de fauve ; à chair fine, fondante, musquée ; de bonne qualité ; maturité octobre à décembre. Arbre de bonne vigueur, précoce au rapport.

SEMIS DE WHITE. Fruit moyen, obovale, jaune ; à chair fondante, juteuse, parfumée ; de bonne qualité ; maturité octobre à décembre. Arbre très fertile. — Variété américaine introduite par l'établissement en 1872.

BERGAMOTTE D'HIVER DE FURSTENZELL. Fruit gros, conique raccourci, jaune légèrement lavé de rouge ; à chair très juteuse ; maturité octobre à décembre. Arbre très fertile.

MONSEIGNEUR AFFRE. Fruit moyen, turbiné arrondi, jaune orangé pointillé ; à chair beurrée, fondante, d'une saveur agréable ; maturité fin octobre et commencement de novembre. Arbre vigoureux sur coignassier, excessivement fertile. — Obtenue par M. Bivort et dédiée par lui à Mᵍʳ Affre, archevêque de Paris.

LOUIS GRÉGOIRE. Fruit moyen ou assez gros, piriforme ventru, jaune verdâtre entièrement pointillé et lavé de brun fauve ; à chair ferme, juteuse, bien sucrée et parfumée ; de première qualité ; maturité fin octobre et commencement novembre. — Obtenue par M. Grégoire, de Jodoigne.

BEURRÉ BEAUCHAMP. Fruit moyen, vert légèrement lavé de rouge terne ; à chair très fine, beurrée, sucrée ; de bonne qualité ; maturité octobre-novembre. Arbre de bonne vigueur, fertile.

PRÉSIDENT. Fruit gros, obovale arrondi, jaune verdâtre taché de fauve ; à chair fondante, sucrée ; de bonne qualité ; maturité octobre-novembre. — Variété introduite d'Amérique par l'établissement en 1872.

EUGÈNE DES NOUHES. Fruit moyen, irrégulièrement arrondi et bosselé, jaune verdâtre pointillé ; à chair fine, fondante, juteuse, très sucrée et bien parfumée ; de première qualité ; maturité octobre-novembre. Arbre de bonne vigueur sur coignassier, remarquablement fertile. — Obtenue par M. Parigot, de Poitiers ; dédiée à M. le comte Eug. des Nouhes, au château de la Cacaudière, près Pouzanges (Vendée).

SAINTE-DOROTHÉE. Fruit gros, fusiforme allongé, jaune-citron brillant ; à chair fine, beurrée, juteuse, sucrée ; maturité octobre-novembre. Arbre vigoureux et fertile. — Obtenue en 1818, par M. Joseph de Gaest de Braffe.

ROUSSELET DECOSTER. Fruit petit ou moyen, sphérico-ovoïde, jaune-paille marbré de rouille dorée et lavé de rouge brun ; à chair jaunâtre, beurrée, très sucrée et relevée d'un parfum de *Rousselet ;* de première qualité ; maturité octobre-novembre. Arbre de vigueur modérée, très faible sur coignassier, précoce au rapport et bien fertile. — Probablement obtenue par Van Mons et dédiée par lui à M. Decoster, de Louvain.

BEURRÉ OSWEGO. Fruit moyen, sphérico-cylindrique, jaune-citron recouvert de rouille et lavé de rouge ; à chair un peu grenue, bien sucrée et parfumée ; maturité octobre-novembre. Arbre rustique et fertile, propre surtout au haut-vent. — A résisté à la gelée de 1879-1880. Obtenue par Walter Read, d'Oswego, New-York (États-Unis).

BEURRÉ VAN GEERT. Fruit gros, allongé ventru, jaune vif lavé de vermillon ; à chair très juteuse, acidulée ; maturité octobre-novembre. Arbre peu vigoureux sur coignassier, très fertile. Beau fruit au brillant coloris. — Obtenue par M. Jean Van Geert père, horticulteur à Gand.

SEMIS DE JONES. Fruit petit ou moyen, irrégulièrement piriforme, recouvert de rouille brune lavée de rouge-grenade ; à chair jaunâtre, fondante, sucrée, d'un parfum particulier ; maturité octobre-novembre. Arbre de bonne vigueur sur coignassier. — Originaire de King-sessing, près Philadelphie.

EYEWOOD. Fruit moyen, sphérique régulier, jaune verdâtre foncé ponctué de gris et lavé de rouge-cinabre ; à chair jaunâtre, bien fondante, d'une saveur particulière ; maturité octobre-novembre. Arbre peu vigoureux. — Obtenue par Thomas-Andrew Knight, ancien président de la Société d'horticulture de Londres.

BEURRÉ BAGUET. Fruit gros, piriforme, jaune verdâtre ; à chair fine, fondante, juteuse, acidulée ; de bonne qualité ; maturité octobre-novembre. Arbre de bonne vigueur, fertile.

LA JUIVE. Fruit moyen, turbiné ovoïde, jaune d'or ; à chair fine, mi-fondante, juteuse, bien sucrée et parfumée ; de première qualité ; maturité octobre-novembre. Arbre de bonne vigueur sur coignassier, peu fertile sur franc. — Obtenue par le major Esperen, de Malines. A résisté à la gelée de 1879-1880.

FONDANTE DE MALINES. Fruit assez gros, turbiné-sphérique, presque entièrement recouvert de rouille dorée ; à chair beurrée, très sucrée ; de première qualité ; maturité octobre-novembre. Arbre de bonne vigueur. Poire de marché. — Obtenue par le major Esperen, de Malines.

FULTON. Fruit petit ou moyen, presque sphérique, brun-cannelle ; à chair blanche, très fine, mi-fondante, richement sucrée ; maturité octobre-novembre. Arbre rustique, de bonne vigueur, fertile ; propre surtout au haut-vent. — Obtenue sur la ferme de M. Fulton, de Topsham (Maine).

PROFESSEUR HENNAU. Fruit moyen, sphérico-conique, jaune-orange recouvert de rouille et lavé de rouge-grenade ; à chair mi-fondante, très sucrée ; maturité commencement de novembre. Arbre peu vigoureux sur coignassier, précoce au rapport. — Obtenue par M. Xavier Grégoire, de Jodoigne.

MADAME BLANCHET. Fruit moyen, jaune verdâtre recouvert de fauve ; à chair fine, beurrée, d'une saveur délicate ; de bonne qualité ; maturité octobre-novembre. Arbre vigoureux et fertile. — A résisté à la gelée de 1879-1880.

CLAIRE. Fruit petit ou moyen, piriforme ; à chair fondante, beurrée, très fine, sucrée ; de bonne qualité ; maturité octobre à décembre. Arbre fertile. — Obtenue par Van Mons.

POIRE DE TORPES. Fruit assez gros, arrondi, jaune taché de roux ; à chair fine, fondante ; de bonne qualité ; maturité octobre à décembre. Arbre fertile, rustique, ayant résisté à la gelée de 1879-1880.

DOCTEUR PIGEAUX. Fruit assez gros, ovoïde arrondi, jaune d'or pointillé de fauve et largement lavé de brun rouge clair ; à chair mi-fondante, juteuse, sucrée, d'un savoureux parfum ; de bonne qualité ; maturité commencement de novembre. Arbre vigoureux. — Semis du major Esperen, propagé par M. Dupuy-Jamain, pépiniériste à Paris.

BEAUVALOT. Fruit moyen, ovale allongé turbiné, jaune verdâtre ; à chair ferme, beurrée, fondante, juteuse, sucrée, acidulée, rafraîchissante ; de première qualité ; maturité commencement novembre. Arbre de bonne vigueur sur coignassier.

BERGAMOTTE JARS. Fruit petit, en forme de pomme, fortement déprimé, jaune-paille ; à chair beurrée, richement sucrée et parfumée ; de première qualité ; maturité novembre. Arbre très fertile. — Obtenue par M. Nérard, pépiniériste à Vaise, près Lyon ; dédiée à M. Jars, ancien président de la Société d'horticulture de Mâcon (Saône-et-Loire).

BERGAMOTTE DE DARMSTADT. Fruit moyen, sphérique aplati, vert jaunâtre unicolore ; à chair beurrée, juteuse, d'un parfum de Bergamotte ; de bonne qualité ; maturité novembre. Arbre vigoureux sur coignassier, fertile.

BEURRÉ D'ESQUELMES. Fruit assez gros ou gros, forme Doyenné, à peau onctueuse, vert jaunâtre lavé de fauve ; à chair fine, fondante ; de bonne qualité ; maturité novembre. Arbre vigoureux et fertile. — Obtenue par Joseph Dumont, jardinier de la baronne de Joigny, à Esquelmes, près Tournay.

CRASSANE DU MORTIER. Fruit assez gros, turbiné, jaune picoté vert ; à chair très fondante, très juteuse ; de première qualité ; maturité novembre. Arbre de bonne vigueur, fertile. — Obtenue par M. B.-C. Du Mortier.

DOCTEUR TROUSSEAU. Fruit gros, piriforme régulier, vert jaunâtre largement lavé de brun roux ; à chair mi-fine, sucrée, aromatique ; de première qualité ; maturité novembre. Arbre vigoureux, peu fertile. — Semis de Van Mons, propagé par M. Bivort ; dédié au docteur Trousseau, alors professeur à la Faculté de Paris.

VICOMTE DE SPOELBERG. Fruit moyen, piriforme ovoïde, vert jaunâtre pâle taché de fauve ; à chair très fine, bien fondante, sucrée, musquée ; de première qualité ; maturité novembre. Arbre de bonne vigueur sur coignassier, très fertile. — Obtenue par Van Mons et dédiée par lui au vicomte de Spoelberg de Lowenjoul, près Louvain.

BEURRÉ OBOZINSKI. Fruit moyen, en toupie raccourcie ; à chair blanc verdâtre, mi-fine, peu juteuse, moyennement sucrée, parfumée ; d'assez bonne qualité ; maturité novembre. Arbre de bonne vigueur, fertile. — Gain de M. Grégoire, de Jodoigne.

BERTRAND GUINOISSEAU. Fruit assez gros, en forme de Doyenné, jaune lisse ; à chair fine, très fondante et excessivement sucrée ; de première qualité ; maturité novembre. Arbre très vigoureux. — Obtenue par M. Flon aîné, d'Angers.

ROUSSELET VANDERWECKEN. Fruit petit, turbiné ovoïde, jaune-citron clair ; à chair très fine, bien fondante, richement sucrée, d'un parfum musqué ; de toute première qualité ; maturité novembre. Arbre de bonne vigueur. — Obtenue par M. Grégoire, de Jodoigne.

DUHAMEL DU MONCEAU. Fruit assez gros, ovoïde allongé, jaune verdâtre largement marbré de roux et maculé de fauve ; à chair mi-fine, très juteuse, parfumée, rafraîchissante ; maturité fin d'automne. Arbre de bonne vigueur sur coignassier, précoce au rapport et très fertile. — Obtenue par M. André Leroy, d'Angers.

BELLE-ET-BONNE DE LA PIERRE. Fruit moyen, de forme arrondie bosselée régulière, jaune d'ocre ; à chair fine, fondante ; de première qualité ; maturité fin d'automne. Arbre très fertile. — Obtenue par M. A. de La Farge, au château de la Pierre (Cantal).

ROUSSELET SAINT-NICOLAS. Fruit petit, turbiné ventru, jaune-paille pâle unicolore ; à chair fine, fondante, juteuse, bien sucrée et agréablement parfumée ; de première qualité ; maturité fin d'automne. Arbre vigoureux sur coignassier, très fertile. — Obtenue par M. Bivort.

GÉNÉRAL DE LOURMEL. Fruit assez gros, sphérique irrégulier, jaune olivâtre abondamment taché de fauve ; à chair très fine, très fondante, d'un parfum agréable et prononcé ; de première qualité ; maturité fin novembre. Arbre vigoureux sur coignassier. — Obtenue par le comice horticole d'Angers.

IRIS GRÉGOIRE. Fruit moyen, turbiné piriforme bosselé, jaune clair doré ; à chair mi-fondante, d'un parfum agréable ; maturité fin novembre. Arbre de vigueur très modérée. — Obtenue par M. Grégoire, de Jodoigne.

COMTESSE DE CHAMBORD. Fruit moyen, turbiné ventru, jaunâtre lavé de fauve grisâtre ; à chair fine, fondante, juteuse, sucrée, rafraîchissante, parfumée ; de première qualité ; maturité fin novembre. Arbre de bonne vigueur sur coignassier, rustique et fertile. Poire de marché. — Obtenue par le président Parigot, de Poitiers (Vienne).

BERGAMOTTE D'AUTOMNE. Fruit moyen, sphérique-ovoïde, vert jaunâtre ; à chair sucrée, douce, d'un parfum particulier. Arbre de bonne vigueur sur coignassier. Ancienne Poire, recherchée autrefois pour sa saveur.

MARGUERITE CHEVALIER. Fruit moyen, presque sphérique, presque entièrement recouvert de fauve ; à chair fine, fondante, juteuse, relevée ; de bonne qualité ; maturité fin d'automne. Arbre vigoureux et fertile.

BEURRÉ SAMOYEAU. Fruit petit, turbiné, jaune verdâtre taché de fauve ; à chair fine, fondante, sucrée, d'un parfum délicat ; de première qualité ; maturité novembre-décembre. Arbre excessivement fertile, rustique, ayant résisté à la gelée de 1879-1880. — Obtenue en 1863, par M. André Leroy, d'Angers.

CLÉMENT BIVORT. Fruit moyen, arrondi, jaune-orange marbré de fauve ; à chair fondante, juteuse, sucrée et d'un parfum agréable ; de bonne qualité ; maturité novembre-décembre. — Obtenue par M. Alexandre Bivort.

MADAME LORIOL DE BARNY. Fruit gros, ovoïde cylindrique, jaune clair verdâtre marbré de fauve ; à chair fine, excessivement fondante, très juteuse, bien sucrée et très parfumée ; de bonne qualité ; maturité novembre-décembre. Arbre vigoureux et fertile. — Obtenue par M. André Leroy, d'Angers, et dédiée à sa fille cadette.

POIRE POMME. Fruit petit ou moyen, sphérique déprimé, jaune foncé verdâtre ; à chair jaune, tendre, beurrée, très sucrée ; de première qualité ; maturité novembre-décembre. Arbre très vigoureux et fertile, propre surtout au haut-vent.

POIRE DE GRUMKOW. Fruit gros, de forme allongée irrégulière et bosselée, verdâtre clair lavé de brun rouge ; à chair cassante, juteuse ; maturité novembre-décembre. Arbre vigoureux, rustique, excessivement fertile. Originaire d'Allemagne, où elle est très estimée, quoique de deuxième qualité. — Découverte à Grumkow, dans le jardin d'un paysan, par M. Koberstein, de Rügenwald (Poméranie).

POIRES D'HIVER

CROSS. Fruit petit, subsphérique, jaune orangé ; à chair fine, ferme, assez juteuse, relevée d'un arome particulier ; de première qualité ; maturité décembre. Arbre de bonne vigueur sur coignassier, très fertile. — Cette jolie petite Poire américaine plaît beaucoup aux personnes qui recherchent les fruits à saveur très prononcée. A résisté à la gelée de 1879-1880. Variété née sur la propriété de M. Cross, de Newburyport (Massachusetts) États-Unis.

GRAND SOLEIL. Fruit moyen, conique piriforme, recouvert de rouille ; à chair mi-fondante, juteuse, de bonne qualité ; maturité décembre. Arbre faible sur coignassier. — Propagée par le major Esperen, de Malines.

FIDÉLINE. Fruit moyen ou assez gros, ovoïde contourné, vert grisâtre ; à chair tendre, fondante, sucrée et bien parfumée ; de première qualité ; maturité décembre. Arbre très vigoureux et très fertile. — Obtenue en 1861, par MM. Robert et Moreau, horticulteurs à Angers.

AMERICA. Fruit assez gros, turbiné arrondi, jaune taché de fauve ; à chair jaunâtre, mi-fondante, juteuse, très sucrée et parfumée ; maturité décembre. Arbre précoce au rapport.

MAC LAUGHLIN. Fruit moyen, sphérique turbiné, entièrement fauve, très joli ; à chair fine, mi-fondante, sucrée et agréablement parfumée ; maturité décembre. Arbre de vigueur modérée, très fertile. — D'origine américaine.

LAWRENCE. Fruit moyen, piriforme raccourci, jaune-paille ; à chair ferme, fondante, juteuse, bien sucrée ; de première qualité ; maturité décembre. Arbre de bonne vigueur sur coignassier. — Originaire de Flushing, près de New-York, et propagée par MM. Wilcomb et King.

LÉON GRÉGOIRE. Fruit assez gros, turbiné obtus et ventru, jaune herbacé moucheté de fauve ; à chair mi-fondante, juteuse, acidulée ; maturité commencement d'hiver. Arbre de vigueur modérée. — Poire de qualité variable, obtenue par M. Xavier Grégoire, tanneur à Jodoigne.

CALEBASSE DE BAVAY. Fruit assez gros, piriforme allongé, vert jaunâtre ; à chair blanche, très fine, bien fondante, très juteuse ; de bonne qualité ; maturité commencement d'hiver. Arbre de bonne vigueur sur coignassier, d'un beau port en pyramide, rustique. — Obtenue par M. Thuerlinckx, de Malines, et dédiée à M. de Bavay, alors directeur des pépinières royales de Vilvorde, près Bruxelles.

C. P. **ANNA AUDUSSON.** Fruit moyen, turbiné sphérique, vert pâle ; à chair beurrée, sucrée et légèrement parfumée ; maturité commencement d'hiver. Arbre de bonne vigueur sur coignassier, à végétation pyramidale. — Obtenue par M. Audusson père, horticulteur à Angers, en 1830 ; mise au commerce par le fils de l'obtenteur, M. Alexis Audusson.

PRÉSIDENT PAYEN. Fruit moyen, ayant l'aspect du *Beurré Capiaumont* ; à chair fine, fondante, juteuse, sucrée, parfumée, d'un très bon goût ; maturité commencement d'hiver. — Obtenue par M. Briffaut, à Sèvres, près Paris.

LÉOPOLD Iᵉʳ. Fruit assez gros, piriforme régulier, vert clair ; à chair fondante, très juteuse, bien parfumée ; de première qualité ; maturité commencement d'hiver. Arbre fertile. — Obtenue par Van Mons.

FORELLE. Fruit moyen, oblong obtus, jaune-paille largement recouvert de vermillon ; à chair blanche, fine, beurrée, bien sucrée et parfumée ; maturité commencement d'hiver. Arbre de vigueur modérée, bien fertile, propre surtout au haut-vent.

FONDANTE DE MOULINS-LILLE. Fruit assez gros, ovoïde, jaune pâle verdâtre ; à chair très juteuse, fondante ; de bonne qualité ; maturité commencement d'hiver. Arbre de bonne vigueur, fertile. — Obtenue, en 1858, d'un pepin de la Poire *Napoléon,* par M. Grolez-Duriez, horticulteur à Rouchin-lez-Lille.

BERGAMOTTE SAGERET. Fruit assez gros, sphérique, vert jaunâtre pointillé ; à chair blanche, fondante, sucrée et bien parfumée ; maturité commencement d'hiver. Arbre vigoureux sur coignassier, très fertile. — Poire de qualité variable, remarquable par sa maturation lente et prolongée. Obtenue par M. Ságeret, de Paris.

MONARQUE DE KNIGHT. Fruit moyen, turbiné arrondi, jaune verdâtre lavé de vermillon ; à chair fondante, vineuse, d'un parfum particulier ; de première qualité ; maturité novembre à janvier. Arbre vigoureux. — Obtenue par Thomas-André Knight, de Downton-Castle (Angleterre).

BRONZÉE D'ENGHIEN. Fruit moyen, piriforme allongé, pointillé et maculé de fauve bronzé clair sur fond jaune d'or ; à chair fine, mi-fondante, juteuse, acidulée ; maturité novembre à janvier. Arbre de bonne vigueur, fertile. Reçue de la société Van Mons.

CRASSANE D'HIVER. Fruit assez gros, turbiné arrondi, jaune-citron foncé pointillé ; à chair mi-fondante, très juteuse, sucrée, vineuse, acidulée ; maturité commencement et courant d'hiver. Arbre très fertile. — Propagée par Bruneau.

DOYENNÉ DE BORDEAUX. Fruit gros, conique cylindrique, jaune-paille terne ; à chair grenue, assez tendre ; maturité commencement et courant d'hiver. Arbre rustique et fertile. — Estimée sur les marchés de Bordeaux.

COMMISSAIRE DELMOTTE. Fruit moyen, sphérique turbiné, jaune-citron lavé de roux doré ; à chair ferme, grenue, mi-fondante, juteuse, aromatisée ; maturité commencement et courant d'hiver. Arbre de bonne vigueur sur coignassier, fertile. — A un peu résisté à la gelée de 1879-1880. Obtenue par M. Grégoire, de Jodoigne, et dédiée à M. Delmotte, commissaire d'arrondissement à Nivelles (Belgique).

AMBRETTE D'HIVER. Fruit petit, presque sphérique, jaune blanchâtre taché de rouille ; à chair fine, sucrée et parfumée ; maturité décembre-janvier. Arbre fertile sur franc. — Ancienne variété peu recherchée aujourd'hui.

BEURRÉ DEFAYS. Fruit moyen, de forme variable, jaune d'ocre taché de roux ; à chair mi-cassante, juteuse ; de deuxième qualité ; maturité décembre-janvier. Arbre peu vigoureux. — Obtenue par M. François Defays, propriétaire aux Champs-Saint-Martin, près d'Angers.

COLMAR FLOTOW. Fruit moyen, de forme variable, jaune mat ; à chair très fine, fondante, bien parfumée ; de bonne qualité ; maturité décembre-janvier. Arbre vigoureux, très fertile. — Envoyée par Van Mons à Oberdieck, qui l'a dédiée à M. Flotow.

BEURRÉ VERT TARDIF. Fruit moyen, piriforme régulier, vert pâle ; à chair blanche, beurrée, plus ou moins parfumée ; maturité décembre-janvier. Arbre de bonne vigueur, fertile.

ALEXANDRE BIVORT. Fruit petit ou moyen, sphérico-ovoïde, jaune-paille blanchâtre ; à chair blanche, très fine, bien fondante, d'un parfum particulier ; maturité fin décembre. Arbre de bonne vigueur sur coignassier. Poire de qualité variable, exquise dans certains sols, remarquable par la finesse de sa chair. — Obtenue en 1848, par M. Berckmans, et dédiée à M. Bivort.

DUC DE MORNY. Fruit gros, allongé bosselé, vert-pré unicolore ; à chair assez granuleuse au centre, fondante, juteuse, mais peu sucrée et peu parfumée ; maturité janvier. Arbre vigoureux, fertile et rustique, propre surtout à la pyramide et au haut-vent. Beau fruit et bon arbre, plus convenable toutefois pour la culture de spéculation que pour le jardin d'amateur. — Obtenue par M. Boisbunel, de Rouen.

FONDANTE DE LA MAITRE-ÉCOLE. Fruit moyen, oblong, jaune d'or ponctué et marbré de fauve ; à chair fine, beurrée, fondante et bien juteuse, sucrée et parfumée ; maturité janvier. Arbre vigoureux. — A résisté à la gelée de 1879-1880. Cette variété provient des jardins de MM. Robert et Moreau, horticulteurs à Angers.

BEURRÉ BENNERT. Fruit moyen, turbiné arrondi, jaune d'or lavé de rouge brun ; à chair très juteuse, aromatisée ; de première qualité ; maturité décembre à février. Arbre peu vigoureux sur coignassier. — A résisté à la gelée de 1879-1880. Obtenue par Van Mons.

GRAF CANAL. Fruit moyen, conique, jaune verdâtre ; à chair fondante, juteuse, parfumée ; de première qualité ; maturité décembre à février. Arbre vigoureux, d'un beau port, très fertile.

MARQUISE. Fruit assez gros, conique piriforme, jaune verdâtre ; à chair très sucrée ; maturité courant d'hiver. Arbre vigoureux. — Ancienne variété, peu estimée aujourd'hui.

BEURRÉ DE LONGRÉE. Fruit petit, arrondi, jaune roux ; à chair fondante, très sucrée ; de bonne qualité ; maturité janvier-février. — A résisté à la gelée de 1879-1880. Reçue de Belgique.

FOURCROY. Fruit moyen, ovoïde piriforme, jaune-citron ; à chair blanche, bien sucrée, agréablement parfumée ; maturité courant d'hiver. Arbre de bonne vigueur, fertile. — Obtenue par Van Mons et dédiée par lui au célèbre chimiste Fourcroy.

BEURRÉ D'ADENAW. Fruit gros, allongé, un peu bosselé, jaune ; à chair beurrée et agréablement parfumée ; de bonne qualité ; maturité courant d'hiver. Arbre peu vigoureux même sur franc. — Trouvée dans le couvent de Schwarzenbruck.

BESI SANS PAREIL. Fruit moyen, oviforme, jaune-citron pointillé légèrement lavé de rouge orangé ; à chair fondante, juteuse, sucrée, acidulée, rafraîchissante ; maturité courant d'hiver. Arbre peu vigoureux sur coignassier, bien fertile sur franc.

ZÉPHIRIN-LOUIS. Fruit moyen, sphérique, jaune clair et rouge brun ; à chair fondante quoiqu'un peu granuleuse, assez juteuse, très sucrée et d'un très bon goût ; maturité février. Arbre de vigueur modérée, rustique. Assez bonne Poire, classée à tort par certains pomologistes parmi les Poires d'automne. — Obtenue par le fils de M. Grégoire, de Jodoigne, dont elle porte le nom.

C. P. **ÉCHASSERY.** Fruit petit, ovoïde, jaune-citron ; à chair bien fondante, juteuse, très sucrée et d'un parfum distingué, maturité courant et fin d'hiver. Arbre de vigueur suffisante, très fertile. — Ancienne variété, estimée dans les localités élevées, en terrain sec et chaud.

BESI DUBOST. Fruit moyen, de forme turbinée très obtuse, jaune citron clair ; à chair blanche, bien fondante, sucrée ; maturité courant et fin d'hiver. Arbre vigoureux sur coignassier, d'une fertilité remarquable. — A résisté à la gelée de 1879-1880. Obtenue d'un pepin d'*Échassery* par M. Parizet, de Curciat-Dongalon (Ain).

LA SAVOUREUSE. Fruit presque moyen, sphérico-ovoïde, vert unicolore ; à chair verdâtre, beurrée, agréablement rafraîchissante ; maturité courant et fin d'hiver. Arbre vigoureux sur coignassier, propre surtout à la pyramide et au haut-vent. A très bien résisté à la gelée de 1879-1880.

DOCTEUR BOUVIER. Fruit moyen, piriforme ventru, jaune-citron lavé de rouge terne ; à chair mi-cassante, sucrée, d'une bonne saveur ; maturité février-mars. Arbre vigoureux et fertile, propre surtout au haut-vent, en situation favorable. — Obtenue par Van Mons et dédiée, par M. Bivort, à M. Bouvier, docteur en médecine à Jodoigne.

AMÉDÉE LECLERC. Fruit moyen, cylindrique-bosselé, jaune d'or maculé de fauve ; à chair mi-cassante, sucrée ; de bonne qualité ; maturité février-mars. — Obtenue par M. Léon Leclerc, de Laval ; propagée par M. Louis Hutin, pépiniériste.

BEURRÉ DE FÉVRIER. Fruit moyen, oblong, vert jaunâtre ; à chair très fine, juteuse ; bon dans certains sols ; maturité fin d'hiver. Arbre peu vigoureux. — Obtenue par M. Boisbunel fils, de Rouen.

CHOISNARD. Fruit assez gros, turbiné allongé, jaune sombre marbré de gris ; à chair mi-cassante, musquée ; de bonne qualité ; maturité janvier à avril. Arbre de vigueur modérée, très fertile. — A un peu résisté à la gelée de 1879-1880. Cette variété porte le nom du possesseur du pied-mère, M. Choisnard, pépiniériste aux Ormes, près Châtellerault.

LOUISE-BONNE DE PRINTEMPS. Fruit moyen, ovoïde piriforme, jaune-citron clair taché de rouille et parfois lavé de vermillon ; à chair fine, beurrée, bien sucrée ; maturité fin d'hiver. Arbre exigeant le franc. — Obtenue par M. Boisbunel, pépiniériste à Rouen.

OCTAVE LACHAMBRE. Fruit moyen, ovoïde arrondi, jaune obscur ; à chair mi-fondante, juteuse ; de première qualité pour la saison ; maturité fin d'hiver. — Propagée par M. Octave Lachambre, à Loudun (Vienne).

CHARLES SMET. Fruit gros, arrondi bosselé, jaune verdâtre ; à chair jaunâtre, cassante, bien sucrée, d'un parfum agréable ; de bonne qualité pour manger à la main et de première pour cuire ; maturité fin d'hiver. Arbre de bonne vigueur, fertile.

VAUQUELIN. Fruit assez gros, ovoïde irrégulier et comme voûté, vert pâle blanchâtre ponctué de gris ; à chair fondante, juteuse, d'une saveur rappelant le *Saint-Germain* ; maturité mars-avril. Arbre vigoureux sur coignassier, d'un beau port en pyramide fertile. Bien qu'elle manque un peu de sucre et de parfum, surtout dans les terrains humides et aux situations défavorables, cette Poire n'en est pas moins méritante, surtout pour la culture de spéculation. — Obtenue par M. Vauquelin, à Rouen.

BERGAMOTTE DE JODOIGNE. Fruit moyen, de forme arrondie régulière, jaune-citron orangé ; à chair mi-fondante, parfumée ; maturité fin d'hiver et printemps. — Obtenue par M. Grégoire, de Jodoigne.

GÉNÉRAL DUVIVIER. Fruit moyen, conique allongé, jaune verdâtre ; à chair blanche, fine, mi-fondante ; de bonne qualité ; maturité fin d'hiver et printemps. Arbre vigoureux et fertile. — Obtenue par M. Boisbunel, pépiniériste à Rouen.

ANDREW MURRAY. Fruit petit, ovoïde, jaune ; à chair fine, fondante, juteuse ; de bonne qualité ; maturité fin d'hiver et printemps. Arbre de vigueur moyenne, fertile.

LA QUINTINYE. Fruit assez gros, de forme arrondie irrégulière, jaune-paille nuancé de gris roux ; à chair blanche, mi-fondante ; maturité fin d'hiver et printemps. Arbre vigoureux et fertile. — Obtenue par M. Boisbunel, de Rouen.

BEURRÉ MORISOT. Fruit assez gros, conique arrondi, jaune clair unicolore ; à chair blanche, mi-cassante ; de bonne qualité ; maturité fin d'hiver et printemps. — A un peu résisté à la gelée de 1879-1880.

PREVOST. Fruit moyen, ovoïde obtus, jaune paille lavé de rouge ; à chair mi-cassante, sucrée et parfumée ; maturité fin d'hiver et printemps. Arbre faible sur coignassier, précoce au rapport sur franc. Cueillir tard et consommer au point extrême de maturation. — Obtenue par M. Biyort et dédiée par lui à M. Prévost, de Rouen.

BEURRÉ VAN DRIESSCHE. Fruit assez gros, oblong obtus, jaune obscur ; à chair mi-fondante ; sucrée, d'une saveur délicate ; de première qualité ; maturité fin d'hiver et printemps. — Obtenue, en 1858, par M. Van Driessche, horticulteur à Ledeberg-lez-Gand.

BEURRÉ DE BOLLWILLER. Fruit moyen, piriforme ventru, jaune paille clair ; à chair mi-fondante, juteuse, sucrée, rafraîchissante ; maturité fin d'hiver et printemps. — Poire de très longue garde, obtenue par C. Baumann, pépiniériste à Bollwiller (Alsace).

TARDIVE DE MONTAUBAN. Fruit moyen ou petit, un peu allongé, rouge au soleil ; à chair fine, jaune, sucrée, mi-fondante ; de bonne qualité ; maturité printemps. Arbre fertile.

VAN DE WEYER BATES. Fruit petit ou moyen, obovale arrondi, jaune citron pâle ; à chair jaune, beurrée, juteuse, sucrée ; de première qualité ; maturité printemps.

BÉSI DE MAI. Fruit assez gros, oblong ventru bosselé, vert foncé marbré de fauve ; à chair mi-fondante, douce, d'une saveur agréable ; maturité printemps. Arbre de vigueur modérée, très fertile. — Obtenue, en 1856, par M. de Jonghe, pépiniériste à Bruxelles.

JEAN-BAPTISTE DEDIEST. Fruit moyen, sphérique ; à chair fine, juteuse, sucrée ; de bonne qualité ; maturité printemps et jusqu'en juillet. Arbre vigoureux et fertile. — Reçue de Belgique.

LOUBIAT. Fruit gros, de belle apparence ; à chair jaune ; de bonne qualité pour la saison ; maturité printemps et jusqu'en juillet. — Cette variété porte le nom du possesseur du sujet-mère, habitant la Dordogne, d'où nous l'avons reçue.

POIRES A CUIRE

MELON DE HELLMANN. Fruit gros, de forme sphérique un peu allongée et irrégulière, jaune nuancé ; à chair mi-fondante, parfumée ; maturité septembre. Arbre très fertile. — Beau fruit de forme caractéristique, dédié à un fonctionnaire de Meiningen (Allemagne). A résisté à la gelée de 1879-1880.

CERRUTIS DURSTLÖSCHE. Fruit moyen, turbiné obtus, jaune ; à chair cassante, très juteuse, parfumée ; à cuire ; maturité septembre. Arbre vigoureux, d'un beau port, fertile. — Dédiée au pharmacien Cerruti, de Camburg (Meiningen).

SUCRÉE DE HEYER. Fruit moyen, turbiné piriforme, jaunâtre ; à chair fine, mi-fondante ; de bonne qualité pour cuire ; maturité septembre. Arbre vigoureux et fertile. — Dédiée par M. Oberdieck à M. Heyer, de Lunebourg (Allemagne) ; M. Oberdieck l'avait reçue de Van Mons.

MERVEILLE DE MORINGEN. Fruit petit, turbiné, beau jaune citron ; à chair cassante ; à cuire ; maturité octobre. Grand arbre, très fertile, rustique, ayant résisté à la gelée de 1879-1880. — Originaire des environs de Moringen (Allemagne), où elle est très estimée.

MADAME PLANCHON. Fruit gros ou très gros, en forme de Bon-Chrétien, jaune d'or ponctué de roux ; à chair granuleuse, bien juteuse ; à cuire ; maturité fin octobre et commencement novembre. Arbre très fertile. — Reçue de Belgique.

REINE DES POIRES. Fruit moyen, piriforme court, presque entièrement recouvert de rouille brune lavée de rouge ; à chair pierreuse, sucrée et d'un parfum analogue à celui du *Martin sec* ; de toute première qualité pour cuire et sécher ; maturité novembre. Arbre de vigueur modérée, réclamant un sol riche. — D'origine belge, obtenue par M. Loire. A un peu résisté à la gelée de 1879-1880.

POIRE DE CHAUDFONTAINE. Fruit gros ou très gros, piriforme ventru, jaune paille pointillé et taché de fauve ; de première qualité pour cuire ; maturité novembre-décembre. — Reçue de Liège.

GILLES O GILLES. Fruit gros, turbiné sphérique, jaune paille terne réticulé de rouille ; à chair grossière, très sucrée ; à cuire ; maturité commencement d'hiver. Arbre vigoureux et fertile.

FRANC-RÉAL. Fruit moyen, turbiné arrondi, vert terne jaunâtre ; à chair cassante ; de première qualité cuit ; maturité commencement et courant d'hiver. Arbre rustique et fertile, propre surtout au haut-vent.

POIRE DE LIVRE. Fruit gros ou très gros, de forme variable, jaune paille terne recouvert de rouille dorée ; à chair serrée, mi-cassante ; maturité commencement et courant d'hiver. Arbre de vigueur modérée.

LOUIS VILMORIN. Fruit gros, piriforme arrondi, jaune roux sur fond jaune ; à chair grossière, cassante, dure, un peu acidulée ; maturité décembre-janvier. Arbre vigoureux et fertile. Beau fruit à cuire, pouvant aussi se manger cru. — Obtenue par M. André Leroy et dédiée à M. Louis Vilmorin, de Paris.

6

BON-CHRÉTIEN D'ESPAGNE. Fruit assez gros, turbiné allongé, jaune d'or lavé de carmin brillant; à chair jaunâtre, cassante, juteuse; maturité commencement et milieu d'hiver. Arbre de vigueur modérée, de bonne fertilité, préférant les sols chauds et riches, et la culture en formes palissées ou en haut-vent. — Joli fruit, très bon cuit.

BELLE DU CRAONNAIS. Fruit très gros, de forme irrégulière, jaune d'or; à chair cassante; de première qualité pour cuire; maturité décembre à mars. Arbre de vigueur modérée, très fertile.

POIRE DE PRÊTRE. Fruit moyen, sphérico-conique régulier, recouvert de rouille dorée; à chair mi-beurrée, richement sucrée; de toute première qualité pour cuire et sécher; maturité courant d'hiver. Arbre précoce au rapport, propre surtout au haut-vent.

ANGLETERRE D'HIVER. Fruit gros, de forme allongée ventrue régulière, jaune pâle taché de fauve et légèrement lavé de rouge; à chair blanc mat, cassante, sucrée; maturité janvier-février. Arbre peu vigoureux, très fertile.

BERGAMOTTE DE PARTHENAY. Fruit très gros, turbiné ventru, jaune obscur; à chair grossière, mi-cassante; maturité milieu et fin d'hiver. Arbre de bonne vigueur. — Trouvée aux environs de Parthenay (Deux-Sèvres), par M. Poireau qui en fut le premier propagateur.

DONVILLE. Fruit gros, turbiné ovoïde, jaune clair nuancé de rouge sombre; à chair cassante; maturité janvier à avril. Arbre vigoureux.

BARON D'HIVER. Fruit assez gros, conique, jaune clair; à chair cassante, juteuse, rouge étant cuite; maturité janvier à avril. Arbre très fertile. — D'origine hollandaise.

BELLISSIME D'HIVER. Fruit gros, turbiné, jaune d'ocre et rouge brun clair luisant; à chair blanche, mi-cassante; maturité février à avril. Arbre vigoureux et fertile.

POIRE DE SAINT-PÈRE. Fruit assez gros, conique, jaune mat pointillé; à chair mi-cassante; à cuire; maturité février à avril. Arbre de vigueur moyenne, fertile. D'origine italienne.

ROUSSELET D'HIVER. Fruit petit, turbiné allongé, jaune citron lavé de cramoisi foncé; à chair cassante, bien sucrée, parfumée; de première qualité cuit; maturité fin d'hiver. Arbre de vigueur modérée, très fertile, propre surtout au haut-vent.

SARRASIN. Fruit moyen, piriforme allongé, jaune lavé de vermillon; à chair blanche, cassante; maturité hiver et printemps. Arbre de vigueur modérée, très fertile, propre au haut-vent. — A résisté à la gelée de 1879-1880.

BÉSI DES VÉTÉRANS. Fruit gros, de forme ventrue irrégulière, vert jaunâtre unicolore; à chair blanche, mi-cassante; maturité fin d'hiver et printemps. Arbre rustique et fertile. — Obtenue par Van Mons.

COLMAR VAN MONS. Fruit gros et largement tronqué, jaune citron doré; à chair blanche, mi-cassante, bien parfumée; de première qualité cuite; maturité fin d'hiver et printemps. Arbre de bonne vigueur sur coignassier, rustique. — Très beau fruit, obtenu en 1808, à Enghien (Belgique), par M. Duquesne et dédié à Van Mons.

TARQUIN. Fruit assez gros, conique allongé, vert pré nuancé de jaune pâle et pointillé; à chair blanche, ferme; de première qualité pour cuire; maturité printemps. Arbre très vigoureux sur coignassier.

CADET DE VAUX. Fruit assez gros, conique, jaune orange lavé de rouge rosat; à chair jaunâtre, cassante; maturité printemps. Arbre de bonne vigueur sur coignassier, précoce au rapport et très fertile. — Cette Poire est souvent d'assez bonne qualité au couteau, à son point extrême de maturation. Obtenue par Van Mons et dédiée par lui à M. Cadet de Vaux.

MADAME MILLET. Fruit moyen, turbiné obtus, jaune verdâtre taché de brun fauve; à chair blanche, cassante; maturité printemps. Arbre de vigueur modérée sur franc, très fertile. — Obtenue par M. Charles Millet, pépiniériste à Ath (Hainaut).

GROS TROUVÉ. Fruit énorme, fusiforme, coloré du côté du soleil; à chair cassante; de première qualité pour cuire; maturité jusqu'en automne de l'année suivante. Arbre très vigoureux. Superbe Poire. — A un peu résisté à la gelée de 1879-1880. Trouvée dans un jardin, rue As-Pois, à Tournai, par Gabriel Everard, et nommée *Gros Trouvé* par le professeur J.-B. Chotin.

POIRES D'ORNEMENT

ROI ÉDOUARD. Fruit très gros, quelquefois énorme, conique piriforme, jaune citron lavé de rouge orangé; bon cuit; maturité octobre. Arbre robuste, vigoureux sur coignassier, peu fertile.

DE PREUILLY. Fruit très gros, en forme de *Bon-Chrétien*, vert jaunâtre tiqueté; à chair cassante; maturité automne. Arbre vigoureux et fertile. — Belle Poire d'ornement.

THUERLINCKX. Fruit très gros, souvent énorme, conique piriforme, vert jaunâtre réticulé de rouille; à chair assez juteuse, sucrée et musquée; bon cuit; maturité fin d'automne. Arbre peu fertile. — Trouvée sans nom dans une maison de campagne achetée par M. Thuerlinckx, de Malines (Belgique).

POIRES A CIDRE

BESI D'ANTENAISE. Fruit petit, piriforme, vert jaunâtre ; maturité septembre. Grand arbre à croissance pyramidale, fertile. — Excellente variété pour la plantation sur les routes.

BETZELSBIRN. Fruit moyen, sphérique, jaunâtre ; à cuire et à cidre; maturité janvier à avril. Grand arbre, très rustique.

DE MEIGEM. Fruit petit, jaune, pointillé vert ; maturité septembre. Arbre vigoureux, fertile, rustique. — A résisté à la gelée de 1879-1880.

EISGRÜBER MOSTBIRNE. Reçue d'Allemagne ; remarquable par la croissance bien verticale et vigoureuse de son arbre en pépinière.

MAUDE. Fruit moyen, arrondi, vert grisâtre lavé de rouge ; à chair grossière, remarquablement juteuse, particulièrement propre à la confection du cidre. Grand arbre, très fertile. — Abondamment cultivée dans la partie nord-ouest de la Savoie.

MOSTBIRNE MASSELBACHER. Variété très répandue dans le duché de Bade ; elle donne un très bon cidre. Maturité octobre. Grand arbre au port droit et à floraison tardive.

MOSTBIRNE VON ANGERS. Variété extrêmement fertile, produisant un bon cidre; maturité octobre-novembre. Grand arbre au port droit et à floraison tardive.

MOSTBIRNE WEILER'SCHE. Variété allemande très répandue ; maturité octobre-novembre. Grand arbre, fertile.

NAEGELGESBIRN. Variété de la Prusse rhénane produisant énormément, mais dont le cidre est de qualité inférieure.

NORMAENNISCHE CIDER. Grand arbre au port droit, très fertile, donnant des fruits bons pour cidre et pour distiller.

ROTHBIRNE. Arbre d'un port élevé, à floraison tardive, fertile. Fruits excellents pour cuire, pour sécher et pour cidre.

ROVÉ. Fruit assez gros, jaune orangé fortement coloré de rouge ; à chair cassante, juteuse, sucrée ; d'une saveur agréable ; maturité fin d'hiver et printemps ; de première qualité pour cidre, pour cuire et assez bon à manger cru. Grand arbre vigoureux et très fertile. — Très beau fruit. Cette variété est très répandue dans nos environs, d'où elle est originaire.

SCHWEITZER WASSERBIRNE. Fruit moyen, presque sphérique, jaune verdâtre lavé de rouge terne ; à cidre et à sécher ; maturité octobre. Très grand arbre, abondamment fertile.

SIEVIGERBIRN. Très répandue dans la Prusse rhénane.

WELSCHE BRATBIRN. Fruit petit, rond, vert ; maturité septembre-octobre. Grand arbre, fertile, à floraison tardive.

POIRES PANACHÉES

BEURRÉ D'AMANLIS PANACHÉ. Joli fruit. Arbre vigoureux.
CHAUMONTEL PANACHÉ.
CRASSANE PANACHÉE.
DOYENNÉ PANACHÉ.
MESSIRE-JEAN PANACHÉ.
PASSE-COLMAR PANACHÉ.
SAINT-GERMAIN PANACHÉ. A résisté à la gelée de 1879-1880.
VERTE-LONGUE PANACHÉE. Joli fruit d'automne, bien panaché.
WILLIAMS PANACHÉE.

Variété à feuilles panachées.

Bergamotte Esperen Souvenir de Plantières. Joli feuillage marginé de jaune, ne brûlant pas au soleil. Variété peu vigoureuse. — Obtenue par l'Établissement.

Variétés à l'étude.

Abas. Nous avons reçu cette variété de M. Niemetz Jaroslaw, de Winnitza (Podolie-Russie). Elle est recommandée comme une des meilleures du Caucase, qui, pour la plupart, sont très sucrées; à chair un peu grossière et à végétation très vigoureuse.

Adèle de Saint-Denis (*Alb. de Pom.*, t. II, p. 153). Fruit moyen, piriforme, jaune verdâtre marbré de fauve; à chair ferme, très juteuse, d'une excellente saveur beurrée; de première qualité; maturité octobre-novembre. Arbre peu vigoureux, très fertile.

Admirable (*The Fr. and Fr.-Tr. of Am.*, p. 655). Fruit assez gros, ovale arrondi, jaunâtre; à chair fondante, juteuse; maturité septembre. — Introduite d'Amérique par l'Établissement, en 1872.

Agricola (de Mortillet, 1873). Fruit moyen, turbiniforme, passant d'un vert intense au jaune prononcé; à chair très fine, bien fondante, richement aromatisée; maturité septembre. Arbre excessivement vigoureux, très fertile, à fruit bien attaché. — Obtenue et mise au commerce par l'auteur des *Meilleurs fruits*, qui la recommande pour la culture en haut-vent.

Aimée de Ghelin. Fruit moyen; de première qualité; maturité octobre. Arbre très fertile. — Obtenue par M. Daras de Naghin, d'Anvers.

Alexandre Chomer. Fruit gros, forme de *Bon-Chrétien* raccourci, vert clair passant au jaune à la maturité; à chair très fine, fondante, juteuse; de première qualité; maturité décembre-janvier. Arbre vigoureux, très fertile. — Obtenue par M. Liabaud et mise au commerce en 1887.

Alexandre de la Herche. Fruit moyen, de la forme de la *Passe-Crassane*; à chair fine, d'un parfum agréable; maturité fin octobre. Arbre de vigueur moyenne, très fertile. — Obtenue par M. Sannier qui l'a dédiée à M. de la Herche, négociant à Beauvais. A résisté à la gelée de 1879-1880.

Alexandre Lambré panaché. Gain de M. Ch. Gilbert, président de la société de pomologie d'Anvers.

Alphonse Karr (*Dict. de Pom.*, t. 1, n° 20, p. 102). Fruit assez gros, piriforme obtus, jaune d'or; à chair très fine, bien fondante, sucrée et délicatement parfumée; de première qualité; maturité novembre-décembre. Arbre de fertilité médiocre.

Amand Bivord (*Dict. de Pom.*, t. I, n° 23, p. 106). Fruit assez gros, ovoïde, vert jaunâtre lavé de rouge-brun; à chair très fondante, bien sucrée et très savoureuse; de première qualité; maturité novembre. — A un peu résisté à la gelée de 1879-1880.

Andouille (*Dict. de Pom.*, t. 1, n° 36, p. 126). Fruit moyen, allongé, cylindrique, bosselé, jaunâtre, presque entièrement lavé de fauve; à chair blanche, pierreuse, manquant de finesse; de seconde qualité; maturité septembre-octobre. Arbre très vigoureux et fertile.

Anne de Bretagne. Fruit moyen ou gros, jaune, lisse, parfois coloré de vermillon à l'insolation; à chair fine, fondante, un peu acidulée; de première qualité; maturité novembre à janvier.

Anversoise. Fruit assez gros, ayant beaucoup d'analogie avec *Marie-Louise*; à chair fine, juteuse, sucrée et agréablement parfumée; maturité octobre-novembre. Arbre de vigueur moyenne, très fertile. — Nous avons reçu cette variété de M. Daras de Naghin, d'Anvers.

Août d'Ives (*The Fr. and Fr.-Tr. of Am.*, p. 788). Fruit moyen, piriforme obtus, verdâtre lavé de rouge-brun; maturité août. — Introduite d'Amérique par l'Établissement, en 1872.

Arthur Bivort (*Dict. de Pom.*, t. I, n° 57, p. 160). Fruit assez gros, très allongé, vert jaunâtre lavé de rouge pâle; à chair très juteuse, délicatement parfumée; de première qualité; maturité octobre. Arbre très vigoureux.

Aspasie Aucourt. Fruit moyen, obrond, jaune pâle; à chair fine, fondante, très juteuse, sucrée, assez parfumée; maturité seconde quinzaine de juillet. Arbre très fertile, d'un beau port pyramidal et d'une belle végétation. — Le fruit est beau et savoureux, un peu dans le genre de *Beurré Giffard*.

Audibert (*Dict. de Pom.*, t. I, n° 59, p. 163). Fruit moyen, turbiné ventru, jaune verdâtre lavé de rose tendre; à chair blanche, cassante; à cuire; maturité décembre à avril. Arbre excessivement vigoureux.

Auguste Droche. Fruit assez gros, turbiné ventru, jaune; à chair fine, fondante, relevée; maturité janvier à mars. Arbre de bonne vigueur et de bonne fertilité.

Auguste Royer (*Ann. de Pom.*, t. III, p. 11). Fruit moyen, turbiné ventru, jaune obscur presque entièrement recouvert de fauve; à chair très juteuse, savoureusement parfumée; de première qualité; maturité novembre. Arbre très vigoureux.

Augustine Lelieur (*Dict. de Pom.*, t. I, n° 64, p. 169). Fruit assez gros, presque cylindrique, jaune verdâtre ; de première qualité ; maturité octobre-novembre.

Baptiste Valette. Fruit moyen ; à chair blanche, beurrée, très fine, fondante, juteuse ; maturité précoce. Arbre vigoureux, fertile, à végétation affectant la forme pyramidale.

Barillet-Deschamps. Fruit assez gros, jugé de premier mérite par le Comité pomologique de Rouen, les 9 février et 5 avril 1866. Arbre très fertile.

Baron de Caters. Excellent fruit d'hiver, obtenu par M. Rosseels, d'Anvers.

Baron Trauttenberg (*Les fr. du Jard. V. M.*, n° 67, p. 121). Fruit moyen ou assez gros, arrondi, jaune d'or taché de roux ; à chair rosée, juteuse, d'une saveur délicate et parfumée ; de première qualité ; maturité novembre.

Barthélemy Du Mortier. Beau et gros fruit ; à chair beurrée, juteuse, très sucrée et d'un arome des plus fins ; de première qualité. Arbre de vigueur moyenne, très fertile et tenant bien son fruit. Maturité novembre. — Reçue de M. Daras de Naghin, en 1886.

Belle Anna. Beau et bon fruit, mûrissant en décembre.

Belle de Beaufort. Fruit très gros, de belles forme et couleur ; maturité fin octobre et commencement de novembre. Arbre de vigueur satisfaisante. — Reçue de M. Louis Leroy, d'Angers.

Belle d'Ecully. Fruit très gros ; à chair blanche, fine, tendre, très fondante, très juteuse, sucrée, un peu vineuse ; maturité fin d'août à fin septembre. Arbre de vigueur moyenne, fertile.

Belle de Juillet. Fruit exquis et très joli, mûrissant dès la mi-juillet. Arbre très distingué dans son bois et dans ses feuilles. — Gagnée à Pecq (Belgique), par M. Lampe, cette variété nous a été recommandée comme surpassant toutes les autres Poires précoces, et bien supérieure au *Beurré Giffard*.

Belle de Kaïn (*Pom. tourn.*, n° 10, p. 71). Fruit gros, piriforme tronqué, jaune citron brillant ; à chair mi-fondante, maturité octobre — Poire de marché.

Belle de la Croix Morel (*Rev. hort.*, 1868, p. 91). Fruit gros, piriforme ventru, jaune verdâtre ; à chair mi-fondante, juteuse, d'une saveur agréable ; de première qualité ; maturité décembre à mars. Arbre vigoureux et très fertile, d'un beau port en pyramide.

Belle de Thouars (*Dict. de Pom.*, t. I, n° 98, p. 212). Fruit très gros, allongé, bronzé ; à chair cassante ; à cuire ; maturité octobre-novembre.

Belle du Figuier (*Dict. de Pom.*, t. I, n° 86, p. 199). Fruit assez gros, de forme ovoïde bosselée régulière, roux verdâtre pointillé de fauve ; à chair blanche, très fondante et très juteuse ; de toute première qualité ; maturité décembre janvier.

Belle Moulinoise (*Dict. de Pom.*, t. I, n° 94, p. 208). Fruit gros, de forme oblongue régulière, verdâtre maculé de fauve et lavé de rose foncé ; à chair cassante, très juteuse, d'une saveur délicieuse ; de première qualité ; maturité fin d'hiver. Arbre très vigoureux.

Belle Sucrée (*Ill. Handb. der Obstk.*, t. V, n° 382, p. 263). Fruit gros, de forme variable, beau jaune citron, presque entièrement lavé de rouge ; à chair mi-fondante, très sucrée ; maturité septembre-octobre.

Bénédictine. Ressemble à *Espérine*. — Reçue de M. Rivers.

Bergamotte Ballicq. Fruit moyen ; à chair blanche, fine, mi-fondante, juteuse, sucrée ; de première qualité ; maturité décembre-janvier. Arbre de bonne vigueur sur franc, fertile. — Reçue de Belgique.

Bergamotte d'Anvers. Fruit moyen ou assez gros, de forme de *Bergamotte*, vert, passant au jaune à la maturité ; à chair blanche, fine, beurrée, sucrée et bien parfumée ; maturité décembre. Arbre vigoureux et fertile. — Reçue de M. Daras de Naghin, d'Anvers.

Bergamotte Delporte. Fruit assez gros ; maturité mars à mai.

Bergamotte de Montluel. Beau fruit, de première qualité ; en forme de *Doyenné* ; se conserve d'une récolte à l'autre.

Bergamotte de Roe (*The Fr. and Fr.-Tr of. Am.*, p. 843). Fruit moyen, déprimé, jaune marbré de rouge ; à chair fondante, parfumée ; de première qualité ; maturité septembre. — Introduite d'Amérique par l'Établissement, en 1872.

Bergamotte de Tournay (*Pom. tourn.*, n° 38, p. 127). Fruit gros, turbiné, jaune citron ; à chair très fine, beurrée, très sucrée, musquée ; maturité novembre-décembre. Arbre très vigoureux.

Bergamotte fertile (*Ill. Handb. der Obstk.*, t. II, n° 29, p. 81). Fruit moyen, turbiné, jaune citron clair ; maturité fin septembre et commencement octobre. Arbre d'une fertilité remarquable.

Bergamotte Hérault. Fruit de belle grosseur ; de première qualité ; maturité hiver. — Reçue d'Angers.

Bergamotte Laffay. Fruit moyen ; à chair fondante ; maturité février-mars.

Bergamotte La Gantoise. Fruit gros, généralement arrondi, vert pointillé de brun, passant au jaunâtre à la maturité ; à chair blanche, très fondante, juteuse, légèrement parfumée ; de première qualité ; maturité février-mars. Arbre de vigueur moyenne, très fertile. — Magnifique Poire d'hiver provenant d'un semis de *Bergamotte Esperen*, qu'elle surpasse en volume et qu'elle égale en qualité ; obtenue par MM. Dervaes frères, pépiniéristes à Wetteren (Belgique).

Bergamotte Liabaud. Fruit de grosseur moyenne, affectant la forme de *Bergamotte Fortunée,* vert jaunâtre lavé de gris fauve du côté du soleil ; à chair blanche, fine, fondante, sucrée, vineuse ; maturité novembre-décembre. Arbre vigoureux et très fertile, se formant naturellement en pyramide. — Obtenue par M. Liabaud.

Bergamotte Louis (Van Mons). Fruit moyen ; de première qualité ; maturité novembre.

Bergamotte Pomme (*Pom. tourn.*, n° 29, p. 109). Fruit assez gros, sphérique déprimé, jaune terne ; à chair très juteuse, vineuse ; excellent ; maturité octobre-novembre.

Bergamotte Soulard. Fruit moyen ; à chair fondante ; maturité octobre.

Bergamotte tardive Collette. Variété jugée de bonne qualité par la Société d'horticulture de Rouen. Maturité d'avril à fin juin. Arbre de vigueur moyenne, rustique, d'une fertilité soutenue. — Obtenue d'un pepin de *Doyenné d'Alençon.*

Bergen (*The Fr. and Fr.-Tr. of Am.*, p. 671). Fruit gros, allongé, jaune citron lavé de cramoisi ; de première qualité ; maturité fin septembre et commencement octobre. — Introduite d'Amérique par l'Établissement, en 1872.

Besi Césarine. Fruit gros ou très gros, piriforme obtus, jaune verdâtre marbré de fauve, légèrement lavé de rouge au soleil ; maturité octobre-novembre. Arbre de bonne vigueur, ayant la prédisposition à se former en fuseau. — Reçue de M. Gilbert, d'Anvers.

Besi de Naghin. Fruit de grosseur au-dessus de la moyenne, en forme de pomme. C'est un *Chaumontel* perfectionné, mais la chair a moins de concrétion, est plus fine et plus relevée. Quant au parfum il est le même, moins l'amertume que l'on rencontre souvent dans l'ancien fruit ; maturité janvier. Arbre de moyenne vigueur, convenant aussi pour haute tige.

Besi Goubault (*Dict. de Pom.*, t. I, n° 138, p. 272). Fruit assez gros, arrondi bosselé, jaune verdâtre taché de fauve ; à chair très blanche, bien fine, très juteuse ; de première qualité ; maturité octobre.

Besi Picquery. Fruit aussi gros, aussi parfumé et meilleur que le *Chaumontel ;* chair complètement fondante. Arbre plus rustique. — Reçue de Belgique.

Besi von Schonau. Fruit assez gros, piriforme ; de première qualité ; maturité décembre à février. A un peu résisté à la gelée de 1879-1880.

Beurré Ad. Papeleu. Fruit allongé, vert clair ; à chair blanche, sucrée, très fondante ; maturité courant de mars. — Obtenue d'un semis de *Beurré d'Hardenpont.* Mise au commerce par MM. Dervaes frères, de Wetteren (Belgique).

Beurré Allard (*Dict. de Pom.*, t. I, n° 153, p. 293). Fruit petit, turbiné, jaune verdâtre ; à chair très sucrée et très parfumée ; de première qualité ; maturité octobre-novembre. Arbre vigoureux.

Beurré Antoine (*Le Verg.*, t. II, n° 33, p. 69). Fruit presque moyen, exactement piriforme, jaune sombre ; à chair verdâtre, grenue, très fondante, richement sucrée ; maturité commencement de septembre. Arbre très fertile, propre surtout au grand verger.

Beurré Beaumont. Fruit petit, de première qualité ; maturité janvier. A résisté à la gelée de 1879-1880.

Beurré Blondel. Fruit assez gros ou gros ; de première qualité ; maturité commencement de septembre.

Beurré Caune (*Rev. hort.*, 1867, p. 390). Fruit assez gros, ressemblant, par le coloris, au *Beurré Oudinot*, à chair très fondante et très juteuse, rappelant le parfum et l'acidité agréable du *Beurré gris* ; de toute première qualité ; maturité courant de septembre. Arbre très vigoureux et très fertile. A un peu résisté à la gelée de 1879-1880.

Beurré Chaudy. Fruit énorme, piriforme bosselé, vert clair, passant au jaune pâle à la maturité ; à chair fine, fondante, très juteuse, parfumée ; maturité octobre à décembre. Arbre vigoureux, très fertile.

Beurré de Boediker. Reçue de Belgique.

Beurré de Brême (*Ill. Handb. der Obstk.*, t. VII, n° 598, p. 447). Fruit petit ou moyen, turbiné arrondi, jaune verdâtre ; à chair fine, fondante, juteuse ; de première qualité ; maturité novembre.

Beurré de Carême (*Pom tourn.*, n° 56, p. 163). Fruit assez gros, de jolie forme ovale allongée, vert jaunâtre ; à chair très sucrée et très suave ; maturité février. Arbre très vigoureux. A résisté à la gelée de 1879-1880.

Beurré de Coit (*The Fr. and Fr.-Tr. of Am.*, p. 722). Fruit moyen, piriforme obtus, jaune recouvert de fauve et lavé de cramoisi ; à chair fondante, juteuse ; de première qualité ; maturité septembre-octobre.

Beurré de Germiny (*Pom. tourn.*, n° 24, p. 99). Fruit moyen, oblong, jaune terne ; à chair fine, beurrée, sucrée, très juteuse, vineuse ; de première qualité ; maturité octobre-novembre.

Beurré de Lannoy. Variété que nous devons à l'obligeance de M. Du Mortier de Tournay, qui la dit à fruit beau et bon, mûrissant en octobre-novembre. Arbre très vigoureux et très fertile.

Beurré de Lindauer. Fruit gros ou très gros, forme de la *Bonne d'Ezée*, verdâtre passant au jaune à la maturité ; à chair très fine, fondante, très sucrée et d'un parfum des plus agréables ; maturité novembre-décembre. Arbre très vigoureux.

Beurré de Palandt (*Ill. Handb. der Obstk.*, t. VIII, n° 666, p. 381). Fruit moyen, piriforme, jaune recouvert de roux canelle ; à chair très fine, fondante, de première qualité ; maturité commencement novembre.

Beurré de Popuelles. Fruit moyen, roux verdâtre comme *Bonne de Malines* ; exquis ; maturité novembre à janvier. — Reçue de Belgique. A résisté à la gelée de 1879-1880.

Beurré Derouineau (*Dict. de Pom.*, t. I, n° 196, p. 348). Fruit petit, turbiné ovoïde, bronzé ; à chair très fondante, très juteuse, d'un arome exquis ; de toute première qualité ; maturité novembre. Arbre vigoureux, prodigieusement fertile.

Beurré des Augustins (*Pom. tourn.*, n° 45, p. 141). Fruit moyen, turbiné tronqué ; à chair beurrée, très juteuse ; de première qualité ; maturité novembre-décembre.

Beurré de Silly. Fruit assez gros ; de première qualité ; maturité septembre-octobre. Arbre fertile.

Beurré de Wœlfel. Reçu, comme fruit de toute première qualité et mûrissant vers Pâques, de M. le baron Emmanuel Trauttenberg, de Prague. Wœlfel était un pomologiste hongrois. — A résisté à la gelée de 1879-1880.

Beurré d'hiver de Dittrich (*Ill. Hand. der Obstk.*, t. II, n° 253, p. 529). Fruit assez gros, conique, vert jaunâtre ; à chair beurrée, parfumée ; de première qualité ; maturité décembre-janvier.

Beurré du Cercle (*Dict. de Pom.*, t. I, n° 184, p. 333). Fruit petit, allongé, jaune paille recouvert d'une teinte bronzée ; à chair verdâtre, juteuse, d'une excellente saveur ; maturité octobre. Arbre vigoureux, excessivement fertile.

Beurré Duflo. Maturité fin d'août. — Reçue de Belgique.

Beurré Fouqueray. Fruit très gros, oblong obtus, bosselé, verdâtre, légèrement jaune verdâtre à l'insolation ; à chair blanche, fine, fondante, très juteuse, sucrée, parfumée ; maturité octobre-novembre. Arbre vigoureux et fertile, à végétation pyramidale. — Obtenue récemment par M. Fouqueray.

Beurré Grétry. Fruit moyen, brun-roux ; de bonne qualité ; maturité octobre-novembre. Arbre de fertilité exceptionnelle. — Reçue de M. Daras de Naghin, d'Anvers.

Beurré gris panaché. Reçue sans description.

Beurré Haffner (*Le Verg.*, t. III, n° 37, p. 77). Fruit moyen, piriforme ovoïde régulier, jaune paille taché de rouille ; à chair bien sucrée et parfumée ; maturité octobre. Arbre très fertile. A résisté à la gelée de 1879-1880.

Beurré Hillereau. Fruit gros, jaune pâle lavé de rouge à l'insolation ; à chair mi-fine, très fondante ; de première qualité ; maturité décembre. Arbre vigoureux et fertile.

Beurré Hugé. Fruit moyen ; de première qualité. — Reçue de Belgique avec recommandation.

Beurré Keele Hall. Reçue d'Angleterre.

Beurré Ladé (*Rev. hort.*, 1869, p. 392). Fruit assez gros, en forme de calebasse régulière, fond jaune beurre frais largement lavé de carmin vermillon, très joli ; à chair bien juteuse, d'un arome rappelant celui du *Beurré Durondeau*, mais plus délicat ; de toute première qualité ; maturité novembre-décembre. Arbre vigoureux.

Beurré Lefebvre de Boitelle. Fruit de première qualité ; maturité mars. — Reçue de Rouen.

Beurré Pauline (*Pom. tourn.*, n° 15, p. 81). Fruit moyen, pyramidal, jaune brillant ; à chair fine, beurrée, très juteuse ; maturité octobre-novembre. Arbre peu vigoureux, précoce au rapport et très fertile.

Beurré-Payen de Boisbunel (*Dict. de Pom.*, t. II, n° 739, p. 511). Fruit moyen, conique obtus, jaune clair verdâtre marbré de fauve ; à chair blanche, mi-fondante, juteuse ; de première qualité ; maturité octobre. Arbre excessivement fertile.

Beurré perpétuel. Variété reçue de Belgique comme de premier ordre, et ayant la propriété de donner deux fructifications : l'une mûrissant en septembre, l'autre en décembre.

Beurré Preble (*Dict. de Pom.*, t. I, n° 247, p. 411). Fruit gros, ovoïde ventru, jaune verdâtre obscur maculé de brun clair ; à chair mi-fondante, d'une saveur beurrée très délicate ; de première qualité ; maturité octobre-novembre. Arbre peu vigoureux et peu fertile. A résisté à la gelée de 1879-1880.

Beurré Quetier. Fruit un peu plus gros que celui du *Passe Colmar* et plus ventru ; maturité très tardive et prolongée. L'aspect général de l'arbre ressemble au *Passe Colmar*.

Beurré rouge tanné. Fruit d'automne, reçu d'Italie.

Beurré Saint-Aubert (*Pom. tourn.*, n° 30, p. 111). Fruit moyen, ovale, jaune citron picoté de fauve ; à chair très fondante, bien sucrée et parfumée ; de toute première qualité ; maturité octobre-novembre. Arbre de vigueur moyenne, très fertile.

Beurré Saint-François (*Pom. tourn.*, n° 36, p. 123). Fruit assez gros, ovale oblong, jaune terne ; à chair très fondante, très sucrée ; délicieux ; maturité novembre.

Beurré Saint-Marc (*Dict. de Pom.*, t. I, n° 257, p. 425). Fruit moyen, ovoïde arrondi, jaune verdâtre lavé de rose pâle ; à chair compacte, très juteuse, d'un arome exquis ; de première qualité ; maturité décembre à février. Arbre vigoureux.

Beurré Scheidweiler (*Le Verg.*, t. III, 2ᵉ partie, nº 111, p. 29). Fruit moyen, piriforme régulier, vert mat pointillé unicolore ; à chair un peu grenue, richement sucrée, d'une saveur de vin doux ; maturité octobre. Arbre très vigoureux et très rustique. Fruit de marché. — A résisté à la gelée de 1879-1880.

Beurré Strybos. Reçu de Belgique avec recommandation. Maturité fin septembre et commencement octobre.

Beurré Varenne de Fenille (*Le Verg.*, t. I, nº 33, p. 53). Fruit assez gros, irrégulièrement sphérique, vert d'eau pâle ; à chair très fine, bien fondante, d'un parfum prononcé ; de première qualité ; maturité décembre-janvier. Arbre rustique et très fertile.

Beurré Vert (*Pom. tourn.*, nº 33, p. 117). Fruit très gros, turbiné, jaune verdâtre ; à chair fondante, juteuse ; maturité novembre.

Beurré Wamberchies (*Fl. de l'Eur.*, 1883, p. 317). Fruit assez gros, de forme *Bergamotte*, vert foncé pointillé passant au jaune à la maturité ; à chair très fondante, complètement dépourvue de pepins ; maturité mai-juin. Arbre vigoureux, d'un port pyramidal, fertile.

Bicolore d'hiver (Boisbunel, 1871). Fruit gros, en forme de Bon-Chrétien ; à chair mi-fondante, sucrée et très relevée ; se conservant jusque fin avril. — A un peu résisté à la gelée de 1879-1880.

Bied-Charreton (Morel, 1873). Fruit moyen ou gros, rouille cuivrée ; à chair mi-fine, fondante, juteuse, relevée d'un arome fin et délicat ; maturité octobre. Arbre de vigueur moyenne, fertile.

Blonde Gasselin. Fruit petit ; maturité novembre. — Reçue de Nantes.

Bloodgood (*Le Verg.*, t. II, nº 39, p. 181). Fruit petit ou moyen, turbiné ovoïde, jaune paille taché de rouille ; à chair très sucrée et hautement parfumée ; de toute première qualité ; maturité commencement d'août.

Bon-Chrétien de juillet. Maturité juillet-août. — Reçue de Belgique. A résisté à la gelée de 1879-1880.

Bon-Chrétien de Nikita (*Ill. Handb. der Obst.*, t. II, nº 138, p. 299). Fruit moyen, conique, vert clair jaunâtre ; à cuire ; maturité fin octobre. Arbre fertile. — A résisté à la gelée de 1879-1880.

Bon-Chrétien de Vernois (*Dict. de Pom.*, t. I, nº 281, p. 469). Fruit gros, ovoïde, jaune verdâtre ; à chair mi-cassante, juteuse ; de première qualité pour cuire ; maturité décembre-janvier.

Bon-Chrétien François-Prevel. Poire jugée de premier mérite par la Société d'horticulture de Rouen ; maturité janvier à avril. Arbre de vigueur moyenne, fertile. A résisté à la gelée de 1879-1880. — Obtenue, en 1867, d'un pepin de *Colmar*.

Bon-Chrétien Frédéric Baudry. Fruit moyen ou gros ; à chair fine, sucrée, parfumée ; de première qualité ; maturité février-mars. Arbre de vigueur moyenne, de fertilité ordinaire ; à cultiver, de préférence, en espalier ou pyramide.

Bon-Chrétien Prévost (Collette). Fruit gros ; à chair mi-cassante, juteuse, d'un parfum très agréable ; de toute première qualité ; maturité décembre à février. — A un peu résisté à la gelée de 1879-1880.

Bon-Chrétien Vermont. Fruit gros, affectant la forme de la *Belle Angevine* ; à chair fine, juteuse, parfumée, sucrée ; maturité octobre. — Obtenue par M. Sannier, d'un croisement du *Rousselet de Reims* avec la *Belle Angevine*.

Bonne de Soulers. Fruit moyen, jaune verdâtre ; à chair fondante, d'un parfum particulier ; de première qualité ; maturité janvier à avril. — Variété ancienne, mais peu répandue, nous paraissant analogue à *Bergamotte de Hollande*.

Bon Parent (*Dict. de Pom.*, t. I, nº 283, p. 472). Fruit petit ou moyen, turbiné allongé, verdâtre maculé de gris et de brun roux ; maturité octobre. Arbre excessivement fertile.

Bon Roi René (*Dict. de Pom.*, t. I, nº 284, p. 473). Fruit assez gros, conique irrégulier, vert clair réticulé de roux ; à chair compacte, très juteuse, d'une saveur exquise ; de toute première qualité ; maturité septembre. Arbre peu vigoureux.

Bon Vicaire. Fruit ayant la forme de la *Poire de Curé*, jaune vermillonné du côté du soleil ; à chair très fine, fondante ; maturité fin d'août et courant septembre. Arbre de moyenne vigueur, ressemblant à celui de la *Duchesse d'Angoulême*.

Bronzée Boisselot (Boisselot). Fruit moyen ; à chair très fondante sans être molle, d'un goût très relevé et sucré sans vineux ni musqué ; de toute première qualité ; maturité octobre.

Buffum (*Le Verg.*, t. III, nº 39, p. 81). Fruit petit ou moyen, turbiné conique, jaune citron sombre lavé de rouge feu ; à chair beurrée, bien sucrée ; maturité septembre. Arbre très fertile. A résisté à la gelée de 1879-1880.

Caerheon Bergamot. Reçue d'Angleterre sans description.

Calixte Mignot. Fruit gros, piriforme, verdâtre maculé roux passant au jaune à la maturité ; à chair très fine, fondante, beurrée, juteuse ; de première qualité ; maturité mi-octobre à fin novembre. Arbre vigoureux sur franc et sur coignassier, de fertilité grande et soutenue.

Cannelle. Fruit assez gros ; à chair fondante, musquée ; de toute première qualité ; maturité novembre-décembre.

Cassante d'hiver. Fruit très gros ; de première qualité ; maturité octobre à mars.

Cerise brune (*Bull. du Cerc. d'Arb. de Belg.*). Fruit moyen, de forme régulière, verdâtre passant au jaune à la maturité, pointillé de brun ; à chair blanche, un peu astringente, à saveur aigre douce ; maturité fin juillet à mi-août.

Cerise double (*Bull. du Cerc. d'Arb. de Belg.*). Fruit moyen, piriforme légèrement renflé vers le milieu, vert pâle passant au jaune à la maturité, légèrement pointillé de brun ; à chair blanche, cassante, à saveur un peu astringente ; maturité fin d'août. Arbre vigoureux et fertile, à végétation pyramidale.

Certeau d'hiver (*Dict. de Pom.*, t. I, n° 334, p. 540). Fruit moyen, turbiné allongé, vert clair jaunâtre lavé de rouge brun, à chair mi-cassante, parfumée ; à cuire ; maturité décembre à mai. Arbre très fertile.

Charles de Latin. Reçue de Belgique. Gain de Théodore de Latin.

Charles Gilbert. Fruit de toute première qualité ; maturité septembre-octobre. Arbre vigoureux, fertile et rustique, ayant résisté à la gelée de 1879-1880.

Charles Lesoinne. Gain de M. Grégoire, de Jodoigne.

Charles Marchal. Fruit moyen, d'un beau jaune à la maturité ; à chair fondante, sucrée, parfumée ; maturité fin novembre. Arbre vigoureux et assez fertile. — Reçue de M. Daras de Naghin, d'Anvers.

Charli Basiner (de Jonghe). Fruit moyen ; de première qualité ; maturité septembre. Arbre fertile.

Charlotte. Fruit moyen, piriforme ; à chair beurrée, juteuse et d'un parfum tout particulier et très agréable ; maturité octobre. Arbre vigoureux, rustique et fertile, ayant résisté à la gelée de 1879-1880. — Reçue de M. Daras de Naghin, d'Anvers.

Charlotte de Roucourt. Fruit moyen, de forme *Passe Colmar* ; à chair fondante, très juteuse, sucrée, parfumée ; maturité mars-avril. — Reçue de M. Daras de Naghin, d'Anvers.

Chevalier Evrard. Reçue de Belgique. A résisté à la gelée de 1879-1880.

Cinquantième anniversaire. Fruit moyen ou gros, obtenu par M. Grégoire, de Jodoigne, qui le considère comme un de ses meilleurs gains ; maturité novembre.

Clémence de Lavours (*Le Verg.*, t. I, n° 42, p. 71). Fruit moyen, piriforme, jaune citron ; à chair fondante, bien parfumée ; de première qualité ; maturité courant et fin d'hiver.

Collette. Variété jugée de première qualité par la Société d'horticulture de Rouen ; maturité fin décembre à février. Arbre de vigueur modérée, d'une fertilité extraordinaire, issu de *Doyenné d'hiver*.

Colmar d'Automne nouveau (*Dict. de Pom.*, t. I, n° 363, p. 578). Fruit assez gros, conique obtus, gris roussâtre nuancé de jaune orange ; à chair très juteuse, aromatique ; de première qualité ; maturité novembre.

Colmar de Mars (*Dict. de Pom.*, t. I, n° 369, p. 586). Fruit moyen, de forme ovoïde arrondie régulière, jaune d'or ; à chair compacte, très juteuse, musquée ; de première qualité ; maturité printemps. Arbre très vigoureux sur cognassier.

Colmar d'été (*Dict. de Pom.*, t. I, n° 367, p. 583). Fruit moyen, oblong obtus, jaune citron ; à chair très fondante, très juteuse, savoureusement aromatique ; de première qualité ; maturité commencement de septembre. Arbre très vigoureux, extrêmement fertile.

Colmar Didry. Très belle poire sucrée, mûrissant en mars ; gagnée en Belgique par M. Didry de Nechin.

Colmar du Mortier (*Pom. tourn.*, n° 57, p. 165). Fruit moyen, ovoïde, jaune citron brillant ; à chair saumonée, très fine, très fondante, très sucrée ; de toute première qualité ; maturité février. Arbre vigoureux et fertile, d'un beau port.

Colombo. Recommandée comme une des meilleures variétés du Caucase. Arbre très vigoureux. — Reçue de M. Niemetz, de Winnitza (Russie). Doit être analogue à *Duchesse d'Angoulême*.

Colonel Grégoire. Reçue de Belgique.

Colonel Wilder. Introduite d'Amérique par l'Établissement, en 1872.

Comte de Lambertye. Fruit turbiné arrondi, blond, sablé de roux doré ; à chair fine, fondante, juteuse, relevée ; maturité septembre-octobre. Arbre vigoureux et fertile, issu de *Beurré superfin*.

Comtesse de Paris. Chair fine, beurrée, juteuse, relevée. Arbre très fertile en pyramide comme à haute tige.

Conseiller Pardon. Fruit ressemblant beaucoup au *Beurré rance* ; maturité novembre. — Reçu de M. Gilbert, d'Anvers.

Cornélie Daras. Fruit moyen, arrondi, jaune citron ; à chair fine, fondante, juteuse, très sucrée et bien parfumée. Arbre vigoureux et fertile. Maturité novembre-décembre. — Reçue de M. Daras de Naghin, d'Anvers.

Côtelée de Haller. Variété reçue d'Allemagne, tout à fait intéressante par son fruit fortement côtelé, très beau et bon, mûrissant en novembre. A résisté à la gelée de 1879-1880.

Crassane Althorp (*Dict. de Pom.*, t. I, n° 21, p. 103). Fruit petit ou moyen, arrondi, vert pâle lavé de rouge brun ; à chair très juteuse, délicatement parfumée ; de première qualité ; maturité commencement novembre. Arbre très vigoureux.

Curé Carnoy. Reçue de Belgique. — Gain de Théodore de Latin.

D'Abbeville (*Les fr. à cult.*, p. 61). Fruit gros, allongé, irrégulier, gris ; de toute première qualité pour cuire. Arbre vigoureux, d'un beau port, fertile.

D'amande double (*Dict. de Pom.*, t. I, n° 24, p. 107). Fruit moyen, allongé, régulier, jaune d'or lavé de carmin ; à chair mi-fine, d'une délicieuse saveur d'amande ; de première qualité ; maturité octobre. Arbre fertile.

D'amande nouvelle (Genneret). Maturité septembre-octobre. — Reçue de Louvain. A un peu résisté à la gelée de 1879-1880.

Dame Jeanne. Fruit moyen ; de toute première qualité pour cuire ; maturité mars.

D'Arménie (*Dict. de Pom.*, t. I, n° 56, p. 159). Fruit moyen, sphérique, jaune verdâtre ponctué de brun-roux ; à chair mi-cassante ; à cuire ; maturité mars à mai.

David (*Pom. tourn.*, n° 63, p. 177). Fruit assez gros, de jolie forme pyramidale, vert jaunâtre lavé de pourpre ; à chair cassante ; de toute première qualité pour cuire ; maturité avril-mai. Arbre très vigoureux, extraordinairement fertile.

De Fer (*Dict. de Pom.*, t. II, n° 498, p. 152). Fruit assez gros, de forme variable, vert jaunâtre clair lavé de carmin ; à chair blanche, dure et cassante ; à cuire ; maturité février-mars. Arbre très vigoureux, d'une fertilité remarquable.

De Lacroix (*Rev. hort.*, 1837, p. 420). Fruit moyen, ovoïde, lisse, d'un beau jaune à la maturité ; à chair presque blanche, serrée, demi-fine, granuleuse, pierreuse au centre, juteuse, demi-fondante, sucrée, très relevée ; maturité décembre-janvier. Arbre très vigoureux, à rameaux fastigiés, très fertile.

Délices d'Avril. Fruit gros, bon. Arbre d'une vigueur exceptionnelle. Gain de M. Fontaine de Geelin. — Reçue de M. Daras de Naghin, d'Anvers.

Délices de Naghin (*Pom. tourn.*, n° 35, p. 121). Fruit assez gros, turbiné, jaune lavé de fauve ; à chair très juteuse, très sucrée ; exquis ; maturité novembre.

Délices de Tirlemont (Pierre). Fruit moyen ou gros ; à chair fondante ; de toute première qualité ; maturité janvier à mars. — Mise au commerce par M. H. Millet, pépiniériste à Tirlemont (Belgique).

Délices de Tournay. Reçue de Belgique avec recommandation.

Délices d'hiver. Fruit gros, allongé ; à chair fondante, sucrée ; maturité février à avril.

Délicieuse de Swijan. Fruit moyen, rond, jaune vert pointillé ; à chair blanc jaunâtre, fine, fondante, sucrée, très bonne ; maturité novembre-décembre. Arbre très fertile, rustique, bon pour les pays froids et montagneux. — Reçue de M. le baron de Trauttenberg, de Prague.

De Louvain (*Alb. de Pom.*, t. I, p. 143). Fruit moyen, turbiné court, entièrement recouvert d'une rouille épaisse ; à chair beurrée, bien sucrée ; maturité octobre. Arbre rustique et très fertile.

Delporte Bourgmestre. Fruit assez gros, jaunâtre ; de toute première qualité ; maturité mars-avril.

Denis Dauvesse (Boisbunel, 1871). Fruit moyen ou gros, piriforme allongé ; à chair fine, fondante, agréablement parfumée ; maturité fin septembre. Arbre très fertile.

De Saint-Barthélemy. Fruit gros, gris ; maturité automne. — Originaire du Piémont. A résisté à la gelée de 1879-1880.

De Schnackenbourg (*Ill. Handb. der Obstk.*, t. V, n° 434, p. 367). Fruit assez gros, sphérique aplati, jaune lavé de rouge-brun ; à chair cassante ; à cuire ; maturité courant d'hiver. Arbre très fertile.

Des Peintres (*Rev. hort.*, 1872, p. 30). Fruit assez gros, ovale piriforme, jaune foncé largement lavé de carmin vif ; à chair fondante, juteuse, sucrée et bien parfumée ; maturité fin août et septembre. Arbre vigoureux et très fertile.

Des Templiers (*Dict. de Pom.*, t. II, n° 873, p. 697). Fruit gros, turbiné raccourci, jaune sale taché de gris cendré ; de première qualité pour cuire ; maturité commencement de septembre.

Devergnies (*Ann. de Pom.*, t. VI, p. 57). Fruit moyen, de forme turbinée irrégulière, jaune olivâtre taché de fauve et nuancé de rouge pâle ; à chair mi-fondante, juteuse ; maturité novembre-décembre. Arbre fertile.

De Vin des Anglais (*Dict. de Pom.*, t. II, n° 899, p. 740). Fruit petit, turbiné, jaune verdâtre largement lavé de rose vif ; à chair juteuse, excessivement sucrée ; de première qualité ; maturité août. Arbre vigoureux, d'une fertilité remarquable.

Diller (*The Fr. and Fr.-Tr. of Am.*, p. 736). Fruit petit, presque sphérique, jaunâtre ; à chair granuleuse, parfumée ; de première qualité ; maturité fin août et commencement de septembre. — Variété américaine.

Docteur Andry (*Dict. de Pom.*, t. II, n° 411, p. 31). Fruit moyen, presque sphérique, jaune très clair pointillé ; à chair très blanche, juteuse, d'une saveur musquée très délicate ; de première qualité ; maturité novembre. Arbre fertile. — A un peu résisté à la gelée de 1879-1880.

Docteur Chaineau. Fruit assez gros ; à chair fondante ; de première qualité ; maturité octobre.

Docteur Delatosse. Fruit exquis ; maturité fin octobre et novembre. — A résisté à la gelée de 1879-1880.

Docteur Engelbrecht. Fruit assez gros, allongé ; de bonne qualité. Arbre vigoureux, précoce au rapport, très fertile ; maturité novembre-décembre. — Reçue d'Allemagne.

Docteur Gromier (Morel, 1873). Fruit moyen ; à chair très fine, beurrée, fondante, juteuse, d'un arome relevé de rose et de musc en mélange ; de toute première qualité ; maturité fin octobre. Arbre de vigueur moyenne, fertile. — Dédiée à M. le Dʳ Gromier, professeur à l'École de médecine de Lyon.

Docteur Menière (Dict. de Pom., t. II, n° 418, p. 38). Fruit gros, de forme presque cylindrique, jaune clair marbré de roux ; à chair fine, fondante, juteuse, très sucrée et bien parfumée ; de première qualité ; maturité septembre-octobre.

Docteur Pariset (Rev. de l'Arb., p. 34). Fruit gros, presque cylindrique, jaune citron doré ; à chair beurrée, fondante, juteuse, bien sucrée et parfumée ; de première qualité ; maturité novembre. — Genre Beurré Diel.

Docteur Reeder (The Fr. and Fr.-Tr. of Am., p. 739). Fruit petit ou moyen, ovale arrondi, jaune taché de fauve ; à chair fine, fondante, très sucrée et musquée ; de toute première qualité ; maturité novembre. Arbre très rustique et fertile. — Introduite d'Amérique par l'Établissement, en 1872.

Docteur Turner. Fruit gros, piriforme obtus, jaune pâle ; maturité août. — Introduite d'Amérique par l'Établissement, en 1872.

Docteur Van Exem. Reçue de Belgique.

Donatienne Bureau. Fruit gros, ovoïde allongé, jaune clair taché de brun ; à chair fine ; de première qualité. Arbre vigoureux et fertile.

Dones (Alb. de Pom., t. II, p. 81). Fruit petit ; à chair fondante, juteuse ; de première qualité ; maturité septembre-octobre. Arbre très fertile.

Dorothée Couvreur. Gain belge, donné comme d'un mérite hors ligne ; maturité mars.

Dow (The Fr. and Fr.-Tr. of Am., p. 741). Fruit petit ou moyen, obovale, vert jaunâtre ; à chair beurrée, fondante ; maturité septembre-octobre. — Introduite d'Amérique par l'Établissement, en 1872.

Doyen de Ramegnies (Pom. tourn., n° 40, p. 131). Fruit gros, turbiné élargi, vert jaunâtre ; maturité octobre-novembre. Arbre très vigoureux et très fertile.

Doyenné Bizet. Fruit gros ; de bonne qualité ; maturité mars à juin. Arbre de vigueur moyenne, très fertile.

Doyenné Boisnard. Fruit assez gros ; de toute première qualité ; maturité décembre. Arbre fertile. — Recommandée.

Doyenné Bouyrou (Bouyrou). Reçue de Bordeaux avec la description suivante : Fruit de forme, grosseur et couleur du Doyenné roux ; à chair fine, juteuse, un peu acidulée ; mûrissant en même temps que le Beurré Giffard. — A un peu résisté à la gelée de 1879-1880.

Doyenné de Janvier. Gain de M. Boisselot, de Nantes, donné comme exquis.

Doyenné du Cercle (Dict. de Pom., t. II, n° 433, p. 59). Fruit moyen, de forme arrondie irrégulière, jaune paille pointillé ; à chair bien fondante, vineuse ; de première qualité ; maturité novembre-décembre.

Doyenné Meynier. Fruit moyen ou gros, ayant la forme de la Fondante des Bois ; à chair extra fine, relevée, parfumée ; maturité octobre-novembre. Arbre très vigoureux et fertile, propre à toutes formes. — Obtenue par M. Sannier et dédiée à M. Meynier, trésorier adjoint de la société d'horticulture de Coulommiers.

Doyenné musqué. Fruit moyen ; de première qualité ; maturité fin octobre.

Doyenné Rahard. Fruit gros ou très gros ; à chair fine, fondante, très sucrée ; maturité décembre-janvier. Arbre très vigoureux sur coignassier et sur franc.

Du Breuil père (Le Verg., t. II, n° 79, p. 161). Fruit moyen, presque sphérique, jaune citron clair réticulé de rouille et marbré de rouge sanguin ; à chair fine, juteuse, richement sucrée et hautement parfumée ; de toute première qualité ; maturité mi-septembre. Arbre peu vigoureux, fertile sur franc.

Dubrulle (Rev. de l'Arb., p. 131). Fruit assez gros, cylindrique, vert gris jaunâtre marbré de fauve ; à chair fondante, très juteuse, bien sucrée, fortement parfumée et d'une saveur délicieuse ; de toute première qualité ; maturité fin septembre et commencement octobre. Arbre d'une fertilité remarquable. — Entrecueillir et surveiller. A résisté à la gelée de 1879-1880.

Duchesse Elsa. Fruit gros ou très gros, rouge foncé parsemé de taches bronzées du côté du soleil ; à chair fine, blanche, bien sucrée, juteuse et parfumée ; maturité septembre-octobre. Arbre vigoureux.

Duchesse Grousset. Fruit gros, de forme allongée, fortement obtus à la base, jaune clair pointillé brun ; à chair fine, très fondante, un peu granuleuse au centre ; maturité décembre. Arbre vigoureux et fertile.

Du Congrès pomologique (Dict. de Pom., t. I, n° 379, p. 598). Fruit assez gros, arrondi, jaune olivâtre nuancé de rouge pâle ; à chair fondante, juteuse, d'un parfum musqué ; de première qualité ; maturité novembre-décembre. Arbre fertile.

Dunmore (*Dict. de Pom.*, t. II, n° 473, p. 116). Fruit assez gros, ovoïde allongé bosselé, vert jaunâtre largement lavé de rouge-brun ; à chair fondante, richement parfumée ; de première qualité ; maturité octobre. Arbre de fertilité remarquable.

Du Pauvre (Boisbunel). Fruit moyen ou gros, ovale tronqué, genre *Urbaniste* ; à chair fine, fondante, juteuse, sucrée, relevée ; maturité octobre-novembre. Très bel arbre, d'une fertilité remarquable.

Durée. Fruit moyen, oblong piriforme, jaune pâle maculé de fauve ; à chair mi-fondante, juteuse ; de première qualité ; maturité octobre. Arbre vigoureux, précoce au rapport. — D'origine américaine.

Du Rœulx (*Rev. de l'Arb.*, p. 130). Fruit moyen, de la forme de l'*Orpheline d'Enghien*, jaune marbré de fauve ; à chair jaunâtre, bien fondante, excessivement juteuse, très sucrée et d'un parfum des plus exquis ; de toute première qualité ; maturité seconde quinzaine de septembre. Arbre de vigueur modérée, très fertile. — A résisté à la gelée de 1879-1880.

Earl. Fruit gros, à chair juteuse ; maturité septembre. — Introduite d'Amérique par l'Établissement, en 1872.

Eddie Wilder. Reçue de Belgique.

Edel Mönchsbirne. Reçue de Belgique.

Émile Nyssens. Fruit moyen, grisâtre, forme de *Colmar* ; de première qualité ; maturité fin octobre et commencement novembre. — Reçue de M. Daras de Naghin, d'Anvers.

Émile Recq. Fruit assez gros ou gros ; à chair demi-fine, très bonne ; maturité octobre-novembre. Arbre de vigueur modérée, très fertile. — Reçue de M. Daras de Naghin, d'Anvers.

Enfant Nantais. Fruit gros, conique, gris ; à chair fine, beurrée, juteuse, relevée et parfumée, mais très légèrement âpre ; maturité octobre. Arbre vigoureux et productif. — Obtenue par M. Grousset, à Nantes.

Épine d'été rouge (*Ill. Handb. der Obstk.*, t. VII, n° 545, p. 341). Fruit moyen, ovoïde, jaune verdâtre lavé de rouge-brun ; de première qualité ; maturité septembre.

Excelsior (*The Fr. and Fr.-Tr. of Am.*, p. 759). Fruit moyen, piriforme obtus, jaune verdâtre ; à chair fondante, juteuse, de première qualité ; maturité septembre. Arbre vigoureux et fertile. — Introduite d'Amérique par l'Établissement, en 1874.

Feast (*The Fr. and Fr.-Tr. of Am.*, p. 759). Fruit moyen, obovale piriforme, jaune verdâtre ; maturité septembre. — Introduite d'Amérique par l'Établissement en 1872.

Félix de Liem (*Dict. de Pom.*, t. II, n° 497, p. 151). Fruit petit, turbiné régulier, jaune verdâtre lavé de roux bronzé ; à chair juteuse ; maturité commencement de novembre.

Ferdinand de Lesseps (*Dict. de Pom.*, t. II, n° 499, p. 154). Fruit moyen, ovoïde ventru, jaune clair lavé de brun-roux ; à chair très fine, bien fondante, juteuse, très sucrée et relevée de la saveur du *Beurré d'Hardenpont* ; de première qualité ; maturité commencement octobre. Arbre peu vigoureux sur cognassier.

Fertile de Nantes. Reçue sans description.

Fladberg. Fruit petit ; de première qualité ; maturité novembre-décembre. Arbre rustique. — Reçue d'Angleterre.

Fondante de Bihorel (Boisbunel, 1867). Fruit petit ou moyen, de forme et couleur de la *Fondante des bois* ; à chair très fine, entièrement fondante, d'un goût parfumé et relevé ; maturité juillet. Arbre très fertile. Dite l'une des meilleures Poires précoces. — A résisté à la gelée de 1879-1880.

Fondante de Charleville. Fruit gros, piriforme régulier, d'un beau coloris ; à chair fondante, beurrée, d'un goût agréable ; maturité novembre-décembre. Arbre vigoureux, rustique, fertile.

Fondante de Delitsch (*Ill. Handb. der Obstk.*, t. VII, n° 533, p. 317). Fruit moyen, conique piriforme, jaune verdâtre lavé de rouge ; maturité fin août. Arbre très vigoureux et fertile.

Fondante de Nantes. Fruit moyen, ressemblant au *Beurré Clairgeau* ; mais à chair plus fine et de qualité supérieure ; maturité septembre à décembre. Arbre vigoureux et très fertile.

Fondante de Thinés. Reçue sans description.

Fondante Fougère. Fruit gros, d'un jaune verdoyant ; à chair fine, blanche, très fondante, bien juteuse, sucrée, agréablement parfumée ; maturité décembre à février.

Fontaine de Ghelin. Fruit moyen ; à chair juteuse, très sucrée ; maturité janvier-février. Arbre très fertile, exigeant le franc. — A résisté à la gelée de 1879-1880. Reçue de M. Daras de Naghin, d'Anvers.

Forêt. Fruit gros ; de première qualité ; maturité décembre-janvier. Arbre très fertile.

Fortunée supérieure (*Dict. de Pom.*, t. II, p. 190). Sous-variété de la *Fortunée*, à chair très fine, très fondante, agréablement parfumée et exempte de ce goût acerbe qui caractérise cette Poire ; maturité janvier à avril.

Fostier. Très bon fruit gagné à Renaix (Belgique) ; ressemblant beaucoup à la Poire *Napoléon*, mais mûrissant un mois plus tôt. — A résisté à la gelée de 1879-1880.

François Hutin. Fruit très gros, turbiné allongé, jaune sombre ; à chair blanche, fine, fondante, juteuse, sucrée, acidulée ; maturité octobre.

François Verress. Fruit de première qualité ; maturité novembre. — A résisté à la gelée de 1879-1880. Reçue de M. Gilbert, d'Anvers.

Fréderick Clapp. Fruit moyen, ovale, jaune citron clair ; à chair très fine, très juteuse, fondante, parfumée ; maturité octobre-novembre.

Frogmore Golden Russet. Fruit moyen, jaune fauve ; à chair tendre ; de première qualité ; maturité novembre. Arbre rustique, propre à la culture en pyramide. — Reçue d'Angleterre.

Fusée d'hiver (*Dict. de Pom.*, t. II, n° 533, p. 205). Fruit assez gros, allongé bosselé, verdâtre clair ; à chair cassante ; à cuire ; maturité février-mars. Arbre vigoureux, d'une fertilité remarquable.

Garnier (*Dict. de Pom.*, t. II, n° 535, p. 209). Fruit gros, conique allongé, jaune orange lavé de rouge brique et taché de gris-brun ; à chair cassante, sucrée ; à cuire ; maturité fin d'hiver.

Gaston du Puys. Fruit moyen, ressemblant à *Soldat Laboureur ;* à chair blanche, très fine, fondante, suffisamment sucrée et parfumée ; de bonne qualité ; maturité novembre. — Reçue de M. Daras de Naghin, d'Anvers.

Gendron (*Dict. de Pom.*, t. I, n° 210, p. 365). Fruit très gros, de forme variable, jaunâtre légèrement lavé de vermillon ; à chair cassante ; maturité milieu et fin d'hiver. Arbre peu vigoureux.

Général Taylor (*The Fr. and Fr.-Tr. of Am.*, p. 771). Fruit moyen, piriforme obtus, jaune lavé de cramoisi brillant ; de première qualité ; maturité octobre. — Introduite d'Amérique par l'Établissement.

Général Thouvenin. Fruit moyen, verdâtre ; à chair un peu jaune, fine, fondante, juteuse, très sucrée, et agréablement parfumée ; maturité décembre.

Gleck. Fruit moyen ou gros, vert passant au jaune à la maturité, d'une saveur âpre, mais assez juteux ; maturité septembre-octobre. Ce fruit est très bon pour sécher car il diminue peu de volume ; il produit aussi un excellent cidre. Arbre vigoureux et rustique, devenant très grand. — Variété russe que nous devons à l'obligeance de M. Niemetz, de Winnitza (Russie).

Goodale (*The Fr. and Fr.-Tr. of Am.*, p. 773). Fruit gros, obovale oblong, jaune brillant lavé de cramoisi ; à chair fondante, d'un parfum musqué rafraîchissant ; de première qualité ; maturité octobre. Arbre très rustique. — A résisté à la gelée de 1879-1880.

Grande Duchesse de Gerolstein. Fruit moyen ; à cuire ; maturité mai-juin.

Gris de chin (*Pom. tourn.*, n° 7, p. 65). Fruit moyen, piriforme, gris rude ; à chair fine, très fondante, juteuse, sucrée, vineuse ; excellent ; maturité septembre-octobre. Arbre très fertile.

Gros Muscat. Reçue de Belgique avec recommandation.

Grosse jaune d'avril. Fruit gros ; à cuire ; maturité fin d'hiver.

Grüne Tafelbirne (*Ill. Handb. der Obdsk.*, t. II, n° 90, p. 203). Fruit moyen, piriforme, vert clair jaunâtre ; à chair fondante, juteuse ; de première qualité ; maturité mi-août. Arbre rustique. — A résisté à la gelée de 1879-1880.

Gulabi. Recommandée comme une des meilleures variétés du Caucase, qui pour la plupart sont très sucrées, un peu grossières, et à végétation très vigoureuse. — Reçue de M. Niemetz, de Winnitza (Gouvernement de Podolie-Russie).

Hagerman. Fruit moyen ; à chair fondante ; maturité septembre. — Introduite d'Amérique par l'Établissement, en 1872.

Henri Decaisne (*Rev. hort.*, 1873, p. 31). Fruit gros, de forme régulière un peu allongée, jaune largement lavé de vermillon, très joli ; à chair fondante ; d'une saveur agréable ; de première qualité ; maturité septembre-octobre. Arbre très fertile. — Entrecueillir.

Henriette Bouvier. Fruit petit ou moyen, de forme variable, recouvert de rouille dorée ; à chair blanche, fine, beurrée, bien sucrée et parfumée ; maturité octobre.

Henriette Van Cauvenberghe. Reçue de M. Gilbert, d'Anvers.

Henri Grégoire (Grégoire). Fruit moyen ; de toute première qualité ; maturité novembre-décembre. Arbre vigoureux et fertile. — Très recommandée.

Henri Ledocte (Grégoire). Fruit moyen, à chair fondante ; de première qualité ; maturité décembre-janvier.

Henry de Bourbon. Fruit gros, de forme ovale, ventru dans la partie inférieure ; de première qualité ; maturité décembre à février.

Hérault d'Angers. Fruit gros ; de première qualité ; maturité hiver.

Herbelin (Boisselot). Fruit moyen, ayant l'apparence de la *Williams ;* à chair fine, un peu tassée, très sucrée ; maturité septembre.

Herbin. Fruit moyen ; de première qualité ; maturité février-mars. Arbre fertile.

Holländische Feigerbirne (*Ill. Handb. der Obdstk.*, t. II, n° 25, p. 73). Fruit assez gros, conique allongé, jaune verdâtre ; à chair fondante ; de première qualité ; maturité septembre.

Horace Greeley. Reçue de M. Gilbert, d'Anvers.

Huntington (*Le Verg.*, t. II, n° 76, p. 155). Fruit moyen, sphérique déprimé, jaune citron ; à chair bien fondante, très juteuse, délicieusement sucrée et parfumée ; de toute première qualité ; maturité seconde quinzaine de septembre. Arbre très fertile.

Hyacinthe du Puis. Fruit moyen ; à chair assez fine, saumonée, savoureuse, juteuse. Arbre vigoureux et fertile. Maturité novembre-décembre.

Idaho. Fruit très gros, arrondi, bosselé irrégulièrement, orange clair taché de roux ; à chair très fine, beurrée, très sucrée, bien parfumée ; de toute première qualité. — Nous avons reçu cette variété de M. Schleicher, de Lewiston (Idaho), en 1888, qui la dit hybride accidentel entre le poirier du Nord de la Chine et une variété d'Europe, probablement la *Duchesse d'Angoulême*. L'arbre ressemble par le feuillage, la grosseur et la forme du fruit, au poirier de la Chine, n° 1401. Par un fruit que nous reçûmes de M. Schleicher, et dégusté en octobre 1888, nous avons pu juger cette variété comme de tout premier mérite.

Ilinka. Fruit moyen ou gros, jaune, rougeâtre à l'insolation ; maturité fin juillet. Bien que n'étant pas une variété de table de premier ordre, elle est cependant très recommandable à cause de sa rusticité et sa grande fertilité, elle résiste au climat très froid de Moscou. — Reçue de M. Niemetz de Winnitza (Podolie-Russie).

Ingénieur Wolters. Fruit moyen ; à chair fine, très sucrée, parfumée ; de première qualité ; maturité mi-octobre. Arbre de vigueur moyenne. — Reçue de M. Daras de Naghin, d'Anvers.

International. Fruit moyen, de première qualité ; maturité décembre à février.

Jackson (*The Fr. and Fr.-Tr. of Am.*, p. 789). Fruit moyen, obovale, jaune pâle ; de première qualité ; maturité fin septembre. — Introduite d'Amérique par l'Établissement.

Jacques Mollet (Boisbunel, 1866). Fruit moyen ou gros, oblong ; de première qualité ; maturité novembre à février.

Jalousie tardive (*Dict. de Pom.*, t. II, n° 594, p. 297). Fruit gros, de forme variable, roux clair largement lavé de rouge-brun ; à chair cassante ; de toute première qualité pour cuire ; maturité février-mars.

Jargonnelle de Chin (Bouzin). Maturité octobre-novembre. — Reçue de Tournay.

Jaune hâtive (*Ill. Handb. der Obstk.*, t. V, n° 347, p. 193). Fruit petit, de forme variable, jaune clair ; à chair fondante ; maturité fin juillet et commencement d'août.

Jean-Baptiste Mattart. Maturité novembre.

Jean Laurent. Fruit petit ou moyen ; à chair cassante ; de toute première qualité pour cuire ; maturité décembre à juin. Arbre d'une fertilité remarquable, propre au grand verger.

Jeanne. Fruit gros ou très gros, forme de Duchesse, mais à queue un peu plus allongée ; à chair mi-fondante, presque cassante, juteuse, sucrée et bien aromatisée. Arbre vigoureux, très fertile. Maturité novembre. — Reçue de M. Daras de Naghin, d'Anvers.

Jean Sano. Fruit moyen ou assez gros ; à chair mi-fine, très sucrée et aromatisée ; maturité novembre-décembre. — Reçue de M. Daras de Naghin, d'Anvers.

John Williams. Fruit gros, piriforme, jaune clair lavé de rouge ; à chair blanche, très juteuse, sucrée, vineuse et parfumée ; maturité novembre-décembre. Arbre vigoureux. — Variété américaine, très recommandée.

Johonnot (*The Fr. and Fr.-Tr. of Am.*, p. 791). Fruit moyen, irrégulièrement arrondi, jaunâtre terne ; à chair beurrée, fondante ; maturité septembre-octobre. — Introduite d'Amérique par l'Établissement, en 1872. A résisté à la gelée de 1879-1880.

Joie du Semeur. Issue d'un semis de *Joséphine de Malines*, à laquelle le fruit ressemble comme forme et grosseur. Chair fine, fondante, sucrée et aromatisée. Maturité novembre. — Reçue de M. Daras de Naghin, d'Anvers.

Joly de Bonneau (de Jonghe). Fruit moyen, vert pâle ; à chair carnée, fine, fondante, succulente, sucrée, vineuse ; de première qualité ; maturité décembre. Arbre très fertile.

Jonas d'hiver. Fruit gros, oblong, à peau brune ; d'excellente qualité ; maturité hiver. — Originaire d'Amérique ; très recommandée.

Joséphine de Binche (*Ill. hort.*, 1869, pl. 604). Fruit moyen turbiné arrondi, lavé de brun sur fond jaunâtre clair ; à chair mi-fondante, très juteuse, bien sucrée, d'une saveur exquise ; de toute première qualité ; maturité novembre-décembre.

Joyau de Septembre. Fruit de première qualité.

Jules Gérand. Fruit moyen ou petit, arrondi, complètement roux ; à chair très fine, fondante, juteuse, sucrée, un peu pierreuse au centre.

Kabach Armud. Variété du Caucase que nous devons à l'obligeance de M. Niemetz, de Winnitza (Podolie-Russie).

Kampervenus (*Ill. Handb. der Obsdk.*, t. II, n° 155, p. 333). Fruit moyen, de forme variable, jaune citron ; à chair rouge étant cuite ; de toute première qualité pour cet usage ; maturité automne et hiver. Arbre vigoureux et très fertile.

Kieffer Seedling. Hybride obtenu d'une variété chinoise et d'une variété européenne que l'on suppose la *Williams*. Fruit très gros, qui rappelle le coing par son aspect, sa forme et sa couleur ; à chair ferme, blanche, beurrée, juteuse, de bonne qualité ; maturité octobre.

Kleine Petersbirne. Reçue de M. Gilbert, d'Anvers.

Knoops Zimmtbirne (*Ill. Handb. der Obstk.*, t. V, n° 373, p. 245). Fruit moyen, turbiné arrondi, jaune ; à chair juteuse ; maturité septembre.

Kreiselförmige Weissbirne. Reçue de M. Oberdieck.

La Béarnaise (*Revue hort.*, 1er juin 1887). Fruit assez gros ou gros, coloré ; à chair fondante, juteuse ; de première qualité ; maturité novembre. — Obtenue par M. P. Tourasse, de Pau.

Langbirn (*Ill. Handb. der Obtsk.*, t. V, n° 455, p. 409). Fruit assez gros, calebassiforme, jaune ; à cuire ; maturité mi-septembre.

La Solsticiale (*Pom. tourn.*, n° 67, p. 185). Fruit assez gros, allongé tronqué, jaunâtre teinté de roux ; à chair safranée, mi-cassante, très sucrée et très parfumée ; maturité mai à juillet.

Laure Gilbert. Fruit ayant beaucoup de ressemblance avec *Chaumontel*, mais dont la chair est beaucoup plus fondante et la saveur plus relevée ; maturité octobre. — Reçue de M. Gilbert, d'Anvers, en 1886.

Le Congo. Fruit moyen ; à chair mi-fine, très sucrée et bien parfumée ; maturité novembre-décembre. Arbre vigoureux, assez fertile. — Reçue de M. Daras de Naghin, d'Anvers.

Le Conte. Hybride de Poire chinoise et européenne. Fruit gros, en forme de cloche, jaune, avec un côté vermillon ; maturité juillet-août. Arbre vigoureux, à croissance pyramidale, de grande fertilité. — Estimée en Amérique pour le marché.

Leger. Fruit moyen, ayant la forme de *Bonne de Malines* ; à chair fine, acidulée ; maturité fin octobre. Arbre de moyenne vigueur, fertile, propre à toutes formes. — Obtenue d'un semis de *Bonne de Malines*, par M. Sannier.

Le Lectier (*Rev. hort.*, 1888, p. 416). Hybride de *Bon Chrétien Williams* et *Bergamotte Fortunée*. Fruit gros, piriforme, jaune d'or piqueté de points fauves ; à chair blanche, fine, fondante, très juteuse, sucrée, relevée et très parfumée ; maturité janvier à fin mars. Arbre vigoureux, très fertile.

Léochline de Printemps (de Hartwis). Fruit assez gros ; à chair fondante ; de première qualité ; maturité février-mars.

Léon Dejardin. Bon fruit de mai-juin, ressemblant au *Beurré de Bollwiller*, mais dont l'arbre est très vigoureux et d'une fertilité sans égale ; obtenu à Boussoir, près Maubeuge.

Léon Recq. Fruit assez gros ou gros, piriforme, jaune citron à l'époque de la maturité ; à chair fine, un peu acidulée, sucrée, parfumée ; maturité novembre-décembre. — Obtenue d'un semis d'*Orpheline d'Enghien*, qu'elle surpasse en qualités. Reçue de M. Daras de Naghin, d'Anvers.

Léonie. Fruit moyen, forme Doyenné ; à chair fondante, sucrée, de bonne qualité. Arbre fertile. — Reçue de M. Daras de Naghin, d'Anvers.

Limon. Reçue de M. Gilbert, d'Anvers.

L'inconnue Van Mons. Reçue sous ce nom d'Angleterre, et donnée comme à fruit moyen ; chair fondante ; de toute première qualité ; maturité février. Arbre robuste.

Longue-Verte (*Le Verg.*, t. III, n° 78, p. 159). Fruit moyen, piriforme allongé, vert mat ; à chair verdâtre, bien sucrée et hautement parfumée ; maturité commencement d'octobre. Arbre rustique, précoce au rapport et très fertile.

Longue-Verte de Lectoure. Bien supérieure, dit-on, à la *Verte-Longue* ; maturité septembre à novembre.

Louis Torfs. Fruit de première qualité ; maturité novembre-décembre. Arbre vigoureux et rustique, ayant résisté à la gelée de 1879-1880. — Reçue de M. Daras de Naghin, d'Anvers (Belgique).

Lucie Audusson (*Dict. de Pom.*, t. II, n° 639, p. 364). Fruit gros, de forme presque cylindrique, vert herbacé ; à chair fondante, juteuse, sucrée et délicatement parfumée ; de première qualité ; maturité novembre-décembre. Arbre vigoureux.

Lucien Chauré. Fruit moyen, jaune grisâtre ; à chair fondante, juteuse, fine et sucrée ; maturité octobre-novembre. Arbre très sain, très vigoureux, propre à toutes formes. — Obtenue par M. Arsène Sannier, pépiniériste à Rouen.

Lucy Grieve. Fruit gros, ovale, dans le genre du *Beurré d'Hardenpont*, jaune citron, teinté de rouge du côté du soleil, à chair blanche, fondante, très juteuse et parfumée ; maturité octobre.

Mac Knight. Fruit moyen ; maturité octobre. — Introduite d'Amérique par l'Établissement, en 1872.

Madame Arsène Sannier. Fruit moyen ou gros ; à chair sucrée, légèrement parfumée, d'un goût très agréable ; maturité octobre. Arbre de vigueur moyenne, fertile. — Obtenue par M. Sannier, de Rouen.

Madame Charles Gilbert. Fruit moyen, ayant beaucoup d'analogie avec *Bonne de Malines* ; maturité janvier-avril. — Gain de M. Joseph de Latin.

Madame Chaudy. Fruit gros ou très gros, de forme *Bon-Chrétien*, jaune, un peu bronzé, lavé de rouge du côté du soleil, marbré et nuancé de fauve clair ; à chair blanche, fine, sucrée, juteuse, musquée ; maturité novembre-décembre. Arbre de bonne vigueur, fertile.

Madame de Madre. Fruit moyen, allongé ; à chair très fine, très bonne ; maturité octobre. — Reçue de M. Daras de Naghin, d'Anvers, qui l'a dit très recommandable.

Madame du Puis. Fruit moyen, fondant, sucré, parfumé ; de première qualité ; maturité janvier-février. — Reçue de M. Daras de Naghin, avec recommandation.

Madame Flon aîné (Flon aîné, 1868). Fruit moyen, arrondi, jaune et gris ; à chair très fondante et très juteuse, sucrée, relevée, parfumée ; de toute première qualité ; maturité fin décembre. Arbre vigoureux.

Madame Lyé Baltet. Fruit assez gros ou moyen, à chair fine, très fondante, juteuse, très sucrée et aromatisée ; maturité décembre à février. Arbre vigoureux sur franc et sur coignassier, fertile.

Madame Morel (Morel, 1872). Fruit gros, à chair très fine, serrée, très fondante, juteuse, sucrée, vineuse, relevée ; de toute première qualité ; maturité octobre-novembre. Arbre vigoureux et très fertile. — Beau fruit, de premier ordre.

Madame Rosseels. Excellent fruit ; maturité mars. — Reçue de M. Gilbert, d'Anvers.

Madame Stoff. Fruit assez gros ; à chair fine, fondante, beurrée ; maturité février. Arbre vigoureux et rustique. — Obtenue de semis par M. Stoff.

Madame Vazille (*Dict. de Pom.*, t. II, n° 657, p. 384). Fruit assez gros, de forme conique obtuse régulière, entièrement bronzé ; à chair mi-fondante, bien sucrée ; de première qualité ; maturité mi-septembre.

Mademoiselle Blanche Sannier. Fruit gros, de forme conique allongée et régulière ; à chair fine, fondante, parfumée, juteuse ; maturité octobre. Arbre vigoureux, de fertilité moyenne, propre à toutes formes.

Magherman (*Rev. de l'Arb.*, p. 143). Fruit gros ou très gros, allongé piriforme régulier, jaune strié de carmin ; à chair jaunâtre, excessivement fondante et très juteuse, bien sucrée et d'un parfum exquis ; de toute première qualité ; maturité seconde quinzaine de septembre. Arbre très vigoureux et rustique, d'un beau port, extrêmement fertile.

Marguerite d'Anjou (*Dict. de Pom.*, t. II, n° 664, p. 394). Fruit assez gros, de forme ovoïde irrégulière, jaune clair légèrement teinté de rose pâle ; à chair blanc mat, serrée, très fondante, bien sucrée, d'un parfum de violette ; maturité octobre. Arbre fertile.

Maria. Fruit assez gros, de forme du *Beurré Rance ;* à chair jaunâtre, très agréable ; maturité février-mars. Arbre très fertile, difficile à conduire en pyramide, convenant pour les formes palissées. — Reçue de M. Daras de Naghin, d'Anvers.

Marie. Reçue de M. Gilbert, d'Anvers.

Marie Elskamp. Reçue de M. Gilbert d'Anvers. Gain de M. Théodore de Latin.

Marie Henriette. Fruit petit ou moyen, rond ; à chair granuleuse ; très juteuse, très sucrée ; de première qualité ; maturité octobre. — Dédiée à la reine des Belges. Reçue de M. Daras de Naghin, d'Anvers.

Marie Mottin. Fruit gros ; à chair fondante ; de première qualité ; maturité octobre.

Mathilde de Rochefort. Fruit petit, ovoïde, jaune recouvert de roux ; à chair fine, fondante, bien juteuse et sucrée ; maturité décembre. Arbre vigoureux formant de belles pyramides.

Mathilde Gomand (Grégoire). Fruit moyen, à peau rousse ; chair fondante ; de première qualité ; maturité janvier.

Mathilde Recq. Fruit moyen, issu du Beurré d'Hardenpont ; à chair fine, très sucrée, bien parfumée ; maturité novembre. Arbre vigoureux et fertile.

Médaille d'été (*Pom. tourn.*, n° 1, p. 53). Fruit gros, ovoïde pyramidal, jaune citron ; à chair mi-cassante, très juteuse, très parfumée ; maturité août. Arbre très vigoureux et très fertile. — A résisté à la gelée de 1879-1880.

Ministre Bara. Gain de M. Grégoire, de Jodoigne ; maturité janvier.

Ministre docteur Lucius. Fruit très gros et très beau, d'une saveur particulièrement fine ; maturité octobre-novembre. Arbre très fertile.

Ministre Pirmez (Grégoire). Fruit moyen ou gros ; à chair fondante ; de toute première qualité ; maturité janvier-février.

Monseigneur Gravez. Gain belge, donné comme d'un mérite hors ligne ; maturité décembre.

Monseigneur Sibour (*Ann. de Pom.*, t. VII, p. 57). Fruit assez gros, de forme ovoïde ventrue régulière ; à chair mi-fondante, juteuse, d'une bonne saveur ; maturité octobre-novembre.

Mont Vernon (*The Fr. and Fr.-Tr. of Am.*, p. 818). Fruit assez gros, de forme variable, jaune recouvert de fauve léger et lavé de brun ; à chair granuleuse, fondante, vineuse ; de première qualité ; maturité novembre-décembre.

Muscadine (*The Fr. and Fr.-Tr. of Am.*, p. 818). Fruit moyen, obovale arrondi, vert jaunâtre pâle ; à chair mi-fondante, d'une saveur musquée très prononcée ; de première qualité ; maturité fin août et commencement septembre.

Muscatelle (*Pom. gén.*, t. I, n° 29, p. 57). Fruit petit, presque sphérique, jaune citron pointillé ; à chair jaunâtre, mi-fondante, hautement musquée ; maturité courant d'hiver.

Nec plus Meuris des Anglais. Fruit moyen ; à chair fondante ; de première qualité ; maturité mars-avril. Arbre rustique, d'un beau port. — A résisté à la gelée de 1879-1880.

Nina panachée. Reçue de M. Gilbert, d'Anvers.

Niochi di Parma. Fruit d'été, très estimé en Piémont, dans la grande culture, et d'une grande consommation. — A un peu résisté à la gelée de 1879-1880.

Noire d'Alagier. Beau fruit ressemblant à *Nélis d'hiver*, gris foncé bronzé, rugueux ; à chair fine, juteuse. — Variété du Caucase, reçue de M. Niemetz, de Winnitza (Podolie-Russie).

Nouveau Président Muller. Reçue de M. Gilbert, d'Anvers.

Oignonet de Provence (*Dict. de Pom.*, t. II, n° 716, p. 474). Fruit petit, sphérique, vert herbacé pointillé ; à chair verdâtre ; maturité fin de juillet. Arbre très fertile.

Orange de Hoeck (*Ill. Handb. der Obstk.*, t. V, n° 453, p. 405). Fruit petit, presque sphérique, jaune lavé de rouge-brun ; à chair mi-cassante ; maturité première quinzaine de septembre.

Orange d'hiver. Reçue d'Allemagne avec recommandation.

Ott's Seedling. Reçue de M. Gilbert, d'Anvers.

Parfum d'août. Reçue de M. Gilbert, d'Anvers.

Parsonage (*The Fr. and Fr.-Tr. of Am.*, p. 828). Fruit assez gros, piriforme obtus, jaune-orange lavé de cramoisi foncé ; maturité septembre. Arbre très fertile. — Introduite d'Amérique par l'Établissement, en 1874.

Paul Coppieters. Fruit ayant la forme de *Soldat-Laboureur*, jaune pointillé et fortement marbré de jaune rougeâtre ; à chair blanche, très fine, sans granulations, beurrée, sucrée et aromatisée ; maturité commencement de novembre. — Reçue de M. Daras de Naghin, d'Anvers.

Pauline Delzent. Poire de première qualité, mûrissant en novembre ; reçue de Rouen.

Paulsbirn (*Ill. handb. der Obstk.*, t. V, n° 521, p. 541). Fruit assez gros, turbiné régulier, jaune-citron mat lavé de rouge-sang ; à chair cassante ; à cuire ; maturité décembre à mars. — A résisté à la gelée de 1879-1880.

Pensylvania (*The Fr. and Fr.-Tr. of Am.*, p. 832). Fruit moyen, obovale arrondi, roux-brun ; à chair mi-fondante, juteuse, d'une saveur musquée ; maturité seconde quinzaine de septembre.

Pertusati (*Dict. de Pom.*, t. II, n° 743, p. 516). Fruit moyen, de forme ovoïde arrondie irrégulière, jaune d'or marbré de brun clair ; à chair bien fondante, très sucrée, d'un parfum délicieux ; de première qualité ; maturité novembre.

Petite Charlotte (*Pom. tourn.*, n° 5, p. 61). Fruit petit, pyramidal, jaune verdâtre très coloré du côté du soleil ; à chair cassante, juteuse, vineuse ; excellent ; maturité août-septembre. Grand arbre pyramidal. A un peu résisté à la gelée de 1879-1880.

Petite Tournaisienne (*Pom. tourn.*, n° 61, p. 173). Fruit moyen, ovale oblong, jaune ; à chair très fine, mi-fondante ; maturité avril-mai.

Petite Victorine (*Dict. de Pom.*, t. II, n° 750, p. 528). Fruit petit, presque sphérique, verdâtre lavé de roux ; à chair fine, sucrée et d'une exquise saveur musquée ; de première qualité ; maturité décembre-janvier. Arbre de vigueur modérée, très fertile.

Pêtre. Fruit moyen ; à chair fondante ; maturité octobre. — Introduite d'Amérique par l'Établissement, en 1874.

Philiberte (*Rev. de l'Arb.*, p. 20). Fruit assez gros, presque sphérique, beau jaune-citron ; à chair très fine, bien fondante, très juteuse, très agréablement parfumée ; de première qualité ; maturité décembre-janvier.

Pierre Joigneaux. Fruit gros, piriforme, jaune clair taché de roux ; à chair fine, juteuse, relevée, exquise ; maturité septembre à novembre. Arbre très vigoureux, bon pour surgreffer à haute tige, par suite de sa vigueur et de son port droit.

Pierre Pépin (*Dict. de Pom.*, t II, n° 754, p. 532). Fruit gros, turbiné obtus, jaune-citron taché de brun ; à chair très juteuse, d'une saveur aigrelette et parfumée très agréable ; de première qualité ; maturité septembre. — A un peu résisté à la gelée de 1879-1880.

Pierre Tourasse (*Journ. de vulg. de l'hort.*, juillet 1887. — *Rev. hort.*, décembre 1887). Fruit de bonne grosseur, turbiné renflé, moucheté de fauve brillant sur fond jaune clair, lavé orange et safran ; à chair fine, bien fondante, très juteuse et richement sucrée ; maturité seconde quinzaine de septembre et première quinzaine d'octobre. Arbre vigoureux, d'un port dressé et trapu, fertile.

Pleureur. Gain de M. Grégoire, de Jodoigne, remarquable par les rameaux de l'arbre, qui sont retombants.

Poinsette. Reçue de M. Gilbert, d'Anvers.

Prairie de Bleecker (*Le Verg.*, t. III, n° 17, p. 37). Fruit petit ou moyen, turbiné court, jaune sombre pointillé ; à chair beurrée, très sucrée et bien parfumée ; de toute première qualité pour confitures ; maturité octobre. Arbre très fertile. A résisté à la gelée de 1879-1880.

Précoce de Celles. Fruit moyen, en forme de Bergamotte, très bon pour l'époque où il mûrit, la Saint-Jean. — Reçue de Belgique.

Précoce de Jodoigne (*Les Fr. du Jard. V. M.*, n° 36, p. 59). Fruit petit ou moyen, obovale, vert herbacé ; à chair bien fondante ; de première qualité pour la saison ; maturité juillet.

Précoce de Wharton. Fruit moyen ; à chair juteuse ; maturité août. — Introduite d'Amérique par l'Établissement, en 1872.

Président Barabé. Fruit moyen, de forme de *Doyenné* ; à chair fine, fondante et sucrée ; maturité janvier à mars. Arbre de vigueur moyenne, fertile, propre à toutes formes. — Variété très recommandée, obtenue par M. Sannier, de Rouen.

Président Boncenne. Fruit moyen, pyramidal, verdâtre, un peu rouge au soleil ; à chair blanche, mi-fine, fondante, bien juteuse, parfumée, sucrée, avec un goût d'amande ; maturité commencement de septembre. Arbre très vigoureux se formant bien en pyramide — Reçue de Poitiers.

Président Deboutteville (Boisbunel). Fruit assez gros, de première qualité ; maturité décembre. Arbre peu vigoureux sur coignassier, fertile.

Président de la Bastie. Fruit gros, ovale ; à chair fine, fondante, beurrée, parfumée ; maturité février.

Président d'Estaintot (Collette). Fruit de première qualité, mûrissant d'août en octobre. Arbre fertile. — Obtenue à Rouen d'un pepin de *Soldat-Laboureur*. A résisté à la gelée de 1879-1880.

Président Fortier. Fruit moyen, ovoïde légèrement ventru ; à chair blanche, très fine, fondante, sucrée, parfumée ; maturité janvier à avril. Arbre sain, de vigueur moyenne, à végétation pyramidale. — Obtenue par M. Sannier, de Rouen.

Président Gilbert. Gain de M. Grégoire, de Jodoigne.

Président Olivier. Gain de M. Grégoire, de Jodoigne.

Président Senente. Fruit gris, souvent côtelé d'un côté ; de forme et grosseur de la *Poire-Pomme ;* à chair fondante, parfumée, très juteuse avec une acidité qui plaît beaucoup ; maturité décembre-janvier. Arbre sain, de moyenne vigueur, à végétation pyramidale. — Obtenue par M. Sannier, de Rouen.

Président Watier. Fruit allongé, calebassiforme ; à chair saumonée, fondante, sucrée, relevée ; maturité novembre. — Obtenue vers 1880, par feu le chevalier de Biseau d'Hauteville, à Binche (Belgique).

Prince de Galles (Huyshe). Fruit gros, ovale arrondi, jaune-citron réticulé de fauve ; à chair jaunâtre, fondante, très juteuse, d'une excellente saveur ; de première qualité ; maturité novembre à janvier. — Variété anglaise, obtenue d'un pepin de *Marie-Louise ;* très recommandée.

Princesse de Galles (Huyshe). Fruit gros, ovale obtus, jaune-citron taché de fauve ; à chair jaune foncé, fine, fondante, très juteuse, d'une saveur riche ; maturité commencement d'hiver. — Variété anglaise, obtenue d'un pepin de *Marie-Louise.*

Princesse Marianne (*Le Verg.*, t. III, 2ᵉ partie, nᵒ 131, p. 69). Fruit assez gros, piriforme allongé, jaune-paille taché de rouille orangée ; à chair fine, beurrée, bien parfumée ; de première qualité ; maturité octobre.

Professeur Beaucantin. Fruit moyen, ayant la forme d'un *Doyenné ;* à chair fine, très fondante, juteuse ; maturité novembre-décembre. Arbre de vigueur moyenne, très fertile. — Obtenue par M. Sannier, de Rouen.

Professeur Delaville. Fruit moyen ou gros, de forme conique, allongée et régulière ; à chair très fine, fondante et parfumée ; maturité novembre à décembre. Arbre d'une moyenne vigueur, très fertile, propre à toutes formes. — Obtenue par M. Sannier, de Rouen.

Professeur Pynaert. Gain de M. Grégoire, de Jodoigne.

Professeur Willermoz. Fruit gros ou assez gros, de forme *Bon-Chrétien ;* à chair très fine, juteuse, fondante, sucrée et parfumée ; maturité août-septembre. Arbre de vigueur normale, de fertilité moyenne. — Obtenue par M. Joanon, à Saint-Cyr, près Lyon.

Prud'homme. Variété dite analogue à *Louise-Bonne d'Avranches,* mais ne blettissant pas ; à chair sucrée, très relevée ; maturité septembre à décembre. Arbre vigoureux et très fertile.

Reine d'Angleterre (*Dict. de Pom.*, t. II, nᵒ 791, p. 579). Fruit gros, de forme conique obtuse, jaune d'ocre lavé de carmin ; à chair blanche, fine, juteuse, bien parfumée ; de première qualité ; maturité commencement d'octobre. Arbre de vigueur très modérée, très faible sur cognassier, bien fertile. — Variété anglaise, très recommandée.

Reine des Belges (*Dict. de Pom.*, t. II, nᵒ 790, p. 578). Fruit assez gros, ovoïde arrondi, jaune-paille ; à chair très blanche, mi-cassante ; maturité septembre.

Reine des Poires de Coloma (*Le Verg.*, t. III, 2ᵉ partie, nᵒ 126, p. 59). Fruit petit ou moyen, turbiné ovoïde, jaune-citron réticulé de rouille ; à chair fondante, richement sucrée et très agréablement parfumée ; de première qualité ; maturité octobre. Arbre rustique et fertile.

Reine des tardives (Bruant, 1865). Fruit assez gros, jaune vif ; à chair juteuse, sucrée ; se conservant facilement jusqu'en juin. A résisté à la gelée de 1879-1880.

Remy Chatenay. Fruit de forme et d'aspect de *Beurré d'Arenberg,* dont il a la grosseur et la finesse ; maturité printemps. Arbre sain et d'une moyenne vigueur, très fertile, rustique, propre à toutes formes. — Obtenue par M. Sannier, de Rouen.

René Dunan. Fruit très gros, jaune-citron, vermillonné du côté du soleil ; à chair fine, fondante, acidulée, rappelant le goût du *Beurré gris.* Arbre pyramidal, très fertile. Maturité novembre-décembre.

Rival Dumont (*Pom. tourn.*, nᵒ 41, p. 133). Fruit assez gros, ovale turbiné, roux lavé de jaune ; à chair fondante, beurrée, juteuse, très sucrée, aromatisée ; de toute première qualité ; maturité novembre-décembre.

Robert Hogg (*Dict. de Pom.*, t. II, nᵒ 795, p. 584). Fruit assez gros, ovoïde, vert foncé marbré de fauve ; à chair fondante, juteuse, bien sucrée et agréablement relevée ; de première qualité ; maturité commencement octobre. Arbre vigoureux.

Robert Treel (de Jonghe). Fruit moyen ; à chair fondante ; de première qualité ; maturité février. Arbre très fertile.

Rosalie Wolters. Fruit moyen, oblong, jaune-paille blanchâtre ; à chair jaunâtre, fine, très sucrée ; de première qualité ; maturité octobre. — A résisté à la gelée de 1879-1880.

Rose-Anne Poncin. Gain de M. Grégoire, de Jodoigne.

Rousselet d'hiver Houble. A résisté à la gelée de 1879-1880.

Royale toujours. Fruit de première qualité ; maturité janvier.

Sainte-Anne. Fruit moyen, ovale, arrondi aux deux pôles, jaune verdoyant, lavé de rosat du côté du soleil ; à chair blanche, assez fine, beurrée, très juteuse, fondante, sucrée. Arbre très fertile. Maturité après *Beurré Giffard.* — Obtenue par M. Joanon, à Saint-Cyr, près Lyon.

Saint-Germain de Nantes (Boisselot). Fruit gros ; à chair acidulée ; maturité février.

Saint-Jean de Tournay (*Pom. tourn.*, n° 6, p. 63). Fruit moyen, ovoïde, vert ; à chair tendre, très juteuse ; de première qualité ; maturité septembre. Arbre très fertile, propre au verger. — A résisté à la gelée de 1879-1880.

Saint-Lézin. Reçue de M. Gilbert, d'Anvers.

Saint-Liévin (*Bull. du Cerc. d'Arb. de Belg.*, 1872, p. 49). Fruit assez gros, piriforme régulier, jaune vif ; à chair très fine, fondante, très juteuse ; de toute première qualité ; maturité fin septembre et commencement octobre. Arbre sain, très vigoureux et fertile. — Entrecueillir.

St. Swithun's. Fruit moyen, ressemblant à la *Jargonelle* par sa forme ; à chair juteuse, rafraîchissante ; maturité très hâtive. Arbre productif, issu de la *Calebasse Tougard.* — Reçue d'Angleterre.

Schweizer Fässlibirne. Fruit moyen ; à chair cassante ; de première qualité ; maturité octobre. — A résisté à la gelée de 1879-1880.

Seckel de Gansel. Fruit moyen, de forme arrondie irrégulière et bosselée, jaune verdâtre ; à chair fondante, juteuse, hautement parfumée ; de première qualité ; maturité octobre-novembre. Arbre de vigueur modérée. — On dit cette poire plus grosse et plus jolie que *Seckel*, qu'elle égalerait en saveur.

Secrétaire Alfred Vigneau. Fruit moyen ou gros, de forme conique, jaune à la maturité ; à chair fine, fondante, parfumée, juteuse, sucrée ; maturité novembre à janvier. Arbre pyramidal, fertile, de vigueur moyenne. — Obtenue par M. Sannier, de Rouen.

Secrétaire Mareschal. Fruit moyen, ressemblant au *Beurré Clairgeau* ; à chair très fine, juteuse, parfumée ; maturité novembre-décembre. Arbre sain, de moyenne vigueur. — Obtenue par M. Sannier, de Rouen.

Secrétaire Rodin. Fruit moyen ou gros, rappelant la *Duchesse d'Angoulême* ; à chair jaune, vineuse, d'un parfum agréable et d'un goût particulier ; maturité novembre-décembre. Arbre de vigueur moyenne, propre à toutes formes. — Obtenue par M. Sannier, de Rouen, qui l'a dédiée à M. Rodin, sociétaire de la Société d'horticulture de Beauvais.

Seigneur Dachy (*Pom. tourn.*, n° 11, p. 73). Très beau et gros fruit, turbiné raccourci, jaune d'or brillant ; à chair beurrée, juteuse, excellente ; maturité octobre. Arbre très vigoureux et très fertile. A résisté à la gelée de 1879-1880.

Seigneur Daras. Fruit moyen, de forme de *Doyenné ;* à chair fine, juteuse, sucrée, parfumée ; maturité octobre. Arbre très fertile, peu vigoureux, à cultiver de préférence sur franc.

Seigneur Everard. Fruit moyen ; à chair fondante ; de première qualité ; maturité fin septembre. — Reçue de Belgique.

Semis de Bergamotte (Rivers). Fruit petit, ressemblant à la *Bergamotte d'automne*, mais plus fondant ; maturité septembre. Arbre très fertile sur coignassier.

Semis de Knight (*Le Verg.*, t. II, n° 69, p. 141). Fruit assez gros, turbiné ventru, jaune-paille strié de cramoisi ; à chair blanche, beurrée, agréablement parfumée ; maturité septembre. Arbre fertile.

Semis de Pardee (*The Fr. and Fr.-Tr. of Am.*, p. 827). Fruit petit, arrondi, jaune verdâtre recouvert de fauve ; à chair granuleuse, beurrée, vineuse ; de première qualité ; maturité octobre. Arbre très fertile. — Introduite d'Amérique par l'Établissement.

Semis de Rapalje. Fruit moyen ; à chair fondante ; maturité septembre.

Sénateur Mosselman (*Dict. de Pom.*, t. II, n° 844, p. 657). Fruit petit, ovoïde irrégulier, jaune d'or ; à chair mi-cassante, très sucrée ; maturité printemps. Arbre vigoureux.

Sénateur Préfet (Boisbuncl). Fruit moyen ou gros, ovale piriforme ; à chair blanche, fine, fondante, juteuse, sucrée, vineuse ; de première qualité ; maturité mars à mai. Arbre vigoureux, très fertile.

Serrurier (*Dict. de Pom.*, t. II, n° 847, p. 660). Fruit gros, de forme variable, jaune olivâtre ; à chair mi-fondante, juteuse ; de première qualité ; maturité novembre. A résisté à la gelée de 1879-1880.

Sheppard (*The Fr. and Fr.-Tr. of Am.*, p. 855). Fruit gros, obovale piriforme, jaune ; à chair granuleuse, fondante ; de première qualité ; maturité fin de septembre et commencement octobre. Arbre très fertile. — Introduite d'Amérique par l'Établissement.

Shobden Court. Fruit moyen, obovale, jaune taché de fauve ; à chair beurrée, d'une riche saveur sucrée ; de première qualité ; maturité janvier-février. — Variété anglaise, considérée à tort par quelques personnes comme synonyme de *Broom Park.*

Simonette (*Pom. tourn.*, n° 17, p. 85). Fruit moyen, ovoïde, verdâtre ; à chair mi-fondante, d'une saveur agréable ; maturité novembre. Arbre vigoureux.

Souvenir de Firmin. Fruit de première qualité ; maturité novembre-décembre. Arbre vigoureux, fertile et rustique, ayant résisté à la gelée de 1879-1880. — Reçue de M. Daras de Naghin.

Souvenir de l'abbé Lefebvre. Fruit moyen ; à chair très fine, parfumée, excellente ; maturité novembre-décembre. Arbre de vigueur moyenne, fertile, propre à toutes formes. — Obtenue par M. Sannier, de Rouen.

Souvenir de la rue Mare-au-Trou. Fruit moyen ; de première qualité ; maturité novembre-décembre. Arbre d'une moyenne vigueur, très fertile, propre à toutes formes. — Obtenue par M. Sannier, de Rouen.

Souvenir de Lens. Excellent fruit de janvier-février, vineux, fondant ; c'est un *Saint-Germain* perfectionné. Arbre de vigueur moyenne, exigeant le franc et la culture à haute tige pour être très fertile. — Reçue de M. Daras de Naghin, d'Anvers.

Souvenir de Leroux-Durand. Fruit gros ou très gros, oblong, jaune clair maculé de roux doré ; à chair très fondante, vineuse, bien sucrée et très agréablement parfumée ; de première qualité ; maturité octobre-novembre. Arbre vigoureux, très fertile.

Souvenir de l'Évêque. Gain de Théodore de Latin.

Souvenir de Mᵐᵉ Charles. Fruit moyen ou gros, ayant la forme du *Passe-Colmar*, gris ; à chair très fine, fondante, sucrée et parfumée ; maturité fin décembre et janvier. Arbre vigoureux, fertile, propre à toutes formes ; issu de *Belle-Alliance*. — Obtenue par M. Sannier, de Rouen.

Souvenir de Pimodan. Reçue de Belgique,

Souvenir de Sannier père. Fruit moyen, jaune foncé lavé de rosé ; de première qualité ; maturité octobre. Arbre de vigueur moyenne. — Obtenue par M. Sannier, de Rouen.

Souvenir d'Octavie. Fruit de première qualité ; maturité octobre-novembre. Arbre vigoureux. — Reçue de M. Daras de Naghin, d'Anvers.

Souvenir du Vénérable de la Salle. Fruit moyen, de forme *Bon-Chrétien* ; à chair fine, fondante, sucrée ; de première qualité ; maturité octobre-novembre. Arbre de vigueur moyenne, de fertilité ordinaire, propre à toutes formes. — Obtenue par M. Sannier, de Rouen.

Später Graumannchen. Reçue d'Allemagne avec recommandation. — A résisté à la gelée de 1879-1880.

Steinmetz spice. Reçue de M. Gilbert, d'Anvers.

Sterling (*The Fr. and Fr.-Tr. of Am.*, p. 839). Fruit moyen, presque sphérique, jaune marbré de cramoisi ; à chair juteuse, très sucrée ; de première qualité ; maturité fin août et commencement de septembre. Arbre très fertile. — Introduite d'Amérique par l'Établissement, en 1872.

Sucrée de Heyer (*Ill. Handb. der Obstk.*, t. V, nº 372, p. 243). Fruit moyen, turbiné piriforme, jaunâtre, à chair fine, mi-fondante ; de toute première qualité pour cuire ; maturité septembre.

Sucrée du Comice (*Dict. de Pom.*, t. II, nº 861, p. 680). Fruit assez gros, turbiné ventru, jaune d'or pointillé ; à chair mi-fondante, très sucrée ; maturité commencement octobre.

Sutton's Great-Britain. Reçue de M. Gilbert, d'Anvers.

Sylvie de Malzine. Fruit moyen, arrondi ; à chair assez fine, fondante, rappelant le *Beurré d'Angleterre* par son goût ; maturité novembre-décembre. Arbre de bonne vigueur, fertile. — Reçue de M. Daras de Naghin, d'Anvers.

Szalonka brune. Variété hongroise qui nous a été recommandée par M. le baron E. Trauttenberg, de Prague.

Tante de Préville. Fruit moyen ; à chair fine, fondante, sucrée et d'un goût relevé ; maturité novembre à décembre. Arbre fertile.

Tardive d'Anvers. Fruit de bonne grosseur ; à chair bonne, juteuse ; maturité mars-avril. Arbre rustique, ayant résisté à la gelée de 1879-1880. — Reçue de M. Daras de Naghin, d'Anvers.

Tardive de Chaumont. Fruit moyen, en forme de *Bergamotte* ; à chair mi-fondante, sucrée ; de première qualité pour cuire ; maturité mai à juillet. Arbre très rustique.

Tardive de Solesme. Fruit gros ou très gros ; à chair cassante, très sucrée ; de première qualité ; maturité janvier-février. Arbre vigoureux et très fertile.

Tardive Garin (*Pom. tourn.*, nº 66, p. 183). Fruit gros, de forme arrondie, gris jaunâtre ; à chair mi-fondante, juteuse, sucrée ; maturité mai-juin. Arbre très vigoureux et très fertile. — A résisté à la gelée de 1879-1880.

Thérèse (de Mortillet, 1873). Fruit assez gros, en forme de Bergamotte, vert jaunâtre ; à chair bien fondante, d'un parfum prononcé très délicat ; de toute première qualité ; maturité octobre. — Gain de l'auteur des *Meilleurs fruits*, qu'il dit n'être surpassé dans sa saveur par aucune autre poire d'automne.

Tigrée de janvier. Reçue de Belgique avec grande recommandation.

Tournay d'été. Fruit en forme de Bergamotte ; de première qualité ; maturité septembre. Arbre extraordinairement vigoureux. — Gain de M. Du Mortier, de Tournay.

Tout-il-faut (*Pom. gén.*, t. I, nº 54, p. 107). Fruit moyen, conique piriforme régulier, vert jaunâtre largement recouvert de cramoisi brillant, très joli ; à chair blanche, tendre ; maturité seconde quinzaine d'août. Arbre fertile. — A résisté à la gelée de 1879-1880.

Trésorier Lesacher. Fruit moyen, ressemblant au *Saint-Michel*, passant au roux à la maturité ; à chair extra-fine, relevée ; maturité octobre. Arbre de vigueur moyenne, à l'aspect de *Louise-bonne d'Avranches*, très fertile. — Obtenue par M. Sannier, de Rouen.

Triomphe de Gouy-lez-Piéton. Reçue de Belgique avec grande recommandation.

Tyler (*The Fr. and Fr.-Tr. of Am.*, p. 869). Fruit petit, piriforme arrondi, jaune ; maturité octobre. — Introduite d'Amérique par l'Établissement, en 1872.

Upper Crust (*The Fr. and Fr.-Tr. of Am.*, p. 870). Fruit petit, arrondi, verdâtre ; à chair granuleuse ; maturité août. — Introduite d'Amérique par l'Établissement, en 1872.

Van Beneden. Maturité avril ; à cuire.

Vanderpool. Fruit gros ; à chair juteuse ; maturité septembre. Arbre rustique, ayant résisté à la gelée de 1879-1880. — Introduite d'Amérique par l'Établissement, en 1872.

Vice-président Decaye. Fruit moyen, affectant la forme d'un *Beurré d'Arenberg* ; à chair très fine, relevée et sucrée ; maturité septembre-octobre. Arbre de vigueur moyenne, très fertile, propre à toutes formes.

Vice-roi d'Égypte. Reçue sans description.

Victor Hugo. Fruit moyen ou assez gros ; de première qualité ; maturité novembre. Arbre vigoureux et bien fertile.

Vineuse d'Esperen. Fruit moyen ; à chair mi-fine, fondante, vineuse, parfumée. Arbre de bonne vigueur, fertile.

Washington (*Dict. de Pom.*, t. II; n° 907, p. 753). Fruit moyen, ovoïde régulier, jaune-citron légèrement lavé de carmin ; à chair très fondante ; maturité septembre. Arbre fertile.

Watson (*The Fr. and Fr.-Tr. of Am.*, p. 878). Fruit petit, arrondi, jaune recouvert de fauve ; maturité commencement de septembre. — Introduite d'Amérique par l'Établissement, en 1872.

Webster. Reçue de M. Gilbert, d'Anvers.

Wellington. Reçue de M. Gilbert, d'Anvers.

Wendell (*The Fr. and Fr.-Tr. of Am.*, p. 879). Fruit petit, piriforme arrondi, jaune pâle lavé de cramoisi ; à chair fine, fondante, juteuse ; maturité septembre. — Introduite d'Amérique par l'Établissement.

William Prince (*Le Verg.*, t. III, 2° partie, n° 123, p. 53). Fruit moyen, presque cylindrique, jaune clair ; à chair très agréablement et délicatement parfumée ; maturité septembre. Arbre rustique et très fertile.

Williamson (*The Fr. and Fr.-Tr. of Am.*, p. 883). Fruit moyen, sphérique déprimé, jaune verdâtre ; à chair mi-fondante ; maturité octobre. — Introduite d'Amérique par l'Établissement en 1872.

York-précoce de Pendleton (*The Fr. and Fr.-Tr. of Am.*, p. 831). Fruit petit ou moyen, obovale, jaune ; maturité fin juillet. Arbre très fertile. — Introduite d'Amérique par l'Établissement en 1872.

Zoé (*Journ. de vulg. de l'hort.* 1883, p. 74). Fruit très gros, allongé, vert foncé ; à chair tendre, fondante, sucrée ; maturité décembre à janvier. Arbre de grande vigueur.

Variétés douteuses ou peu méritantes.

Amaud Adam.
Amiral.
Apoline Nopener.
Archevêché de Tournay.
Avocat Latour de Grez-Doiceau.
Avocat Nelis.
Balosse.
Belle de Bolbec.
Belle William.
Bergamotte de Gansel.
Besi de Caen.
Besi de Caissoy.
Besi Hamon.
Beurré Baud.
Beurré Charron.
Beurré de Chin.
Beurré de Marcolini.
Beurré du camp Corbain.
Beurré du centre.

Beurré Durand.
Beurré Jalais.
Beurré Moriceau.
Beurré précoce.
Beurré Romain.
Beurré Thérèse.
Beurré Winter.
Blanquet d'hiver.
Bosdorgham.
Brandes.
Brun Minême.
Buhlweisenburger Butterbirne.
Buza Körte Weiznub.
Calebasse à la Reine.
Capucine Van Mons.
Colmar Charni.
Comtesse de Grailly.
David d'Angers.
Délices d'Alost.

Desprez.
Double-fleur de Piémont.
Doyenné de la Grifferaye.
Doyenné Jamin.
Duc Decazes.
Duc d'Esclignac.
Enfant prodigue.
Épine de Jernages.
Épine d'été.
Épiscopale.
Faurite.
Fondante de Venise.
Forme de Bergamotte Crassane.
Graf Moltke.
Grégoire Bordillon.
Grenarod Birne.
Gros Renard.
Grosse Trompette.
Guenette.

Julie Dessault.
Kugelförmige Rostitzer Butterbirn.
La Gérardine.
Louis Simon.
Madame Alfred Conin.
Madame André Leroy.
Madame Baptiste Desportes.
Mademoiselle Solange.
Margarethenbirn rothe.
Mariette de Millepieds.
Merveille de Sisteron.
Miel d'automne.

Nicolas Eischen.
Notaire Minot.
Passa tutti.
Passe Passe-Colmar.
Président Campy.
Princesse Royale.
Ravut.
Raymond de Montlaur.
Renoz.
Roger's.
Rousselet fondant Stoukoff.
Rousselet Saint-Vincent.
Saint-François de Savoie.

Saint-Louis de Rome.
Saint-Yves.
Séraphine Ovyn.
Shepherd.
Sire Martin.
Socquet.
Souvenir de Joseph Lebeau.
Souvenir de Léopold Ier.
Sucrée de Juillet.
Thusmoor.
Villène de Saint-Florent.
Von Fulero.
Winterbutterbirn Senjis.

Variétés reconnues analogues à d'autres.

Andrews, analogue à **Beurré Oudinot**.
Angoucha, analogue à **Suzette de Bavay**.
Archiduc Charles d'hiver, analogue à **Beurré Duval**.
Beaumont, analogue à **Beurré Diel**.
* **Belle de Malines**, analogue à **Monseigneur des Hons**.
Belle des forêts, analogue à **Bon-Chrétien d'été**.
Bergamotte d'été de Kraft,
Bergamotte d'été de Lubeck, } analogues à **Bergamotte d'été**.
Bergamotte Picquot, analogue à **Bois-Napoléon**.
Besi Macaron, analogue à **Doyenné d'hiver**.
Beurré Camphrenel, analogue à **Passe-Colmar**.
Beurré Colmar, analogue à **Urbaniste**.
Beurré de Russignies, analogue à **Beurré d'Hardenpont**.
Beurré de Stuttgardt, analogue à **Fondante des bois**.
Beurré Ducharneux, analogue à **Saint-Germain d'hiver**.
Beurré Masson, analogue à **Fondante des bois**.
Beurré Père, analogue à **Beurré Bretonneau**.
Beurré Stappaerts, analogue à **Fondante des bois**.
Brutte-bonne di Giaveno, analogue à **Madeleine**.
Cassante de Mars, analogue à **Fondante de Noël**.
Chaumontel de Jersey, analogue à **Chaumontel**.
Colmar Navez de Bouvier, analogue à **Délices d'Hardenpont**.
Comte de Hainaut, analogue à **Beurré Durondeau**.
Délices de Blégny, analogue à **Frédéric de Wurtemberg**.
Don Gindo,
Don Gindo panaché, } analogues à **Poire de Curé**.
Double Rousselet, analogue à **Comte de Paris**.
Doyenné crotté, analogue à **Doyenné blanc**.
Doyenné d'été de Schmidt, analogue à **Forelle**.
Doyenné d'hiver nouveau, analogue à **Beurré Gambier**.
Duchesse d'automne, analogue à **Doyenné blanc**.
Estibal, analogue à **Duc de Nemours**.
Étoile de Bethlehem, analogue à **Bon-Chrétien d'été**.
Grand Salomon, analogue à **Beurré d'Hardenpont**.
Grise-bonne, analogue à **Poire de Curé**.
Ida, analogue à **Fondante des bois**.
Julie Duguet, analogue à **Beurré Rance**.
Léon Pastur, analogue à **Zéphirin Grégoire**.
Loire de Mons, analogue à **Doyenné blanc**.
Mademoiselle Stevens, analogue à **Doyenné d'hiver**.
Maréchal Dillen, analogue à **Arlequin musqué**.
Max Singer, analogue à **Charles Cognée**.
Oyler Soodbirne, analogue à **Nouveau-Poiteau**.
Passe-Colmar monstre, analogue à **Passe-Colmar**.
Passe tardive, analogue à **Seigneur d'Esperen**.
Queenbirn, analogue à **Belle sans pépins**.
Révérend père, analogue à **Beurré Rance**.

Roi de Rome, analogue à **Urbaniste.**
Rother Winter Hasenkopf, analogue à **Catillac.**
Saint-Germain Sanson, analogue à **Saint-Germain d'hiver.**
Semis Canfyn, analogue à **Virgouleuse.**
Tardive d'Ellezelles, analogue à **Beurré Bretonneau.**
Van Marums Schmalzbirne, analogue à **Poire de Bavay.**

Variétés nouvelles.

Alfred de Madre. Fruit moyen, jaune, ponctué de fauve, coloré de carmin du côté du soleil et lavé de brun roux autour du pédoncule ; à chair mi-fondante, sucrée, acidulée, douée d'un parfum très agréable. Arbre vigoureux et fertile. Maturité octobre. — Reçue de M. Daras de Naghin, d'Anvers.

Alphonse Allegatière. Fruit gros, jaune clair, passant au jaune-beurre à la maturité qui a lieu en octobre-novembre. Chair blanche, très fine, fondante, sucrée ; de première qualité.

Belle de décembre. Fruit superbe et du plus fort volume. La meilleure des Poires à cuire. On croirait manger une poire crue d'excellente qualité, arrivée au meilleur moment de sa maturité.

Benoit Caroli. Fruit moyen ; à chair blanche, verdâtre vers le haut, beurrée, presque fondante, sucrée et agréablement parfumée. Peau jaune, finement pointillée, lavée de brun rougeâtre à l'insolation. Arbre très vigoureux et fertile. Maturité décembre. — Reçue de M. Daras de Naghin, d'Anvers.

Bergamotte Bouvant. Fruit de moyenne grosseur ; à chair fine, fondante, juteuse, bien sucrée et agréablement parfumée. Arbre vigoureux et fertile. Maturité avril-mai.

Beurré Backhouse. Fruit gros, rappelant le *Beurré Diel* par la forme et la *Jargonelle* par le goût ; maturité octobre. — Hybride de *Beurré Diel* et de *Jargonelle.*

Beurré Montécat. Fruit jaune clair transparent, mûrissant en juillet ; très avantageux pour le marché.

Boïeldieu. Fruit moyen ou gros, d'aspect de *Crassane* ; à chair très fine et parfumée ; maturité octobre-novembre. — Semis de *Crassane,* fécondée avec *Louise-bonne Sannier.*

Calebasse d'Anvers. Fruit de grosseur volumineuse, de forme très allongée, plus ou moins étranglée vers le milieu de sa hauteur, jaune-serin entièrement ponctué de brun et taché de fauve au sommet ; à chair assez fine, sans granulations, juteuse, sucrée et savoureuse ; maturité octobre-novembre. Arbre vigoureux et très fertile. — Cette belle variété, que nous avons reçue de M. Daras de Naghin, d'Anvers, réunit toutes les qualités requises pour devenir un fruit de commerce ; à recommander pour le verger.

Cardinal Georges d'Ambroise. Fruit moyen, forme du *Beurré Clairgeau;* à chair très fine, juteuse, sucrée, délicieuse ; maturité novembre-décembre. Semis de *Beurré Clairgeau* fécondé avec *Beurré Henri Courcelles.*

Cavelier de la Salle. Fruit moyen, ayant l'aspect de l'*Olivier de Serres* ; à chair extra-fine, juteuse, sucrée, ayant un parfum très agréable et un goût tout particulier ; maturité décembre. Arbre assez vigoureux et très fertile, formant de belles pyramides ; il réussit aussi à haute tige. — Semence de l'*Olivier de Serres* fécondée avec le *Vice-Président d'Elbée.*

Conférence. Fruit gros, vert sombre teinté de roux ; à chair saumonée, douce, juteuse, à saveur très riche. Arbre très robuste, vigoureux sur coignassier et sur franc, propre à toutes formes. — Obtenue par M. Rivers.

Directeur Hardy. Fruit gros, turbiné piriforme, à la façon du *Beurré d'Amanlis* ou plus allongé ; à chair d'une grande finesse, très juteuse, bien fondante, à saveur de *Doyenné du Comice* ; maturité octobre.

Dodges hybrid. Hybride obtenu aux *États-Unis,* d'une variété chinoise avec une variété européenne.

Doyenné Guillard. Peau assez lisse, brune, légèrement pictée de points verdâtres ; à chair presque fine, blanche, très juteuse, vineuse ; maturité novembre-décembre.

Ferdinand Gaillard. Fruit gros ou très gros, lisse, jaune brillant unicolore ; à chair blanc jaunâtre, fine, tendre, bien fondante, juteuse, très sucrée, bonne ou très bonne ; maturité novembre à janvier. Arbre vigoureux, très fertile, de forme pyramidale.

Fondante Daras. Fruit moyen ou assez gros, jaune serin légèrement pointillé de roux ; à chair blanc jaunâtre, juteuse, fondante, sucrée et parfumée *comme celle d'un Colmar.* Arbre assez vigoureux, de bonne fertilité. Maturité novembre. — Reçue de M. Daras de Naghin, d'Anvers.

Fondante de Ledeberg. Variété de premier mérite, se conservant jusqu'en mars-avril ; à chair très fondante, blanche, légèrement parfumée. Peau vert pâle, pointillée de brun. Arbre vigoureux, très fertile. — Reçue de Belgique.

Georges Delebecque. Fruit moyen, ayant quelque ressemblance avec l'*Urbaniste*, jaune, pointillé de fauve et bronzé autour du pédoncule ; à chair parfois très saumonée, fondante, ayant un léger parfum de rose ; maturité décembre-janvier. Arbre de moyenne vigueur, très fertile. Cette bonne Poire d'amateur provient d'un semis de *Joséphine de Malines*. — Reçue de M. Daras de Naghin, d'Anvers.

Hilda. Fruit ressemblant à la *Joséphine de Malines*, dont elle provient ; à chair blanc jaunâtre, teintée de vert près de la peau, fondante, très juteuse et, ayant la saveur du *Beurré gris*. Arbre vigoureux, très fertile. Maturité novembre-décembre. — Reçue de M. Daras de Naghin, d'Anvers.

Jeanne d'Arc. Fruit superbe, piriforme allongé, jaune clair lavé de rouge-brun du côté du soleil, affectant la forme du *Beurré Clairgeau* ; maturité novembre-décembre. Arbre de moyenne vigueur, ramifié. — Semis de *Clairgeau* fécondé avec *Beurré amandé*. Obtenue par M. Sannier, de Rouen.

Madame Torfs. Fruit assez gros ou gros, jaune verdâtre, parsemé de taches fauves ; à chair fine et juteuse, blanche au centre, nuancée de vert au pourtour, plus sucrée que celle du *Beurré Hardy*, sans avoir le parfum de rose aussi prononcé. Arbre de vigueur moyenne, très fertile, précoce au rapport. Maturité octobre. — Reçue de M. Daras de Naghin, d'Anvers.

Mademoiselle Marguerite Gaujard. Fruit oblong, un peu callebassiforme, gris roux, un peu coloré au soleil ; à chair fondante, d'un goût relevé, parfumée ; maturité janvier à mars. Arbre fertile, de bonne vigueur, à port pyramidal, propre à toutes formes. — Obtenue par M. Gaujard, à Gand, qui l'a dédiée à sa nièce.

Paul d'Hoop. Fruit moyen, fauve bronzé ; à chair fine, d'un blanc jaunâtre, beurrée, vineuse, sucrée, ayant un délicieux arome. Arbre assez vigoureux et bien fertile. Maturité janvier-février. — Reçue de M. Daras de Naghin, d'Anvers.

Pierre Corneille. Fruit gros ou très gros, ayant l'aspect de la *Duchesse* ; à chair fine, fondante, juteuse, sucrée, délicieusement parfumée ; maturité décembre-janvier. Arbre assez vigoureux, très fertile, à port pyramidal. — Semis de *Beurré Diel* fécondé par *Doyenné du Comice*. Obtenue par M. Sannier, de Rouen.

Recq de Pambroye. Fruit moyen ou assez gros, bronzé, lavé de rouge à l'insolation ; à chair fine, juteuse, sucrée et vineuse ; maturité janvier. Arbre assez vigoureux, précoce au rapport, fertile. — Reçue de M. Daras de Naghin, d'Anvers.

Seneca. Fruit jaune, rouge du côté du soleil. Arbre vigoureux, fertile, précoce au rapport. — Cette variété, obtenue en Amérique d'un semis de *Williams*, possède toutes les qualités de cette dernière, mais est plus tardive.

Triomphe de Touraine. Fruit gros ou très gros, vert clair, rosé du côté du soleil, passant au jaune clair à la maturité ; à chair ferme, fine, juteuse, sucrée, relevée, rappelant le goût de la *Duchesse*, mais de meilleure qualité ; maturité fin novembre à janvier. Arbre vigoureux, très fertile.

Variétés introduites du nord de la Chine.

Nous avons reçu cinq de ces variétés, sous de simples numéros d'ordre. Nous les livrons également sous ces mêmes numéros. Elles se distinguent entièrement des variétés que nous cultivons en Europe par leur aspect, la vigueur de leurs arbres, et surtout par leurs feuilles, bordées d'une fine dentelure en scie. Elles sont aussi très différentes entre elles et paraissent appartenir à plusieurs types.

No 1401. Feuilles petites, presque rondes, d'un vert clair, bordées de rouge.

No 1403. Bourgeon vert nuancé de rouge. Feuilles assez grandes, d'un vert foncé, les jeunes purpurines. Fruit petit, sphérique, jaune pointillé de gris ; pédoncule très court ; chair jaunâtre, juteuse, âcre, non mangeable à l'état cru. Arbre très vigoureux. Maturité septembre.

No 1404. (**Chinoise de Tigery** — *Rev. hort.* 1883, p. 61). Fruit en forme de *Bergamotte*, à queue longue de 4 centimètres ; peau jaune cireux avec quelques grandes taches gris roux. Chair jaunâtre, foudante, sucrée, aigrelette, à saveur rappelant le coing ; eau abondante, sucrée, singulièrement parfumée, mais sans arrière-goût, Maturité septembre-octobre. Arbre excessivement vigoureux, à bourgeons verts. Feuilles très grandes, d'un beau vert clair. — A un peu résisté à la gelée de 1879-1880.

No 1405. Arbre ramifié, épineux, à bourgeons bruns, retombants. Feuilles petites, d'un vert foncé, les jeunes purpurines.

No 1407. Feuilles moyennes, de forme variable, les unes arrondies, les autres allongées et pointues.

VARIÉTÉS JAPONAISES

M. Ph. Fr. Von Siebold, le célèbre introducteur de Plantes du Japon, a rencontré dans ses voyages en ce pays, plusieurs variétés de Poirier appartenant à une espèce entièrement distincte de celles auxquelles se rattachent nos variétés fruitières. Elles diffèrent aussi beaucoup des variétés chinoises mentionnées ci-contre. Les arbres sont beaucoup plus vigoureux et plus robustes ; leurs feuilles sont énormes. Les fruits sont très beaux, d'une forme et d'une couleur particulières, et à pédoncules très longs ; leur chair est cassante, juteuse, musquée, très bonne étant cuite. Ces variétés sont très fertiles et produisent chaque année ; elles sont aussi d'une très grande rusticité. Chose curieuse, malgré leur extrême vigueur elles ne s'accommodent pas du coignassier, sur lequel elles reprennent difficilement à la greffe ; il faut les greffer sur franc.

Les envoyés de l'ancienne Compagnie Néerlandaise n'ont cessé d'admirer dans leurs voyages à la cour de Yeddo, les grandes poires exposées dans les magasins de fruits et parfaitement encore conservées au mois de juillet. Cette espèce est originaire de la Chine, d'où elle fut importée au Japon dans les temps reculés.

Nous nous sommes procuré les cinq variétés suivantes, que nous avons la satisfaction de pouvoir offrir à ceux de nos clients, amateurs de curiosités rares.

Daimyo. Fruit moyen, arrondi, à pédoncule très long, jaune, juteux, très bon cuit ; maturité octobre-novembre. — La plus fertile des variétés japonaises.
Madame Von Siebold. Fruit moyen, conique-tronqué, irrégulier, bronzé, pointillé de gris.
Mikado. Fruit ayant peu de différence avec celui de *Daimyo*.
Sieboldii. Fruit très long en forme de Calebasse, bronzé, pointillé de gris, mûrissant en décembre.
Japanische Wunderbirne. — Reçue d'Allemagne sous ce nom.

ESPÈCE CHINOISE

Pirus Simonii. Introduite au Muséum d'histoire naturelle de Paris par l'entremise de M. Eugène Simon, cette espèce se rattache probablement aux variétés chinoises dont il a été question plus haut. Ses fruits, de grosseur moyenne, sont de forme subsphérique ; leur chair, cassante et excessivement aqueuse, possède une saveur toute particulière ; on suppose qu'ils seront propres à faire une sorte de cidre d'une nature spéciale.

Pommes

Si, comme fruit de dessert, la Poire jouit à juste titre, vis-à-vis de la Pomme, d'une position que l'on pourrait qualifier d'aristocratique, il faut reconnaître que, dans bien des cas, surtout en France, la préférence qui lui est accordée sur la Pomme est souvent trop exclusive, et ne repose pas toujours sur des considérations bien fondées. Mais c'est surtout lorsqu'on se place au point de vue de l'alimentation des marchés de fruits, que l'on doit regretter le peu d'extension donnée à la culture du Pommier, dans certaines contrées surtout.

Parmi les causes auxquelles on peut attribuer cette sorte d'abandon ou de dédain de ce genre de fruit, cependant si précieux, il faut placer en première ligne la mauvaise qualité des produits de la plupart des variétés de Pommes répandues dans la grande culture, pendant qu'il en existe une quantité considérable de beaucoup plus méritantes, et dont le rapport serait infiniment plus rémunérateur. Aussi nous permettrons-nous, avec tant d'autres, d'attirer, sur ce point, l'attention des personnes, qui sont à même d'apporter leur concours à une modification de cet état de choses.

On greffe le Pommier sur *franc,* sur *paradis* et sur *doucin.*

Les sujets greffés sur *franc* sont presque exclusivement destinés à être élevés en hautes tiges, pour la plantation des vergers, des champs, des chemins et des routes, où ils donnent ordinairement de très grands produits.

Les arbres nains, destinés au jardin fruitier, tels que quenouilles, vases, pyramides, fuseaux, cordons, espaliers, etc., sont greffés sur *paradis.* C'est sur ceux que l'on obtient promptement les plus beaux fruits, sous les formes les plus réduites. On a aujourd'hui reconnu les grands avantages qu'offre la culture du Pommier en cordons : aussi cette forme est-elle généralement préférée à toutes les autres.

Le *doucin* tient le milieu pour la vigueur entre le paradis et le franc ; il convient, pour les formes basses, dans les sols tout à fait médiocres et dans les terrains brûlants, où l'ancien paradis serait d'une vigueur insuffisante, surtout lorsque les arbres doivent prendre de grandes dimensions.

La plupart des variétés de Pommes de table et à cuire peuvent être cultivées avantageusement en formes basses. — Pour le haut-vent, on donnera naturellement la préférence aux arbres vigoureux, robustes, rustiques et fertiles. Quelques variétés délicates ne peuvent y prospérer que dans les localités favorables. Celles à très gros fruits y sont souvent peu avantageuses, surtout dans les situations exposées aux vents.

Les Pommes, quant à leur usage, peuvent être divisées en trois catégories : 1° les Pommes *à couteau,* dites *de table ;* 2° les Pommes *à cuire ;* 3° les Pommes *à cidre.*

Beaucoup de variétés sont propres à l'un et à l'autre de ces usages. Les Pommes à jus abondant, dont les arbres sont robustes, grands et très fertiles, quel que soit d'ailleurs leur volume, conviennent pour cidre. Pour la cuisine, on recherche celles à gros fruits, dont la chair est suffisamment juteuse et relevée. Enfin les Pommes de table sont celles qui, lorsqu'elles sont consommées à point, peuvent rivaliser, par le sucre et le parfum de leur eau, avec les Poires, qu'elles surpassent souvent par la richesse de leur saveur.

Notre collection de Pommes est aujourd'hui l'une des plus considérables qui existent. Nous avons la certitude qu'en dehors des variétés comprises dans les deux premières séries, elle en renferme un grand nombre d'autres d'un mérite réel, dont nous recommandons l'étude au véritable amateur et au pomologiste.

1ʳᵉ SÉRIE DE MÉRITE

(ORDRE DE MATURITÉ)

POMMES PRÉCOCES

ASTRACAN ROUGE. Fruit moyen, sphérique-aplati, presque entièrement recouvert de rouge cramoisi pruiné ; à chair fine, douce, sucrée et relevée d'un parfum rafraîchissant ; de première qualité ; maturité seconde quinzaine de juillet. Arbre de vigueur modérée, précoce au rapport et très fertile. — Pomme de marché de premier ordre. Variété originaire des pays du Nord, très rustique, ayant résisté à l'hiver de 1879-1880.

EARLY HARVEST. Fruit moyen, de forme arrondie, jaune-paille brillant ; à chair très blanche, cassante, d'une riche et vive saveur ; de toute première qualité pour la table ; maturité fin juillet. Arbre très fertile. — Variété américaine très recommandable. A résisté à la gelée de 1879-1880.

PÊCHE D'IRLANDE. Fruit moyen, arrondi, vert jaunâtre nuancé de brun-rouge terne ; à chair juteuse ; de toute première qualité ; maturité fin juillet et commencement d'août. Arbre rustique et très fertile. — Variété très méritante, introduite d'Angleterre par l'Établissement.

C. P. **BOROVITSKY.** Fruit assez gros, de forme sphérique-aplatie régulière, strié rouge-cerise sur fond jaune blanchâtre ; à chair fine, tendre ; bon pour la table et pour cuire ; maturité fin juillet et commencement d'août. Arbre peu vigoureux, très fertile. — Jolie Pomme précoce, introduite de Cracovie en France en 1834 par M. J. Laurent-Jamin, horticulteur à Paris. Cette variété a très bien résisté à la gelée de 1879-1880 et a produit du fruit en 1880.

FAVORITE DE WILLIAM. Fruit assez gros, de forme ovale, rouge-sang ; à chair fine blanc jaunâtre, sucrée, vineuse ; de première qualité pour la table et pour cuire ; maturité fin juillet et commencement d'août. Arbre sain et très fertile, à floraison assez tardive. — On croit cette variété originaire de Roxbury, près Boston (Amérique) ; son fruit surpasse en qualité celui de la variété précédente.

SOPS OF WINE. Fruit moyen ou gros, sphérique, marbré de rouge-carmin sur fond jaune verdâtre ; à chair blanche, fine, sucrée ; de première qualité ; maturité commencement d'août. Arbre de bonne vigueur, fertile, rustique, ayant résisté à la gelée de 1879-1880. — Variété américaine introduite par l'Établissement en 1872.

ROSE DE BOHÊME. Fruit assez gros, aplati, d'un beau rose cramoisi recouvert de pruine ; à chair blanche, juteuse, rafraîchissante ; de première qualité pour cuire ; maturité août. Arbre de vigueur modérée, à floraison hâtive, très fertile, propre au verger clos. — L'une des plus jolies pommes d'été ; avantageuses pour le marché. Variété originaire de Bohême où elle est très estimée.

P. **TRANSPARENTE DE CRONCELS.** Fruit assez gros, sphérique régulier, blanc de cire jaunâtre, éclairé de rose incarnat à l'insolation ; à chair légèrement saumonée, fine, tendre, très juteuse, sucrée, acidulée, d'un parfum très agréable ; de toute première qualité pour la saison ; maturité fin d'août à novembre. Arbre vigoureux, fertile, rustique, ayant résisté à la gelée de 1879-1880. — Obtenue par MM. Baltet frères, horticulteurs à Troyes.

P. **GRAVENSTEIN.** Fruit assez gros, sphérique-aplati anguleux, lavé et strié rouge-cerise sur fond jaune foncé ; à chair blanche, fine, tendre, juteuse, bien parfumée ; de toute première qualité ; maturité fin d'été et commencement d'automne. Arbre vigoureux, rustique et très fertile. — Parmi les Pommes précoces l'une des plus estimées, et à juste titre, en Allemagne. Présumée native du château de Graefenstein dans le Schleswig-Holstein, vers le milieu du siècle dernier.

REINETTE D'AUTOMNE DE WILKENBOURG. Fruit moyen, sphérico-cylindrique, lavé de rouge-orange sur fond jaune d'or ; à chair fine, juteuse, sucrée ; maturité fin d'été et commencement d'automne. Arbre de vigueur modérée, précoce au rapport et très fertile. — Jolie et excellente Reinette hâtive. Cette variété a résisté à l'hiver de 1879-1880.

P. **RAMBOUR FRANC.** Fruit assez gros, irrégulièrement arrondi, jaune verdâtre strié carmin ; à chair blanche, demi-fine, demi-tendre, sucrée, acidulée ; à cuire, mais aussi bon pour la table ; maturité commencement et courant d'automne. Arbre très vigoureux et très fertile, propre au haut-vent.

POMONA DE COX. Fruit assez gros, de forme irrégulière, strié de cramoisi brillant sur fond jaune ; à chair blanche, tendre ; de toute première qualité pour cuire ; maturité automne. Arbre vigoureux, très fertile et rustique. — Cette variété anglaise, d'obtention assez récente, est certainement l'une des plus belles et des meilleures Pommes de deuxième saison.

P. **ALEXANDRE.** Fruit très gros, de forme conique élargie, vert clair largement lavé et strié de rouge ; à chair blanche, tendre, sucrée, acidulée, parfumée ; de première qualité ; maturité automne. Arbre de bonne vigueur et fertilité. — L'une des plus belles Pommes connues, que l'on croit originaire de Russie.

REINETTE GRISE D'AUTOMNE. Fruit moyen ou gros, vert jaunâtre, recouvert de rouille, mais moins que chez la *Reinette grise d'hiver* ; à chair jaunâtre, fine, tendre, juteuse, douce, sucrée, très parfumée ; de toute première qualité ; maturité automne se prolongeant souvent jusqu'en hiver. Arbre vigoureux et fertile, propre à toutes formes, très bon pour la culture à haute tige. — Le fruit de cette variété est, à notre avis, plus fin que celui de la *Reinette grise d'hiver*.

P. **CHATAIGNIER.** Fruit moyen ou assez gros, sphérique-déprimé, légèrement conique, lisse, jaune verdâtre, presque entièrement lavé de rouge foncé ; à chair blanche, cassante, sucrée, agréablement relevée ; de première qualité pour la table et pour cuire ; maturité automne. Arbre de bonne vigueur, très fertile, propre à toutes formes, mais surtout au haut-vent.

P. **REINETTE DE BURCHARDT.** Fruit assez gros, sphérique-aplati, réticulé de fauve sur fond jaune ; à chair blanche, fine, très juteuse, bien sucrée et d'une excellente saveur ; de première qualité pour la table et pour cuire ; maturité automne. Arbre sain, vigoureux, précoce au rapport, très fertile. — Obtenue par M. von Hartwiss, directeur des jardins impériaux de Nikita (Russie), et dédiée au pomologiste Burchardt, de Landsberg.

DAME DE FAUQUEMONT. Fruit très gros, jaune ; à chair fine, ferme, juteuse, douce, sucrée ; de première qualité ; maturité courant et fin d'automne. Arbre de bonne vigueur, fertile, à floraison hâtive. Variété très recommandable que nous avons reçue de Belgique.

SANS PAREILLE DE PEASGOOD. Fruit très gros, ressemblant à *Sans pareille*, mais bien plus gros, jaune, strié de cramoisi foncé à l'insolation ; à chair jaune, tendre, très juteuse, d'une saveur douce et d'un excellent arome : de première qualité ; maturité courant et fin d'automne. Arbre de bonne vigueur, fertile, rustique, ayant résisté à la gelée de 1879-1880. — Excellente variété, d'obtention assez récente.

POMME DE PRINCE. Fruit gros, de forme cylindrique, marbré et strié de cramoisi sur fond jaune-citron mat ; à chair tendre, fine, juteuse, sucrée, vineuse et d'une saveur agréable ; de première qualité pour la table et pour cuire ; maturité courant et fin d'automne. Arbre vigoureux, très fertile et rustique, propre surtout au grand verger et à la plantation des routes. — Très jolie variété, abondamment cultivée dans le nord de l'Allemagne et en Norwège.

FLEINER DU ROI. Fruit très gros, de forme cylindrique, lavé de rouge-sang clair sur fond jaune-citron verdâtre ; à chair blanc pur, juteuse, d'une saveur très agréable ; maturité fin d'automne. Grand arbre, fertile, mais réclamant un bon sol et une situation abritée. — Superbe fruit. On croit cette variété originaire du Wurtemberg, où elle est très estimée.

C. P. **ROYALE D'ANGLETERRE.** Fruit gros, conico-sphérique, jaune-citron lavé de rouge jaunâtre ; à chair blanc jaunâtre, assez fine, tendre, sucrée ; de première qualité pour la table et pour cuire ; maturité automne et commencement d'hiver. Arbre de bonnes vigueur et fertilité, demandant une situation abritée en haut-vent. — Ce fruit est bon, mais il est sujet à se passer un peu vite.

C. P. **CALVILLE D'OULLINS.** Fruit moyen ou assez gros, arrondi-conique, lisse, jaune clair lavé de rose tendre, strié de rouge-pourpre à l'insolation ; à chair blanche, demi-tendre, sucrée, assez agréablement parfumée ; de bonne qualité pour la table, mais meilleur à l'état cuit ; maturité automne et commencement d'hiver. Arbre vigoureux, fertile, propre à toutes formes, mais surtout au haut-vent. — Trouvée, vers 1850, par Armand Jaboulais, pépiniériste à Oullins, près Lyon.

MOYEUVRE. Fruit assez gros, arrondi-côtelé, jaune verdâtre lavé de rouge ; de première qualité pour cuire ; maturité décembre. Arbre très vigoureux et très fertile, propre au verger. — Très estimée dans les vergers du nord-est de la France.

C. P. **BELLE FLEUR.** Fruit assez gros ou gros, sphérico-conique, luisant, jaune pâle largement lavé de carmin à l'insolation et recouvert de pruine ; à chair blanc jaunâtre, demi-tendre, sucrée mais peu parfumée ; maturité fin d'automne et commencement d'hiver. Arbre très vigoureux, fertile, propre à toutes formes, mais surtout au haut-vent.

RAMBOUR DE BRUNSWICK. Fruit assez gros, sphérique-déprimé, presque entièrement lavé et strié de rouge cramoisi sur fond jaune ; à chair jaune pâle, tendre, fine ; de première qualité pour la table et pour cuire ; maturité fin d'automne et commencement d'hiver. Arbre sain, rustique, de vigueur moyenne, précoce au rapport et très fertile. On croit que cette jolie pomme a été obtenue par le docteur Zinken-Sommer, à Brunswick. A résisté à la gelée de 1879-1880.

BORSDORF. Fruit moyen, de forme aplatie-côtelée régulière, jaune clair lavé de rouge luisant ; à chair très fine, croquante, d'un parfum particulier ; de toute première qualité pour tous les usages ; maturité fin d'automne et commencement d'hiver. Arbre peu vigoureux dans sa jeunesse, mais devenant grand et très rustique, à floraison tardive ; redoutant les sols secs et les situations chaudes. — Variété très estimée dans les vergers du nord de l'Allemagne, originaire de la Saxe.

POMMES TARDIVES

WAGENER. Fruit moyen, sphérique-aplati, jaune-citron lavé de rouge ; à chair jaunâtre, tendre, fine, bien sucrée ; de toute première qualité ; maturité fin d'automne et courant d'hiver. Arbre sain, vigoureux, précoce au rapport et très fertile, à floraison hâtive. — D'origine américaine.

C. P. **MÈRE DE MÉNAGE.** Fruit très gros, arrondi-déprimé, jaune verdâtre, lavé de rouge carminé à l'insolation ; à chair blanche, peu fine, tendre, douce ; de bonne qualité pour cuire ; maturité fin d'automne et courant d'hiver. Arbre de moyenne vigueur, assez fertile, à floraison hâtive ; propre surtout aux formes basses à cause du volume de son fruit. — Joli fruit d'ornement, mais de deuxième qualité.

REINE DES REINETTES. Fruit assez gros, de belle forme arrondie régulière, jaune-orange lavé et strié de rouge vif ; à chair jaunâtre, très fine, cassante, sucrée et bien parfumée ; de toute première qualité pour tous les usages, aussi pour cidre ; maturité fin d'automne et courant d'hiver. Arbre très vigoureux, d'un beau port, très fertile et rustique. — L'une des plus jolies, des meilleures et des plus avantageuses variétés de Pommes sous tous les rapports. Ses mérites si complets l'ont fait admettre un peu partout, mais il existe malheureusement à son sujet une grande confusion de noms. Son fruit a la propriété d'être en parfait état de consommation de bonne heure à l'automne et de se conserver ainsi durant tout l'hiver.

PÉPIN RIBSTON. Fruit assez gros, sphérico-conique, jaune foncé lavé et strié de rouge ; à chair jaune, ferme, juteuse, bien sucrée, d'un parfum distingué ; de première qualité ; maturité commencement et courant d'hiver. Arbre de vigueur moyenne, sujet au chancre dans certains terrains ; à cultiver de préférence en formes basses. — L'une des Pommes les plus estimées en Angleterre.

RAMBOUR D'HIVER. Fruit gros, allongé-tronqué, jaune vif et rouge-cerise rayé ; à chair tendre, assez sucrée, un peu acidulée et un peu parfumée ; de première qualité surtout à l'état cuit ; maturité commencement et courant d'hiver. Arbre très vigoureux, propre au haut-vent. — Excellente variété pour la confection du cidre.

P. **CALVILLE DE SAINT-SAUVEUR.** Fruit gros, conique-anguleux, jaune clair lavé de rouge sombre ; à chair juteuse, bien sucrée et parfumée ; de première qualité ; maturité commencement et courant d'hiver. Arbre de vigueur et de fertilité moyennes. — Beau fruit. Semis de hasard propagé, vers 1839, par M. Despréaux de Saint-Sauveur, à Esquenay, près Breteuil (Oise).

BELLE DU BOIS. Fruit très gros, arrondi-déprimé-côtelé, jaune-citron maculé de fauve ; à chair jaune verdâtre, grossière, moelleuse, acidulée, un peu sucrée ; de qualité variable ; maturité commencement et courant d'hiver. Arbre vigoureux, peu fertile, propre aux formes basses. — Fruit magnifique.

BELLE DE PONTOISE. Fruit très gros ; peau rouge-carmin au soleil, semée de points gris verdâtre, quelquefois rayée ; chair blanche, un peu veinée de vert, fine, assez ferme, juteuse, d'un acidulé agréable ; maturité commencement et courant d'hiver. Arbre très vigoureux, rustique. — Très belle et bonne Pomme, obtenue d'un semis d'*Alexandre*, par M. Remy père, de Pontoise, et mise au commerce en 1879.

P. **DOUX D'ARGENT.** Fruit moyen, sphérique-déprimé, plus large que haut, jaune-citron ; à chair bien blanche, tendre, fine, bien sucrée et aromatisée ; de première qualité ; maturité commencement et courant d'hiver. Arbre de vigueur modérée, très fertile et rustique.

MON DÉSIRÉ. Fruit gros, plus haut que large, jaune taché de roux et de gris ; à chair blanche, fine, ferme, aromatique ; de première qualité ; maturité commencement et courant d'hiver. Arbre vigoureux et fertile. — Nous devons cette excellente variété à M. Proche, pomologiste à Sloupno (Bohême).

P. **BEAUTÉ DE KENT.** Fruit gros ou très gros, de forme conique-arrondie, jaune-paille lavé et strié de rouge-groseille ; à chair blanc jaunâtre, fine, tendre, juteuse, relevée d'une fine saveur acidulée ; maturité commencement et courant d'hiver. Arbre vigoureux, très fertile et rustique, propre à toutes formes et principalement aux formes basses. Très belle Pomme d'ornement, assez bonne crue, très bonne pour la cuisine. — D'origine anglaise.

RAMBOUR PAPELEU. Fruit très gros, arrondi-bosselé, plus large que haut, jaune foncé, strié de rouge ; à chair blanc jaunâtre, douce, sucrée ; de première qualité ; maturité commencement et courant d'hiver. Arbre très vigoureux, fertile, à floraison assez hâtive ; propre à toutes formes. — Cette superbe Pomme a été introduite de Crimée en Belgique vers 1853, par M. Adolphe Papeleu, pépiniériste à Wetteren ; elle provient des semis de M. le colonel de Hartwiss, propriétaire et pomologue à Artek-Lauterbrunn, gouvernement de Tauride.

TOUR DE GLAMMIS. Fruit gros, de forme conique-côtelée-quadrangulaire, jaune-soufre ; à chair blanche, ferme, très juteuse, délicatement parfumée ; de toute première qualité pour cuire ; maturité commencement et courant d'hiver. Arbre sain, d'une belle végétation, très fertile, à floraison assez hâtive. — D'origine écossaise.

L'ABONDANTE. Fruit gros, de forme presque sphérique, jaune-paille unicolore ; à chair fine ; de première qualité pour la table et pour cuire ; maturité commencement et courant d'hiver. Arbre vigoureux, extraordinairement fertile et rustique, à floraison tardive. — Variété tout à fait remarquable trouvée, vers 1854, à Haccourt, localité des environs de Liège.

P. **BEDFORDSHIRE FOUNDLING.** Fruit gros, arrondi, jaune-paille ; à chair blanc jaunâtre, fine, juteuse, sucrée, d'un parfum relevé ; de première qualité ; maturité commencement et courant d'hiver. Arbre vigoureux et fertile, à floraison hâtive ; à cultiver en formes basses. — Trouvée en Angleterre, dans le comté de Bedford.

REINETTE DE WILLY. Fruit moyen, sphérique, jaune-citron unicolore ; à chair bien blanche, très fine, croquante, sucrée et d'une saveur vineuse aromatisée ; de première qualité pour tous les usages ; maturité commencement et courant d'hiver. Arbre vigoureux, rustique, précoce au rapport et très fertile. — Pomme de marché, obtenue en 1801, par le conseiller de justice Burchardt, à Landsberg, d'un pépin de *Calville blanche d'hiver*, et dédiée à son fils Willy.

SURINTENDANT. Fruit gros ou très gros, conique, lavé de rouge-feu sur fond jaune-citron ; à chair blanc jaunâtre, très fine, sucrée, ferme, juteuse ; de première qualité ; maturité commencement et courant d'hiver. Arbre vigoureux, sain, fertile. — D'origine hollandaise.

REINETTE DE LANDSBERG. Fruit assez gros ou gros, de jolie forme régulière, à queue mince et longuette et à peau fine et lisse, jaune-paille lavé du côté du soleil d'une légère teinte de rouge de jaspe ; chair ferme, fine, assez juteuse, douce ; maturité commencement et courant d'hiver. Arbre très vigoureux, très fertile et rustique, précoce au rapport et tenant bien ses fruits ; très propre au verger et à la culture de spéculation. — Obtenue par le conseiller de justice Burchardt, à Landsberg.

REINETTE DE MULTHAUPT. Fruit moyen, conique, presque entièrement recouvert de rouge cramoisi sur fond jaune-paille ; à chair blanc jaunâtre, fine, tendre, juteuse, vineuse ; de bonne qualité à l'état cru et excellent pour cuire ; maturité commencement et courant d'hiver. Arbre de vigueur moyenne, fertile, à floraison hâtive. — Obtenue par M. Multhaupt à Bienenburg, près Goslar (Allemagne).

C. P. **CALVILLE ROUGE D'HIVER.** Fruit assez gros, de forme variable, côtelé, presque entièrement recouvert de rouge unicolore ; à chair rosée, tendre, relevée d'un parfum de framboise ; de première qualité pour la table et pour cuire ; maturité commencement et courant d'hiver. Arbre de vigueur et de fertilité moyennes, redoutant les sols argileux et humides. — A résisté à la gelée de 1879-1880.

C. P. **BELLE FLEUR JAUNE.** Fruit gros, irrégulièrement ovoïde, d'un beau jaune-citron clair ; à chair jaune, fine, tendre, richement sucrée ; de première qualité ; maturité commencement et courant d'hiver. Arbre sain, de bonne fertilité, propre à toutes formes. — On croit cette variété originaire de Burlington (États-Unis).

REINETTE D'OBERDIECK. Fruit assez gros, sphérique, jaune verdâtre, taché de rouge au soleil ; à chair blanche, fine, juteuse, sucrée, à saveur rappelant un peu le goût du coing ; de première qualité ; maturité courant d'hiver. Arbre à belle végétation, vigoureux, fertile, à floraison hâtive. — Trouvée par Ed. Lucas, dans un jardin près de Cannstatt (Wurtemberg). Le pied mère doit être un semis de hasard.

REINETTE MUSQUÉE. Fruit moyen, conico-ovoïde, beau jaune-citron largement recouvert de rouge-cerise et strié cramoisi ; à chair jaunâtre, fine, serrée, sucrée et hautement parfumée ; maturité courant d'hiver. Arbre de vigueur modérée et de grandeur moyenne, précoce au rapport et remarquablement fertile ; très rustique dans sa fleur ; convenable pour les localités élevées et froides. — Variété très avantageuse pour la culture de spéculation et propre surtout au grand verger ; très bonne pour cidre.

C. P. **REINETTE DORÉE.** Fruit moyen, sphérique-déprimé, jaune doré légèrement lavé de rouge-orange ; à chair jaunâtre, fine, très sucrée et parfumée ; de toute première qualité pour la table ; maturité courant d'hiver. Arbre de vigueur modérée, préférant les sols légers ; à floraison hâtive. Ancienne variété.

PEPIN DU WARWICK. Fruit moyen, de forme aplatie régulière, jaune-citron ; à chair tendre, douce, aromatisée et bien sucrée ; de première qualité pour la table ; maturité courant d'hiver. Arbre très fertile et rustique. Abondamment cultivée dans le comté de Warwick, en Angleterre.

POMME DE GRIGNON. Fruit gros, de jolie forme assez régulière, sensiblement pentagone vers l'œil, amplement fouetté de carmin sur fond jaune ; à chair tendre, bien sucrée ; de première qualité ; maturité courant d'hiver. Arbre vigoureux et très fertile. — Très belle Pomme.

C. P. **REINETTE ORANGE DE COX.** Fruit moyen, arrondi, irrégulier, plus large que haut, jaune-orange marbré de rouge ; à chair blanc jaunâtre, fine, tendre, fondante, sucrée, agréablement parfumée ; de toute première qualité ; maturité courant d'hiver. Arbre de vigueur modérée, fertile, à floraison assez hâtive ; propre aux petites formes. — Gagnée, en 1830, par M. Cox, à Colnbroock-Lawn, sur la route de Londres à Windsor.

REINETTE DE GEER. Fruit moyen, de forme arrondie-déprimée-côtelée, à peau lisse d'un jaune unicolore ; chair jaunâtre, fine, tendre ; de première qualité pour la table et pour cuire ; maturité courant d'hiver. Arbre très fertile et rustique. — Doit être consommée avant la fin de janvier. Obtenue par Van Mons et dédiée au baron de Geer.

RITTER. Fruit gros, arrondi-conique, jaune, un peu pointillé ; à chair jaunâtre, fine, sucrée ; de première qualité ; maturité courant d'hiver. Arbre vigoureux et fertile. — Variété introduite d'Amérique par l'Établissement en 1872.

C. P. **REINETTE DES CARMES.** Fruit moyen, sphérico-cylindrique, jaune verdâtre lavé et strié de rouge terne parfois brillant ; à chair jaunâtre, ferme, juteuse, bien sucrée et d'une saveur très agréable ; de première qualité pour la table et pour cidre ; maturité courant d'hiver. Arbre vigoureux, à floraison hâtive, d'un très beau port, propre surtout au grand verger et à la plantation des routes et chemins.

DORÉE DE GRIMES. Fruit moyen, arrondi-déprimé, d'un beau coloris jaune d'or ; à chair jaune, sucrée ; de toute première qualité ; maturité courant d'hiver. Arbre vigoureux, très fertile. — Variété américaine très recommandable, introduite par l'Établissement en 1872.

C. P. **REINETTE ANANAS.** Fruit moyen, de forme conique très régulière, jaune d'or unicolore pointillé ; à chair blanc jaunâtre, très juteuse, sucrée, d'une saveur très agréable ; de toute première qualité pour la table et pour cidre ; maturité courant d'hiver. Arbre de vigueur modérée, très fertile. — Pomme très distinguée et très recommandable, l'une des plus estimées en Allemagne, que l'on croit originaire de Hollande.

P, **REINETTE DE BLENHEIM.** Fruit gros, sphérique-aplati, jaune-orange strié de cramoisi, très beau ; à chair blanc jaunâtre, demi-fine, croquante, juteuse, sucrée, agréablement acidulée ; de première qualité pour la table et pour cuire ; maturité courant d'hiver. Arbre très vigoureux et très fertile. — L'une des variétés les plus avantageuses sous tous les rapports. Obtenue à Woodstock, comté d'Oxford (Angleterre), cette pomme a reçu le nom de la propriété du duc de Marlborough, qui se trouve près de Woodstock.

P, **CALVILLE DE MAUSSION.** Fruit gros, conique-déprimé, plus large que haut, vert-pomme lavé de rosat, avec des points blanchâtres à l'insolation ; à chair blanc jaunâtre, fine, serrée, juteuse, sucrée, agréablement parfumée ; de toute première qualité ; maturité courant d'hiver. Arbre vigoureux et fertile, propre à toutes formes.

P, **REINETTE DU CANADA.** Fruit gros, de forme déprimée irrégulière, jaune-paille recouvert d'un réseau de rouille ; à chair jaunâtre, tendre, sucrée, parfumée ; de première qualité pour tous les usages. Arbre vigoureux et fertile, peu propre aux climats très froids, et demandant, pour le haut-vent, un bon sol et une situation favorable. — De toutes les Pommes, l'une des plus universellement estimées.

REINETTE DE SYKE-HOUSE. Fruit moyen, sphérique-aplati, largement recouvert d'une fine rouille sur fond jaune verdâtre ; à chair jaunâtre, ferme et croquante, d'une excellente saveur relevée ; de toute première qualité pour la table ; maturité courant d'hiver. Arbre de vigueur modérée, très fertile, propre au petit verger et au jardin fruitier. Trouvée à Syke-House (Angleterre). A résisté à la gelée de 1879-1880.

P, **AZÉROLY ANISÉ.** Fruit petit ou moyen, aplati, fortement lavé de rouge et marbré de fauve ; à chair jaunâtre, fondante, tendre, très sucrée, d'un parfum anisé très prononcé ; de toute première qualité ; maturité courant d'hiver. Arbre moyen, très fertile, à floraison hâtive. — Anciennement cultivée et estimée dans la Gironde.

PEPIN D'OR DE HUGHES. Fruit moyen, de jolie forme arrondie régulière, beau jaune d'or ; à chair jaunâtre, fine, ferme, bien sucrée et parfumée ; de première qualité pour la table ; maturité courant d'hiver. Arbre de grandeur moyenne, à floraison tardive, sain et rustique, précoce au rapport et très fertile. — On croit cette variété originaire d'Angleterre, où elle a été obtenue d'un pépin de la variété *Pepin d'or*.

P, **REINETTE BAUMANN.** Fruit moyen ou assez gros, arrondi-aplati, largement lavé et strié de rouge-cerise sur fond jaune foncé ; à chair jaunâtre, fine, ferme, très sucrée ; de première qualité pour la table ; maturité courant d'hiver. Arbre de bonne vigueur, à floraison hâtive, fertile, précoce au rapport ; propre à toutes formes, mais surtout au haut-vent. — Obtenue par Van Mons et dédiée par lui aux frères Baumann, pépiniéristes à Bollwiller (Alsace).

REINETTE DE MIDDELBOURG. Fruit moyen, presque cylindrique, à peau fine, jaune-citron clair ; chair jaunâtre, fine, ferme ; de première qualité pour la table ; maturité courant d'hiver. Arbre de grandeur moyenne, à floraison assez hâtive, précoce au rapport, très fertile et rustique ; propre à toutes formes, mais surtout au haut-vent et à la pyramide. — Probablement originaire de Hollande.

REINETTE DE WEIDNER. Fruit assez gros, sphérique-déprimé, beau jaune d'or légèrement lavé et strié de cramoisi ; à chair jaunâtre, fine, juteuse, bien sucrée et parfumée ; de première qualité pour la table ; maturité courant et fin d'hiver. Arbre sain, vigoureux et fertile. — Belle et bonne Pomme, obtenue vers 1844, d'un pépin de *Reinette d'Orléans*, par M. Weidner, meunier à Gerasmühle, près Nuremberg (Bavière).

P, **COURT PENDU GRIS.** Fruit moyen, arrondi-déprimé, irrégulier, jaune terne, parfois marbré de rouge à l'insolation ; à chair blanche, fine, ferme, sucrée ; de première qualité à l'état cru, excellent cuit ; maturité courant et fin d'hiver. Arbre vigoureux, très fertile propre au haut-vent.

JOSEPH MUSCH. Fruit gros, parfois très gros, aplati, rouge strié sur fond jaune ; à chair jaunâtre, ferme, sucrée ; de première qualité ; maturité courant et fin d'hiver. Arbre vigoureux, propre à toutes formes. — Nous avons reçu cette excellente variété de Liège, où on la recommande pour verger.

NON PAREILLE BLANCHE. Fruit moyen, de forme arrondie-déprimée, à peau très mince, presque entièrement recouverte d'une rouille fine sur fond vert pâle ; à chair d'un blanc à peine verdâtre, très fine, presque beurrée, bien sucrée et parfumée ; maturité courant et fin d'hiver. Arbre peu vigoureux, à floraison hâtive, très fertile, propre surtout au jardin fruitier, mais aussi au petit verger d'amateur.

FREMY. Fruit assez gros, sphérique, jaune, légèrement lavé de fauve ; à chair jaunâtre, fine, juteuse, sucrée ; de toute première qualité ; maturité courant et fin d'hiver et quelquefois même jusqu'au printemps. Arbre vigoureux, très fertile.

P, **CALVILLE BLANCHE D'HIVER.** Fruit moyen ou gros, côtelé, jaune-paille doré, souvent nuancé de rose tendre à l'insolation ; à chair fine, ferme, sucrée, acidulée, d'une saveur fine et distinguée ; de première qualité pour la table et de toute première qualité pour cuire ; maturité courant et fin d'hiver. Arbre délicat, impropre au verger, à cultiver en contre-espalier, buisson et espalier, à bonne exposition. — Ancienne variété, l'une des plus généralement estimées, surtout en France, mais dont le fruit est sujet à se tacher surtout pendant les années humides.

QUETIER. Fruit assez gros ou gros, côtelé, un peu aplati, jaune uniforme ; à chair jaunâtre, fine, juteuse, sucrée ; de toute première qualité pour la table ; maturité courant et fin d'hiver. Arbre assez vigoureux, fertile.

C. P. **REINETTE GRISE D'HIVER.** Fruit moyen, sphérique-déprimé, presque entièrement recouvert de rouille ; à chair blanche, fine, moelleuse, bien sucrée, délicatement parfumée ; de toute première qualité pour la table ; maturité courant et fin d'hiver. Arbre de vigueur moyenne, à floraison hâtive, un peu délicat dans certains sols. — Ancienne variété toujours très recherchée pour la saveur particulière de son fruit, qu'il faut cueillir le plus tard possible, étant sujet à se rider.

C. P. **REINETTE DE CUZY.** Fruit moyen, arrondi-côtelé, plus large que haut, jaune-citron, souvent teinté de rouge à l'insolation ; à chair blanc jaunâtre, fine, tendre, sucrée, légèrement acidulée ; de première qualité ; maturité courant et fin d'hiver. Arbre vigoureux, propre à toutes formes ; a résisté à la gelée de 1879-1880. — Trouvée au hameau des Chapuis, commune de Cuzy (Saône-et-Loire).

C. P. **FENOUILLET GRIS.** Fruit petit, arrondi, plus large que haut, gris roux ; à chair blanche, fine, ferme, sucrée et relevée d'une saveur d'anis ; de première qualité pour la table ; maturité courant et fin d'hiver. Arbre très fertile, de vigueur moyenne, propre à toutes formes, mais surtout au haut-vent ; a résisté à la gelée de 1879-1880.

C. P. **COURT-PENDU PLAT.** Fruit moyen, de jolie forme très aplatie, et dont l'œil est placé dans une large cavité régulière en forme de godet, à peau presque entièrement recouverte de rouge vif sur fond jaune d'or ; chair jaunâtre, fine, serrée, bien sucrée et d'une bonne saveur ; de toute première qualité pour la table ; maturité courant et fin d'hiver. Arbre de vigueur modérée, d'un beau port, à floraison très tardive. — Variété très avantageuse sous tous les rapports, et que l'on recommande aussi pour la fabrication du cidre.

PEARMAIN DE CLAYGATE. Fruit assez gros, de forme conique-arrondie, vert-citron terne lavé et strié de rouge léger ; à chair verdâtre, tendre, sucrée, douce, vineuse et d'un très bon parfum ; de première qualité pour la table ; maturité courant et fin d'hiver. Arbre de vigueur modérée, à floraison tardive, très fertile et rustique, propre à toutes formes, mais a cultiver de préférence dans le jardin fruitier, réussissant très bien en espalier et contre-espalier dans les situations chaudes. — Originaire de Claygate (Angleterre).

BOIKEN. Fruit moyen, conique-arrondi-côtelé, jaune brillant lavé de carmin ; à chair blanche, croquante, d'un parfum très délicat ; de première qualité ; maturité courant et fin d'hiver. Arbre sain, de vigueur moyenne, à floraison tardive, très fertile. — Cette variété est très répandue aux environs de Brême d'où on la croit originaire. Propre à la confection du cidre.

C. P. **REINETTE FRANCHE.** Fruit moyen, sphérico-conique-tronqué, jaune-citron clair souvent lavé de rouge à l'insolation ; à chair jaunâtre, bien fine, très juteuse, bien sucrée et d'une saveur acidulée très agréable ; de toute première qualité pour la table ; maturité courant et fin d'hiver. Arbre un peu délicat, sujet au chancre, généralement impropre au verger. — Ancienne variété, considérée comme le type des reinettes et toujours très recherchée, surtout en France.

C. P. **PEPIN DE PARKER.** Fruit moyen, sphérique-déprimé, presque entièrement recouvert de fauve sur fond jaune ; à chair blanc verdâtre, très fine, tendre, juteuse ; de première qualité ; maturité courant et fin d'hiver. Grand arbre, vigoureux, à floraison tardive, précoce au rapport et très fertile. — Sorte de reinette grise très recommandable, d'origine anglaise. A résisté à la gelée de 1879-1880.

DORÉE DE TOURNAY. Fruit moyen, de forme arrondie, côtelé autour de l'œil qui est large et ouvert ; peau très mince, jaune d'or ; chair très fine, jaunâtre, juteuse, d'une excellente saveur rappelant celle de la *Calville blanche d'hiver ;* de première qualité ; maturité courant et fin d'hiver. Arbre vigoureux et fertile. — Cette excellente Pomme a été obtenue en 1817, par M. Joseph de Gaest de Braffe, à Tournay.

COURT OF WICK. Fruit petit, de jolie forme régulière, beau jaune-orange pointillé ; à chair jaune, croquante, sucrée et fortement parfumée ; de toute première qualité pour la table ; maturité courant et fin d'hiver. Arbre fertile et rustique. — Obtenue en Angleterre, d'un pépin de la variété *Pépin d'or.*

PEARMAIN ANGLAISE D'HIVER. Fruit moyen, arrondi conique, lavé et strié de rouge orangé sur fond jaune-citron ; à chair jaune, fine, tendre, juteuse, sucrée ; de toute première qualité ; maturité milieu et fin d'hiver, se prolongeant quelquefois jusqu'au mois de mai. Arbre vigoureux, fertile, à floraison tardive. — Ancienne et excellente variété, d'origine anglaise.

C. P. **PEARMAIN D'ADAMS.** Fruit moyen, de forme conique-tronquée régulière, à peau fine et sèche, jaune-citron nuancé de vert et lavé de rouge-cerise ; chair jaune, fine, assez juteuse, sucrée et relevée d'un excellent parfum rafraîchissant ; de toute première qualité pour la table ; maturité milieu et fin d'hiver. Arbre moyen, de vigueur modérée, à floraison hâtive, précoce au rapport et d'une fertilité soutenue ; propre à toutes formes, mais particulièrement à l'espalier, au contre-espalier et au petit haut-vent dans le jardin fruitier. — L'une des plus jolies et des meilleures Pommes que nous connaissions. — Obtenue par le chevalier sir Robert Adam, du comté de Norfolk, qui lui donna d'abord le nom de Norfolk pippin.

. P. **GROS FENOUILLET**. Fruit moyen, sphérique-aplati, rouille fauve sur fond jaune-cannelle; à chair blanche, fine, tendre, juteuse, sucrée; de première qualité pour la table et pour cuire; maturité courant d'hiver et printemps. Arbre de vigueur moyenne, fertile, propre à la culture en buisson et au haut-vent.

. P. **GROSSE REINETTE DE CASSEL** (*Reinette de Caux*). Fruit assez gros, de forme sphérique régulière, taché et strié de rouge cramoisi sur fond jaune d'or mat; à chair fine, blanc jaunâtre, serrée, sucrée et d'une saveur très agréable; de première qualité pour la table et pour cuire; maturité courant d'hiver et printemps. Arbre de bonne vigueur, rustique dans sa fleur qui est hâtive, précoce au rapport et très fertile. — Variété universellement appréciée.

.P. **REINETTE GRISE DU CANADA**. Fruit assez gros ou gros, sphérique-aplati, presque entièrement recouvert de rouille; à chair fine, sucrée-acidulée, parfumée; de première qualité pour la table; maturité fin d'hiver. Arbre de bonne vigueur, très fertile, plus propre aux formes basses qu'au haut-vent.

. P. **REINETTE LAGRANGE**. Fruit moyen, sphérique-déprimé, plus large que haut, jaune d'or brillant lavé de rose-carmin à l'insolation; à chair blanche, fine, tendre, très sucrée et parfumée à la manière de la *Reinette franche;* de première qualité; maturité fin d'hiver, parfois plus tard. Arbre de vigueur moyenne, très fertile, propre à toutes formes, mais surtout au haut-vent. — Obtenue par M. Jacques Lagrange, pépiniériste à Oullins, près Lyon.

    REINETTE DE FOURNIÈRE. Fruit moyen, de forme aplatie, à peau fine, vert jaunâtre taché de fauve et lavé de jaune-orange du côté du soleil; à chair ferme, juteuse, sucrée et bien parfumée à la manière des Reinettes grises; de toute première qualité pour la table; maturité fin d'hiver. Arbre très fertile et rustique.

. P. **BELLE DE BOSKOOP**. Fruit gros, sphérico-conique, jaune-citron lavé de rouge clair; à chair jaunâtre, fine, assez ferme, juteuse, sucrée-acidulée, agréablement parfumée; de première qualité pour la table; maturité fin d'hiver. Arbre très vigoureux, précoce au rapport, très fertile; propre à toutes formes, mais redoutant, pour le plein-vent, les situations exposées aux grands vents. — A notre avis l'une des plus belles et des meilleures pommes de table d'arrière-saison. Obtenue par M. K.-J.-W. Ottolander, à Boskoop, près Gouda (Hollande).

    WELLINGTON. Fruit assez gros, de forme sphérique-déprimée régulière, à peau lisse et luisante, jaune-paille légèrement lavé de rouge au soleil; chair blanche, très ferme, juteuse; maturité fin d'hiver. Arbre vigoureux, rustique et fertile, à floraison tardive. — Très estimée pour cidre. Le fruit, conservant très tard l'acidité de sa chair et le brillant de sa peau, est recommandé pour tous les usages du ménage. Très propre à la grande culture. D'origine anglaise.

. P. **REINETTE DE DIEPPEDALLE**. Fruit petit ou moyen, légèrement conique, roux jaunâtre; à chair verdâtre, fine, ferme, sucrée, finement acidulée; de toute première qualité pour la table; maturité hiver et printemps. Arbre un peu délicat, mais très fertile. — Très répandue aux environs de Dieppedalle, en Normandie.

    REINETTE GRISE DE BROWNLEE. Fruit moyen, sphérico-ovoïde, presque entièrement recouvert de rouille; à chair verdâtre, fine, ferme, bien sucrée et parfumée à la manière des meilleures Reinettes grises; de toute première qualité pour le table; maturité fin d'hiver et printemps. Arbre vigoureux et rustique, ayant résisté à la gelée de 1879-1880, tenant bien ses fruits; propre à toutes formes, mais surtout au haut-vent. — Excellente Pomme d'amateur.

. P. **API**. Fruit petit, sphérique-aplati, jaune-paille lavé de cramoisi, très joli; à chair blanche, très fine, croquante, juteuse, d'un parfum rafraîchissant des plus agréables; maturité fin d'hiver et printemps. Arbre nain, très fertile, à floraison hâtive, particulièrement propre à la culture en haie, cordon et buisson.

    REINETTE DE CHAMPAGNE. Fruit moyen, sphérique-aplati, légèrement côtelé, jaune-citron; à chair blanche, bien fine, serrée; de bonne qualité pour la table et très propre à la confection du cidre; maturité fin d'hiver et printemps. Arbre moyen, très rustique et très fertile, formant une jolie tête sphérique. — La longue et facile conservation de son fruit sans se rider, sa solidité d'attache à l'arbre, son peu d'apparence et sa mauvaise qualité au moment de la cueillette, complètent le mérite de cette variété pour la plantation des routes et le grand verger.

. P. **PEPIN DE STURMER**. Fruit moyen, sphérico-conique, jaune verdâtre, largement lavé de rouge-brun; à chair blanc jaunâtre, fine, serrée, juteuse, sucrée-acidulée; de première qualité; maturité fin d'hiver et printemps. Arbre de bonne vigueur, très fertile, à floraison hâtive; propre à toutes formes, mais surtout au haut-vent. — Obtenue par M. Dillistone, pépiniériste à Sturmer, comté de Suffolk (Angleterre).

    ÉTERNELLE D'ALLEN. Fruit moyen, de forme sphérique-déprimée régulière, vert grisâtre; de première qualité pour la table; maturité très tardive. Arbre de vigueur presque insuffisante, très convenable pour les petites formes et pour la culture en pots. — Cette variété, que nous avons introduite d'Angleterre, est de tout premier mérite par la qualité et la longue conservation de son fruit.

8

JACQUIN. Fruit assez gros ou gros, parfois même très gros, allongé, jaune-citron ; à chair jaunâtre, fine, ferme, cassante ; de toute première qualité ; maturité très tardive ; se conservant facilement pendant deux ans. Arbre vigoureux, fertile, à floraison tardive ; propre à toutes formes. — L'une des plus belles et des meilleures Pommes très tardives.

2e SÉRIE DE MÉRITE

(ORDRE DE MATURITÉ)

POMMES PRÉCOCES

TRANSPARENTE JAUNE. Fruit assez gros, conique-arrondi, à peau très mince, blanc jaunâtre unicolore ; à chair blanche ; de bonne qualité ; maturité juillet. Arbre vigoureux et fertile, rustique, ayant résisté à la gelée de 1879-1880. — Très joli fruit.

MARGUERITE. Fruit petit ou moyen, sphérico-ovoïde, lavé et strié de rouge sur fond blanc jaunâtre ; à chair ferme, juteuse, sucrée ; de bonne qualité ; maturité juillet. Petit arbre à floraison tardive, précoce au rapport et très fertile ; propre aux formes naines. — D'origine anglaise.

JOANNETING. Fruit petit, arrondi, jaune pâle ; à chair blanche, croquante, juteuse ; de première qualité. Arbre rustique et très fertile. — Réputée en Angleterre la plus hâtive de toutes les Pommes.

CALVILLE BLANCHE D'ÉTÉ. Fruit moyen, sphérico-conique, blanc verdâtre ; à chair tendre, rafraîchissante ; maturité fin juillet. Arbre peu vigoureux, à floraison hâtive, précoce au rapport, très fertile, rustique, ayant résisté à la gelée de 1879-1880. — Pomme de verger, propre aux usages de la cuisine.

ROSE DE VIRGINIE. Fruit assez gros, arrondi, beau jaune, strié de rose ; à chair jaunâtre, juteuse ; de bonne qualité pour la table et de toute première qualité pour cuire ; maturité fin juillet. Arbre vigoureux, à floraison hâtive, précoce au rapport, fertile, rustique, ayant résisté à la gelée de 1879-1880.

CALVILLE ROUGE D'ÉTÉ. Fruit petit, ovoïde anguleux, cramoisi strié de rouge foncé ; à chair blanche, juteuse, d'un goût relevé et acidulé ; maturité fin juillet. Arbre très fertile, propre au verger. — Joli ornement de dessert.

SAINT-GERMAIN. Fruit moyen, sphérique, jaune verdâtre ; à chair vert jaunâtre ou jaunâtre ; de bonne qualité pour cuire ; maturité fin juillet et commencement d'août. Arbre vigoureux, fertile, rustique, ayant résisté à la gelée de 1879-1880.

RINAHKOWSKI. Fruit petit, sphérique-déprimé, marbré rouge et réticulé de rouille sur fond jaune ; à chair croquante, juteuse ; de première qualité ; maturité juillet-août. Arbre vigoureux, rustique, ayant résisté à la gelée de 1879-1880. — Variété russe.

PAIN DE SUCRE. Fruit moyen, de forme cylindrique, jaune clair unicolore ; à chair blanche, fine, juteuse ; maturité commencement d'août. Arbre très fertile, précoce au rapport, rustique, ayant résisté à la gelée de 1879-1880. — Intéressante variété.

JULIEN PRÉCOCE. Fruit moyen ou assez gros, sphérique, côtelé, jaune verdâtre lavé de rouge-orange ; à chair fine, blanchâtre, bien parfumée, rafraîchissante ; de première qualité ; maturité commencement d'août. Arbre de vigueur moyenne, très fertile. — Variété écossaise.

SCARLET PIPPIN. Fruit moyen, élargi-aplati, rouge cramoisi sur fond jaune ; à chair blanche, juteuse, agréablement parfumée ; de bonne qualité ; maturité commencement d'août. Arbre vigoureux, fertile, propre à la culture à haute tige.

MONSIEUR GLADSTONE. Fruit moyen, rouge rayé ; à chair blanche, juteuse ; de bonne qualité ; maturité commencement d'août. Arbre vigoureux, fertile. — Reçue d'Angleterre.

BOUGH. Fruit gros, conique-raccourci, jaune verdâtre ; à chair blanc jaunâtre, très sucrée ; maturité commencement d'août. Arbre moyen, très fertile, précoce au rapport. — D'origine américaine.

BIEL GRANENOY. Fruit gros, presque cylindrique, lavé et strié rouge-cerise sur fond jaune-paille blanchâtre ; de bonne qualité ; maturité commencement d'août. Arbre peu vigoureux, à floraison hâtive, précoce au rapport, très fertile, rustique, ayant résisté à la gelée de 1879-1880. — Probablement originaire de Crimée.

QUARRENDON DU COMTÉ DE DEVON. Fruit petit ou moyen, sphérique et très aplati, rouge-pourpre foncé ; à chair fine, croquante ; d'un bon parfum ; maturité première quinzaine d'août. Arbre rustique et fertile dans tous les sols et sous tous les climats. — D'origine anglaise.

VIRGINIA RED STREAK. Fruit très gros, aplati, de forme irrégulière, vert jaunâtre lavé et strié de carmin à l'insolation ; à chair blanche, juteuse, ferme ; de bonne qualité ; maturité mi-août. Arbre de bonne vigueur, fertile. — Variété introduite d'Amérique par l'Etablissement, en 1872.

FORNARISKA. Fruit moyen, sphérique régulier, blanc jaunâtre ; à chair blanche, tendre ; de bonne qualité ; maturité mi-août. Arbre de bonne vigueur, fertile.

PÉPIN D'OR D'ÉTÉ. Fruit petit ou moyen, conique, jaune-citron doré lavé de rouge orangé ; à chair blanche, fine ; de première qualité ; maturité mi-août. Arbre peu vigoureux, très fertile.

PFIRSICHROTHER SOMMERAPFEL. Fruit moyen, sphérique, presque entièrement recouvert de rouge rosat sur fond blanc de lait, très joli ; à chair blanche, fine ; de première qualité pour la table ; maturité mi-août. Arbre très fertile.

DOUCE DORÉE. Fruit moyen ou gros, sphérique, vert pointillé passant au jaune à la complète maturité ; à chair tendre, peu juteuse, bien parfumée ; de bonne qualité pour la table ; maturité mi-août. Arbre très vigoureux et fertile. Variété américaine très estimée dans le Connecticut ; introduite par l'Établissement en 1872. — Surveiller ce fruit au moment de la maturité, car sa couleur fait souvent supposer qu'il n'est pas mûr.

ROUGE DE CAROLINE. Fruit petit ou moyen, ovale, rouge foncé ; à chair très blanche, fine, juteuse, bien parfumée ; de première qualité ; maturité août. — Variété introduite d'Amérique par l'Établissement, en 1872.

JOÉ PRÉCOCE. Fruit petit, de forme arrondie irrégulière, presque entièrement recouvert et strié de rouge ; à chair tendre, juteuse, d'une saveur vineuse très agréable ; maturité août. Arbre peu vigoureux, très fertile. — Variété américaine.

CODLIN DE MANKS. Fruit assez gros, conique, jaune de cire ; à chair juteuse ; de première qualité pour cuire ; maturité août. Arbre peu vigoureux, très rustique, remarquablement précoce au rapport et très fertile. — Estimée en Angleterre.

FANNY. Fruit gros, arrondi-déprimé, d'un beau rouge cramoisi foncé ; à chair blanche, tendre, juteuse ; de première qualité ; maturité août. Arbre vigoureux et très fertile. — Variété américaine introduite par l'Établissement, en 1874.

CODLIN DE KESWICK. Fruit assez gros, de forme variable, jaune verdâtre ; à chair blanc jaunâtre, assez fine, juteuse ; de bonne qualité pour la table et de première qualité pour cuire ; maturité août. Arbre vigoureux, fertile, précoce au rapport. — Trouvée en Angleterre, à Gleaston Castle, près d'Ulverstone, et propagée par M. John Sander, pépiniériste à Keswick.

BENONI. Fruit moyen, de forme conique-arrondie, strié et marbré de cramoisi foncé sur fond jaune pâle ; à chair jaune, tendre, juteuse ; de première qualité ; maturité août. Arbre vigoureux, rustique et fertile. — Estimée en Amérique. A résisté à la gelée de 1879-1880.

VON HÖRNINGSHOLM. Fruit très gros, sphérique-aplati, verdâtre, coloré au soleil ; à chair verdâtre ; de bonne qualité ; maturité août. Arbre vigoureux, rustique, ayant résisté à la gelée de 1879-1880. — Variété danoise très recommandée.

PETITE FAVORITE. Fruit petit, arrondi, presque entièrement recouvert de cramoisi, sur fond jaune cire ; à chair blanche, fine, sucrée, à saveur de framboise ; de bonne qualité pour la table ; maturité août-septembre. Arbre vigoureux, fertile, rustique, ayant résisté à la gelée de 1879-1880 ; propre au haut-vent. — Bon fruit de marché.

THORLE D'ÉTÉ. Fruit moyen, de forme arrondie-déprimée régulière, largement recouvert de rouge-cerise sur fond jaune verdâtre pâle, joli ; à chair blanc jaunâtre, fine, agréablement acidulée ; maturité août-septembre. Arbre vigoureux, fertile, à floraison tardive. — Variété anglaise, très répandue en Écosse.

PRIMATE. Fruit moyen, de forme conique-arrondie, blanc verdâtre lavé de cramoisi du côté du soleil ; à chair blanche, très tendre, rafraîchissante ; maturité août et septembre. Arbre rustique, précoce au rapport et très fertile. — Très jolie et excellente variété, d'origine américaine.

PEARMAIN D'ÉTÉ AMÉRICAINE. Fruit moyen, oblong, rouge marbré ; à chair jaune, remarquablement tendre, d'une riche et agréable saveur ; de première qualité ; maturité août-septembre. Arbre de vigueur modérée, rustique, ayant résisté à la gelée de 1879-1880. — Très estimée en Amérique, d'où nous l'avons reçue en 1874.

OSLIN. Fruit petit ou moyen, arrondi, jaune pâle ; à chair ferme, juteuse, sucrée, d'un parfum particulier très agréable ; maturité août-septembre. Arbre de bonne vigueur, fertile. — Reçue d'Angleterre.

POMME NEIGE BELGE. Fruit moyen, sphérique côtelé, vert gai nuancé de jaune ; à chair blanc de neige, très fine, juteuse, d'un arome suave ; de première qualité ; maturité août-septembre. Arbre de vigueur moyenne, devenant très fertile. — Estimée aux environs de Liège.

SEMIS DE LONGVILLE. Fruit moyen, ovale-rétréci, jaune pâle strié et pointillé de carmin léger, très joli ; à chair jaunâtre, tendre, acidulée ; bon pour la table et pour cidre ; maturité août-septembre. Arbre d'une fertilité remarquable, propre au haut-vent. — D'origine anglaise.

CARMENAL DE HONGRIE. Fruit très gros, sphérique-aplati, fortement strié de rouge ; de bonne qualité pour la table ; maturité août-septembre. Arbre vigoureux et fertile, propre aux formes basses. — Jolie pomme.

LEYDEN PIPPIN. Fruit moyen, de forme arrondie, atténuée vers le sommet, vert pâle légèrement nuancé de rouge du côté du soleil ; à chair jaunâtre sous la peau, fine, juteuse, sucrée ; de première qualité pour la table ; maturité fin août et commencement de septembre. Arbre très fertile, à floraison assez hâtive, précoce au rapport, rustique, ayant résisté à la gelée de 1879-1880.

TRANSPARENTE DE ZURICH. Fruit moyen, d'une jolie forme conique, blanc de cire unicolore ; à chair blanc de neige ; d'assez bonne qualité ; maturité fin août et commencement de septembre. Arbre de bonne vigueur, rustique, ayant résisté à la gelée de 1879-1880.

PEARMAIN DE WORCESTER. Fruit moyen, sphérico-conique, rouge vif sur fond jaune ; à chair blanche, juteuse, sucrée, avec un peu d'acidité ; de première qualité ; maturité fin d'août à décembre. Arbre de bonne vigueur, fertile, rustique, ayant résisté à la gelée de 1879-1880.

FRAMBOISE. Fruit assez gros, forme de *Calville*, presque entièrement recouvert de rouge foncé sur fond vert clair ; à chair blanche fine, d'un parfum particulier bien prononcé et très agréable, rappelant assez bien celui de la framboise ; maturité commencement et courant de septembre.

BOHANNAN. Fruit moyen, jaune verdâtre, un peu coloré au soleil ; à chair fine, juteuse, sucrée ; de bonne qualité ; maturité septembre. Arbre vigoureux et fertile. — Introduite d'Amérique par l'Établissement, en 1874.

DANIEL. Fruit moyen, arrondi-déprimé, jaune verdâtre, strié de cramoisi terne ; à chair blanche, juteuse, sucrée ; de bonne qualité ; maturité septembre. Arbre de bonne vigueur, fertile, rustique, ayant résisté à la gelée de 1879-1880. — Introduite d'Amérique par l'Établissement, en 1874.

EDLER ROSENSTREIFLING. Fruit moyen, sphérique-aplati, entièrement strié de cramoisi sur fond jaune ; à chair blanc jaunâtre, veinée de rouge ; de bonne qualité pour la table et pour cuire ; maturité septembre. Arbre vigoureux et fertile.

ROI TRÈS NOBLE. Fruit moyen, en forme de *Calville*, pourpre cramoisi foncé ; à chair blanc rosé, très fine, tendre ; de bonne qualité ; maturité courant de septembre. Arbre peu vigoureux, très fertile.

SOPHIE PETOT. Fruit moyen, sphérique-déprimé, fortement coloré de rouge foncé, sur fond jaune verdâtre ; à chair blanche, juteuse ; de bonne qualité ; maturité septembre. Arbre de vigueur modérée, rustique, ayant résisté à la gelée de 1879-1880.

CALVILLE D'ÉTÉ DE FRAAS. Fruit gros, conique, blanc-paille ; à chair blanc pur, tendre ; de première qualité pour la table et pour cuire ; maturité septembre. Arbre vigoureux, précoce au rapport. — Obtenue de semis par M. Fraas, ancien curé de Balingen (Wurtemberg).

HATIVE DE GARRETTSON. Fruit moyen, conique-arrondi, côtelé, jaune verdâtre ; à chair blanche, tendre, juteuse ; à cuire ; maturité septembre. Arbre vigoureux et fertile. — Reçue d'Angleterre.

LORD SUFFIELD. Fruit très gros, jaune blanchâtre ; à chair blanche, juteuse ; à cuire ; maturité fin d'été. Arbre rustique, précoce au rapport et très fertile. — L'une des plus grosses Pommes précoces ; très estimée en Angleterre.

COUSINOTTE RAYÉE HATIVE. Fruit assez gros, sphérique, largement lavé et strié cramoisi mat sur fond d'un beau jaune ; à chair blanche, fine, ferme, très juteuse ; à cuire et à cidre, mais aussi de bonne qualité pour la table ; maturité fin d'été. Arbre vigoureux, sain et très fertile.

GRAVENSTEIN ROUGE. Jolie sous-variété de *Gravenstein*, à fruit plus coloré. Maturité un peu plus hâtive que la variété mère. — Originaire des environs de Lubeck.

REINETTE DORÉE D'ÉTÉ. Fruit moyen, sphérique, jaune pâle unicolore ; à chair blanche, fine, peu juteuse ; de bonne qualité ; maturité fin d'été et courant d'automne. Arbre de bonne vigueur, fertile, précoce au rapport, mais réclamant un sol léger et sain.

PEARMAIN D'ÉTÉ. Fruit assez gros, conique-tronqué, rouge strié sur fond jaune brillant ; à chair blanche, fine, hautement parfumée ; de première qualité ; maturité fin d'été et automne. Arbre rustique et fertile, ayant résisté à la gelée de 1879-1880. — D'origine anglaise.

REINETTE GRISE ANANAS. Fruit moyen, ovale-arrondi, jaune roux et fauve ; à chair remarquablement juteuse ; de première qualité pour la table ; maturité commencement d'automne.

FRAMBOISE DE LIVONIE. Fruit moyen, sphérique-déprimé, légèrement strié de cramoisi sur fond d'un beau jaune ; à chair blanc rosé, d'un parfum particulier ; de première qualité ; maturité commencement d'automne. Arbre sain et vigoureux, précoce au rapport, rustique, ayant résisté à la gelée de 1879-1880.

GOLDEN NOBLE. Fruit gros, sphérique, jaune ; à chair blanc jaunâtre, fine, juteuse ; à cuire ; maturité commencement d'automne. — Belle Pomme unicolore, estimée en Angleterre. Arbre vigoureux et fertile.

PEARMAIN DORÉE HATIVE. Fruit moyen, sphérique irrégulier, côtelé, jaune d'or, pointillé de fauve, recouvert de rouille près du pédoncule ; à chair blanche, juteuse, bien parfumée ; de première qualité ; maturité commencement d'automne. Arbre vigoureux, fertile, rustique, ayant résisté à la gelée de 1879-1880.

SANS-PAREILLE. Fruit moyen, sphérique-déprimé régulier, rouge strié sur fond jaune-citron ; à chair blanche, fine, tendre ; de toute première qualité pour cuire et pour cidre ; maturité automne. — Grand arbre, rustique, précoce au rapport et très fertile, a résisté à la gelée de 1879-1880. D'origine anglaise.

PIGEONNET. Fruit petit ou moyen, conico-ovoïde, rouge rosat strié, très joli ; à chair bien blanche, fine ; de première qualité ; maturité courant d'automne. Arbre peu vigoureux, très fertile, à floraison hâtive.

FALL WINE. Fruit assez gros, arrondi, largement lavé et strié de rouge cramoisi sur fond jaune clair ; à chair très douce ; de première qualité ; maturité automne. — Très estimée dans l'Illinois et le Iowa. Introduite d'Amérique par l'Établissement en 1872.

CELLINI. Fruit ressemblant beaucoup, dans sa forme et son coloris, à *Sans-Pareille*, mais plus gros ; à chair blanche, tendre, juteuse ; de meilleure qualité. Arbre sain, très vigoureux et très fertile, à floraison précoce. — Variété très estimée en Angleterre. Obtenue par M. Leonard Phillips, de Vauxhall.

PEARMAIN ÉCARLATE. Fruit moyen, sphérico-conique, très largement recouvert de cramoisi foncé sur fond jaune ; à chair jaunâtre, fine, sucrée, acidulée, parfumée ; de première qualité ; maturité automne. Arbre très fertile, précoce au rapport, à floraison tardive. — D'origine anglaise.

ROI DE WARNER. Fruit très gros, de forme irrégulière, jaune ; à chair blanche, très juteuse ; de première qualité pour cuire ; maturité automne. Arbre rustique et fertile, à floraison précoce. — Variété anglaise ; l'une des plus grosses Pommes.

ANANAS ROUGE. Fruit moyen, conique-allongé, rouge laqueux sur fond jaune ; à chair blanche, fine ; de bonne qualité pour la table ; maturité automne. Arbre de bonne vigueur, fertile. — Trouvée aux environs de Dessau (Allemagne), par M. Richter.

PÉPIN D'OR DE BULL. Fruit moyen, de forme conique raccourcie, côtelé, jaune-paille très légèrement strié de rouge pâle ; à chair blanche, fine, ferme, juteuse ; de première qualité ; maturité automne. Arbre de bonne vigueur, fertile. — Reçue d'Angleterre.

HAWTHORNDEN. Fruit assez gros, aplati, jaune clair lavé de rose tendre ; à chair blanche, juteuse, d'une saveur agréable ; maturité automne. Arbre peu vigoureux, précoce au rapport et très fertile. — L'une des variétés de Pommes les plus estimées en Angleterre. Obtenue à Hawthornden, près d'Édimbourg.

MUSEAU DE LIÈVRE ROUGE. Fruit moyen, de forme conique particulière, presque entièrement recouvert et strié de rouge-sang ; à chair fine ; de première qualité pour cuire et pour cidre ; maturité automne. Arbre vigoureux et fertile, à floraison tardive. — Cultivée dans quelques contrées du midi de la France.

CALVILLE ROUGE D'AUTOMNE. Fruit gros, sphérique, côtelé, entièrement recouvert de rouge cramoisi ; à cuire ; maturité automne. Arbre vigoureux et fertile, propre au verger.

MAGNOLIA. Fruit moyen, conique-arrondi-déprimé, strié et marbré de cramoisi sur fond jaune ; de bonne qualité ; maturité automne. Arbre rustique, ayant résisté à la gelée de 1879-1880. — Introduite d'Amérique par l'Établissement en 1872.

KIENLESAPFEL. Fruit petit ou moyen, sphérique, entièrement strié de cramoisi ; de première qualité pour cidre ; maturité courant d'automne. Très grand arbre, remarquablement fertile. — Variété très recherchée dans le Wurtemberg.

PÉPIN DE KERRY. Fruit moyen, de forme ovale arrondie, largement lavé et strié de rouge brillant sur fond jaune clair ; à chair jaunâtre, ferme, très juteuse ; de première qualité ; maturité courant d'automne. Arbre peu vigoureux, précoce au rapport et extraordinairement fertile. — D'origine irlandaise.

PRINTANIÈRE DE CHÉNÉE. Fruit assez gros ou gros, sphérique, strié de rouge sur fond jaune verdâtre ; de deuxième qualité pour la table, excellent cuit ; maturité courant d'automne. Arbre de bonne vigueur, fertile ; originaire des environs de Liège.

FERTILE DE FROGMORE. Fruit gros, de forme sphérique régulière, jaune verdâtre pâle légèrement strié de rouge ; à chair très tendre, douce ; de toute première qualité pour cuire ; maturité courant d'automne. Arbre très fertile, rustique, ayant résisté à la gelée de 1879-1880. — D'origine anglaise.

REINETTE DOUCE D'AUTOMNE. Fruit moyen, de jolie forme régulière, d'un beau jaune d'or parfois légèrement lavé de rouge ; à chair jaunâtre, fine, remarquablement sucrée ; maturité courant et fin d'automne. Arbre vigoureux, fertile et rustique, tenant bien ses fruits pour une Pomme précoce. — Très joli fruit, recommandé aux amateurs de Pommes douces. A résisté à la gelée de 1879-1880. Trouvée à Nienburg (Allemagne), par M. Oberdieck.

INGESTRIE JAUNE. Fruit petit, sphérico-cylindrique, jaune d'or unicolore ; à chair blanc jaunâtre, croquante, parfumée ; maturité courant et fin d'automne. Arbre très fertile, à floraison hâtive. — Obtenue au commencement de ce siècle, par M. Knight, ancien président de la Société d'horticulture de Londres.

P. **DEAN'S CODLIN.** Fruit assez gros ou gros, conique, jaune d'or ; à chair blanche, fine, assez tendre, juteuse, sucrée, agréablement relevée ; maturité courant et fin d'automne. Arbre de bonne vigueur, fertile. — Obtenue par M. Dean, propriétaire à Cheshunt (Angleterre) ; importée en France par M. Ferdinand Jamin, en 1844.

ANANAS BLANC. Fruit moyen, sphérique-déprimé, jaune clair unicolore ; à chair jaunâtre, fine, très juteuse, sucrée-acidulée ; de bonne qualité ; maturité courant et fin d'automne. Arbre sain, de vigueur moyenne.

PÉPIN D'OR ANANAS. Fruit petit, de forme sphérique-aplatie régulière, entièrement recouvert de fauve ; à chair très tendre, juteuse, d'une saveur d'Ananas ; de toute première qualité pour la table ; maturité courant et fin d'automne. — Très estimée en Angleterre.

PÉPIN LOISEL. Fruit moyen ou assez gros, de forme conique, jaune d'or ; à chair jaunâtre, fine, assez ferme ; de bonne qualité ; maturité courant et fin d'automne. Arbre de bonne vigueur, à floraison hâtive. — Obtenue par M. Loisel, de Fauquemont (Limbourg hollandais).

C. P. **MUSEAU DE LIÈVRE BLANC.** Fruit moyen, de forme conique particulière, jaune-paille, teinté de saumon à l'insolation ; à chair blanche, très juteuse, parfumée ; de bonne qualité pour la table et pour cidre ; maturité courant et fin d'automne. Arbre vigoureux, fertile, propre à toutes formes ; à floraison hâtive.

MOTHER. Fruit moyen, conique-arrondi, presque entièrement recouvert d'un beau rouge clair ; à chair jaune, tendre, fondante, juteuse ; de toute première qualité pour la table ; maturité fin d'automne. Arbre de vigueur modérée, fertile. — Variété américaine très méritante.

REINETTE JOSEPH DANIEK. Fruit gros, jaune, coloré de rouge ; à chair fine, sucrée ; de bonne qualité ; maturité fin d'automne. Arbre vigoureux, à port pyramidal, fertile. — Reçue de M. Proche, pomologue à Sloupno (Bohême), qui l'a dédiée à un de ses amis.

CALVILLE DE DANTZICK. Fruit moyen ou gros, sphérico-conique, jaune verdâtre lavé de rouge sanguin ; à chair blanc jaunâtre, fine, tendre, juteuse ; de deuxième qualité pour la table et de première qualité pour la cuisine ; maturité automne et commencement d'hiver. Grand arbre, de grande vigueur, fertile, précoce au rapport.

COUSINOTTE DE BRANDENBOURG. Fruit assez gros, sphérique-déprimé, entièrement strié de cramoisi ; à chair très juteuse ; maturité automne et commencement d'hiver. Arbre vigoureux et très fertile.

JOSÉPHINE. Fruit gros ou très gros, cylindrique tronqué, vert jaunâtre ; à chair cassante, acidulée ; d'ornement et à cuire ; maturité automne et commencement d'hiver. Arbre de bonne vigueur, de fertilité moyenne.

ROSE DE MORINGEN. Joli petit fruit, rayé marron ; de bonne qualité ; maturité automne et commencement d'hiver. Arbre fertile, rustique, ayant résisté à la gelée de 1879-1880. — D'origine allemande.

ROSE DE SAINT-FLORIAN. Fruit moyen, de forme cylindrique, largement lavé de rouge-brun sur fond jaune clair ; à chair juteuse ; de toute première qualité pour la table et pour cuire ; maturité automne et commencement d'hiver. Arbre précoce au rapport et très fertile, à floraison hâtive. — D'origine allemande.

CALVILLE MALINGRE. Fruit gros, un peu conique, fortement côtelé, jaune d'or très coloré de rouge-cerise foncé ; à chair demi-fine, moelleuse, sucrée, acidulée ; de bonne qualité ; maturité automne et commencement d'hiver. Arbre assez vigoureux, fertile.

LUIKEN. Fruit moyen, sphérique, presque entièrement moucheté et strié de carmin ; à chair très blanche, ferme, sucrée ; maturité automne et commencement d'hiver. Très grand arbre, sain, à floraison très tardive, très fertile, rustique, ayant résisté à la gelée de 1879-1880. — L'une des variétés les plus estimées dans le Wurtemberg pour la grande culture, recommandable pour la confection du cidre.

PÉPIN DE L'ILE DE WIGHT. Fruit petit, de forme ovale, jaune ; de première qualité pour la table ; maturité automne et commencement d'hiver. Arbre de bonne vigueur, à floraison hâtive.

SEMIS DE L'ABBAYE DE WALTHAM. Fruit gros, arrondi, jaune ; de première qualité pour cuire ; maturité automne et commencement d'hiver. Arbre très fertile. — Beau fruit.

ADMIRABLE DE SMALL. Fruit gros, ovale-arrondi, jaune-citron unicolore ; à chair ferme, douce ; de toute première qualité pour cuire ; maturité fin d'automne et commencement d'hiver. Arbre nain, très fertile, à floraison assez tardive. — Très estimée en Angleterre.

REINETTE DE MAUSS. Fruit assez gros, sphérique, presque entièrement recouvert de rouge-sang ; à chair blanc jaunâtre, fine, tendre, juteuse, sucrée et d'une saveur très agréable ; de première qualité pour la table et pour cuire ; maturité fin d'automne et commencement d'hiver. Arbre fertile, à floraison tardive, rustique, ayant résisté à la gelée de 1879-1880. — Obtenue par M. Mauss, de Herrenhausen.

REINETTE SZÉCHÉNY. Fruit moyen, de forme sphérique régulière, jaune nuancé de rougeâtre ; à chair jaune, ferme ; de première qualité pour cuire et pour la table ; maturité automne et commencement d'hiver. Arbre vigoureux et fertile.

REINETTE CLOCHARD. Fruit moyen, de forme conique, vert pâle avec taches rugueuses ; à chair jaunâtre, fine, sucrée ; de première qualité ; maturité fin d'automne et commencement d'hiver. Arbre fertile. — Très bonne Pomme, dont l'apparence ne répond pas à la qualité.

CALVILLE NEIGE. Fruit moyen ou assez gros, irrégulier, jaune verdâtre ; à chair blanc jaunâtre, fine, tendre, juteuse, délicatement parfumée ; de première qualité ; maturité fin d'automne et commencement d'hiver. Arbre de vigueur moyenne, fertile.

BARON DE TRAUTTENBERG. Fruit assez gros, conique, beau jaune ; à chair blanc jaunâtre, fine, juteuse, bien sucrée et parfumée ; de première qualité pour la table et pour cuire ; maturité fin d'automne et commencement d'hiver. Arbre sain, vigoureux, précoce au rapport et fertile. — Obtenue par M. Urbanek, curé à Maytheny (Hongrie), et dédiée à M. le baron de Trauttenberg, de Prague.

BEAUTÉ DE L'OCCIDENT. Fruit assez gros ou gros, de forme conique-arrondie, jaune verdâtre ; à chair jaunâtre, assez fine, juteuse ; de bonne qualité pour la table et pour cuire ; maturité fin d'automne et commencement d'hiver. Arbre sain, vigoureux et fertile. — D'origine américaine.

POMME MELON D'AMÉRIQUE. Fruit assez gros, de forme conique arrondie, presque entièrement recouvert de rouge cramoisi sur fond vert jaunâtre ; à chair jaunâtre, tendre ; de première qualité pour la table et pour cuire ; maturité fin d'automne et commencement d'hiver. — Estimée aux États-Unis.

REINE DE FRANCE. Fruit assez gros ou gros, presque cylindrique, jaune-citron lavé de rouge ; de première qualité pour la table et pour cuire ; maturité fin d'automne et commencement d'hiver. Arbre vigoureux.

REINETTE POIRE. Fruit moyen ou assez gros, gris-roux ; à chair jaunâtre, ferme, sucrée ; de bonne qualité ; maturité fin automne et commencement d'hiver. Arbre fertile, de vigueur modérée.

JUNGFERNSCHÖNCHEN. Fruit moyen, de forme sphérique-déprimée très régulière, jaune-citron lavé de cramoisi ; de première qualité pour tous les usages ; maturité fin d'automne et commencement d'hiver. Arbre peu vigoureux, rustique, ayant résisté à la gelée de 1879-1880.

FAMEUSE. Fruit moyen, arrondi, cramoisi foncé ; à chair blanc de neige, très tendre ; de première qualité ; maturité fin d'automne et commencement d'hiver. Arbre rustique, ayant résisté à la gelée de 1879-1880. — Très jolie Pomme, estimée en Amérique, d'où nous l'avons reçue en 1872.

RICHARD JAUNE. Fruit assez gros, de forme conique, jaune-citron pâle ; à chair très blanche, fine ; de première qualité pour tous les usages ; maturité fin d'automne et commencement d'hiver. Arbre vigoureux, rustique, ayant résisté à la gelée de 1879-1880. — Variété très répandue dans le Mecklembourg.

PÉPIN LIMON DE GALLES. Fruit assez gros, presque cylindrique, jaune-citron foncé ; à chair blanc jaunâtre, demi-fine, ferme ; de première qualité ; maturité fin d'automne et hiver. Arbre fertile, précoce au rapport.

GEFLECKTER GOLDAPFEL. Fruit moyen, sphérique-déprimé, jaune mat ; à chair blanc jaunâtre, fine, sucrée ; de première qualité pour la table et pour cuire ; maturité fin d'automne et commencement d'hiver. Arbre demandant une situation chaude.

REINETTE JAUNE MUSQUÉE. Fruit moyen, arrondi, presque entièrement recouvert de fauve sur fond jaune vif ; à chair jaunâtre, fine, tendre, musquée ; de première qualité pour la table et pour cuire ; maturité fin d'automne et commencement d'hiver. Grand arbre, vigoureux et fertile. — Originaire du Hanovre.

POMME DE DIX-HUIT ONCES. Fruit très gros, arrondi, marbré et strié de rouge pourpre sur fond jaune verdâtre ; de première qualité pour la table et pour cuire ; maturité fin d'automne et commencement d'hiver. — Originaire d'Amérique.

REINETTE DORÉE DE BŒDIKER. Fruit moyen, sphérique-aplati, d'un beau jaune strié de cramoisi ; à chair jaunâtre, fine, tendre, juteuse, d'un parfum distingué ; de première qualité ; maturité fin d'automne et commencement d'hiver. Arbre vigoureux, d'un beau port, précoce au rapport et très fertile. — Obtenue par M. Bœdiker, de Meppen (Hanovre).

CARDINAL ROUGE. Fruit gros, élargi, rouge cramoisi ; à chair fine juteuse, parfumée ; de première qualité pour cuire et pour cidre ; maturité fin d'automne et hiver. Très grand arbre, fertile, rustique, ayant résisté à la gelée de 1879-1880 ; propre au grand verger. — Estimée dans le Wurtemberg et en Suisse.

BOUQUE PREUVE. Fruit moyen ou assez petit, très irrégulièrement tronqué à ses deux pôles, jaune d'or ; à chair ferme, très sucrée, parfumée à la manière des *Reinettes* ; de bonne qualité ; maturité fin d'automne et hiver. Arbre vigoureux, à floraison tardive ; propre à la grande culture. — Variété locale des environs de Marseille.

CORNISH AROMATIC. Fruit assez gros, arrondi-anguleux, jaune lavé de rouge brillant ; à chair croquante, juteuse, aromatisée ; de première qualité pour la table ; maturité fin d'automne et hiver.

BLANCHE D'ESPAGNE. Fruit très gros, de forme variable, jaune paille légèrement vermillonné ; à chair fine, cassante, juteuse ; de première qualité pour la table et pour cuire ; maturité commencement d'hiver. Arbre sujet au chancre, préférant les formes basses.

SANS PAREILLE D'HUBBARDSTON. Fruit gros, arrondi, largement recouvert de rouge-cerise sur fond jaune-brun ; à chair jaune, tendre ; de première qualité ; maturité commencement d'hiver. Arbre très vigoureux et très fertile. — Variété d'origine américaine, qui paraît très recommandable.

VRAI DRAP D'OR. Fruit assez gros, sphérico-cylindrique, jaune blanchâtre mat doré ; à chair jaune, tendre ; maturité commencement d'hiver. Arbre rustique, ayant résisté à la gelée de 1879-1880 ; floraison hâtive. — Variété très estimée en Allemagne.

CALVILLE BARRÉ. Fruit gros, arrondi, plus large que haut, jaune d'or lavé de rouge-orange au soleil ; à chair blanc jaunâtre, sucrée-acidulée ; de bonne qualité ; maturité commencement d'hiver. Arbre assez vigoureux, fertile.

PETIT FLEINER. Fruit moyen, de forme conique-tronquée régulière, jaune verdâtre luisant lavé de carmin ; à chair très tendre, juteuse ; de première qualité pour cuire et pour cidre ; maturité commencement d'hiver. Arbre vigoureux et fertile.

RIVIÈRE. Fruit moyen, courtement conique, de couleur saumonée, lavée et striée de rouge ; à chair jaunâtre, fine, tendre, d'un goût très fin et très délicat ; maturité commencement d'hiver. Arbre très fertile. — Originaire du département de la Charente.

REINETTE DE DAMASON. Fruit assez gros, légèrement côtelé, ressemblant à la *Calville blanche d'hiver*, jaune foncé unicolore ; à chair jaunâtre, bien sucrée ; maturité commencement d'hiver. Arbre de bonne vigueur, fertile, à floraison tardive.

C. P. **FENOUILLET JAUNE.** Fruit moyen, sphérique, gris fauve léger sur fond d'un beau jaune ; à chair blanc de lait, ferme, douce, sucrée ; de toute première qualité pour la table ; maturité commencement d'hiver. Arbre propre à la culture en buisson.

POMMES TARDIVES

POMME DE CHAZÉ. Fruit petit, arrondi, jaune verdâtre lavé de rose tendre ; à chair blanchâtre fine, tendre et croquante ; de première qualité ; maturité automne et courant d'hiver. Arbre de vigueur modérée, très fertile.

REINETTE DE WOLTMANN. Fruit moyen, sphérique-aplati, jaune clair verdâtre légèrement lavé et strié de rouge ; à chair très blanche, fine, juteuse ; de toute première qualité pour tous les usages ; maturité fin d'automne et courant d'hiver. Arbre très fertile, à floraison tardive. — Originaire de Zeven (Hanovre).

CURLTAIL PIPPIN. Fruit moyen, sphérique-aplati, jaune, coloré de rouge au soleil ; à chair jaunâtre, fine ; de première qualité pour la table ; maturité fin d'automne et courant d'hiver. Arbre vigoureux et fertile. — D'origine anglaise.

REINETTE ROUGE DE NIEMAN. Fruit moyen, conico-sphérique, rouge-cerise vif strié sur fond jaune pâle ; à chair blanche, fine, tendre, sucrée-acidulée ; de première qualité ; maturité fin d'automne et courant d'hiver. Arbre peu vigoureux. — Obtenue par M. Nieman, d'Hildesheim (Hanovre).

SANS PAREILLE DE WELFORD PARK. Fruit assez gros, sphérique-déprimé, fortement lavé et marbré de rouge à l'insolation, sur fond jaune verdâtre ; à chair blanche, tendre ; de bonne qualité ; maturité fin d'automne et courant d'hiver. Arbre peu vigoureux, fertile, rustique, ayant résisté à la gelée de 1879-1880.

DOUCE DE WELL. Fruit moyen, arrondi, vert pâle ; à chair blanche, très tendre, juteuse ; de bonne qualité ; maturité fin d'automne et courant d'hiver. — D'origine anglaise.

REINETTE DE VINGT ONCES. Fruit très gros, sphérique, vert jaunâtre lavé de carmin ; de bonne qualité ; maturité fin d'automne et courant d'hiver. Arbre vigoureux, fertile, rustique, ayant résisté à la gelée de 1879-1880.

CHESHUNT PIPPIN. Fruit moyen, sphérique-déprimé, marbré rouge sur fond blanc ; à chair ferme, juteuse ; de bonne qualité pour la table ; maturité fin d'automne et courant d'hiver. Arbre rustique, ayant résisté à la gelée de 1879-1880.

FORGE. Fruit petit ou moyen, de forme arrondie, beau jaune strié de rouge ; à chair fine, juteuse ; de première qualité pour tous les usages, mais surtout pour la cuisine et pour cidre ; maturité fin d'automne et courant d'hiver. Arbre vigoureux, précoce au rapport, très fertile et très rustique. — Abondamment cultivée dans le nord-ouest du comté de Sussex, en Angleterre.

CODLIN DE NELSON. Fruit très gros, conique irrégulier, jaune verdâtre pâle ; à chair tendre ; de première qualité pour cuire ; maturité fin d'automne et courant d'hiver. Arbre fertile et rustique.

SEEDLING OFINE. Fruit gros ou très gros, jaune-citron lavé et strié de rouge ; à chair fine, tendre, sucrée ; de bonne qualité ; maturité fin d'automne et courant d'hiver. Arbre vigoureux, de fertilité moyenne. — D'origine anglaise.

C. P. **CHAILLEUX.** Fruit moyen ou gros, arrondi-conique, anguleux au pourtour, jaune vif, fouetté de carmin terne au soleil, presque entièrement recouvert de fauve clair ; à chair blanche, fine, ferme, sucrée ; de première qualité ; maturité fin d'automne et courant d'hiver. Arbre vigoureux et fertile, propre à toutes formes. — Obtenue par M. Chailleux, à Nantes.

SMOKEHOUSE. Fruit assez gros, arrondi-déprimé, lavé et marbré de cramoisi sur fond jaune verdâtre ; à cuire ; maturité fin d'automne et courant d'hiver. Arbre de vigueur modérée, fertile. — Estimée en Pensylvanie. Introduite d'Amérique par l'Établissement en 1872.

GALLOWAY PIPPIN. Fruit gros ou très gros, sphérique-déprimé, jaune verdâtre ; de première qualité ; maturité fin de l'automne et courant d'hiver. Arbre vigoureux et fertile. — Variété originaire du sud-ouest de l'Écosse, très recommandée en Angleterre, où on la dit supérieure à la *Reinette du Canada.*

P. BERNÈDE. Fruit moyen, de forme irrégulière, côtelé, rouge-vermillon sur fond jaune herbacé ; à chair blanche, tendre, juteuse ; de première qualité ; maturité fin d'automne et courant d'hiver. Arbre fertile, très vigoureux. — Trouvée par M. Bernède, à Beautiran, près de Bordeaux.

REINETTE DE GAY. Fruit assez gros, conique, jaune clair ; à chair fine, juteuse ; de première qualité ; maturité fin d'automne et courant d'hiver. Arbre sain, vigoureux, très fertile.

BEAUFIN STRIÉ. Fruit très gros, ovoïde-arrondi, nuancé de rouge sombre et entièrement strié de carmin foncé ; de première qualité pour cuire ; maturité fin d'automne et jusqu'au printemps. Arbre rustique ayant résisté à la gelée de 1879-80. — Originaire du comté de Norfolk en Angleterre, où elle est très estimée.

FALLAWATER. Fruit très gros, conico-sphérique, vert jaunâtre, lavé de rouge terne ; maturité fin d'automne et jusqu'au printemps. Arbre vigoureux, précoce au rapport et très fertile. — Estimée en Pensylvanie pour le marché. Introduite d'Amérique par l'Établissement en 1872.

COUSINOTTE ROUGE-POURPRE. Fruit petit ou moyen, conique, presque entièrement recouvert de rouge ; à chair blanc jaunâtre, bien fine, juteuse, très rafraîchissante et d'un parfum particulier ; maturité automne et jusque la fin du printemps. Arbre vigoureux, très sain et très fertile.

FRIANDISE. Fruit moyen, conique-allongé, lavé et strié de rouge cramoisi, taché et réticulé de rouille ; à chair presque blanche, très fine, bien sucrée, relevée d'un parfum de cannelle ; de première qualité ; maturité commencement et milieu d'hiver. Arbre peu vigoureux, rustique, précoce au rapport. Très intéressante variété, d'origine hollandaise.

EVENING PARTY. Fruit petit ou moyen, aplati, strié et marbré de rouge sur fond jaune ; de première qualité pour la table ; maturité commencement et milieu d'hiver. — Introduite d'Amérique par l'Établissement en 1872.

ALFRISTON. Fruit très gros, sphérique aplati, jaune clair grisâtre lavé de brun pâle ; à chair jaunâtre, acidulée ; de première qualité pour cuire ; maturité commencement et courant d'hiver. Arbre très fertile, à floraison hâtive. — Jolie Pomme, originaire du comté de Sussex, en Angleterre.

REINETTE DE FAUQUEMONT. Fruit moyen, sphérique ; peau rugueuse, marbrée de rouge et pointillée de gris ; chair jaune, ferme ; de première qualité pour la table ; maturité commencement et courant d'hiver. Arbre rustique ayant résisté à la gelée de 1879-1880. — Reçue de Belgique.

PEARMAIN ROUGE D'HIVER. Fruit moyen, conique, un peu renflé, cramoisi brillant ; à chair blanc jaunâtre, demi-fine, un peu ferme, sucrée ; de première qualité ; maturité commencement et courant d'hiver. Arbre sain, rustique et fertile.

ARCHIDUC ANTOINE. Fruit moyen, sphérique régulier, jaune blanchâtre lavé de rouge et strié cramoisi ; à chair blanche, fine, tendre, sucrée ; de première qualité ; maturité commencement et courant d'hiver. Arbre de vigueur moyenne, fertile, propre à toutes formes. — Obtenue par M. Schmidberger, d'un pepin de *Reinette d'Orléans,* au village de Florian, près Lintz (Haute-Autriche).

PRINCE DE GALLES. Fruit gros ou très gros, sphérique-déprimé, jaune, rayé de rouge ; de première qualité ; maturité commencement et courant d'hiver. Arbre vigoureux, de fertilité moyenne. — Beau fruit.

CALVILLE-ANANAS DE LIÈGE. Fruit gros, irrégulièrement conique, jaune clair brillant ; à chair blanche, demi-fine, ferme, sucrée acidulée ; à cuire ; maturité commencement et courant d'hiver. Arbre rustique, ayant résisté à la gelée de 1879-1880.

DUCHESSE DE BRABANT. Fruit gros ou très gros, arrondi, jaune d'or, lavé de rouge foncé ; à chair demi-fine, juteuse, sucrée ; de première qualité ; maturité commencement et courant d'hiver. Arbre assez vigoureux, très fertile, propre à toutes formes.

P. CAROLI D'ITALIE. Fruit moyen, arrondi-conique, vert jaunâtre, largement lavé de rouge-carmin à l'insolation ; à chair blanche, fine, tendre, fondante ; de première qualité ; maturité commencement et courant d'hiver. Arbre vigoureux, propre au haut-vent. — Originaire du Piémont où elle est cultivée sur une grande échelle.

DE STAVELOT. Fruit moyen, aplati, jaune verdâtre lavé de rouge ; à chair fine ; de bonne qualité pour la table ; maturité commencement et courant d'hiver. Arbre vigoureux, rustique, ayant résisté à la gelée de 1879-1880.

CALVILLE D'ANGLETERRE. Fruit moyen, de forme ovale, jaune verdâtre strié de rouge terne ; à chair jaune verdâtre, fine, serrée, d'un parfum particulier, maturité commencement et courant d'hiver. Arbre peu fertile. — Trouvée dans un jardin près de Truro, comté de Cornouailles (Angleterre).

CARDINAL ROUGE-SANG. Fruit moyen, sphérique-aplati, rouge-sang cramoisi ; à chair jaunâtre ; de bonne qualité ; maturité commencement et courant d'hiver. Arbre sain et vigoureux.

REINETTE DE GREZ-DOICEAU. Fruit moyen, aplati, rouge sur fond jaunâtre ; à chair fine, jaunâtre ; de bonne qualité pour la table ; maturité commencement et courant d'hiver. Arbre rustique, ayant résisté à la la gelée de 1879-1880.

ESOPUS SPITZENBURGH. Fruit gros, presque cylindrique, jaune verdâtre strié de rouge ; à chair croquante, d'un parfum prononcé ; de première qualité ; maturité commencement et courant d'hiver. Arbre très vigoureux. — Estimée en Amérique, d'où elle est originaire.

BORSDORF OGNON. Fruit petit, dont le nom indique la forme, jaune-paille clair brillant ; à chair blanche bien fine, bien sucrée, d'un goût très fin ; excellent ; maturité commencement et courant d'hiver. — Bizarre et jolie Pomme.

BOUTON D'OR. Fruit petit ou moyen, sphérique, jaune d'or, légèrement coloré au soleil ; à chair blanc jaunâtre, juteuse ; de première qualité ; maturité commencement et courant d'hiver. Arbre de moyenne vigueur, très fertile, propre au verger.

POMME-FIGUE. Fruit petit ou moyen, en forme de figue, vert jaunâtre ; maturité commencement et courant d'hiver. Arbre peu vigoureux, fertile. — Variété curieuse par ses caractères particuliers.

PEARMAIN DE LOAN. Fruit moyen, conique, strié de cramoisi et nuancé d'orange sur fond jaune verdâtre ; à chair verdâtre, très juteuse, sucrée et d'une saveur très agréable ; de première qualité ; maturité commencement et courant d'hiver. Arbre de bonne vigueur, fertile, à floraison hâtive.

REINETTE JAUNE SUCRÉE. Fruit moyen, sphérico-ovoïde, jaune-canari ; à chair blanc jaunâtre, fine, tendre, moelleuse, d'un goût bien sucré ; maturité commencement et courant d'hiver. — Ressemble à la *Reinette franche* ; arbre plus rustique. Floraison hâtive.

GOUTTE D'OR DE COE. Fruit petit conico-ovoïde, jaune doré ; à chair jaune verdâtre, très fine, croquante, bien sucrée ; de première qualité, maturité commencement et courant d'hiver. Arbre très fertile.

REINETTE JAUNE DE CASSEL. Fruit moyen, sphérico-conique, jaune-brillant ; à chair bien fine, tendre, sucrée et d'un parfum distingué ; de toute première qualité ; maturité commencement et courant d'hiver. Arbre précoce au rapport, très fertile.

PEPIN DE CHRISTIE. Fruit moyen, de jolie forme sphérique-aplatie, légèrement marbré et strié de rouge sur fond jaune verdâtre : à chair tendre, juteuse, sucrée et délicatement parfumée ; maturité commencement et courant d'hiver.

GULDERLING DORÉ. Fruit assez gros, conique, jaune-paille doré ; à chair jaunâtre, fine, parfumée ; de première qualité pour la table et pour cuire ; maturité commencement et courant d'hiver. Arbre vigoureux et fertile.

POMME DU HALDER. Fruit assez gros, de forme conique-tronquée, jaune verdâtre ; à chair jaune verdâtre, fine, d'une saveur très agréable ; de première qualité ; maturité commencement et courant d'hiver. Arbre très fertile. — Obtenue par M. Loisel, de Fauquemont (Limbourg belge). dans sa propriété du Halder.

PEARMAIN DE MANNINGTON. Fruit moyen, sphérico-conique, jaune doré lavé de rouge-brun terne ; à chair jaunâtre, fine, tendre, juteuse, sucrée et parfumée ; de toute première qualité ; maturité commencement et courant d'hiver. Arbre de vigueur modérée, très fertile. — Originaire d'Uckfield, comté de Sussex (Angleterre).

NON-PAREILLE DE BRADDICK. Fruit petit ou moyen, sphérico-conique, rouge sombre ; à chair jaunâtre, bien fine, bien sucrée, richement parfumée ; de toute première qualité ; maturité commencement et courant d'hiver. Arbre rustique et très fertile, à floraison hâtive. — Obtenue par le chevalier John Braddick, à Thames Ditton, comté de Surrey (Angleterre).

PEARMAIN DE GRANGE. Fruit assez gros, presque sphérique, jaune verdâtre légèrement strié de carmin pâle ; à chair verdâtre, cassante, d'une bonne saveur acidulée ; de première qualité pour cuire ; maturité commencement et courant d'hiver. Arbre très fertile et rustique.

FLANDERS PIPPIN. Fruit gros, ovale, côtelé, vert sombre ou jaune lavé de cramoisi ; à chair tendre ; à cuire ; maturité commencement et courant d'hiver. — Estimée dans le comté de Berks, en Angleterre.

PEPIN D'OR. Fruit petit, sphérico-cylindrique, jaune d'or ; à chair jaunâtre, bien fine, serrée, d'un parfum distingué : de première qualité pour la table ; maturité commencement et courant d'hiver. Arbre délicat, exigeant un terrrain riche et une situation chaude et abritée. — D'origine anglaise.

SOUTH CAROLINA PIPPIN. Fruit gros, vert, strié rouge terne ; à chair blanc jaunâtre ; de première qualité ; maturité commencement et courant d'hiver. Arbre de bonne vigueur, fertile.

REINETTE LUISANTE. Fruit moyen, plus large à la tête qu'à la queue, à peau luisante, jaune-citron lavé de cramoisi ; à cuire et à cidre ; maturité commencement et courant d'hiver. Grand arbre, de vigueur modérée, à floraison tardive ; précoce au rapport et très fertile.

JACQUES LEBEL. Fruit gros, sphérique-aplati, jaune-citron marbré de rouge vif ; à chair blanche, tendre ; de première qualité ; maturité commencement et courant d'hiver. Arbre vigoureux et fertile. — Obtenue par M. Jacques Lebel, d'Amiens.

ROUGE DE STETTIN. Fruit moyen, sphérique-aplati, rouge-sang ; à chair blanc verdâtre ; maturité commencement et courant d'hiver. Grand arbre, peu vigoureux dans sa jeunesse et délicat dans certaines situations. — Fruit de marché, d'origine allemande.

ANANAS DE PITMASTON. Fruit petit, de forme conique, jaune d'or recouvert de fauve ; à chair jaunâtre, cassante, bien sucrée et d'un parfum exquis ; de toute première qualité ; maturité courant d'hiver. — Excellente Pomme de table, d'un volume souvent insuffisant.

BATULLEN. Fruit moyen, sphérique-déprimé régulier, à peau luisante, jaune-paille légèrement lavé de rouge ; chair blanche, d'un goût particulier ; maturité courant d'hiver. — Originaire de la Transylvanie, où elle est très estimée.

BEACHAMWELL. Fruit petit ou moyen, de forme régulière presque cylindrique, jaune verdâtre abondamment taché de gris-noir ; à chair jaunâtre, fine, très sucrée et parfumée : de toute première qualité pour la table ; maturité courant d'hiver. Arbre très fertile et rustique. — Pomme dont l'apparence ne répond pas à la qualité. Obtenue par M. John Motteux, à Beachamwell (Angleterre).

BULLOCK'S PIPPIN. Fruit moyen, ovale-arrondi, jaune foncé mat lavé de rouge cramoisi ; à chair jaunâtre, fine, sucrée ; de bonne qualité ; matnrité courant d'hiver. Arbre peu vigoureux, précoce au rapport, très fertile. D'origine américaine.

BELLE ET BONNE DE HUY. Fruit assez gros, de forme arrondie très régulière, beau jaune-paille lavé de carmin vif; à chair jaunâtre, très fine ; de première qualité pour la table et pour cuire ; maturité courant d'hiver. Arbre vigoureux, rustique et fertile. — L'une des plus jolies pommes que nous connaissions : elle se trouve depuis longtemps dans la collection de l'Établissement, sans que nous ayons pu découvrir sa provenance que son nom indique sans doute.

VAUGOYEAU. Fruit très gros, arrondi, jaune sombre coloré de rouge terne et panaché de rouge-cerise au soleil ; à chair blanche, tendre, bien parfumée ; de première qualité ; maturité courant d'hiver. Arbre vigoureux, de fertilité moyenne, à floraison tardive. — Très joli fruit.

SWAAR. Fruit gros, de forme arrondie régulière, jaune d'or terne ; à chair blanc jaunâtre fine, tendre, d'une saveur très riche ; de première qualité ; maturité courant d'hiver. — Très estimée en Amérique.

BREDEKE D'HIVER. Fruit gros, sphérique-élargi, presque entièrement strié de rouge-brun sur fond jaune ; à chair jaune verdâtre, ferme juteuse ; à cuire et à cidre ; maturité courant d'hiver. Très grand arbre, sain et fertile. — Très estimée dans les environs de Hanovre.

CALVILLE RAYÉE D'HIVER. Fruit moyen, côtelé, strié de rouge sur fond jaune-citron ; à chair blanc jaunâtre, fine, tendre ; de bonne qualité pour la table et de première qualité pour cuire ; maturité courant d'hiver. Arbre peu vigoureux, très fertile.

CALVILLE CARMINÉE. Fruit gros, rouge-sang foncé, très joli ; de toute première qualité pour la table. Arbre fertile et rustique. — Reçue d'Allemagne.

WATER. Fruit moyen, conique-arrondi, jaune blanchâtre lavé de pourpre cramoisi ; à chair blanc jaunâtre, très tendre ; de bonne qualité ; maturité courant d'hiver. Arbre à floraison tardive. — Introduite d'Amérique par l'Établissement en 1872.

REINETTE DE FROMM. Fruit assez gros, de forme sphérique régulière, jaune-citron ; à chair jaunâtre, fine, juteuse ; de première qualité ; maturité courant d'hiver. Arbre vigoureux, très fertile. — Originaire de Seeba, près de Meiningen (Allemagne).

CALVILLE GARIBALDI. Fruit ressemblant beaucoup à la *Calville blanche d'hiver*, moins fortement côtelé, de qualité un peu inférieure, cependant très bon ; maturité courant d'hiver. Arbre vigoureux, fertile, rustique, ayant résisté à la gelée de 1879-1880. — Obtenue par M. Fontaine de Ghelin, à Mons, et propagée par M. Verschaffelt, pépiniériste à Gand (Belgique).

CALVILLE DU LUXEMBOURG. Fruit assez gros, de forme conique, presque entièrement recouvert de rouge-brun sur fond jaunâtre ; à chair verdâtre ; à cuire ; maturité courant d'hiver. — Pomme curieuse par sa couleur, mais de seconde qualité.

REINETTE A CHAIR VERTE. Fruit gros, arrondi, vert ; à chair verdâtre, bien sucrée et parfumée ; de toute première qualité ; maturité courant d'hiver. Arbre vigoureux et fertile, à floraison hâtive. — Intéressante et précieuse variété, très peu connue.

CLIQUETTE. Fruit moyen, cylindrique, jaune-citron ; de bonne qualité ; maturité courant d'hiver. Arbre fertile. — Très répandue et estimée dans quelques contrées des Vosges. A résisté à la gelée de 1879-1880.

MERVEILLE DE FAIR. Fruit moyen, de forme régulière, jaune d'or unicolore ; à chair fine, sucrée-acidulée ; de bonne qualité ; maturité courant d'hiver. Arbre peu vigoureux, fertile.

FRANÇOIS-JOSEPH. Fruit ressemblant beaucoup à la *Calville blanche d'hiver*, plus petit et un peu plus jaune ; à chair fine, tendre, juteuse, d'une saveur délicate tenant le milieu entre celles du *Pepin d'or* et de la *Calville blanche d'hiver* ; jugée de qualité supérieure à cette dernière par plusieurs pomologistes ; maturité courant d'hiver. Arbre sain.

GRAUECH AIGRE. Fruit moyen, conique-tronqué, rouge cramoisi ; maturité courant d'hiver. Arbre très vigoureux, à floraison tardive. — Jolie pomme de marché et à cidre, abondamment cultivée dans le canton de Berne, en Suisse.

CALVILLE DE BOSKOOP. Fruit moyen ou gros, côtelé, largement lavé et marbré de rouge ; à chair très juteuse ; de première qualité pour la table et pour cuire ; maturité courant d'hiver. Arbre vigoureux, rustique, ayant résisté à la gelée de 1879-1880. D'origine hollandaise.

GUELTON. Fruit moyen, d'une belle forme sphérique-déprimée régulière, vert pâle largement lavé et strié de rouge-brun terne ; à chair verdâtre, tendre, douce, sucrée ; de première qualité ; maturité courant d'hiver. Arbre vigoureux, rustique, précoce au rapport et d'une fertilité remarquable. — Obtenue aux environs de Tournay, cette variété nous paraît très distinguée et très méritante.

REINETTE PARMENTIER. Fruit gros, plus large que haut, côtelé, jaune verdâtre passant au jaune d'ocre, recouvert de rouille grisâtre ; à chair blanche, tendre, sucrée acidulée, un peu musquée ; de première qualité ; maturité courant d'hiver. Arbre vigoureux. — Obtenue par M. Parmentier, à Enghien, vers 1830.

REINETTE DESCARDRE. Fruit gros, de forme régulière, gris bronzé, coloré de rouge-brique ; à chair jaune, assez ferme, bien parfumée, légèrement acidulée ; de première qualité ; maturité courant d'hiver. Arbre vigoureux, très fertile. — Obtenue et mise au commerce en 1834, par M. Benoit Descardre, pépiniériste à Chênée (Belgique).

INCOMPARABLE DE LEWIS. Fruit gros, de forme conique, largement lavé et strié de rouge vif sur fond jaune ; à chair jaune, ferme, juteuse ; de première qualité ; maturité courant d'hiver. — Superbe fruit. Arbre rustique, ayant résisté à la gelée de 1879-1880 ; floraison assez tardive.

NORFOLK BEARER. Fruit assez gros, aplati, vert ; de première qualité pour cuire, et assez bon au couteau ; maturité courant d'hiver. Arbre fertile, rustique, ayant résisté à la gelée de 1879-1880. — Variété estimée en Angleterrre.

XAVIER DE BAVAY. Fruit assez gros, jaune-orange ; à chair fine, juteuse ; de première qualité ; maturité courant d'hiver. Arbre vigoureux, rustique, ayant résisté à la gelée de 1879-1880. — Reçue de Belgique.

JOLY BEGGAR. Fruit moyen, de forme arrondie, jaune clair ; à chair blanche, tendre ; à cuire ; maturité courant d'hiver. Petit arbre, très fertile et rustique. — Très estimée en Angleterre, sans doute à cause du port nain et de la fertilité de son arbre, cette variété nous paraît moins méritante pour nos contrées.

WHITE SEEK NO FURTHER. Fruit moyen, aplati, jaune verdâtre, coloré de rouge à l'insolation ; à chair fine, juteuse ; de bonne qualité pour la table ; maturité courant d'hiver. Arbre vigoureux, rustique, ayant résisté à la gelée de 1879-1880. — Introduite d'Amérique par l'Établissement en 1872.

C. P. DE LESTRE. Fruit moyen, allongé, un peu bosselé, rougeâtre sur fond jaune verdâtre ; à chair blanche, cassante, juteuse ; de première qualité ; maturité courant d'hiver. Arbre de vigueur et fertilité moyennes.

BELLE AGATHE. Fruit assez gros ou gros, aplati, vert terne, lavé de carmin léger ; de bonne qualité ; maturité courant d'hiver. Arbre de vigueur et fertilité moyennes.

NON-PAREILLE DE PITMASTON. Fruit petit, sphérico-cylindrique, jaune-citron ; à chair fine, juteuse ; de première qualité pour la table ; maturité courant d'hiver. — Trop sujette à se rider. Obtenue par M. J. Williams, à Pitmaston St-Johns, près Worcester (Angleterre).

SPITZENBERG. Fruit moyen, genre de *Calville rouge* ; à chair jaune, juteuse ; de première qualité ; maturité courant d'hiver. Arbre vigoureux, fertile. — Introduite d'Amérique par l'Établissement en 1872.

REINETTE DE FRISLAND. Fruit gros, arrondi, jaune clair, coloré de rouge-brun à l'insolation ; à chair blanche, ferme, savoureuse ; de première qualité ; maturité courant d'hiver. Arbre de bonne vigueur, fertile, rustique, ayant résisté à la gelée de 1879-1880.

ROI DU TOMPKINS. Fruit gros, conico-sphérique, lavé et strié de rouge sur fond jaunâtre, à chair tendre, juteuse, d'une riche et délicieuse saveur vineuse extrêmement agréable ; de toute première qualité ; maturité courant d'hiver. Arbre très vigoureux et très fertile. — Estimée aux États-Unis et à juste titre.

PEPIN DE DOWNTON. Fruit petit, sphérico-cylindrique, jaune-citron doré ; à chair jaunâtre, fine, ferme, sucrée et parfumée ; de toute première qualité ; maturité courant d'hiver. Petit arbre, extraordinairement fertile et rustique. — Jolie et excellente pomme, mais trop petite, surtout lorsque l'arbre est chargé de fruits ; recommandée pour la fabrication du cidre. — Obtenue par André Knight, de Downton Castle.

INCOMPARABLE DE MOSS. Fruit très gros, de forme variable, jaune d'or lavé et marbré de rouge à l'insolation ; à chair fine, blanc jaunâtre, juteuse, sucrée acidulée ; de première qualité ; maturité courant d'hiver. Arbre de vigueur moyenne, fertile, rustique, ayant résisté à la gelée de 1879-1880.

PIGEON BLANC. Fruit moyen, conique-allongé, blanc jaunâtre, rayé de rouge au soleil ; à chair blanche, assez fine, sucrée acidulée ; de bonne qualité ; maturité courant d'hiver. Arbre de bonne vigueur, de fertilité moyenne.

PEPIN DE DUQUESNE. Fruit petit ou moyen, sphérique-déprimé, presque entièrement recouvert de cramoisi ; à chair fine ; de première qualité pour la table et pour cuire ; maturité courant d'hiver. Arbre de vigueur modérée, très fertile ; plus propre aux formes basses qu'au haut-vent.

PEPIN D'OR ALLEMAND. Fruit petit ou moyen, conique-tronqué, beau jaune clair lavé de rouge ; à chair bien jaune, très fine, sucrée et d'un parfum très agréable ; de toute première qualité ; maturité courant d'hiver. Arbre très fertile, à floraison hâtive, rustique, ayant résisté à la gelée de 1879-1880. — Variété très estimée dans le Hanovre.

PIGEON BLANC DE MAYER. Fruit moyen, de forme conique allongée, jaune pâle ; à chair blanche, fine, juteuse ; maturité courant d'hiver. Arbre très vigoureux, de grandeur moyenne, précoce au rapport et très fertile. — Joli fruit de marché, obtenu par Mayer, de Wurzbourg (Bavière).

PIGEON D'OBERDIECK. Fruit moyen, conique, jaune clair ; à chair blanc de neige, très fine, tendre ; de première qualité pour la table et pour cuire ; maturité courant d'hiver. Arbre sain, vigoureux, précoce au rapport et très fertile. — Trouvée par M. Oberdieck, à Oyle près Nienburg, dans la propriété de M. d'Arenstorf.

POMME DE GEAI. Fruit assez gros, de forme variable, largement marbré et strié carmin foncé sur fond jaunâtre ; de première qualité ; maturité courant d'hiver. Arbre vigoureux et fertile.

PIGEON ROUGE D'HIVER. Fruit petit ou moyen, de forme allongée, rouge clair ; à chair très blanche, tendre, bien juteuse, sucrée ; de première qualité ; maturité courant d'hiver. Arbre de vigueur moyenne, très fertile.

D'ANIS ROUGE. Fruit moyen, conico-sphérique, beau jaune-citron marbré de rouge-cerise vif ; à chair richement sucrée et hautement parfumée ; de première qualité ; maturité courant d'hiver. Variété de bonne vigueur, fertile.

PIGEON DE SCHIEBLER. Fruit moyen, de forme conique, à peau très mince, jaune-paille unicolore ; à chair très fine, bien blanche, tendre, d'un goût particulier ; maturité courant d'hiver. Arbre vigoureux, fertile et rustique. — Quoique plus curieuse que réellement méritante, cette pomme pourra plaire à beaucoup de personnes par son apparence et sa qualité. Obtenue par M. Schiebler, à Zelle (Allemagne).

EXQUISE DE FRANCE. Fruit moyen, de forme et couleur de la *Reinette grise* ; à chair fine, presque fondante, sucrée-acidulée et relevée d'un arome excellent ; de première qualité ; maturité courant d'hiver. Arbre très vigoureux et fertile. — Obtenue par M. Boisbunel, de Rouen.

NON PAREILLE DE ROSS. Fruit moyen, arrondi, fauve léger ; à chair tendre, richement aromatisée ; de première qualité pour la table ; maturité courant d'hiver. Arbre rustique et très fertile, prospérant dans tous les sols. — D'origine irlandaise. Genre *Fenouillet,* de très bonne qualité.

ROUGE VISAGE. Fruit gros, très beau, rouge ; à chair juteuse, bien parfumée ; de première qualité ; maturité courant d'hiver. Arbre vigoureux et fertile. — Reçue de Liège (Belgique), où elle est très estimée pour verger.

POSTOPHE D'HIVER. Fruit moyen, côtelé, rouge sur fond jaune ; à chair blanc verdâtre, fine, parfumée à la manière des calvilles ; maturité courant d'hiver. Arbre vigoureux et fertile, propre au verger.

LOCY. Fruit gros, aplati, vert jaunâtre, un peu fouetté de rouge ; à chair blanche, fine, juteuse ; de première qualité ; maturité courant d'hiver. Arbre vigoureux et fertile.

PETER SMITH. Fruit moyen, jaune, légèrement lavé de rouge ; à chair blanc verdâtre, très juteuse ; de bonne qualité ; maturité courant d'hiver. Arbre vigoureux, fertile, rustique, ayant résisté à l'hiver de 1879-1880.

REINETTE D'ADENAW. Fruit très gros, ressemblant à la *Reinette du Canada* dans sa forme, son coloris et sa saveur, qui est un peu plus sucrée. Paraît devoir être de tout premier mérite. — Obtenue par M. Adenaw, propriétaire à Vormeiden, près Aix-la-Chapelle.

D'OR. Fruit moyen, jaune uniforme ; à chair fine, sucrée ; de première qualité ; maturité courant d'hiver. Arbre vigoureux et fertile.

AMÉLIE. Fruit très gros, ovoïde-allongé, presque entièrement lavé, marbré, strié et pointillé d'un beau rouge-brun, sur fond vert clair ; à chair verdâtre, sucrée ; de première qualité ; maturité courant d'hiver. Arbre vigoureux, de fertilité moyenne.

JOSÉPHINE KREUTER. Fruit assez gros, sphérico-conique, jaune-soufre strié de lie de vin ; de bonne qualité ; maturité courant d'hiver. Arbre fertile, de bonne vigueur. — Obtenue de semis, à Saint-Florian.

REINETTE AROMATISÉE ALLEMANDE. Fruit moyen, d'un beau rouge cramoisi sur fond jaune ; à chair jaunâtre, fine, d'un parfum distingué ; maturité courant d'hiver. — Pomme de table et de cuisine, estimée en Allemagne pour les plantations publiques, parce que son fruit est d'un coloris peu apparent à l'époque de la cueillette.

BETTY GEESON. Fruit gros, de forme assez régulière, quoique côtelé, jaune verdâtre, unicolore ; de première qualité pour cuire ; maturité courant d'hiver. Arbre sain, peu élevé, très fertile. — Estimée en Angleterre.

REINETTE BLANCHE D'ANGLETERRE. Fruit gros ou très gros, arrondi-déprimé, vert jaunâtre ; à chair blanc jaunâtre, tendre, juteuse ; de première qualité pour cuire ; maturité courant d'hiver. Arbre vigoureux et fertile, à floraison hâtive.

SEEK NO FURTHER. Fruit gros, de forme arrondie-conique régulière, rouge terne sur fond vert pâle ; de première qualité ; maturité courant d'hiver. Très estimée dans le Connecticut. — Introduite d'Amérique par l'Établissement en 1872.

CARDINAL BLANC FLAMMÉ. Fruit assez gros, de forme variable, vert jaunâtre flammé de rouge à l'insolation ; à chair blanc verdâtre, juteuse, vineuse ; de première qualité ; maturité courant d'hiver. Arbre vigoureux et fertile, à floraison hâtive.

NORFOLK BEAUFIN. Fruit moyen ou gros, arrondi, irrégulier, rouge, lavé plus foncé ; à chair blanche, fine, parfumée ; de bonne qualité ; maturité courant d'hiver. Arbre vigoureux et fertile. — Cultivée dans le comté de Norfolk, en Angleterre, comme pomme à sécher.

SAUCISSE. Fruit gros, sphérico-conique, presque entièrement strié de cramoisi sur fond jaune ; à cuire ; maturité courant d'hiver. Très grand arbre, extraordinairement fertile.

DONAUERS TAUBENAPFEL. Fruit moyen, cylindrique, jaune verdâtre lavé de rouge ; à chair blanc jaunâtre, juteuse ; de bonne qualité ; maturité courant d'hiver. Arbre vigoureux, fertile, rustique, ayant résisté à la gelée de 1879-1880. — Trouvée à Roemhild près Cobourg, par le lieutenant Donauer.

REINETTE DU CANADA PANACHÉE. Jolie sous-variété de la *Reinette du Canada,* à fruit marqué de bandes de diverses couleurs.

REINETTE DE LA ROCHEBLIN. Fruit moyen ou assez gros, de forme régulière, d'un beau jaune d'or ; à chair fine, jaunâtre ; de première qualité ; maturité courant d'hiver. Arbre vigoureux et fertile. — Reçue de Liège.

HAIN. Fruit gros, arrondi-oblong, jaune strié et marbré de rouge ; à chair très juteuse, sucrée ; de première qualité ; maturité courant d'hiver. Arbre vigoureux et très fertile. — Introduite d'Amérique par l'Établissement en 1872.

REINETTE COING DE CREDE. Fruit moyen, de forme conique-arrondie, jaune-citron ; à chair blanc jaunâtre, assez ferme ; de première qualité pour cuire ; maturité courant d'hiver. Arbre moyen, fertile. — Diel a reçu cette variété de M. Crede, de Marburg, sous le nom de Mandelreinette (reinette amandée) ; mais il a changé ce dernier nom qui ne convenait pas.

REINETTE DE SCIPIO. Fruit petit ou moyen, conique-tronqué, jaune légèrement lavé de rouge jaunâtre ; à chair jaune verdâtre, fine, juteuse, parfumée ; de première qualité ; maturité courant d'hiver. Arbre sain, vigoureux et fertile. — Trouvée par M. Scipio, curé à Vrexen, près Rhoden (principauté de Waldeck).

BORSDORFER KRASSOÉ. Fruit moyen ou gros, jaunâtre, fortement lavé de rouge à l'insolation ; à chair blanche, fine, ferme ; de première qualité ; maturité courant d'hiver. Arbre fertile, rustique, ayant résisté à la gelée de 1879-1880. — Beau et bon fruit que nous devons à M. le baron Trauttenberg, de Prague.

RADOUX. Fruit moyen ou assez gros, aplati, rouge foncé sur fond blanchâtre ; à chair blanche, juteuse ; de bonne qualité ; maturité courant d'hiver. Arbre fertile. — Reçue de Liège.

C. P. **PEARMAIN ROYALE.** Fruit gros, sphérico-cylindrique, jaune clair verdâtre, rayé rouge-cerise ; à chair jaunâtre, fine, juteuse, bien parfumée ; de première qualité ; maturité courant d'hiver. Arbre de bonne vigueur, sain, de bonne fertilité. — D'origine anglaise.

REINETTE DORÉE DE HOYA. Fruit assez gros, de forme variable, presque entièrement strié de cramoisi foncé sur fond d'un beau jaune ; à chair fine, juteuse ; de première qualité pour la table et pour cuire ; maturité courant d'hiver. Grand arbre, sain et vigoureux.

REINE SOPHIE. Fruit moyen, de forme variable, jaune-citron unicolore ; à chair jaunâtre, fine, ferme, sucrée, vineuse ; de première qualité ; maturité courant d'hiver. Arbre fertile. — D'origine anglaise.

NEWTON PIPPIN. Fruit assez gros, arrondi, jaune, un peu lavé de rose ; à chair jaunâtre, fine, juteuse, parfumée ; de bonne qualité ; maturité courant d'hiver. Arbre de vigueur moyenne, fertile. — Originaire d'Amérique, où elle est très estimée.

RAYÉE D'HIVER. Fruit assez gros, sphérique, strié et marbré carmin brillant sur fond jaune ; à chair blanche, tendre, juteuse ; de bonne qualité ; maturité courant d'hiver. Arbre vigoureux et fertile. — Variété allemande très répandue sur les bords du Rhin.

REINETTE CUIR DE DEAK. Fruit moyen, rouge sur fond jaune ; à chair blanche, juteuse ; de bonne qualité ; maturité courant d'hiver. Arbre vigoureux, rustique, ayant résisté à la gelée de 1879-1880. — Variété dédiée au célèbre ministre hongrois Deak, et que nous devons à l'obligeance de M. le baron Emmanuel Trauttenberg, de Prague.

C. P. **REINETTE DE GRANVILLE.** Fruit moyen, sphérico-conique, jaune-citron brillant ; à chair blanche, serrée, ferme ; de première qualité pour la table ; maturité courant d'hiver. Arbre de bonne vigueur, fertile, propre au haut-vent. — Probablement originaire des environs de Granville (Manche).

CARTER. Fruit assez gros, arrondi-déprimé, lavé et strié de rouge sur fond jaune ; de première qualité ; maturité courant d'hiver. Arbre rustique, ayant résisté à la gelée de 1879-1880. — Introduite d'Amérique par l'Établissement, en 1874.

C. P. **BALDWIN.** Fruit gros, sphérique-déprimé, jaune-orange lavé de cramoisi ; à chair jaune, fine, juteuse ; de première qualité ; maturité courant d'hiver. Arbre vigoureux, très fertile. — Obtenue, vers 1740, dans l'État de Massachusetts (États-Unis).

REINETTE DE WADHURST. Fruit assez gros, arrondi, lavé et strié de rouge sur fond vert jaunâtre : à chair blanche, fine ; de première qualité ; maturité courant d'hiver. Arbre vigoureux et fertile. — D'origine anglaise.

REINETTE DE THORN. Fruit assez gros, sphérique-tronqué, vert jaunâtre, lavé de rouge clair et panaché de cramoisi ; chair d'un blanc de crème, tendre, juteuse, douce ; de première qualité ; maturité courant d'hiver.

REINETTE GRISE DE PORTUGAL. Fruit moyen, de forme sphérique-déprimée régulière, entièrement recouvert de fauve ; de première qualité pour tous les usages ; maturité courant d'hiver. Arbre vigoureux, de grandeur moyenne, rustique, précoce au rapport et très fertile.

P. **REINETTE CHAMP-GAILLARD.** Fruit moyen ou assez gros, sphérique-déprimé, jaune tendre, frappé de rouge-carmin pourpré à l'insolation ; à chair blanche, fine, tendre, juteuse, sucrée ; de bonne qualité ; maturité courant d'hiver. — Arbre vigoureux et fertile. — Trouvée dans les Basses-Alpes.

REINETTE ROUGE DE SCHMIDTBERGER. Fruit assez gros, de forme conique-tronquée, jaune verdâtre largement lavé et strié de rouge mat ; maturité courant d'hiver. Arbre vigoureux, fertile et rustique. — Joli fruit, très bon pour cuire et souvent de première qualité pour la table. Obtenue par le Dʳ Liegel, de Braunau, et dédiée à M. Schmidtberger, de Saint-Florian.

ROI FERDINAND. Fruit moyen, sphérico-cylindrique, lavé de rouge et strié de cramoisi sur fond jaune ; à chair fine, juteuse ; de première qualité pour la table et pour cuire ; maturité courant d'hiver. Arbre très fertile. — Obtenue par M. Schmidtberger, d'un pépin de *Reinette d'Orléans*.

REINETTE DU ROI. Fruit assez gros, sphérico-conique, jaune-paille brillant lavé de rouge sanguin ; à chair ferme, juteuse ; de première qualité pour cuire ; maturité courant d'hiver. Arbre sain, très vigoureux, rustique et fertile.

SEMIS DE PENNINGTON. Fruit moyen, de forme arrondie-déprimée régulière, jaune verdâtre marbré de fauve du côté de l'ombre ; à chair fine, ferme, cassante, sucrée et finement parfumée à la manière des Reinettes grises ; de première qualité pour la table ; maturité courant d'hiver. Arbre fertile et rustique. — Sera probablement classée parmi les variétés de premier mérite lorsqu'elle aura été mieux étudiée.

REINETTE D'OR. Fruit moyen, déprimé, d'un beau jaune d'or ; à chair blanche, bien parfumée ; de première qualité ; maturité courant d'hiver. Arbre vigoureux et fertile. — Très estimée dans les environs de Bordeaux.

REINETTTE DORÉE DE DIETZ. Fruit moyen, conique, beau jaune d'or légèrement lavé de rouge clair ; à chair blanche, très fine, juteuse ; de première qualité pour la table ; maturité courant d'hiver et printemps. Arbre très sain et vigoureux. — Obtenue par M. Biber, de Dietz.

VERTE DE SULINGEN. Fruit assez gros, de forme cylindrique, vert clair ; à chair ferme, juteuse ; de première qualité pour cuire ; maturité courant d'hiver et printemps. Grand arbre, très fertile, propre aux plantations publiques. — A résisté à la gelée de 1879-1880.

ROSSIGNOL. Fruit gros ou très gros, arrondi-tronqué, vert jaunâtre fouetté de rouge ; de première qualité ; maturité courant d'hiver et printemps. Arbre très vigoureux et fertile, rappelant la *Reinette du Canada*. — Obtenue par M. Boisbunel, de Rouen.

JANSEN DE WELTEN. Fruit assez gros, conique, jaune-citron strié de rouge ; de première qualité pour la table et pour cuire ; maturité courant d'hiver et printemps. — Obtenue par M. Jansen, à Welten, près d'Aix-la-Chapelle.

RAMBOUR DE LIÈGE. Fruit gros, subsphérique, rouge-brun mat ; à chair fine, ferme, juteuse ; à cuire ; maturité courant d'hiver et printemps. Arbre vigoureux, précoce au rapport, très fertile. — Trouvée aux environs de Liège par un des fils de M. Commanns, de Cologne.

PEPIN VERMEIL D'HIVER. — Fruit moyen, de forme variable, jaune pâle lavé de rouge sanguin ; à chair jaunâtre, fine, parfumée ; de première qualité ; maturité courant d'hiver et printemps. Arbre très vigoureux, sain et très fertile.

PROGRÈS. Fruit moyen, sphérique-déprimé, jaune terne fouetté de rouge ; de première qualité ; maturité courant d'hiver et printemps. Arbre vigoureux et fertile. — Introduite d'Amérique par l'Établissement en 1872.

DOUCE DE HASKELL. Fruit moyen, déprimé, vert jaunâtre ; à chair très sucrée ; de première qualité ; maturité courant d'hiver et printemps. Arbre de bonne vigueur, fertile. — Introduite d'Amérique par l'Établissement en 1872.

GROS FAROS. Fruit assez gros, rouge foncé ; à chair blanche, ferme, d'un goût relevé ; maturité courant d'hiver et printemps. Arbre vigoureux et fertile, à floraison tardive ; propre pour cidre.

API NOIR. Fruit petit, sphérique, entièrement noir violacé ; assez bon lorsqu'il est consommé à temps ; maturité milieu d'hiver. Arbre peu vigoureux, très fertile. — Pomme d'ornement, curieuse par sa couleur.

BEAUTY OF SURREY. Fruit assez gros, jaune, marbré rouge au soleil ; à chair jaune, un peu grossière, sucrée ; de bonne qualité ; maturité milieu d'hiver. Arbre rustique, ayant résisté à la gelée de 1879-1880. — Reçue d'Angleterre.

NON-PAREILLE ÉCARLATE. Fruit moyen, sphérique, rouge écarlate strié, très joli ; à chair bien fine, sucrée, agréablement parfumée ; de première qualité ; maturité milieu d'hiver. Arbre rustique et très fertile. — Trouvée, en 1773, dans le jardin d'un aubergiste d'Esher, comté de Surrey (Angleterre), et propagée par Grimwood, employé à la pépinière de Kensington.

BARON WARD. Fruit moyen, de forme oblongue-arrondie, jaune verdâtre uniforme ; à chair cassante, juteuse, agréablement acidulée ; maturité courant et fin d'hiver. Arbre très fertile et rustique. — Estimée en Angleterre pour les usages culinaires, parce que son fruit atteint sa parfaite maturité sans se rider, et qu'il conserve très tard sa saveur acidulée ; il nous paraît propre à la fabrication du cidre.

SOUVENIR DU PRINCE ALFRED. Fruit moyen, jaune ; à chair blanc jaunâtre, un peu acidulée ; de bonne qualité ; maturité courant et fin d'hiver. — Obtenue et mise au commerce par M. de Jonghe, de Bruxelles.

BROUILLARD. Fruit gros, sphérique aplati, strié de cramoisi sur fond jaune et recouvert d'une abondante pruine bleuâtre, très joli ; de première qualité pour cuire ; maturité courant et fin d'hiver. Arbre vigoureux et fertile. — Pomme de marché.

CALVILLE DES FEMMES. Fruit très gros, arrondi-côtelé, jaune-paille ; à chair croquante, juteuse ; à cuire ; maturité courant et fin d'hiver.

PRINZ CAMILL VON ROHAN. Fruit moyen, conique, très élargi, vert légèrement lavé de rouge ; à chair de *Reinette grise* ; de première qualité ; maturité courant et fin d'hiver. Arbre rustique ayant résisté à la gelée de 1879-1880.

POMME DE CANTORBERY. Fruit gros, arrondi-côtelé, jaune clair ; à chair molle, acidulée ; à cuire ; maturité courant et fin d'hiver. Arbre très fertile. — Originaire d'Angleterre.

WINTER MAJETIN. Fruit assez gros, presque sphérique, jaune très légèrement nuancé de rouge du côté du soleil ; à chair ferme, acidulée ; de bonne qualité ; maturité courant et fin d'hiver. Arbre de bonne vigueur, à floraison assez tardive.

CUSSET. Fruit assez gros, de forme régulière presque cylindrique, jaune-citron lavé de rouge rosat ; à cuire ; maturité courant et fin d'hiver. Arbre de vigueur moyenne, à floraison très tardive ; très fertile, propre au verger. — Pomme de longue garde estimée dans le Lyonnais. — Semis de hasard trouvé par M. Cusset, propriétaire, à Poleymieux (Rhône).

PEARMAIN DE L'ABBAYE DE LAMB. Fruit moyen, de forme conique-déprimée régulière, à peau lisse, de couleur orange verdâtre terne ; chair ferme cassante, juteuse, bien sucrée ; de première qualité pour la table ; maturité courant et fin d'hiver. — Jolie et bonne Pomme, de longue et facile conservation sans se rider.

PEPIN DE FEARN. Fruit moyen, arrondi-déprimé, largement lavé et marbré de rouge cramoisi sur fond jaune-pâle ; à chair ferme, d'une agréable saveur sucrée et relevée ; de première qualité ; maturité courant et fin d'hiver. Arbre très fertile et rustique. — Variété de grande culture, estimée en Angleterre pour le marché.

PEPIN DE LONDRES. Fruit assez gros, sphérique élargi, jaune-citron lavé de rouge-brun ; à chair jaune ; de première qualité pour cuire ; maturité courant et fin d'hiver. Arbre peu vigoureux, très fertile. — Originaire du comté de Norfolk.

REINETTE FRANCHE GRISE. Excellente sous-variété de la *Reinette franche.*

REINETTE SANGUINE DU RHIN. Fruit moyen, arrondi, jaune citron-pâle, largement recouvert de rouge-brun ou de rouge sanguin ; à chair blanc jaunâtre, fine, ferme ; de première qualité ; maturité courant et fin d'hiver. Arbre vigoureux, fertile, précoce au rapport. — Probablement originaire des bords du Rhin.

REINETTE GAESDONK. Fruit petit, sphérique-déprimé, jaune doré, lavé de rouge léger ; à chair bien fine, croquante, parfumée ; maturité courant et fin d'hiver. Arbre très fertile, de vigueur moyenne. — Obtenue au couvent de Gaesdonk, à Hoch, sur le Rhin.

PÉPIN D'OR AMÉRICAIN. Fruit moyen ou gros, arrondi-déprimé, côtelé, jaune verdâtre ; de bonne qualité ; maturité courant et fin d'hiver. Arbre vigoureux et fertile, à floraison assez tardive. — Introduite d'Amérique par l'Établissement en 1872.

VERTE DE RHODE-ISLAND. Fruit gros ou très gros, arrondi, vert jaunâtre, légèrement coloré de rouge-brun à l'insolation ; à chair blanc verdâtre, juteuse ; à cuire ; maturité courant et fin d'hiver. Arbre vigoureux et fertile, propre surtout aux formes basses, vu le volume de son fruit. — D'origine américaine.

YOST. Fruit moyen, déprimé, lavé et strié de cramoisi sur fond jaune ; à chair jaunâtre ; de première qualité ; maturité courant et fin d'hiver. Arbre vigoureux et fertile. — Introduite d'Amérique par l'Établissement en 1872.

REINETTE DE GOEHRING. Fruit moyen, sphérique-aplati, jaune-citron clair ; à chair croquante, juteuse ; de toute première qualité pour la table ; maturité courant et fin d'hiver. — Obtenue en 1831, par M. Gœhring, à Oldisleben (Thuringe).

GROS HOPITAL. Fruit très gros, de forme variable, marbré et fouetté de carmin foncé, sur fond jaune ; à chair blanchâtre, mi-fine, croquante ; de bonne qualité ; maturité courant et fin d'hiver. Arbre de vigueur et fertilité moyennes.

REINETTE D'ORLÉANS. Fruit moyen, de jolie forme sphérique-déprimée régulière, jaune d'or légèrement lavé de rouge; de toute première qualité pour tous les usages; maturité courant et fin d'hiver. Arbre vigoureux, de grandeur moyenne, précoce au rapport et bien fertile. — Très estimée en Allemagne.

LAWVER. Fruit gros, arrondi-aplati, rouge foncé brillant un peu pointillé; à chair blanc jaunâtre, serrée, très juteuse, d'une saveur sucrée, fine, très agréable; de première qualité; maturité courant et fin d'hiver. Arbre vigoureux et fertile. — Introduite d'Amérique par l'Établissement, en 1874.

PEARMAIN DE BRADLEY. Fruit petit, taché de brun et recouvert de fauve; à chair jaunâtre, ferme, sucrée; maturité courant et fin d'hiver. Arbre rustique ayant résisté à la gelée de 1879-1880. — Reçue d'Angleterre.

WHITE PIPPIN. Fruit gros, de forme variable, jaune pâle; de première qualité; maturité courant et fin d'hiver. Arbre vigoureux et fertile. — Très estimée dans l'Ohio; introduite d'Amérique par l'Établissement, en 1874.

SUZANNE. Fruit moyen ou assez gros, de forme aplatie, côtelé vers l'œil, jaune pâle, lavé de rose tendre à l'insolation; à chair blanche, fine, sucrée, parfumée; de première qualité; aussi pour cidre; maturité courant et fin d'hiver. Arbre vigoureux, rustique, fertile. — Obtenue par M. Suzanne, pépiniériste à Saint-Jean-des-Mauvrets (Maine-et-Loire).

SEMIS D'ASHMEAD. Fruit petit ou moyen, sphérique, jaune verdâtre clair recouvert de fauve léger; de toute première qualité pour la table; maturité courant et fin d'hiver. — Variété anglaise très recommandée.

SENATORE SELLA. Fruit moyen, en cône, gris verdâtre; à chair un peu verdâtre, juteuse; de bonne qualité; maturité courant et fin d'hiver. Arbre vigoureux et fertile. — Variété italienne.

CROFTON ÉCARLATE. Fruit moyen, aplati-anguleux, roux-cannelle lavé de rouge brillant; à chair croquante, juteuse, sucrée, hautement parfumée; de toute première qualité pour la table; maturité courant et fin d'hiver. Arbre rustique, ayant résisté à la gelée de 1879-1880, très fertile; floraison tardive. — Originaire d'Irlande.

ADMIRABLE DE KEW. Fruit moyen, sphérique-déprimé, jaune-citron vif pointillé de brun; à chair blanche, tendre, juteuse, sucrée, parfumée; de première qualité; maturité courant et fin d'hiver. Arbre de vigueur moyenne, fertile.

POMME D'ULZEN. Fruit gros, de forme conique, jaune-citron unicolore; à chair ferme; de première qualité pour cuire; maturité courant et fin d'hiver. Arbre vigoureux, très fertile, rustique, ayant résisté à la gelée de 1879-1880. — Obtenue par M. Hœfft, à Ulzen (Hanovre).

REINETTE DE CHÊNÉE. Fruit assez gros, aplati, rouge clair sur fond jaune; à chair jaunâtre, très fine, ferme, juteuse; de première qualité; maturité courant et fin d'hiver. Arbre vigoureux et fertile. — Excellente variété, obtenue par M. Benoît Descardre, pépiniériste à Chênée (Belgique).

REINETTE ÉTOILÉE. Fruit moyen, sphérique irrégulier, lavé de carmin et pointillé de gris; à chair blanche, veinée de rouge; de première qualité; maturité courant et fin d'hiver. Arbre vigoureux, fertile, rustique, ayant résisté à la gelée de 1879-1880; floraison très tardive.

PASSE BŒHMER. Fruit assez gros, sphérique, largement lavé de rouge-amarante sur fond jaune blanchâtre; à chair très tendre, juteuse, très sucrée; de première qualité; maturité courant et fin d'hiver. Arbre de vigueur modérée, très fertile. — Jolie pomme, originaire du Tyrol; convenable pour les situations chaudes.

DOUCE DE ROCKPORT. Fruit moyen, arrondi-déprimé, jaune de cire lavé de rouge terne; à chair blanc jaunâtre, fine, assez juteuse; de première qualité; maturité courant et fin d'hiver. Arbre de bonne vigueur, fertile. — Obtenue dans l'État de Massachusetts, par un nommé H. R. Spencer.

POMME VIOLETTE. Fruit moyen, allongé, rouge foncé; à chair rosée, fine délicate, d'un parfum particulier; maturité courant et fin d'hiver. — Ancienne variété, très recherchée autrefois.

DOMINE. Fruit moyen, aplati, strié de rouge brillant sur fond jaune verdâtre; à chair excessivement tendre et juteuse; maturité courant et fin d'hiver. Arbre vigoureux et très fertile. — Introduite d'Amérique par l'Établissement, en 1872.

REINETTE BOSSAERT. Fruit moyen, genre de *Reinette grise* de très bonne qualité; maturité courant et fin d'hiver. — Reçue de Liège.

GROS VERT. Fruit assez gros, arrondi-déprimé, jaune verdâtre, taché de fauve autour du pédoncule; à chair blanchâtre, mi-fine, mi-tendre et légèrement croquante; à cuire; maturité courant et fin d'hiver. Arbre vigoureux, très fertile. — Originaire de l'Anjou.

NON-PAREILLE ANCIENNE. Fruit moyen, sphérique, jaune verdâtre; à chair verdâtre, fine; de première qualité pour la table; maturité milieu et fin d'hiver. Arbre moyen, vigoureux, précoce au rapport et très fertile.

REINETTE D'OSNABRUCK. Fruit moyen, sphérico-ovoïde, beau jaune-citron; à chair blanche, serrée, richement sucrée et hautement parfumée; de première qualité; maturité milieu et fin d'hiver. Arbre peu vigoureux, mais sain, précoce au rapport et très fertile.

9

QUEUE BLEUE. Petit fruit, sphérique, jaune-paille lavé de rouge sanguin ; à chair blanche, croquante, juteuse ; de première qualité ; maturité milieu et fin d'hiver. — Joli fruit ressemblant à l'*Api*.

POMME DE BOHÉMIEN. Fruit moyen, irrégulièrement sphérique, entièrement recouvert de brun violacé ; de première qualité pour cuire et pour cidre ; maturité courant d'hiver et printemps. Grand arbre, de fertilité moyenne. — Très estimée pour la grande culture sur les bords du Rhin, dans le Wurtemberg, le duché de Bade et les environs de Francfort-sur-le-Mein.

REINETTE ROUSSE DE BOSTON. Fruit assez gros, sphérique-aplati, vert jaunâtre taché de roux ; à chair bien fine, relevée du parfum de la *Reinette grise* ; de première qualité ; maturité courant d'hiver et printemps. Arbre peu vigoureux, quoique sain et rustique, très fertile. — Estimée aux États-Unis, d'où elle est originaire.

EMPEREUR GUILLAUME. Fruit gros ou très gros, ressemblant par sa forme et son coloris au *Pearmain doré* ; de bonne qualité ; maturité courant d'hiver et printemps. Arbre vigoureux et fertile.

GROS API. Fruit moyen, sphérique-aplati, largement lavé de rouge orangé brillant sur fond jaune-paille ; particulièrement propre à la confection de la gelée de pommes ; maturité courant d'hiver et printemps. Arbre de moyenne grandeur. — Fruit de verger.

CALVILLE ROSE. Fruit assez gros, presque gros, conique-allongé, côtelé, abondamment lavé de rouge clair sur fond jaune ; à chair jaune, douce ; de première qualité ; maturité courant d'hiver et printemps. Arbre vigoureux, très fertile.

GROS BOHN. Fruit assez gros, de forme ovoïde-allongée régulière, jaune pâle, strié de rouge terne ; de première qualité pour cidre, pour cuire et pour sécher ; maturité courant d'hiver et printemps. Arbre très vigoureux et rustique, l'un des plus convenables pour les plantations publiques. — Très estimée sur les bords du Rhin.

GULDERLING LONG VERT. Fruit assez gros, de forme irrégulière, jaune-citron à la maturité ; à chair tendre, juteuse ; à cuire ; maturité courant d'hiver et printemps. Arbre sain et vigoureux.

BARBARIE. Fruit gros, sphérique-aplati, un peu côtelé au sommet, jaune-paille lavé de rose saumoné ; à chair jaunâtre, fine, parfumée ; de première qualité pour la table et pour cuire ; maturité courant d'hiver et printemps. Arbre très vigoureux, de bonne fertilité. — Dans les variétés à cidre, il existe aussi une variété nommée Barbarie.

REINETTE DORÉE DE HERMANN. Fruit moyen, vert jaunâtre ; à chair vert jaunâtre, croquante ; de bonne qualité ; maturité courant d'hiver et printemps. Arbre vigoureux et fertile.

PEPIN DE HŒRLIN. Fruit petit, sphérique-aplati, jaune nuancé de rouge ; de première qualité pour tous les usages ; maturité courant d'hiver et printemps. Arbre très vigoureux et rustique, ayant résisté à la gelée de 1879-1880 ; floraison assez tardive. — Obtenue par M. Hœrlin, curé à Sindringen (Wurtemberg).

DE SARREGUEMINES. Fruit moyen, lavé et strié de rouge sur fond jaune ; à chair blanche ; de première qualité ; maturité courant d'hiver et printemps. Arbre vigoureux et fertile.

ROI D'ANGLETERRE. Fruit gros, sphérique-aplati, jaune ; à chair jaunâtre, fine, ferme ; de première qualité ; maturité courant d'hiver et printemps. Arbre vigoureux et fertile.

PIE IX. Fruit gros, sphérique-aplati, jaune, rouge à l'insolation ; à chair blanche ; de première qualité ; maturité courant d'hiver et printemps. Arbre vigoureux et fertile.

PLATE DE PEARSON. Fruit petit, de jolie forme sphérique-aplatie régulière, lavé et strié de rouge sur fond jaune verdâtre ; à chair ferme, juteuse ; de toute première qualité pour la table ; maturité courant d'hiver et printemps. Arbre précoce au rapport.

GLOIRE DE FAUQUEMONT. Fruit gros, conique, rouge foncé ; à chair ferme ; de bonne qualité ; maturité courant d'hiver et printemps. Arbre vigoureux et fertile.

C. P. **REINETTE DU VIGAN.** Fruit moyen, arrondi-déprimé, vert jaunâtre, légèrement coloré à l'insolation ; à chair jaunâtre, tendre, sucrée, acidulée, parfumée ; de première qualité ; maturité courant d'hiver et printemps. Arbre vigoureux, très fertile. — Très répandue dans les Cévennes et particulièrement au Vigan.

REINETTE AMANDE. Fruit moyen, sphérique, jaune ; à chair très fine, ferme, juteuse, sucrée et d'un parfum particulier de cannelle ; de première qualité pour la table et pour cuire ; maturité courant d'hiver et printemps. Arbre sain, vigoureux, très fertile.

NORTHERN SPY. Fruit gros, arrondi, jaune d'or fortement coloré de rouge ; à chair blanche, fine, tendre, juteuse, sucrée ; de première qualité ; maturité courant d'hiver et printemps. Arbre vigoureux, de fertilité moyenne. — Originaire de la ferme de M. Olivier Chapin, de Bloomfield, près de Rochester, dans l'État de New-York.

VANDENABEELE. Fruit assez gros, conique, un peu côtelé, jaune d'or légèrement coloré de rouge à l'insolation ; à chair blanc jaunâtre, demi-tendre, sucrée, acidulée ; de bonne qualité ; maturité courant d'hiver et printemps. Arbre vigoureux et fertile. — Obtenue par M. Vandenabeele, jardinier de M. Schamp de Raverschoot, à Lembeke (Flandre orientale).

DE SIKULA. Fruit moyen, sphérique-déprimé, presque entièrement recouvert de cramoisi vif, sur fond jaune ; à chair jaunâtre, ferme, juteuse, sucrée, savoureuse ; de première qualité ; maturité courant d'hiver et printemps. Arbre vigoureux, fertile, rustique, ayant résisté à l'hiver de 1879-1880. — Variété hongroise très recommandable.

REINETTE DE HARBERT. Fruit gros, arrondi, jaune-citron doré ; à chair fine, juteuse, sucrée ; de toute première qualité pour cuire ; maturité courant d'hiver et printemps. Grand arbre excessivement vigoureux, fertile.

LIBERTY. Fruit gros, arrondi-oblong, jaunâtre, lavé et strié de rouge terne ; de première qualité ; maturité courant d'hiver et printemps. Arbre vigoureux et fertile.

BLANCHE DE BOURNAY. Fruit gros, sphérique-déprimé, côtelé, jaune blanchâtre ; à chair blanche, fine, ferme, juteuse, savoureuse ; de première qualité ; aussi pour cidre ; maturité courant d'hiver et printemps. Arbre vigoureux et fertile. — Propagée par M. André Leroy, d'Angers ; elle provient de ses pépinières de Bournay, près d'Angers.

POGATCHE ROUGE D'HIVER. Fruit gros, aplati, presque entièrement lavé, marbré et strié de rouge sur fond jaune ; à chair verdâtre, fine tendre, juteuse ; d'une saveur agréable ; maturité courant d'hiver et printemps. Arbre sain et robuste. — Variété hongroise que nous devons à M. le baron E. Trauttenberg, de Prague.

REINETTE DE STAMFORD. Fruit moyen, sphérique-déprimé, jaune brillant lavé de rouge orangé ; à chair blanche, fine, croquante ; de première qualité ; maturité courant d'hiver et printemps. Arbre peu vigoureux, propre aux petites formes. — Obtenue par Laxton, de Stamford, comté de Lincoln (Angleterre).

JAUNE DE PUSZTA. Fruit moyen, sphérique régulier, jaune uniforme ; de bonne qualité ; maturité courant d'hiver et printemps. Arbre vigoureux, fertile, rustique. — Variété hongroise que nous devons à M. Bereczki Maté.

BELLE DES BUITS. Fruit moyen, de jolie forme arrondie-déprimée, côtelée, régulière, d'un beau jaune clair légèrement lavé de rose tendre du côté du soleil ; à chair ferme, fine, sucrée et parfumée ; de première qualité pour la table et pour cuire ; maturité fin d'hiver. Arbre de vigueur modérée, très fertile et rustique. — Très répandue et estimée comme variété de grande culture dans les localités du département de la Vienne (France) avoisinant le Limousin, à cause de sa belle apparence et de son excessive dureté au moment de la cueillette, qui en facilite le maniement et la conservation.

FAIRY. Fruit petit, arrondi-déprimé, rouge foncé, sur fond jaune d'or ; à chair jaune, ferme ; de première qualité ; maturité fin d'hiver. Arbre de vigueur moyenne, très fertile, rustique, ayant résisté à la gelée de 1879-1880. — Beau fruit, pouvant remplacer l'*Api* pour garniture de table.

ROSE DU DROPT. Fruit assez gros, sphérique, lavé de rose sur fond jaune clair ; à chair fine, blanc jaunâtre, tendre, d'un très bon goût ; maturité fin d'hiver. Arbre vigoureux et fertile ; floraison très tardive. — Très répandue aux environs de Bordeaux.

REINETTE COULON LA JAUNE. Fruit gros, très joli, jaune ; de première qualité ; maturité fin d'hiver. Arbre vigoureux et fertile. — Originaire des environs de Liège où elle est très estimée pour verger.

COQUETTE DE VISÉ. Fruit assez gros, aplati, rouge ; de toute première qualité ; maturité fin d'hiver. — Variété très méritante, originaire des environs de Liège.

FORFAR PIPPIN. Fruit petit ou moyen, sphérico-conique, vert jaunâtre ; à chair blanc verdâtre ; de bonne qualité ; maturité fin d'hiver. Arbre de bonne vigueur, de fertilité moyenne ; floraison hâtive. — D'origine anglaise.

FENOUILLET ROUGE. Fruit petit ou moyen, sphérique, rouge-brun sur fond gris jaunâtre foncé ; à chair jaunâtre, ferme, fine, sucrée et parfumée ; de toute première qualité pour la table ; maturité fin d'hiver. Arbre peu vigoureux, très fertile, propre à la culture en buisson.

PEPIN D'OR DE SCREVETON. Fruit, petit, oblong, jaune d'or ; à chair jaune ; de toute première qualité pour la table ; maturité fin d'hiver. — Très estimée en Angleterre.

REINETTE DU TYROL. Fruit petit ou moyen, de forme cylindrique, jaune de cire lavé de rouge sombre ; à chair fine, ferme ; maturité fin d'hiver. Arbre très fertile, précoce au rapport. — Originaire du Tyrol.

API ÉTOILÉ. Fruit petit, aplati et partagé en cinq parties distinctes, jaune-citron brillant lavé de rouge carminé ; à chair très ferme, très croquante ; assez bon ; maturité fin d'hiver et printemps. — Curieuse par sa forme.

P. **PATTE DE LOUP.** Fruit petit, arrondi-conique, gris clair ; à chair blanche, fine, très ferme ; de bonne qualité ; maturité fin d'hiver et printemps ; Arbre très fertile, vigoureux. — Très répandue dans les départements de la Loire-Inférieure et de Maine-et-Loire.

BORSDORF DE BESSARABIE. Fruit petit, marbré rouge, sur fond jaune ; de bonne qualité ; maturité fin d'hiver et printemps. Arbre rustique, ayant résisté à l'hiver de 1879-1880.

BORSDORF DE CLUDIUS. Fruit moyen, sphérique-aplati, beau jaune ; à chair jaunâtre, fine ; de première qualité ; maturité fin d'hiver et printemps. Arbre vigoureux. — Obtenue par M. Cludius, de Hildesheim (Hanovre).

BRANDY. Fruit petit, de forme conique, marbré de fauve sur fond jaune d'or ; à chair jaunâtre, ferme, croquante, juteuse, sucrée et fortement aromatisée ; de toute première qualité ; maturité fin d'hiver et printemps. Arbre d'un beau port, propre surtout à la pyramide. — Très recherchée en Angleterre comme fruit de dessert et comme fournissant un très bon cidre.

ORD'S. Fruit moyen, conique-oblong, vert jaunâtre ; à chair blanc verdâtre, fine, juteuse ; de bonne qualité ; maturité fin d'hiver et printemps. Arbre fertile, vigoureux, précoce au rapport. — Obtenue dans le jardin du chevalier John Ord, dans le comté de Middlessex (Angleterre).

DE LANDE. Fruit moyen, de forme très régulière, jaune-paille, lavé de rouge-orange, marbré carmin ; à chair blanche, ferme ; de bonne qualité ; maturité fin d'hiver et printemps. Arbre rustique, fertile, à floraison très tardive.

DUC DE DEVONSHIRE. Fruit moyen, ovale-arrondi, d'un beau jaune-citron ; à chair jaune, d'un arome délicat ; de toute première qualité pour la table ; maturité fin d'hiver et printemps. — Variété anglaise, très recommandée.

REINETTE DE MADÈRE. Fruit moyen, arrondi, jaune grisâtre ; à chair verdâtre, parfumée ; de première qualité ; maturité fin d'hiver et printemps. Arbre vigoureux et fertile.

C. P. REINETTE GRISE DE SAINTONGE. Fruit moyen, de forme variable, gris foncé ; à chair très ferme ; de première qualité ; maturité fin d'hiver et printemps. Arbre de bonne vigueur, très fertile.

NON-PAREILLE DE LODGEMORE. Fruit moyen, arrondi, taché de fauve et légèrement lavé de rouge sur fond jaune ; à chair verdâtre, cassante, juteuse, bien sucrée et d'une exquise saveur relevée ; de toute première qualité pour la table ; maturité fin d'hiver et printemps.

POIGNEUSE. Fruit moyen, de forme arrondie assez régulière, abondamment lavé de rouge, sur fond jaune pâle ; à chair blanche, fine, ferme ; de bonne qualité ; maturité fin d'hiver et printemps. Arbre vigoureux et fertile.

LORD BURGHLEY. Fruit moyen, arrondi, jaune foncé, légèrement lavé de cramoisi ; à chair très tendre, juteuse, d'une riche saveur d'ananas ; de première qualité ; maturité fin d'hiver et printemps. Arbre vigoureux et fertile. — Variété anglaise très recommandée.

PRINCESSE AUGUSTINE. Fruit gros, un peu haut, jaune verdâtre, rose au soleil ; à chair acidulée, très juteuse ; de bonne qualité ; aussi pour cidre ; maturité fin d'hiver et printemps. Arbre vigoureux et fertile, à floraison tardive. — Reçue d'Italie.

GREEN SKIN. Fruit moyen, aplati, vert ; à chair verte ; de bonne qualité ; maturité fin d'hiver et printemps. Arbre vigoureux et fertile. — Introduite d'Amérique par l'Établissement, en 1872.

PEPIN DE BADDOW. Fruit moyen, sphérique-déprimé, côtelé, vert jaunâtre largement lavé de rouge sombre ; à chair verdâtre, ferme, croquante, juteuse ; de toute première qualité pour la table ; maturité fin d'hiver et printemps. — Très estimée en Angleterre.

REINETTE DE LUCAS. Fruit petit ou moyen, aplati, rouge ; de bonne qualité ; maturité fin d'hiver et printemps. Arbre fertile, rustique, ayant résisté à la gelée de 1879-1880.

BORSOS ALMA. Fruit moyen, de belle apparence, rose strié rouge ; de bonne qualité ; maturité fin d'hiver et printemps. Arbre vigoureux et fertile. — Variété d'origine hongroise, que nous devons à M. le Baron E. Trauttenberg, de Prague.

PEPIN DE KEDDLESTONE. Fruit petit, de jolie forme régulière légèrement conique, jaune-paille taché de fauve ; à chair verdâtre, fine, cassante, juteuse, sucrée et d'un parfum exquis ; de toute première qualité pour la table ; maturité fin d'hiver et printemps. — Très estimée en Angleterre, cette belle petite pomme est réellement d'une qualité exceptionnelle ; on ne peut lui reprocher que son faible volume. Nous la recommandons aux amateurs de pommes fines.

REINETTE THOUIN. Fruit moyen, conique-arrondi, jaune verdâtre nuancé d'orange ; à chair fine, ferme, juteuse, sucrée, très savoureuse ; de première qualité ; maturité fin d'hiver et printemps. Arbre très fertile. — Trouvée dans le jardin de M. Gillet de Laumont, à Beaumont, près Montmorency ; dédiée à André Thouin.

REINETTE DU COMTE DE GLOS. Fruit assez gros, de forme assez régulière, déprimée et sensiblement pentagone ; peau jaune foncé, largement recouverte de cramoisi ; à chair jaune-paille, fine ; de première qualité ; maturité fin d'hiver et printemps. Arbre rustique, très précoce au rapport.

ROUGE NOBLE. Fruit assez gros, de forme ovoïde-arrondie régulière, jaune brillant largement lavé de rouge-brique et marbré de fauve ; de première qualité pour la table ; maturité fin d'hiver et printemps. Arbre précoce au rapport et très fertile. — Jolie variété, originaire du Tyrol méridional, et appropriée aux situations chaudes.

C. P. BONNE DE MAI. Fruit moyen, sphérico-conique, pourpre-carmin brillant, sur fond jaune ; à chair blanche, tendre ; de bonne qualité ; maturité fin d'hiver et printemps. Arbre vigoureux et fertile. — Obtenue vers 1820, par M. Jaumard, pépiniériste à Bordeaux.

BRETONNEAU. Fruit assez gros, conique-arrondi, jaune terne et brun jaunâtre ; à chair blanchâtre, fine ; de première qualité ; maturité fin d'hiver et printemps. Arbre très vigoureux, de bonne fertilité. — Dédiée, par M. André Leroy, à M. le Dʳ Bretonneau, de Tours.

RYMER. Fruit assez gros ; de forme régulière presque sphérique, jaune pâle, légèrement marbré de rose-orange du côté du soleil ; à chair assez ferme, d'une saveur acidulée particulière ; de toute première qualité pour cuire et pour cidre ; maturité fin d'hiver et printemps. Arbre rustique et fertile. — Belle pomme, de longue conservation.

BONNE HOTTURE. Fruit moyen, sphérique-aplati, jaune verdâtre, carminé au soleil ; à chair verdâtre ; de première qualité ; maturité fin d'hiver et printemps. Arbre vigoureux et fertile, à floraison tardive. — Très estimée dans le département de Maine-et-Loire.

ANNIE ELIZABETH. Fruit gros, aplati, veiné de rouge sur fond jaune ; de bonne qualité ; maturité fin d'hiver et printemps. Arbre vigoureux et fertile. — D'origine anglaise.

COING. Fruit assez gros, presque sphérique, jaune-paille, coloré de carmin du côté du soleil ; à chair cassante, juteuse ; de bonne qualité ; maturité fin d'hiver et printemps. Arbre peu vigoureux, de bonne fertilité.

PETIT BOHN. Fruit moyen, cylindrique, jaune mat, strié de rouge ; de toute première qualité pour cuire et pour cidre ; maturité fin d'hiver jusqu'en été. Arbre vigoureux et fertile.

REINETTE DURE. Fruit moyen, allongé-tronqué, gris roux ; à chair jaunâtre, fine, cassante, très sucrée et bien parfumée, à la manière de la *Reinette grise* ; maturité fin d'hiver, jusqu'en été. Arbre rustique ayant résisté à la gelée de 1879-1880.

ROTHER EISERAPFEL. Fruit moyen, conique, rouge mat ; à cuire et à cidre ; maturité fin d'hiver et plus loin. Très grand arbre, sain et vigoureux, très fertile.

BERRY. Fruit gros, vert, strié de rouge ; à chair ferme : de bonne qualité ; maturité fin d'hiver et jusqu'en été. Arbre vigoureux et fertile. — Introduite d'Amérique par l'Établissement, en 1872.

REINETTE DES VERGERS. Fruit assez gros, sphérique, côtelé, jaune-citron ; à chair blanche, croquante, très juteuse ; assez bon pour la table et de première qualité pour cidre ; maturité fin d'hiver et jusqu'en été. Grand arbre, sain, vigoureux et rustique. — Estimée dans les Ardennes et le Luxembourg.

VERTE DE PRINCE. Fruit assez gros, sphérico-conique, à peau lisse, vert jaunâtre, passant à la maturité au jaune légèrement lavé de rouge de jaspe ; à chair ferme ; maturité fin d'hiver et jusqu'en été. Arbre vigoureux, très fertile, à floraison hâtive. — Belle et bonne pomme à cuire, de très longue conservation.

DE LA CHAPELLE. Fruit moyen, un peu allongé, côtelé, rouge-carmin pointillé blanc ; à chair fine ; de bonne qualité ; maturité très tardive. Arbre vigoureux et fertile.

VIRGINIA GREENING. Fruit moyen ou gros, déprimé, vert, fouetté de roux ; à chair vert jaunâtre, très ferme, juteuse ; de bonne qualité ; maturité très tardive. Arbre vigoureux et fertile. — Introduite d'Amérique par l'Établissement, en 1872.

GOOSEBERRY. Fruit gros, de forme ovale-arrondie, vert foncé ; à chair très tendre, moelleuse, d'une saveur piquante très agréable ; de toute première qualité pour cuire et pour cidre ; maturité très tardive. — Abondamment cultivée dans le comté de Kent en Angleterre, où elle est très recherchée parce qu'elle conserve tard la saveur qui la caractérise, et que l'on a comparée à celle de la Groseille à maquereau. Arbre à floraison tardive.

REINETTE HERMANS. Fruit gros, de belle apparence, rayé rouge sur fond jaune ; de première qualité ; maturité très tardive. Arbre fertile, à floraison tardive. — Obtenue par M. Jos. Hermans, de Herenthals (Belgique).

P. DE JAUNE. Fruit moyen, sphérique, jaune-citron brillant ; à chair fine, cassante, juteuse ; de première qualité pour la table ; maturité très tardive. Arbre de bonne vigueur, très fertile, à floraison tardive. — Probablement originaire du canton de Montfort (Sarthe).

JANET DE RAWLE. Fruit assez gros, conique-déprimé, jaunâtre, lavé de rouge et strié de cramoisi ; de première qualité ; maturité très tardive. Arbre vigoureux et fertile. — Introduite d'Amérique par l'Établissement, en 1872.

SAINT-BAUZAN. Fruit moyen, strié de rouge ; maturité très tardive. Arbre rustique et très fertile. — Variété de grande culture, estimée dans les vergers du nord-est de la France.

RAMBOUR FURST BATHYANI. Fruit moyen, aplati, vert taché de gris ; à chair jaunâtre ; de première qualité ; maturité très tardive. Arbre de bonne vigueur, fertile. — Reçue de M. le Baron Emmanuel Trauttenberg, de Prague.

Variétés à l'étude.

Adams (*The Fr. and Fr.-Tr. of Am.*, p. 73). Fruit gros, arrondi-déprimé, jaune lavé de rouge ; de première qualité ; maturité milieu et fin d'hiver. Arbre très fertile. — Introduite d'Amérique par l'Établissement, en 1874.

Aga. Grosse et belle pomme norwégienne, dite de première qualité et mûrissant courant d'hiver. Arbre robuste et rustique, propre aux climats froids.

Agate d'Enckuyseu (*Le Verg.*, t. IV, nº 38, p. 79). Fruit petit ou moyen, conico-ovoïde, jaune-citron clair lavé de rouge ; à chair bien fine ; maturité fin d'hiver et printemps. Arbre peu vigoureux, d'une fertilité prodigieuse.

Albion. Fruit moyen, de première qualité ; maturité automne. — Introduite d'Amérique par l'Établissement, en 1874.

Amasia. Variété naine reçue d'Angleterre avec recommandation.

Amère de Berthécourt. Variété à cidre recommandée. Arbre sain, très fertile, à branches verticales ; floraison très tardive. Fruit amer, à jus très coloré ; maturité fin novembre.

Ananas belge (*Ill. Handb. der Obstk.*, t. IV, n° 475, p. 429). Fruit moyen, sphérique, presque entièrement strié de cramoisi ; à chair jaune, fine, juteuse, d'une saveur distinguée ; de première qualité ; maturité courant d'automne. Arbre sain, mais peu vigoureux.

Anglo-American (*The fr. and Fr.-Tr. of Am.*, p. 79). Fruit moyen, déprimé, marbré et strié de rouge vif sur fond jaunâtre ; de première qualité ; maturité fin d'été. — Introduite d'Amérique par l'Établissement, en 1872.

Archiduchesse Sophie (*Ill. Handb. der Obst.*, t. VIII, n° 566, p. 49). Fruit moyen, sphérique-aplati, strié de cramoisi sur fond jaune clair ; de première qualité pour la table et pour cuire ; maturité courant et fin d'hiver. Arbre sain, de vigueur modérée ; précoce au rapport et remarquablement fertile.

Archiduc Louis. Fruit moyen ; de première qualité ; maturité automne. Arbre fertile.

Arneth. Assez grosse et très belle Reinette unicolore ; de toute première qualité ; maturité courant d'hiver. — Originaire de Saint-Florian.

Aromatic Russet. Fruit moyen, déprimé, recouvert de brun roux ; à chair croquante, juteuse, d'une saveur vive et aromatisée ; de première qualité ; maturité fin d'automne et courant d'hiver. Arbre rustique et très fertile.

Astracan blanche (*Le Verg.*, t. V, p. 11). Fruit moyen ou assez gros, sphérico-ovoïde, blanc transparent ; à chair blanche, tendre ; de première qualité ; maturité mi-juillet. Arbre de bonne vigueur, rustique, ayant résisté à la gelée de 1879-1880.

Bake Apple. Fruit moyen ; de première qualité ; maturité automne. — A résisté à la gelée de 1879-1880.

Baldwin de Tuft (*The Fr. and Fr.-Tr. of Am.*, p. 386). Fruit gros, arrondi-déprimé, lavé de rouge sur fond jaunâtre ; maturité courant d'automne.

Baron Herites. Reçue de Bohême, cette variété nous paraît analogue à la *Reine des Reinettes*.

Baron Podmanitzki. Reçue de Bohême, nous paraît également analogue à la *Reine des Reinettes*.

Barthélemy Dumortier (Bull. du Cerc. d'Arb. de Belg. 1883, n° 11). Fruit très gros, arrondi, jaune d'or, teinté rouge-feu à l'insolation ; à chair très fine, sucrée, parfumée à la manière des *Calvilles* ; maturité à partir de septembre, jusqu'en avril.

Beauty of Hants. Semis de *Reinette de Blenheim*, à fruit de forme conique et d'un très beau coloris ; de première qualité. — Reçue d'Angleterre.

Beauty of Wilts. Fruit moyen ; de première qualité ; maturité novembre à janvier. Arbre rustique, ayant résisté à la gelée de 1879-1880. — Reçue d'Angleterre.

Bec d'oie. Fruit gros, long, rayé de rouge ; de toute première qualité ; maturité courant et fin d'hiver.

Bedan. Fruit à cidre mûrissant en décembre. Arbre vigoureux, au port droit, à floraison très tardive.

Belle américaine (*The Fr. and Fr.-Tr. of Am.*, p. 75). Fruit gros, arrondi, rouge ; de première qualité ; maturité courant et fin d'hiver. — Introduite d'Amérique par l'Établissement, en 1872.

Belle d'Angers. Fruit assez gros ; de première qualité ; maturité hiver.

Belle d'Anthisnes. Fruit moyen ; de toute première qualité ; maturité fin d'automne et commencement d'hiver. Arbre fertile. — Reçue de Liège avec recommandation.

Belle d'Avril. Fruit très gros, magnifique ; de toute première qualité ; maturité courant et fin d'hiver. — Reçue de Liège avec recommandation.

Belle de Caen. Fruit gros, de première qualité pour la table ; maturité janvier-février.

Belle de Chênée. Fruit gros, de première qualité ; maturité fin d'automne et commencement d'hiver. — Obtenue par M. Descardre, pépiniériste à Chênée (Belgique).

Belle de Haccourt. Fruit assez gros ; de première qualité ; maturité courant et fin d'hiver. Arbre très fertile. — Reçue de Liège avec recommandation.

Belle de Longué. Fruit gros ou très gros, coloré de jaune et fortement teinté de rouge à l'insolation ; à chair blanche, assez ferme ; maturité novembre-décembre. Arbre vigoureux et fertile. — Reçue d'Angers.

Belle de Magny. Fruit gros, allongé, rouge et jaune ; de première qualité ; floraison très tardive.

Belle de Nordhausen. Fruit excellent, tenant bien à l'arbre. Arbre fertile, à floraison tardive, résistant bien aux gelées du printemps.

Belle de Poulseur. Fruit gros ; maturité décembre à mars. — Pomme de verger, reçue de Liège.

Belle des jardins (*Dict. de Pom.*, t. III, n° 46, p. 122). Fruit énorme, conique-arrondi, rouge vif ; à cuire ; maturité courant d'automne.

Belle de Sutton (*The Fr. and Fr.-Tr. of Am.*, p. 373). Fruit moyen, conique-arrondi-déprimé, lavé et marbré cramoisi sur fond jaune de cire ; de première qualité, maturité courant d'hiver. Arbre très fertile. — Introduite d'Amérique par l'Établissement, en 1872.

Belle de Yorkshire. Reçue d'Angleterre. A résisté à la gelée de 1879-1880.

Belle d'Hauterive. Fruit de la grosseur et de la forme de la pomme *Royale Melone*; à chair tendre, sucrée et relevée d'un acidulé agréable. — Gain d'un amateur distingué, M. Pons d'Hauterive, qui nous a été recommandé par M. Mortillet.

Belle Fleur d'Été (*The Fr. and Fr.-Tr. of Am.*, p. 366). Fruit assez gros, ovale, jaune clair; de première qualité; maturité fin d'été. Arbre vigoureux, fertile, rustique, ayant résisté à la gelée de 1879-1880. — Introduite d'Amérique par l'Établissement, en 1874.

Belle inconnue. Fruit gros, maturité septembre. — Reçue de Belgique.

Belle Mousseuse (*Dict. de Pom.*, t. III, n° 47, p. 123). Fruit petit ou moyen, sphérique-jaune terne strié de rouge sombre; de première qualité; maturité commencement d'automne. Arbre très vigoureux.

Belle rouge de Jewett (*The Fr. and Fr.-Tr. of. Am.*, p. 232). Fruit moyen, arrondi-déprimé, lavé et strié de cramoisi sur fond blanc verdâtre; à chair tendre, juteuse, très agréable; de première qualité; maturité courant d'hiver. Arbre de vigueur modérée. — Introduite d'Amérique par l'Établissement, en 1872.

Belmont (*The Fr. and Fr.-Tr. of Am.*, p. 92). Fruit assez gros, sphérique, jaune de cire clair; de première qualité; maturité courant d'hiver. Très estimée aux États-Unis. — Introduite d'Amérique par l'Établissement, en 1874.

Bergamottnoje. Variété russe mûrissant en août. Arbre rustique, ayant résisté à la gelée de 1879-1880.

Betsey (*Dict. de Pom.*, t. III, n° 52, p. 130). Fruit petit, irrégulièrement sphérique, jaune clair verdâtre strié de carmin; de première qualité; maturité courant d'hiver.

Bigia. Variété italienne, estimée pour compotes; maturité automne et hiver. Fruit gros, conique-pointu, gris fauve, jaunâtre.

Bizarre de Bernay (*Dict de Pom.*, t. III, n° 54, p. 132). Fruit moyen, arrondi, jaune verdâtre unicolore; de première qualité; maturité courant et fin d'hiver. Arbre peu vigoureux, très fertile; floraison très tardive.

Blackshear. Fruit très gros, blanc; maturité hiver. — Introduite d'Amérique par l'Établissement, en 1874.

Bombonnière (*Rev. hort.*, 1862, p. 191). Fruit assez gros, de forme presque sphérique et muni d'un mamelon vers la queue; à chair tendre; de première qualité pour cuire; maturité très tardive. Arbre vigoureux et rustique, à floraison très tardive.

Borka Alma. Pomme d'hiver d'origine hongroise, que nous devons à M. le baron E. Trauttenberg, de Prague.

Borsdorf Ognon de Rudolph (Späth, 1867). Fruit moyen, arrondi-aplati, jaune et rouge; à chair jaunâtre, très fine: de toute première qualité pour la table et pour cuire; maturité courant et fin d'hiver. Arbre très fertile. — Donnée comme hors ligne sous tous les rapports.

Bramley's Seedling. Lors de la grande exposition de pommes de Chiswick, c'est la seule des variétés nouvelles inédites qui ont été présentées, qui ait reçu une haute récompense.

Bringewood Pepping (*Ill. Handb. der Obstk.*, t. IV, n° 316, p. 107). Fruit de forme et grosseur du *Pépin d'or*, jaune foncé unicolore; de première qualité pour la table; maturité courant d'hiver. Petit arbre, à croissance lente. — A résisté à la gelée de 1879-1880.

Bristol (Thienpont). Fruit moyen, qu'on dit supérieur au *Pépin d'or*; maturité commencement et milieu d'hiver.

Brittle Sweet (*The Fr. and Fr.-Tr. of. Am.*, p. 107). Fruit assez gros, conique-arrondi, presque entièrement recouvert de cramoisi foncé; à chair très sucrée; de première qualité; maturité fin d'automne. Arbre de vigueur modérée, très fertile. — Introduite d'Amérique par l'Établissement, en 1872.

Brownite. Reçue d'Italie; maturité hiver. Floraison hâtive.

Brown's Pippin Fruit moyen, arrondi-déprimé, jaune verdâtre lavé de brun; à chair blanche, tendre, juteuse, sucrée et délicatement parfumée; maturité courant d'automne.

Bucks County Pippin. (*The Fr. and Fr.-Tr. of Am.*, p. 109). Fruit gros, arrondi-déprimé, jaune verdâtre; de première qualité; maturité courant d'hiver. Arbre rustique, ayant résisté à la gelée de 1879-1880. — Introduite d'Amérique par l'Établissement, en 1872.

Burdin. Très grosse pomme d'automne.

Butter. Fruit petit; de première qualité; maturité automne.

Calville aromatique (*Le Verg.*, t. V, n° 17, p. 37). Fruit gros, sphérico-conique, presque entièrement recouvert de rouge strié cramoisi sur fond jaune-citron; de première qualité; maturité courant d'automne. Arbre de vigueur moyenne, précoce au rapport et très fertile. — Recommandée.

Calville Brugé. Fruit moyen; de première qualité; maturité printemps. Floraison tardive.

Calville Gloire de Doué. Fruit assez gros; de première qualité; maturité hiver. Arbre très vigoureux, à floraison hâtive.

Calville impériale. Fruit gros, rouge; de première qualité; maturité commencement d'hiver.

Calville jaune de Czukor. Pomme d'automne de première qualité, d'origine hongroise, que nous devons à M. le baron E. Trauttenberg, de Prague. Arbre rustique ayant résisté à la gelée de 1879-1880.

Calville Madame Lesans. Fruit gros, souvent plus haut que large, côtelé au sommet, blanc-crème mat, passant au jaune; à chair ferme, non cassante, blanche ou jaunâtre, fine, juteuse, d'une saveur fraîche et agréable; maturité courant d'hiver. Arbre vigoureux, très fertile. — Cette variété, obtenue par M. Eugène Sagot, à Clamecy (Nièvre), d'un pépin de *Calville rouge*, et mise au commerce par M. Lesans-Bertrand, pépiniériste à Clamecy, a tous les avantages, moins les inconvénients, de la *Calville blanche d'hiver*.

Calville pointue d'Hedelfingen. Fruit moyen, allongé-pointu, presque entièrement strié et lavé de cramoisi; à chair très juteuse; maturité automne.

Calville rayée de Rumperheim. Fruit gros; de première qualité; maturité courant d'hiver. — Reçue de Liège.

Calville royale (*Jard. fr.*, n° 32, p. 202). Fruit très gros; de première qualité; maturité commencement et courant d'hiver.

Calville Sainte-Anne. Fruit moyen, à côtes; de première qualité; maturité fin d'hiver et printemps. Arbre rustique, ayant résisté à la gelée de 1879-1880.

Canada rouge (*The Fr. and Fr.-Tr. of Am.*, p. 324). Fruit moyen, déprimé, presque entièrement recouvert de rouge foncé sur fond jaune; de toute première qualité; maturité milieu d'hiver et printemps. Arbre très fertile. — Estimée dans les États de New-York, de l'Ohio et du Michigan.

Capucine de Tournay (*Ill. Handb. der Obstk.*, t. IV, n° 300, p. 75). Fruit gros, en forme de Calville, jaune-citron; de première qualité pour cuire; maturité courant d'hiver. Arbre vigoureux.

Caroline Auguste (*Le Verg.*, t. V, n° 8, p. 19). Fruit assez gros, sphérique-aplati, lavé et strié de rouge sur fond vert blanchâtre; à chair blanche; de première qualité pour la table; maturité fin d'été et commencement d'automne.

Carraway Russet. Fruit moyen, très parfumé; de toute première qualité pour la table; maturité décembre-janvier.

Celestia. Fruit gros, jaune; de première qualité; maturité automne.

Chancellor of Oxford. Fruit gros, rouge rayé; maturité mars.

Christiana (*The Fr. and Fr.-Tr. of Am.*, p. 125). Fruit moyen, déprimé, strié de cramoisi sur fond jaune; de première qualité; maturité d'automne.

Cobham. Fruit assez gros, de forme sphérique régulière, jaune; à chair ferme, cassante; à cuire; maturité courant d'hiver. Arbre très fertile.

Cockle Pippin. Fruit moyen, ovale, jaune brunâtre; de première qualité pour la table; maturité courant et fin d'hiver. Arbre très fertile.

Codlin hollandais (*Ill. Handb. der Obstk.*, t. IV, n° 271, p. 17). Fruit gros, conico-cylindrique, jaune clair; à cuire; maturité commencement d'automne. Arbre vigoureux, sain, fertile, rustique, ayant un peu résisté à la gelée de 1879-1880.

Cogswell (*The Fr. and Fr.-Tr. of Am.*, p. 130). Fruit assez gros, de forme arrondie-déprimée régulière, lavé et strié de rouge sur fond d'un beau jaune; à chair fine, tendre, richement aromatisée; de toute première qualité; maturité courant d'hiver. Arbre vigoureux et fertile. — Très estimée aux États-Unis, d'où nous l'avons introduite en 1874.

Colvert (*The Fr. and Fr.-Tr. of Am.*, p. 131). Fruit gros, déprimé, lavé et strié de rouge terne sur fond jaune verdâtre; à chair blanc verdâtre, tendre; maturité fin d'automne. Arbre excessivement fertile. — Introduite d'Amérique par l'Établissement, en 1874.

Cooper. Fruit gros; de première qualité; maturité courant d'hiver.

Cooper's Market (*The Fr. and Fr.-Tr. of Am.*, p. 132). Fruit moyen, conique-déprimé, lavé de rouge et strié de cramoisi sur fond jaunâtre; maturité courant d'hiver et printemps. Arbre très fertile. — Introduite d'Amérique par l'Établissement, en 1872.

Counsellor. Fruit gros; de première qualité pour cuire; maturité décembre à février. Arbre fertile, rustique, ayant résisté à la gelée de 1879-1880. — Reçue d'Angleterre.

Court-pendu noir. (*Ill. Monastk. für O. und W.*, 1871, p. 6). Fruit moyen, de forme sphérique-déprimée très régulière, brun-rouge foncé violacé; à chair d'un beau jaune; de première qualité pour la table; maturité courant et fin d'hiver. Arbre peu vigoureux, précoce au rapport.

Court-pendu Steveneart (Vautier). Fruit très gros; de toute première qualité; maturité courant et fin d'hiver. — Reçue de Liège avec grande recommandation.

Cousinotte rose (*Ill. Handb. der Obstk.*, t. IV, n° 378, p. 233). Fruit assez gros, conique, rouge sanguin clair; de première qualité; maturité automne et commencement d'hiver.

Cullasaga (*The Fr. and Fr.-Tr. of Am.*, p. 139). Fruit assez gros, conique-arrondi, largement lavé et strié de cramoisi foncé sur fond jaunâtre; maturité courant et fin d'hiver. Arbre très fertile.

Czukors Nemes. Fruit moyen, allongé; chair blanche. — Reçue de M. le baron de Trauttenberg, de Prague.

Dahlonega (*Dict. de Pom.*, t. III, n° 132, p. 253). Fruit gros, conique-ventru, vert jaunâtre strié de rouge lie de vin; maturité courant et fin d'hiver. Arbre très vigoureux.

Dame Jeannette (*Le Verg.*, t. IV, n° 55, p. 113). Fruit petit ou moyen, sphérico-conique, jaune-citron unicolore; de première qualité; maturité commencement d'hiver. Arbre peu vigoureux, précoce au rapport, excessivement fertile.

Daru Alma. Fruit assez gros ou gros, conique, presque entièrement recouvert et strié de rouge foncé sur fond jaune-paille; à chair blanche; de bonne qualité; maturité d'octobre à avril. — Reçue de Hongrie.

D'Aunée (*Le Verg.*, t. IV, n° 18, p. 39). Fruit moyen, conique-tronqué, jaune-citron clair légèrement lavé de rouge; à chair jaune, fine, tendre, d'un parfum particulier; maturité commencement et courant d'hiver. Arbre sain, fertile, rustique, ayant résisté à la gelée de 1879-1880. Floraison hâtive.

D'Automne de Cludius (*Le Verg.*, t. V, n° 32, p. 67). Fruit assez gros, conique, blanc jaunâtre unicolore; à chair neigeuse, très sucrée; maturité fin d'automne. Arbre rustique, ayant résisté à la gelée de 1879-1880. d'une fertilité précoce et très grande. — Jolie pomme de marché.

Deak's Muskatellerapfel. Pomme de longue garde, d'origine hongroise, que nous devons à M. le baron E. Trauttenberg, de Prague.

Deak's Muskatwein. Reçue de Bohême avec recommandation. Fruit petit, vert. Arbre rustique, ayant résisté à la gelée de 1879-1880.

De Bailli (*Ill. Hanbd. der Obstk.*, t. IV, n° 266, p. 7). Fruit moyen, conico-sphérique, strié de cramoisi sur fond jaune de cire; de première qualité pour la table et pour cuire; maturité commencement et courant d'automne. Arbre sain, précoce au rapport et très fertile.

De Boutteville. Fruit à cidre à jus des plus colorés; maturité décembre. Arbre vigoureux, très fertile.

D'Éclat (*Dict. de Pom.*, t. III, n° 153, p. 283). Fruit très gros, souvent énorme, jaune-citron; à chair croquante, juteuse; de première qualité pour la table et pour cuire; maturité courant et fin d'automne. Arbre très vigoureux et fertile.

De Condom (*Dict. de Pom.*, t. III, p. 231). Fruit gros, ovoïde, rouge terne; de première qualité; maturité courant d'automne. Arbre très vigoureux.

Defiance (*The fr. and Fr.-Tr. of Am.*, p. 143). Fruit moyen, conique-déprimé, presque entièrement recouvert d'un beau rouge; maturité fin d'été. — Introduite d'Amérique par l'Établissement, en 1872.

De Jouin (*Bull. du Cerc. d'Arb. de Belg.*, 1873, p. 17). Fruit moyen, de forme sphérique-aplatie, très régulière, jaune nacré unicolore; à chair très blanche, croquante; maturité printemps. Arbre robuste et très fertile.

Delaage. Fruit très gros, très fin; maturité février-mars.

De la Rouairie (*Dict. de Pom.*, t. IV, n° 467, p. 776). Fruit assez gros, conique-raccourci, côtelé, fond verdâtre recouvert de roux bronzé; de première qualité; maturité fin d'hiver et printemps.

Delsemme. Fruit assez gros; de première qualité; maturité commencement et milieu d'hiver.

De Montdespic (*Dict. de Pom.*, t. IV, n° 280, p. 473). Fruit assez gros, presque cylindrique, vert jaunâtre; à chair croquante, juteuse, d'une saveur particulière; de première qualité; maturité fin d'hiver et printemps.

D'Enfer. Fruit moyen, de première qualité; maturité hiver et printemps.

Derbyshire Crab. Fruit moyen; de toute première qualité pour cuire; maturité novembre à avril. — Reçue d'Angleterre.

Des Buveurs (*Dict. de Pom.*, t. III, n° 77. p. 164). Fruit petit, arrondi-déprimé, jaune terne brunâtre; à chair jaunâtre, croquante, très sucrée, relevée d'une délicieuse saveur d'anis; de première qualité; maturité automne et courant d'hiver.

Des Dames (*Dict de Pom.*, t. III, n° 134. p. 255). Fruit petit, sphérique-aplati, jaune verdâtre; de première qualité; maturité commencement et courant d'hiver. Arbre de vigueur modérée, très fertile.

De Sermoise. Fruit gros; de première qualité; maturité commencement d'hiver.

De Soie. Fruit assez gros; de première qualité; maturité hiver. Arbre fertile.

Deux ans de Hambledon (*Ill. Hanbd. der Obstk.*, t. VIII, n° 619, p. 155). Fruit assez gros, sphérique-déprimé, strié de cramoisi sur fond d'un beau jaune; de première qualité pour cuire; maturité très tardive.

De Vieilles Maisons (*Dict. de Pom.*, t. IV, n° 519, p. 856). Fruit assez gros, sphérique, jaune d'or unicolore; à chair jaunâtre, bien sucrée; maturité fin d'été.

De Wyden. Fruit assez gros; de première qualité; maturité courant d'hiver.

Disharoon (*The Fr. and Fr.-Tr. of Am.*, p. 146). Fruit moyen, conique-arrondi, blanc verdâtre; maturité fin d'automne et commencement d'hiver. — Introduite d'Amérique par l'Établissement, en 1872.

Double Copette. Fruit assez gros; maturité courant d'hiver. — Reçue de Liège, où elle est considérée comme de premier mérite pour verger.

Douce de Bailley (*The Fr. and Fr.-Tr. of Am.*, p. 84). Fruit gros, conique-arrondi, jaunâtre; à chair blanche, tendre, d'une saveur sucrée-mielleuse; de toute première qualité; maturité commencement et courant d'hiver. Arbre rustique, vigoureux et fertile.

Douce de Talman (*The Fr. and Fr.-Tr. of Am.*, p. 379). Fruit moyen, sphérique, jaune blanchâtre; à chair blanche, d'une riche saveur sucrée; de toute première qualité pour cuire; maturité courant et fin d'hiver. Arbre très fertile. — Introduite d'Amérique par l'Établissement, en 1872.

Douciné. Fruit très gros, d'un coloris frais; de première qualité, maturité automne. Arbre fertile.

Dredge's Fame. Fruit gros; de bonne qualité pour cuire. Arbre vigoureux.

Duc de Glocester. Fruit petit, ovale-arrondi, fauve léger; à chair verdâtre, hautement parfumée; de première qualité pour la table, maturité courant d'hiver.

Duchâtel (*Dict. de Pom.*, t. III, n° 148, p. 275). Fruit très gros, sphérique, jaune-citron; à cuire; maturité courant et fin d'automne. Arbre vigoureux et fertile.

D'une Livre. Fruit gros; de première qualité; maturité fin d'hiver. Arbre fertile.

Du Saint-Sépulcre. Fruit assez gros; de première qualité; maturité août.

Early Pennock (*The Fr. and Fr.-Tr. of Am.*, p. 155). Fruit gros, conique-arrondi, côtelé, jaune clair lavé et marbré de rouge clair; maturité fin d'été. Arbre rustique et fertile. — Introduite d'Amérique par l'Établissement, en 1874.

Ecklinville Pippin. Variété anglaise particulièrement recommandée. Fruit gros, excellent; maturité novembre. Arbre très fertile.

Émilie Muller. Fruit petit, juteux. Arbre rustique, ayant résisté à la gelée de 1879-1880. — Reçue de Belgique.

Engelberger (*Ill. handb. der Obstk.*, t. I, n° 53, p. 137). Fruit petit, sphérique-aplati, ressemblant par sa couleur à une petite *Reinette musquée*, très joli; de première qualité pour la table et pour cidre; maturité courant et fin d'hiver. Arbre très fertile.

Englischer Erdbeerapfel (*Ill. handb. der Obstk.*, t. I, n° 198, p. 429). Fruit moyen, de jolie forme sphérique, presque entièrement strié de rouge; de première qualité pour cuire; maturité automne. Arbre très fertile, rustique, ayant résisté à la gelée de 1879-1880.

English Russet (*The Fr. and Fr.-Tr. of Am.*, p. 162). Fruit moyen, de forme conique-arrondie très régulière, jaune verdâtre recouvert de fauve; maturité fin d'hiver et printemps. Arbre d'une fertilité remarquable, rustique, ayant résisté à la gelée de 1879-1880. — Introduite d'Amérique par l'Établissement, en 1872.

Fall Orange. Fruit gros, arrondi, jaune-paille; à cuire; maturité fin d'automne. — Introduite d'Amérique par l'Établissement, en 1872.

Fall Pippin (*The Fr. and Fr.-Tr. of Am.*, p. 169). Fruit très gros, de jolie forme arrondie régulière, d'un beau jaune; à chair très tendre; de toute première qualité; maturité automne et commencement d'hiver. Arbre très vigoureux. — L'une des plus estimées parmi les pommes d'automne. Introduite d'Amérique par l'Établissement, en 1872.

Fardée d'Amérique. Fruit gros; de première qualité; maturité automne.

Favorite de Yopp (*The Fr. and Fr.-Tr. of Am.*, p. 420). Fruit gros, arrondi, jaune verdâtre; maturité fin d'automne. — Introduite d'Amérique par l'Établissement, en 1872.

Fenouillet long (*Dict. de Pom.*, t. III, n° 160, p. 296). Fruit moyen, ovoïde-allongé, presque cylindrique, brun mat; à chair tendre, bien sucrée et relevée d'un délicieux parfum; de toute première qualité; maturité commencement et courant d'hiver.

Fernand de Bavay (Loisel). Fruit gros; maturité décembre à mars.

Flat Sweet (*The Fr. and Fr.-Tr. of Am.*, p. 178). Fruit assez gros, déprimé, lavé et strié de cramoisi foncé sur fond jaune; maturité septembre. — Introduite d'Amérique par l'Établissement, en 1872.

Flower of Herts. Fruit gros; de première qualité pour cuire; maturité novembre à février. Arbre rustique et très fertile. — Reçue d'Angleterre.

Foundling (*The Fr. and Fr.-Tr. of Am.*, p. 181). Fruit assez gros, arrondi-déprimé, vert jaunâtre lavé et strié d'un beau rouge foncé; à chair jaune, d'une riche saveur vineuse; de première qualité; maturité fin d'été. — Introduite d'Amérique par l'Établissement, en 1872.

Fraise de Washington (*The Fr. and Fr.-Tr. of Am.*, p. 396). Fruit gros, conique-arrondi, jaune lavé et marbré de cramoisi; à chair jaune; de première qualité; maturité courant d'automne. Arbre fertile, précoce au rapport. — Introduite d'Amérique par l'Établissement, en 1872.

Francatu. Fruit assez gros; de première qualité; maturité courant d'hiver.

Franc bon Pommier. Fruit très gros; de première qualité; maturité courant et fin d'hiver; recommandée pour verger.

Franc Roseau (*Dict. de Pom.*, t. III, n° 172, p. 313). Fruit moyen, sphérique, largement lavé de rouge foncé sur fond jaune clair verdâtre; à chair croquante; de première qualité; maturité courant d'hiver. Arbre très vigoureux.

Frauenrothacher (*Ill. Handb. der Obstk.*, t. IV, n° 292, p. 59). Fruit assez gros, sphérique, cramoisi foncé; à cidre; maturité courant d'hiver. Arbre de vigueur modérée, très fertile.

Fréquin rouge. Fruit à cidre, à jus coloré; maturité novembre. Arbre sain, vigoureux et fertile, à floraison tardive.

Fulton (*The Fr. and Fr.-Tr. of Am.*, p. 185). Fruit moyen, déprimé, jaune clair ; de première qualité ; maturité courant d'hiver. — Introduite d'Amérique par l'Établissement, en 1872.

Galopin. Fruit à cidre mûrissant en décembre. Arbre très sain, vigoureux et fertile, à floraison tardive.

Gaudron. Fruit à cidre mûrissant en décembre. Arbre très fertile, à floraison tardive.

Gelber Herbst Stettiner (*Ill. Hanb. der Obstk.*, t. I, n° 256, p. 545). Fruit assez gros, sphérique, jaune-citron clair légèrement lavé de rouge ; à chair d'un beau blanc, très juteuse ; de première qualité pour cuire ; maturité automne et commencement d'hiver. Arbre très vigoureux et très fertile.

Geneva Pepping. Variété du nord de l'Amérique, à gros fruit, très bon et d'une couleur distinguée. Maturité janvier à mai.

Gestreifter Herbstcalvill (*Ill. Handb. der Obstk.*, t. I, n° 177, p. 387). Fruit moyen, sphérique-allongé, presque entièrement recouvert et strié de rouge ; à chair tendre, juteuse, de première qualité pour la table et pour cuire ; maturité automne. Arbre vigoureux et très fertile.

Golden Apple (Bateham). Fruit gros ; de première qualité ; maturité automne. — Introduite d'Amérique par l'Établissement, en 1872.

Golden Ball (*The Fr. and Fr.-Tr. of Am.*, p. 192). Fruit gros, arrondi, jaune d'or ; maturité courant et fin d'hiver. Arbre rustique, ayant résisté à la gelée de 1879-1880.

Golden Spire. Variété très bonne pour la cuisine. Arbre rustique, ayant résisté à la gelée de 1879-1880. — Reçue d'Angleterre.

Grain d'or (*Dict. de Pom.*, t. III, n° 184, p. 332). Fruit moyen, cylindrique, jaune d'or fortement carminé ; à chair jaunâtre, croquante ; de première qualité ; maturité courant d'hiver. Arbre peu vigoureux, très fertile.

Grand Richard (*Ill. Handb. der Obstk.*, t. VIII, n° 643, p. 203). Fruit assez gros, en forme de *Calville*, strié de cramoisi sur fond jaune verdâtre ; de première qualité pour la table et pour cuire ; maturité courant d'automne. Arbre fertile.

Granny Earle (*The Fr. and Fr.-Tr. of Am.*, p. 199). Fruit petit, ovale-arrondi, vert strié de rouge ; de première qualité ; maturité commencement d'hiver. — Introduite d'Amérique par l'Établissement, en 1872.

Green Sweeting. Fruit moyen ou gros, allongé ; de première qualité ; maturité mai.

Grillot. Fruit assez gros ; de première qualité ; maturité commencement d'hiver. Arbre fertile.

Grise (*The Fr. and Fr.-Tr. of Am.*, p. 308). Fruit petit ou moyen, arrondi-déprimé, gris verdâtre ; de toute première qualité ; maturité courant d'hiver. — Introduite d'Amérique par l'Établissement, en 1872.

Grise Dieppois. Fruit à cidre mûrissant en décembre-janvier. Arbre vigoureux et fertile, à floraison tardive.

Gros Locard (*Dict. de Pom.*, t. III, n° 199, p. 352). Fruit gros, sphérique-déprimé régulier, jaune unicolore ; de première qualité pour cuire. Arbre très vigoureux et très fertile, propre au verger.

Grosse Merveille. Fruit moyen, de la forme du *Gros Api*, mais beaucoup plus coloré ; à chair ferme, tassée, de bonne qualité et de longue garde. — Pomme locale de la Haute-Garonne.

Grüner Stettiner (*Ill. Handb. der Obstk.*, t. I, n° 252, p. 537). Fruit gros, arrondi, vert jaunâtre unicolore ; de première qualité pour cuire ; maturité courant d'hiver. Très grand arbre, rustique.

Guillaume de Crede (*Ill. Handb. der Obstk.*, t. VIII, n° 550, p. 171). Fruit gros, conique, strié de cramoisi sur fond jaune-citron ; maturité courant d'hiver. Arbre sain, vigoureux et très fertile. — Variété de grande culture.

Guiroutonne (*Rév. hort.*, 1867, p. 34). Petite pomme rouge rayé, ayant presque la forme des *Museau de Lièvre* ; cultivée et estimée dans la Gironde pour ses caractères particuliers et sa longue conservation.

Gulderling de Beer. Excellente pomme tardive et de très longue garde, originaire de Saint-Florian. Arbre très fertile, rustique, ayant résisté à la gelée de 1879-1880.

Gulderling de Marienwerder. Jolie et excellente pomme moyenne, de garde ; maturité automne et hiver. Arbre très rustique et fertile.

Hanwel Souring. Fruit moyen, ovale-arrondi-côtelé, jaune verdâtre ; de première qualité pour cuire ; maturité courant d'hiver.

Hartfort Sweet (*The Fr. and Fr.-Tr. of Am.*, p. 210). Fruit assez gros, arrondi, lavé et strié de rouge ; à chair tendre, très juteuse, sucrée ; maturité courant d'hiver et printemps. Arbre de vigueur modérée, rustique et fertile.

Hawley (*The Fr. and Fr.-Tr. of Am.*, p. 212). Fruit gros, arrondi, d'un beau jaune ; à chair très tendre ; de première qualité ; maturité septembre. Arbre vigoureux et fertile.

Hebelsapfel. Très joli petit fruit strié ; de toute première qualité pour la table et pour cidre ; maturité courant d'hiver et printemps. Arbre extraordinairement fertile.

Hempstead. Fruit moyen ou assez gros, strié rouge ; de première qualité ; maturité hiver. Arbre vigoureux et fertile. — Introduite d'Amérique par l'Établissement, en 1872.

Hewe's Virginia Crab. Variété de *Pommier baccifère*, très estimée pour cidre dans les États de l'Ohio, du Kentucky, de Virginie, et dans ceux du sud des États-Unis. — Introduite par l'Établissement, en 1874.

Hightop Sweet (*The Fr. and Fr.-Tr. of Am.*, p. 216). Fruit moyen, arrondi-régulier, jaune clair, à chair très sucrée ; de première qualité ; maturité août. Arbre rustique, très fertile. — Introduite d'Amérique par l'Établissement, en 1872.

Holdern's Nonpareil. Fruit moyen ; de première qualité ; maturité, novembre à mars. Arbre rustique ayant résisté à la gelée de 1879-1880 ; floraison hâtive.

Holzapfel rother. Variété à cidre extrêmement fertile ; propre pour routes.

Homony (*Dict. de Pom.*, t. III, n° 222, p. 384). Fruit assez gros, ovoïde-arrondi, rouge terne violacé ; de première qualité ; maturité commencement de juillet. Arbre fertile, rustique, ayant-résisté à la gelée de 1879-1880.

Hoover (*The Fr. and Fr.-Tr. of Am.*, p. 221). Fruit moyen, arrondi, jaunâtre strié de rouge ; de première qualité ; maturité courant d'hiver. Estimée dans la Caroline du Sud. — Introduite d'Amérique par l'Établissement, en 1874.

Huntsman. Pomme d'hiver d'obtention assez récente. Arbre rustique, ayant résisté à la gelée de 1879-1880.

Hurlbut (*The Fr. and Fr.-Tr. of Am.*, p. 227). Fruit moyen, déprimé-anguleux, jaune strié de rouge ; de première qualité ; maturité fin d'automne. Arbre très vigoureux et fertile. — Introduite d'Amérique par l'Établissement, en 1872.

Impériale (*Dict. de Pom.*, t. III, n° 229, p. 394). Fruit assez gros, conique-arrondi, presque entièrement recouvert de carmin ; à chair très blanche, juteuse, très sucrée ; de première qualité ; maturité courant d'hiver. Arbre vigoureux, d'un beau port, remarquablement fertile, à floraison assez hâtive. — Très estimée dans l'Anjou.

Irish Giant. Fruit très gros ; à cuire ; maturité octobre à février. — Reçue d'Angleterre.

Irma. Très belle et exquise pomme d'automne et d'hiver, obtenue à Schössburg (Transylvanie).

Ivanohe. Excellente pomme très tardive, d'obtention récente.

Jackson (*The Fr. and Fr.-Tr. of Am.*, p. 230). Fruit moyen, arrondi-déprimé, jaune verdâtre ; de première qualité ; maturité automne et milieu d'hiver. — Introduite d'Amérique par l'Établissement, en 1872.

Jasz alma. Pomme d'hiver de toute première qualité, qui doit son nom à un district hongrois, Jaszygien, habité par les Jaszygues, ou les anciens archers. Fruit moyen, aplati, jaune.

Jaunet pointu. Fruit à cidre mûrissant en octobre. Arbre sain, très vigoureux et fertile, à floraison très tardive.

Jean Gaillard blanc. Fruit gros ; de toute première qualité ; se conservant d'une année à l'autre. — Recommandée par M. Villevieille.

Jefferis (*The Fr. and Fr.-Tr. of Am.*, p. 230). Fruit assez gros, conique-déprimé, lavé de cramoisi sur fond jaune ; de première qualité ; maturité automne. Arbre de vigueur modérée, très fertile. — Introduite d'Amérique par l'Établissement, en 1874.

Jiscoundette. Fruit moyen, genre *Reinette;* excellent jusqu'en mai. Arbre rustique, ayant résisté à la gelée de 1879-1880.

Jonathan (*The Fr. and Fr.-Tr. of Am.*, p. 232). Fruit moyen, de forme régulière conique-arrondie, jaune pâle lavé de rouge brillant ; à chair très tendre, juteuse ; de toute première qualité ; maturité commencement et courant d'hiver. Arbre rustique, de vigueur modérée. — Jolie pomme, estimée en Amérique.

Joseph de Brichy (Loisel). Fruit assez gros ; de première qualité ; maturité commencement et courant d'hiver.

Karanfil Alma. Variété du Caucase que nous devons à M. Niemetz Jaroslaw, de Winnitza (Podolie-Russie).

Kätchen von Heilbronn (Oberdieck). Très joli fruit, obtenu à Heilbronn, et propagé par le pharmacien Hoser.

Kaupanger. Très belle et excellente Reinette rouge, originaire de Norwège ; maturité hiver. Arbre très vigoureux et fertile.

Keim (*The Fr. and Fr.-Tr. of Am.*, p. 236). Fruit petit ou moyen, déprimé, jaune de cire clair ; de première qualité ; maturité courant d'hiver. — Introduite d'Amérique par l'Établissement, en 1872.

Kelsey (*The Fr. and Fr.-Tr. of Am.*, p. 236). Fruit moyen, arrondi-déprimé, jaune verdâtre ; maturité fin d'hiver. — Introduite d'Amérique par l'Établissement, en 1872.

Kikiter. Fruit moyen ; de première qualité ; maturité hiver. — Introduite d'Amérique par l'Établissement, en 1872.

Kilham Hill (*The Fr. and Fr.-Tr. of Am.*, p. 240). Fruit gros, arrondi-côtelé, jaune pâle taché de rouge ; maturité fin d'été. — Introduite d'Amérique par l'Établissement, en 1872.

Klaproth (*The Fr. and Fr.-Tr. of Am.*, p. 242). Fruit moyen, déprimé, jaune verdâtre strié de rouge ; à chair croquante ; de première qualité ; maturité été et automne. Arbre vigoureux et très fertile. — Introduite d'Amérique par l'Établissement, en 1872.

Kröten Reinette. Excellente pomme de très jolie forme, mûrissant courant d'hiver. Grand arbre, très fertile.

La Blanche. Fruit très gros ; maturité milieu d'hiver et printemps. Arbre très fertile, propre au verger. — Reçue de Liège.

Lachaudon. Fruit moyen ; de première qualité ; maturité janvier à mars. Arbre vigoureux, très fertile. — Propagée et recommandée par MM. Jacquemet-Bonnefont, à Annonay.

Lady Henniker (Ewing et C°, 1874). Magnifique variété anglaise, qui a reçu un certificat de première classe de la Société d'horticulture de Londres, et sur laquelle la presse horticole anglaise ne tarit pas d'éloges. Fruit très gros, côtelé, jaune lavé et strié de cramoisi ; chair très tendre, savoureuse et d'un parfum très agréable ; de toute première qualité pour la table et pour cuire ; maturité octobre à février. Arbre vigoureux et très fertile.

Lady Sweet. Fruit moyen, blond, fauve et aurore ; de première qualité ; maturité hiver.

La lignée Devillers. Fruit moyen, rayé de rouge ; maturité courant d'hiver. — Reçue de Liège où elle est estimée pour verger.

Landon (*The Fr. and Fr.-Tr. of Am.*, p. 248). Fruit moyen, conique-arrondi, marbré et lavé de cramoisi foncé sur fond jaune ; de première qualité ; maturité fin d'hiver et printemps. — Introduite d'Amérique par l'Établissement, en 1874.

La Weilbourgeoise (*Ill. Handb. der Obstk.*, t. VIII, n° 606, p. 129). Fruit petit ou moyen, sphérique jaune-paille ; à chair fine, juteuse ; maturité courant d'hiver et printemps. Arbre sain, vigoureux et rustique, ayant résisté à la gelée de 1879-1880.

Lawner. Fruit gros, rouge ; maturité hiver. Arbre rustique, ayant résisté à la gelée de 1879-1880.

Ledge Sweet (*The Fr. and Fr.-Tr. of Am.*, p. 252). Fruit moyen, déprimé, jaune blanchâtre lavé et strié de rouge foncé ; de première qualité ; maturité courant d'hiver. — Introduite d'Amérique par l'Établissement, en 1874.

Leipaer Wildling. Fruit gros ; maturité hiver. — Reçue de Bohême, avec recommandation.

Leland Spice (*The Fr. and Fr.-Tr. of Am.*, p 252). Fruit gros, arrondi, presque entièrement recouvert de rouge brillant sur fond jaune ; de première qualité ; maturité courant d'automne.

Limburger. Très grosse pomme cultivée dans le Tyrol, ressemble un peu à la *Calville blanche*.

Littauer Pepping. Variété très répandue dans le sud et l'ouest de la Russie ; maturité hiver. — Reçue de M. Niemetz Jaroslaw, de Winnitza (Podolie-Russie).

Lombard. Fruit gros, oblong ; de longue garde. Arbre peu vigoureux.

Long Island Pippin (*The Fr. and Fr.-Tr. of Am.*, p. 255). Fruit gros, arrondi, vert jaunâtre ; à chair vert jaunâtre ; de première qualité ; maturité hiver. — Introduite d'Amérique par l'Établissement, en 1872.

Long Stem. Fruit moyen ; de première qualité ; maturité hiver. — Introduite d'Amérique par l'Établissement, en 1872.

Lord Derby. Fruit gros, de forme conique régulière, jaune-citron ; à chair blanche ; fondante, juteuse ; de toute première qualité pour cuire ; maturité automne et commencement d'hiver. — Variété anglaise très recommandée.

Loudon Pippin (*The Fr. and Fr.-Tr. of Am.*, p. 257). Fruit gros, conique-déprimé, jaune clair ; de première qualité ; maturité courant d'hiver. Arbre très vigoureux. — Introduite d'Amérique par l'Établissement, en 1872.

Lowell (*The Fr. and Fr.-Tr. of Am.*, p. 258). Fruit gros, ovale-arrondi. jaune de cire brillant ; de première qualité ; maturité courant d'automne. — Introduite d'Amérique par l'Établissement, en 1872.

Lyman's Pumpkin Sweet. Fruit très gros, arrondi, verdâtre ; de toute première qualité pour cuire ; maturité fin d'automne. Arbre excessivement vigoureux, fertile, rustique, ayant résisté à la gelée de 1879-1880. — Introduite d'Amérique par l'Établissement, en 1872.

Mac Cloud's Family. Fruit moyen ; de toute première qualité ; maturité été. — Estimée dans le sud des États-Unis, d'où nous l'avons introduite en 1874.

Mac Lellan (*The Fr. and Fr.-Tr. of Am.*, p. 261). Fruit moyen, de forme sphérique-déprimée régulière, jaune strié de rouge ; à chair fine tendre, juteuse, d'une fine saveur vineuse ; de première qualité ; maturité courant d'hiver. Arbre très fertile. — Estimée en Amérique.

Madäers rothe Reinette. Fruit très gros, d'un beau jaune d'or, strié de rouge ; maturité hiver. Arbre très fertile.

Mademoiselle Virginie Lacassègne. Fruit à cidre mûrissant en décembre. Arbre vigoureux, très fertile, convenant aux terrains sableux. Floraison tardive.

Magenta (*Dict. de Pom.*, t. IV, n° 261, p. 447). Fruit gros, sphérique-aplati, jaune clair ; de première qualité pour cuire ; maturité courant d'hiver. Arbre très vigoureux et fertile.

Maltranche. Fruit très gros ; de première qualité ; maturité courant d'hiver.

Mangum (*The Fr. and Fr.-Tr. of Am.*, p. 265). Fruit moyen, conique-déprimé, largement lavé et strié de rouge ; à chair jaune, très tendre ; de toute première qualité ; maturité fin d'automne. Arbre fertile. — Introduite d'Amérique par l'Établissement, en 1874.

Marigold (*Dict. de Pom.*, t. IV, n° 267, p. 457). Fruit moyen, sphérique, jaune orangé très vif ; de première qualité ; maturité fin d'automne et commencement d'hiver.

Marston's Red Winter (*The Fr. and Fr.-Tr. of Am.*, p. 267). Fruit assez gros, conique-ar-rondi, jaune blanchâtre lavé et strié de rouge brillant; à chair très juteuse; de première qualité; maturité courant d'hiver. Arbre rustique et très fertile. — Introduite d'Amérique par l'Établissement, en 1874.

Martin Fessard. Fruit à cidre mûrissant fin novembre. Arbre sain, très vigoureux et très fertile, à floraison tardive.

Maverick Sweet. Fruit gros, rouge, sucré; maturité hiver. — Introduite d'Amérique par l'Éta-blissement, en 1872.

Médaille d'or. Fruit à cidre mûrissant fin novembre. Arbre vigoureux, très fertile, à floraison très tardive.

Mela Carla. Fruit moyen, sphérique, vert et rouge; à chair tendre, très juteuse, vineuse, par-fumée; maturité courant d'hiver. Variété italienne, délicate sous notre climat.

Mestayer (*Dict. de Pom.*, t. IV, n° 256, p. 48). Fruit assez gros, conique-arrondi, vert-pré et brun verdâtre; maturité courant d'hiver. Arbre vigoureux et très fertile.

Michael Henry Pippin (*The Fr. and Fr.-Tr. of Am.*, p. 274). Fruit moyen, ovale-arrondi, vert jaunâtre vif; à chair très tendre; maturité courant d'hiver. Arbre très fertile. — Introduite d'Amérique par l'Établissement, en 1872.

Miller (*The Fr. and Fr.-Tr. of Am.*, p. 275). Fruit gros, arrondi-déprimé, jaune lavé et strié de rouge; de première qualité; maturité courant d'automne. — Introduite d'Amérique par l'Établissement, en 1872.

Mina Herzlied. Fruit assez gros; de première qualité; maturité septembre à janvier. Arbre rustique, ayant résisté à la gelée de 1879-1880.

Minister (*The Fr. and Fr.-Tr. of Am.*, p. 276). Fruit gros, oblong, strié de rouge brillant sur fond jaune verdâtre; à chair très tendre, d'une saveur très agréable; de première qualité; maturité fin d'automne et courant d'hiver. Arbre de vigueur modérée, très fertile, rustique, ayant résisté à la gelée de 1879-1880. — Introduite d'Amérique par l'Établissement, en 1874.

Missouri Pippin. Fruit gros, rouge; de première qualité; maturité hiver. Arbre rustique, ayant résisté à la gelée de 1879-1880.

Missouri superior. Fruit gros; de première qualité pour cidre; maturité hiver. Arbre rustique, ayant résisté à la gelée de 1879-1880. — Introduite d'Amérique par l'Établissement en 1872.

Monstrueuse de Bergerac (*Dict. de Pom.*, t. IV, n° 281, p. 475). Fruit gros, sphérique irré-gulier, jaune verdâtre lavé de rose tendre et fouetté de carmin vif; à chair bien sucrée, d'une saveur aromatique très délicate; de première qualité; maturité courant d'automne. Arbre très vigoureux.

Müllers Spiztapfel (*Ill. Handb. der Obstk.*, t. I, n° 77, p. 185). Fruit moyen, conique-obtus régulier, lavé de carmin sur fond jaune-citron verdâtre; de première qualité; maturité cou-rant et fin d'hiver. Arbre rustique et très fertile. Joli fruit.

Munson Sweet. Fruit assez gros; de première qualité; maturité fin d'été. Arbre rustique, ayant résisté à la gelée de 1879-1880.

Neversink (*The Fr. and Fr.-Tr. of. Am.*, p. 284). Fruit gros, arrondi, d'un beau jaune-orange légèrement strié et marbré de carmin; maturité courant d'hiver. — Introduite d'Amérique par l'Établissement, en 1872.

New Goff. Reçue d'Angleterre. A cidre.

Nez plat. Fruit moyen; de première qualité; maturité hiver et printemps. Arbre de vigueur et fertilité modérées.

Nickajack (*Dict. de Pom*, t. IV, n° 289, p. 488). Fruit moyen, conique-arrondi, jaune verdâtre fouetté de carmin; maturité commencement et courant d'hiver. Arbre très vigoureux.

Nonnetit. Fruit gros, cylindrique, jaune pâle, abondamment taché de rouge; à chair compacte, fine, juteuse, savoureusement sucrée-acidulée, parfumée; maturité de novembre à avril et parfois jusqu'en juin. Arbre vigoureux, très fertile.

Non-pareille hâtive (*Ill. Handb. der Obstk.*, t. I, n° 131, p. 293). Fruit petit, sphérique-aplati, jaune fauve; de première qualité; maturité automne et commencement d'hiver. Arbre vigou-reux, rustique et fertile.

Normand le gros. A cidre.

Northern Dumplin. Fruit gros, aplati-anguleux, vert foncé, rouge foncé à l'insolation; à chair ferme, juteuse, acidulée; de première qualité; maturité novembre à mai. Arbre vigoureux, rustique et fertile.

Nouvelle France. Variété très bonne et très productive. Floraison très tardive.

Ortley (*The Fr. and Fr.-Tr. of Am.*, p. 296). Fruit assez gros, conique-oblong, d'un beau jaune; de première qualité; maturité courant d'hiver. Arbre très fertile. — Estimée dans les États de l'ouest des États-Unis. Introduite d'Amérique par l'Établissement, en 1874.

Pansa. Magnifique sous-variété de la *Calville impériale*, reçue d'Italie. Maturité automne et hiver. Arbre fertile, rustique, ayant résisté à la gelée de 1879-1880.

Paragon de Downing (*The Fr. and Fr.-Tr. of Am.*, p. 148). Fruit assez gros, arrondi-tron-qué, jaune clair; de première qualité; maturité courant d'automne. — Introduite l'Amérique par l'Établissement, en 1872.

Pazman. Variété hongroise de grand mérite, répandue dans les comitats de Bars, Hons et Treuchin, sous le nom de *Bozmaner*, et dédiée à l'archevêque Pazman, de Grau. C'est un fruit gros, à chair sucrée et parfumée; de toute première qualité; se conservant jusqu'en mars. On l'emballe en caisse pour l'exporter en Russie.

Pearmain de Baxter. Fruit gros, ovale-arrondi; à chair ferme, juteuse, sucrée-acidulée; de première qualité; maturité commencement et courant d'hiver. Arbre rustique, d'une fertilité abondante et constante.

Pearmain de Henzen. Fruit très beau, ayant de l'analogie avec la *Reinette des Carmes;* maturité décembre à avril. Arbre très fertile, rustique, ayant résisté à la gelée de 1879-1880.

Pearmain de Mabbott. Fruit moyen, magnifique, bien parfumé; maturité octobre. Arbre très fertile.

Pearmain de Schwarzenbach. Grosse et très belle Reinette rouge, d'une saveur excellente; maturité automne. Arbre très fertile.

Pearmain d'hiver blanche (*The Fr. and Fr.-Tr. of Am.*, p. 405). Fruit moyen, conique-arrondi, jaune pâle; de première qualité; maturité milieu et fin d'hiver. — Très estimée dans l'ouest et le sud-ouest des États-Unis. Introduite d'Amérique par l'Établissement, en 1874.

Pêche d'hiver. Fruit moyen; à chair tendre; de première qualité; maturité fin d'hiver et printemps. Arbre rustique ayant résisté à la gelée de 1879-1880.

Peck's Pleasant (*The Fr. and Fr.-Tr. of Am.*, p. 301). Fruit assez gros, arrondi, d'un beau jaune clair; à chair fine, juteuse, d'un arome délicieux; de toute première qualité; maturité courant d'hiver. — Très estimée. Introduite d'Amérique par l'Établissement, en 1872.

Pepin blanc de Kent (*Ill. Handb. der Obstk.*, t. I, n° 49, p. 129). Fruit assez gros, sphérique, d'un beau jaune verdâtre unicolore; à cuire; maturité commencement d'hiver. Arbre vigoureux, fertile et rustique, ayant résisté à la gelée de 1879-1880.

Pepin de Nieuwarck. Fruit moyen; de première qualité; maturité courant d'hiver. — Reçue de Liège.

Pepin de Robinson. Fruit petit, arrondi, fauve; de première qualité pour la table; maturité courant d'hiver. Floraison tardive.

Pepin de Saint-Florian (*Ill. Handb. der Obstk.*, t. I, n° 239, p. 511). Fruit moyen, sphérico-conique, jaune foncé légèrement strié de rouge; de première qualité pour cuire; maturité courant d'hiver. Arbre très fertile.

Pepin marbré d'été (*Le Verg.*, t. V, n° 23, p. 49). Fruit moyen, sphérico-cylindrique, rouge sanguin terne strié, marbré de rouille dorée; de première qualité; maturité fin d'été. Arbre très rustique.

Perry Red Streak. Fruit petit ou moyen; de toute première qualité; maturité hiver. — Introduite d'Amérique par l'Établissement, en 1872.

Persan di Casale. Très belle et bonne pomme de longue garde, que nous avons reçue d'Italie.

Petite Emma. Fruit petit, lisse, transparent, rouge-cerise fouetté de cramoisi; à chair blanche, croquante, juteuse, relevée d'un goût particulier très agréable. Arbre rustique, ayant résisté à la gelée de 1879-1880. — Recommandée pour l'ornement des tables avec les *Apis*.

Pickman (*The Fr. and Fr.-Tr. of Am.*, p. 304). Fruit moyen, arrondi-déprimé, jaune; de première qualité; maturité milieu d'hiver et printemps. — Introduite d'Amérique par l'Établissement, en 1872.

Pigeon de Kunze (*Ill. Handb. der Obstk.*, t. VIII, n° 652, p. 221). Fruit moyen, presque cylindrique, strié de cramoisi sur fond jaune clair; à chair très blanche; de première qualité; maturité commencement et courant d'hiver. Arbre très fertile, précoce au rapport.

Pigeon jaune. Fruit petit ou moyen, allongé, jaune frappé de rouge; d'un parfum fin; maturité courant d'hiver. Arbre vigoureux et très fertile. — Originaire du Dauphiné.

Pile's Russet (*Ill. Handb. der Obstk.*, t. I, n° 22, p. 75). Fruit moyen, conique-tronqué, lavé de rouge sanguin sur fond jaune d'or; maturité courant d'hiver.

Poire (*Le Verg.*, t. IV, n° 51, p. 105). Fruit petit ou moyen, cylindrico-conique, lavé et strié de rouge sur fond jaune-citron clair; de première qualité; maturité milieu et fin d'hiver.

Poire de Riga (*Ill. Handb. der Obstk.*, t. IV, n° 287, p. 49). Fruit moyen, conique-allongé, beau jaune; de première qualité; maturité août. Arbre sain, vigoureux, précoce au rapport.

Pojnik (*Ill. Handb. der Obstk.*, t. IV, n° 489, p. 457). Fruit gros, arrondi-aplati, vert jaunâtre unicolore; de toute première qualité pour la table et pour cuire; maturité courant d'hiver et printemps. Arbre extraordinairement vigoureux et fertile. — Très estimée en Transylvanie.

Polnischer Papierapfel (*Ill. Handb. der Obstk.*, t. I, n° 257, p. 547). Fruit moyen, sphérique-déprimé, jaune-citron luisant; à chair très blanche; maturité courant d'hiver et printemps. Grand arbre, extraordinairement fertile, rustique, ayant résisté à la gelée de 1879-1880.

Pomeranzenapfel (*Ill. Handb. der Obstk.*, t. IV, n° 311, p. 97). Fruit moyen, sphérique-aplati, beau jaune d'or; de première qualité pour sécher et pour cidre; maturité courant d'hiver. Grand arbre, rustique et fertile.

Pomeroy Russet. Fruit moyen; de première qualité; maturité courant et fin d'hiver. — Variété anglaise, très recommandée.

Posson de France. Fruit très gros; maturité courant d'hiver et printemps. Arbre d'une fertilité remarquable, très convenable pour verger.

Présent Royal. Très beau fruit d'hiver, rouge foncé strié.

Président de Fays-Dumonceau (*Ann. de Pom.*, t. VI, p. 31). Fruit très gros, arrondi-déprimé, jaune foncé panaché de rouge-cerise ; à chair tendre ; de première qualité ; maturité courant d'hiver. Arbre d'une vigueur et d'une fertilité remarquables. .

Président Gaudy (*Bull. du Cerc. d'Arb. de Belg.*, nov. 1885 et janv. 1886). Fruit gros, bronzé très intense, vert foncé du côté de l'ombre, à la maturité rouge et rayé rouge sur fond jaunâtre ; à chair très dense, très fine, très sucrée ; de toute première qualité ; maturité avril et jusqu'en été. Arbre vigoureux, très fertile ; propre au jardin fruitier et au verger.

Priestly (*The Fr. and Fr.-Tr. of. Am.*, p. 313). Fruit gros, arrondi-oblong, rouge terne ; maturité courant d'hiver. — Introduite d'Amérique par l'Établissement, en 1872.

Prince Albert. A cidre.

Prince de Bismarck (*Ill. Monatsch. für O. und W.*, 1872, p. 20). Fruit moyen, de forme arrondie très régulière, strié de rouge foncé sur fond rouge-cerise clair, très joli ; de première qualité pour tous les usages ; maturité fin d'automne et courant d'hiver. Arbre rustique et très fertile.

Prince de Lippe (*Ill. Monatsch. für O. und W.*, 1872, p. 136). Jolie et excellente variété, obtenue à Verőcze, en Slavonie, et que l'on annonce comme très remarquable.

Prince impérial Rodolphe d'Autriche. Belle et bonne variété d'hiver. Arbre robuste et fertile.

Prince Nicolas de Nassau. Fruit moyen, de première qualité ; maturité hiver. Arbre fertile.

Princesse noble des Chartreux (*Le Verg.*, t. IV, n° 3, p. 9). Fruit assez gros, sphérique, largement lavé de rouge-cerise foncé sur fond d'un beau jaune clair ; maturité commencement et courant d'hiver. Arbre précoce au rapport, sain et fertile. — Beau fruit.

Prinz. Fruit moyen ; de première qualité ; maturité automne. — Introduite d'Amérique par l'Établissement, en 1874.

Pumpkin Sweet (*Th. Fr. and Fr.-Tr. of. Am.*, p. 317). Fruit très gros, arrondi, vert pâle ; à chair très sucrée ; de première qualité pour cuire ; maturité automne et commencement d'hiver. — Introduite d'Amérique par l'Établissement, en 1872.

Punktirter Knackpepping (*Ill. Handb. der Obstk.*, t. I, n° 217, p. 467). Fruit moyen, sphérique, jaune verdâtre ; de première qualité pour la table et pour cuire ; maturité courant et fin d'hiver. Arbre très sain, à floraison hâtive.

Purpurrother Agatapfel (*Ill. Handb. der Obstk.*, t. I, n° 202, p. 437). Fruit petit ou moyen, sphérique, pourpre foncé ; à chair très fine, juteuse, de première qualité pour la table et pour cuire ; maturité courant d'hiver. Arbre excessivement fertile, rustique, ayant résisté à la gelée de 1879-1880.

Rabaïenne. Fruit gros ; de première qualité ; maturité fin d'automne et commencement d'hiver. Arbre peu fertile. — Reçue de Liège.

Rambour de Himbsel. Grosse et superbe pomme de couleur rouge-sang foncé ; de première qualité pour la table et pour cuire ; maturité automne et hiver. Arbre rustique et très fertile.

Réau. Très estimée dans le département de la Meuse.

Red Fall Pippin. Fruit gros, rouge foncé ; maturité automne. — Introduite d'Amérique par l'Établissement, en 1872.

Red leaf Russet. Variété tardive de première qualité.

Reine d'été (*The Fr. and Fr.-Tr. of Am.*, p. 370). Fruit gros, conique, strié de rouge sur fond jaune foncé ; à chair jaune, d'une riche saveur aromatisée ; maturité août-septembre. — Introduite d'Amérique, par l'Établissement, en 1874.

Reinette à longue queue. Fruit moyen ; de première qualité ; maturité hiver. Arbre fertile, à végétation tardive.

Reinette anglaise verte du Nord (*Le Verg.*, t. IV, n° 60, p. 123). Fruit assez gros, presque cylindrique, vert passant au jaune-paille ; maturité commencement et courant d'hiver. Arbre très rustique, ayant résisté à la gelée de 1879-1880.

Reinette blanche de Dietz (*Ill. Handb. der Obstk.*, t. IV, n° 497, p. 473). Fruit assez gros, sphérique-déprimé, jaune-citron ; maturité fin d'automne et courant d'hiver. Arbre très fertile, rustique, ayant résisté à la gelée de 1879-1880.

Reinette blanche Wrangel. Maturité novembre. Floraison hâtive. — Reçue de Belgique.

Reinette brodée. Fruit moyen ; de première qualité ; maturité fin d'automne et courant d'hiver. — Reçue de Liège,

Reinette citronnée de Wilkenbourg (*Ill. Handb. der Obstk.*, t. IV, n° 414, p. 305). Fruit moyen, sphérique-déprimé, jaune-citron clair lavé de rouge jaunâtre ; de toute première qualité pour cuire ; maturité courant d'hiver. Arbre très vigoureux, sain et fertile.

Reinette d'Auvergne (*Ill. Handb. der Obstk.*, t. VIII, n° 677, p. 271). Fruit petit ; de première qualité ; maturité hiver.

Reinette de Bréda (*Le Verg.*, t. IV, n° 31, p. 65). Fruit presque moyen, sphérico-conique, jaune-citron verdâtre ; à chair fine, très sucrée et parfumée ; de première qualité ; maturité commencement et courant d'hiver. Arbre très fertile, à floraison assez tardive.

Reinette de Brives. Fruit assez gros, un peu allongé, jaune pointillé de fauve ; de première qualité ; maturité hiver. Arbre fertile.

Reinette de Caractère. Fruit moyen ; de première qualité ; maturité fin d'hiver.

Reinette de Jupille. Fruit assez gros ; de première qualité ; maturité décembre-janvier. Arbre rustique, ayant résisté à la gelée de 1879-1880.

Reinette de Kienast (*Ill. Monatsh. für O. und W.*, 1871, p. 33). Très jolie et bonne pomme d'hiver, offrant quelque analogie avec la *Reinette rouge de Schmidtberger ;* originaire de Saint-Florian. Arbre rustique, ayant résisté à la gelée de 1879-1880.

Reinette de la Pentecôte. Fruit moyen ; maturité fin d'hiver. Arbre très fertile.

Reinette de Middepieds. Fruit gros ; de première qualité ; maturité décembre.

Reinette de Saint-Jacques. Fruit gros ou très gros, vert ; de première qualité ; maturité fin d'hiver.

Reinette des Antilles. Fruit assez gros, conique, côtelé, vert pâle unicolore.

Reinette de Sorgvliet (*Ill. Handb. der Obstk.*, t. I, n° 115, p. 261). Fruit moyen, aplati, jaune mat ; à chair très fine, très juteuse ; de première qualité ; maturité courant d'hiver et printemps.

Reinette des Vignes. Fruit moyen ; de première qualité ; maturité fin d'hiver et printemps. Arbre très fertile. — Reçue de Liège.

Reinette d'Etlin (*Ill. Handb. der Obstk.* t. IV, n° 519, p. 517). Fruit moyen, sphérico-cylindrique, lavé et strié de rouge-cramoisi sur fond jaune-citron ; de première qualité pour la table et pour cidre ; maturité courant d'hiver et printemps. Arbre d'une fertilité remarquable, rustique, ayant résisté à la gelée de 1879-1880. — Très jolie pomme.

Reinette Dewaelheyns. Fruit moyen, conique-arrondi, jaune ; à chair fine, bien parfumée ; de première qualité.

Reinette de Wormsley. Fruit moyen, arrondi, vert pâle ; de première qualité pour la table et pour cuire ; maturité courant d'automne. Arbre très fertile.

Reinette d'Olargues (*Dict. de Pom.*, t. IV, n° 428, p. 717). Fruit petit ou moyen, de forme cylindrique, presque entièrement lavé et strié de carmin foncé ; à chair jaune verdâtre, fine, croquante, très sucrée et délicieusement parfumée ; de première qualité ; maturité commencement et courant d'hiver.

Reinette dorée de Bâle. Fruit très gros, beau jaune-d'or strié de rouge ; maturité hiver. Arbre très fertile.

Reinette dorée striée (*Ill. Handb. der Obstk.*, t. VIII, n° 680, p. 277). Fruit assez gros, conique tronqué, presque entièrement lavé et strié de cramoisi sur fond d'un beau jaune ; de première qualité ; maturité courant d'automne. Arbre sain, vigoureux, fertile, rustique, ayant résisté à la gelée de 1879-1880.

Reinette du Mont-d'Or. Fruit moyen, jaune ; à chair blanche, fondante, beurrée, légèrement acidulée ; de première qualité ; maturité d'octobre à mai.

Reinette du Nord. Fruit très gros. Arbre vigoureux.

Reinette grand'mère. Fruit assez gros, amplement lavé et strié de rouge sur fond verdâtre ; de première qualité ; maturité hiver.

Reinette grise de Hoser. Très bonne reinette grise pour la table et la cuisine ; d'origine allemande. Arbre vigoureux et fertile.

Reinette grise du Tyrol. Fruit moyen ; de première qualité ; maturité hiver.

Reinette Henry Fulton. Fruit gros ; de première qualité ; maturité fin d'automne et hiver. Arbre très fertile.

Reinette Huhle. Maturité janvier. Arbre rustique, ayant résisté à la gelée de 1879-1880 ; floraison hâtive. — Reçue de Belgique.

Reinette Marie Pinel de la Taule. Fruit gros, jaune blanchâtre ; à chair très dense, blanche, douce, sucrée ; de première qualité ; maturité d'octobre à avril. Arbre très vigoureux et très fertile.

Reinette Menou. Fruit gros, conique, côtelé, jaune ; à chair blanc jaunâtre ; de première qualité ; maturité automne et courant d'hiver. Arbre de bonne vigueur, fertile.

Reinette Modèle. Pomme de table remarquable par la beauté et la régularité de forme de son fruit ; maturité hiver. Arbre vigoureux et fertile.

Reinette Molly (*Ill. Handb. der Obstk.*, t. I, n° 244, p. 521). Fruit moyen, sphérique-déprimé, strié de cramoisi sur fond jaune clair ; de première qualité pour cuire ; maturité courant et fin d'hiver. Arbre très fertile, rustique, ayant résisté à la gelée de 1879-1880.

Reinette par excellence. Fruit gros, jaune ; de première qualité ; maturité novembre-décembre. Arbre très fertile.

Reinette Passe tardive (Loisel). Fruit moyen ; de première qualité ; maturité fin d'hiver et printemps.

Reinette rouge d'Ongerth. Fruit moyen ; de toute première qualité ; maturité hiver. Arbre rustique, ayant résisté à la gelée de 1879-1880. — Originaire de Transylvanie.

Reinette superfine (Transon frères, 1866). Fruit gros, jaune, finement ponctué ; de toute première qualité ; maturité courant d'hiver et printemps.

Reinette tardive d'Angers (*Dict. de Pom.*, t. IV, n° 441, p. 736). Fruit moyen, sphérique-déprimé, jaune clair ; à chair fine, tendre, juteuse, d'un parfum très délicat ; de première qualité, maturité fin d'hiver et printemps.

Reinette Van Mons (*Le Verg.* t. IV, n° 58, p. 119). Fruit moyen, presque sphérique, jaune mat légèrement lavé de brun-rouge ; à chair bien fine, bien sucrée et très agréablement parfumée ; de toute première qualité ; maturité courant et fin d'hiver.

Reinette Vervaene (*Ann. de Pom.*, t. III, p. 85). Fruit moyen, aplati, jaune-d'or tiqueté et strié de rouge-brique ; maturité courant et fin d'hiver.

Richmond (*The Fr.-Tr. of Am.*, p. 335). Fruit gros, déprimé, strié et marbré de cramoisi sur fond jaune ; maturité fin d'automne et courant d'hiver. Arbre très fertile. — Introduite d'Amérique par l'Établissement, en 1872.

Robin (*L'Hort. franç.*, 1864, p. 329). Fruit assez gros, aplati, jaune-d'or légèrement lavé de vermillon ; à chair bien blanche, ferme ; maturité fin d'hiver et printemps.

Romarin blanche (*Ann. de Pom.*, t. IV, p. 43). Fruit assez gros, ovale allongé, jaune très clair ; à chair fine, savoureuse ; de première qualité ; maturité courant d'hiver. — Originaire du Tyrol.

Romarin de Braunau (*Ill. Handb. der Obstk.*, t. IV, n° 297, p. 69). Fruit assez gros, de forme ovale, entièrement strié de cramoisi ; de première qualité pour cuire ; maturité courant d'hiver. Arbre sain, vigoureux, très fertile, rustique, ayant résisté à la gelée de 1879-1880.

Romarin hongrois. Fruit assez gros ; à chair très ferme ; de première qualité ; de très longue garde. Arbre rustique et fertile.

Rose de Fenieshaza. Originaire du village hongrois de ce nom.

Rose d'été. Fruit moyen ; de première qualité ; maturité fin d'août. Arbre fertile.

Rostocker Eisenapfel. Pomme d'hiver recommandée pour la grande culture.

Rother Augustiner (*Ill. Handb. der Obstk.*, t. IV, n° 286, p. 47). Fruit moyen, arrondi, jaune pâle lavé de cramoisi ; à chair juteuse ; à cuire ; maturité commencement et courant d'hiver. Arbre moyen, très fertile.

Rother Jungfernapfel (*Ill. Handb. der Obstk.*, t. I, n° 189, p. 411). Fruit moyen, conique, rouge foncé ; maturité fin d'automne et commencement d'hiver. Arbre rustique et très fertile.

Rother Tiefbutzer (*Ill. Handb. der Obstk.*, t. I, n° 58, p. 147). Fruit moyen, arrondi, strié de rouge terne sur fond jaune-paille ; à chair croquante, juteuse ; de première qualité pour tous les usages et surtout pour cidre ; maturité courant d'hiver et printemps. Grand arbre, très rustique. — Estimée dans le Wurtemberg, pour les plantations publiques.

Röthliche Reinette (*Ill. Handb. der Obstk.*, t. I, n° 148, p. 327). Fruit gros, de forme variable, jaune-d'or mat lavé de cramoisi ; de première qualité pour la table et pour cidre ; maturité commencement et courant d'hiver. Arbre vigoureux et très fertile.

Rouge de Kaschgar. Variété originaire de Kaschgar (Asie), que nous devons à M. Niemetz Jaroslaw, de Winnitza (Podolie-Russie).

Rouge de Pryor (*The Fr. and Fr.-Tr. of Am.*, p. 316). Fruit moyen, arrondi, lavé de rouge et strié cramoisi sur fond jaune verdâtre ; à chair tendre, juteuse ; de toute première qualité ; maturité courant et fin d'hiver. — Estimée en Amérique.

Rouget. Variété à cidre, mûrissant première quinzaine de décembre. Arbre très vigoureux, très productif, à floraison très tardive.

Rougeur de Vierge (*Le Verg.*, t. V, n° 15, p. 33). Fruit assez gros, sphérique-déprimé, lavé d'un beau rouge sur fond jaune-paille blanchâtre ; à chair tendre, moelleuse ; à cuire ; maturité commencement d'automne. Arbre très fertile. — Jolie pomme, d'origine américaine.

Rouleau rouge (*Le Verg.*, t. V, n° 22, p. 47). Fruit assez gros, presque cylindrique, rouge terne ; à cuire ; maturité fin d'automne. Arbre rustique.

Royal. Fruit gros, arrondi, blanc jaunâtre, nuancé de brun ; à chair croquante, juteuse, hautement parfumée ; maturité courant d'automne. Arbre vigoureux et fertile. — Introduite d'Amérique par l'Établissement, en 1874.

Royale de Czukor. Pomme de premier mérite, dédiée au célèbre pomologiste hongrois Czukor. Arbre rustique, ayant résisté à la gelée de 1879-1880.

Royale de Mecklenbourg (*Ill. Handb. der Obstk.*, t. IV, n° 268, p. 11). Fruit gros, conique-tronqué, rouge-cramoisi clair ; de première qualité ; maturité courant d'hiver. Grand arbre, très fertile, rustique, ayant résisté à la gelée de 1879-1880.

Royale Melone. Excellente et superbe pomme, se conservant jusqu'en juillet. A résisté à la gelée de 1879-1880.

Rushout Pearmain. Fruit petit ou moyen, roux ; à chair parfumée ; de première qualité ; maturité fin d'hiver. — Variété anglaise.

Sabaros. Fruit moyen, jaune pâle, ponctué de roux ; à chair ferme, serrée, acidulée ; de première qualité ; maturité novembre à avril. — Originaire de l'Ile de Ré, où cette variété est propagée de drageons. C'est une des rares variétés fruitières qui soit de bonne vigueur et de bonne production à l'exposition du vent de la mer.

Sainte-Barbe. Fruit gros, aplati, rouge ; maturité milieu et fin d'hiver. — Reçue de Liège, où elle est estimée pour verger.

Saint-Lawrence (*Le Verg.*, t. V, n° 13, p. 29). Fruit moyen, sphérique-déprimé, strié de carmin sur fond jaune-paille ; à chair bien blanche ; de première qualité ; maturité automne. Arbre très vigoureux et très fertile.

Sam Young. Fruit petit, sphérique-déprimé, jaune verdâtre ; de toute première qualité pour la table ; maturité courant d'hiver. Arbre très fertile.

Sans pareille de Mac-Afee (*The Fr. and Fr.-Tr. of Am.*, p. 260). Fruit gros, sphérique, lavé et strié de cramoisi sur fond vert jaunâtre ; de première qualité ; maturité courant d'hiver. Arbre très fertile.

Sans Pépin. Fruit moyen mûrissant en hiver, n'ayant ni graines ni loges.

Sary Alma. Très bonne variété de Pigeon, originaire de Hongrie, superbement colorée, mûrissant en automne. Petit arbre, précoce au rapport et très fertile.

Schach Alma. Variété du Caucase que nous devons à M. Niemetz Jaroslaw, de Winnitza (Podolie-Russie).

Schaffer's Garden. Fruit moyen ; de première qualité ; maturité été. — Introduite d'Amérique par l'Établissement, en 1872.

Schafsnase. Variété à cidre estimée en Allemagne. Arbre d'un beau port, rustique, fertile, à floraison tardive.

Schöner Marienapfel. Fruit moyen ou assez gros, sphérique-déprimé, lavé et marbré de rouge-carmin, sur fond jaune verdâtre.

Schoolmaster. Fruit gros, conique, bien coloré ; à chair blanche, tendre, relevée, excellente ; maturité octobre à janvier. Arbre vigoureux, très fertile.

Schowalds Rambour. Reçue d'Allemagne.

Semis d'Aitken. Fruit ressemblant à *Hawthornden*, mais de meilleure conservation ; maturité octobre à janvier. Arbre rustique ayant résisté à la gelée de 1879-1880.

Semis de Brickley (*Ill. Handb. der Obstk.*, t. IV, n° 522, p. 523). Fruit moyen, sphérique-déprimé, rouge-cramoisi ; maturité fin d'hiver et printemps. Arbre très fertile, à floraison tardive.

Semis de Thompson. Bonne variété ; maturité décembre à février. — Reçue d'Angleterre.

Shockley (*The Fr. and Fr.-Tr. of Am.*, p. 352). Fruit petit ou moyen, conique-arrondi, entièrement recouvert de rouge ; maturité printemps. Arbre très fertile. — Estimée pour la grande culture dans les États du Sud des États-Unis. Introduite par l'Établissement, en 1872.

Simonffy roth. Fruit moyen, rouge foncé presque noir ; maturité courant et fin d'hiver. — Reçue de Hongrie.

Sjud alma. Variété du Caucase que nous devons à M. Niemetz Jaroslaw, de Winnitza (Podolie-Russie).

Skrischapfel. Fruit assez gros, rouge marbré. — Variété russe ayant résisté à l'hiver de 1879-1880.

Soulard. Fruit moyen ; de première qualité ; maturité automne. — Introduite d'Amérique par l'Établissement, en 1872.

Souvenir d'Étichove (*Bull. du cerc. d'Arb. de Belg.*, 1884, p. 161). Fruit gros, rubanné rouge purpurin, sur fond vert jaunâtre, légèrement côtelé autour de l'œil ; à chair très fine, jaunâtre, délicieuse ; maturité septembre, se conservant jusqu'en février-mars sans perdre de sa qualité.

Spätblühender Taffet Apfel. Fruit petit, excellent pour cidre ; maturité d'automne à décembre. Arbre curieux par sa floraison, qui n'a lieu qu'en juin.

Sphelley. Fruit gros ; de première qualité ; maturité septembre.

Springfield Pippin. Fruit moyen, aplati, brun-roux ; à chair ferme, juteuse, d'une saveur très agréable ; maturité commencement et courant d'hiver.

Stanislas Crevecœur (Delloyer). Fruit gros ; à chair jaune, fondante, parfumée ; maturité septembre à juin.

Striée de Kœttenich (*Ill. Handb. der Obstk.*, t. IV, n° 437, p. 351). Fruit moyen, conique, amplement strié de cramoisi ; de première qualité pour cidre ; maturité courant d'hiver et printemps. Arbre très vigoureux, rustique, ayant résisté à la gelée de 1879-1880.

Summer Pippin (*The Fr. and Fr.-Tr. of Am.*, p. 368). Fruit assez gros, de forme variable, jaune-de-cire pâle lavé de cramoisi ; de première qualité pour cuire ; maturité août-septembre. — Très estimée dans l'État de New-York. Introduite d'Amérique par l'Établissement, en 1872.

Superb Sweet (*The Fr. and Fr.-Tr. of Am.*, p. 372). Fruit gros, conique-arrondi, jaune pâle lavé et marbré de rouge ; à chair très tendre ; de première qualité ; maturité automne. — Introduite d'Amérique par l'Établissement, en 1872.

Süssapfel. Variété à cidre très estimée en Allemagne. Arbre vigoureux et fertile.

Süsser Citronenapfel (*Ill. Handb. der Obstk.*, t. IV, n° 354, p. 183). Fruit moyen, arrondi, jaune-citron foncé ; à cuire ; maturité automne et commencement d'hiver. Arbre rustique, ayant résisté à la gelée de 1879-1880.

Swaar Behrens. Fruit assez gros, délicieux ; maturité commencement et milieu d'hiver. — Adoptée par le Congrès pomologique américain. Arbre rustique, ayant résisté à la gelée de 1879-1880.

Sweet Pearmain (*The Fr. and Fr.-Tr. of Am.*, p. 376). Fruit moyen, arrondi, de première qualité ; maturité courant et fin d'hiver. Arbre rustique, ayant résisté à la gelée de 1879-1880. — Introduite d'Amérique par l'Établissement, en 1872.

Swinzowka. Fruit moyen, jaunâtre, lavé de rouge ; à chair blanche, juteuse, acidulée ; maturité août. Arbre rustique, ayant résisté à la gelée de 1879-1880. — D'origine russe.

Szacsvari taffota. Fruit petit, aplati, vert. — Variété transylvanienne ayant résisté à la gelée de 1879-1880.

Taffetas blanc (*Ill. Handb der Obstk.*, t. I, n° 258, p. 549). Fruit moyen, aplati, jaune blanchâtre de cire ; à chair blanche, juteuse ; de première qualité, surtout pour cidre ; maturité courant d'hiver. Arbre sain, vigoureux et très fertile.

Tcheleby de Nikita. Maturité novembre. — Reçue de Belgique.

Tekete tanyer. Variété transylvanienne, dont le nom signifie *assiette plate*, allusion probable à la forme du fruit.

Téton de demoiselle. Fruit moyen ; à chair fondante ; de table ; maturité courant d'hiver. Arbre fertile.

The Queen. Fruit gros, aplati, jaune clair, marbré de rouge brillant ; à chair blanche, tendre, presque fondante, vineuse, acidulée ; de première qualité ; maturité novembre à mars. Arbre de vigueur modérée, très fertile.

Tiefblüthe. Très bon fruit de table et de cuisine, originaire de Naumburg.

Tiroler Schmelzling (*Ill. Handb. der Obstk.*, t. I, n° 195, p. 423). Fruit moyen, sphérique-déprimé, strié de cramoisi sur fond d'un beau jaune ; maturité fin d'automne et courant d'hiver. — Arbre sain et vigoureux.

Titus Pippin (*The Fr. and Fr.-Tr. of Am.*, p. 383). Fruit gros, conique-oblong, jaune pâle ; de première qualité ; maturité décembre à février. Floraison hâtive.

Toudouze. Fruit gros ; de première qualité ; maturité courant d'hiver. — Reçue de Nantes.

Trierischer Weinapfel gelber.   ) Variétés allemandes très recommandées pour cidre. Les fruits
Trierischer Weinapfel rother.   } sont immangeables. Arbres à végétation vigoureuse, de
Trierischer Weinapfel weisser.   ) grande fertilité, à floraison tardive.

Tschernoje Derewo. Fruit gros, genre Calville, rouge-pourpre ; à chair blanche, cassante ; de bonne qualité ; maturité septembre. Arbre rustique, ayant résisté à la gelée de 1879-1880. — Variété russe.

Uelner's Golden Reinette. Fruit petit ; de première qualité ; maturité avril-mai. Arbre rustique, ayant résisté à la gelée de 1879-1880.

Vagnau Fruit à cidre mûrissant en octobre. Arbre vigoureux, à floraison tardive.

Vandevere (*The Fr. and Fr.-Tr. of Am.*, p. 391). Fruit moyen, aplati, jaune-de-cire strié de rouge ; de première qualité pour cuire ; maturité fin d'automne et commencement d'hiver. — Ancienne variété américaine.

Vérité. Fruit gros, sphérique, rouge vif ; à chair ferme, cassante, nuancée de rose ; de bonne qualité ; maturité octobre à avril.

Vice-Président Héraud. Fruit à cidre mûrissant en novembre. Arbre vigoureux, fleurissant tardivement.

Vineuse d'hiver de Braunau (*Ill. Handb. der Obstk.*, t. IV, n° 536, p. 551). Fruit assez gros, sphérique-côtelé, jaune clair lavé de rouge clair ; de première qualité pour cuire ; maturité courant d'hiver et printemps. Arbre très vigoureux.

Vineyard Pippin. Très joli fruit, de toute première qualité pour la table ; maturité avril. Floraison tardive.

Von Softaholm. Fruit moyen, aplati, genre Rambour ; maturité août. Arbre rustique ayant résisté à la gelée de 1879-1880. — Nous paraît analogue à *Borovitsky*. Reçue du Danemark.

Warraschke de Guben (*Le Verg.*, t. IV, n° 50, p. 103). Fruit moyen, sphérique-déprimé, jaune-citron lavé de rouge-rosat ; maturité fin d'hiver et jusqu'en été. Arbre très vigoureux, à floraison très tardive.

Washington. Fruit gros, aromatique, juteux, fondant ; maturité septembre-octobre. Arbre rustique, ayant résisté à la gelée de 1879-1880.

Washington of Maine. Fruit gros ; de première qualité ; maturité hiver. — Introduite d'Amérique par l'Établissement, en 1872.

Wealthy (*The Fr. and Fr.-Tr. of Am.*, p. 398). Fruit moyen, déprimé, presque entièrement recouvert de rouge-cramoisi ; de première qualité ; maturité courant d'hiver. — Introduite d'Amérique par l'Établissement, en 1874.

Webb's Kitchen Russet. Fruit très gros, genre *Reinette grise* ; de première qualité ; maturité, hiver et printemps. Reçue d'Angleterre.

Weisser Matapfel (*Ill. Handb. der Obstk.*, t. I, n° 169, p. 369) Fruit moyen, sphérique-aplati, jaune verdâtre strié de rouge ; à chair acidulée ; de première qualité pour cuire et pour cidre ; maturité courant et fin d'hiver. Grand arbre.

Weisse Wachsreinette (*Ill. Handb. der Obstk.*, t. VIII, n° 581, p. 79). Fruit moyen, sphérique, jaune-de-cire pâle ; à cuire et à cidre ; maturité automne. Arbre vigoureux, fertile et rustique.

Wells Sweeting. Fruit assez gros, strié de rouge sur fond blanc ; maturité hiver. — Introduite d'Amérique par l'Établissement, en 1872.

Western Baldwin. Fruit gros ; maturité automne. — Introduite d'Amérique par l'Établissement en 1872.

White Robinson. Fruit moyen ; de première qualité ; maturité automne. — Introduite d'Amérique par l'Établissement, en 1872.

Wiesenapfel. Variété à cidre ressemblant au *Gros Bohn*, mais meilleure pour les terrains élevés. — Estimée en Allemagne.

Wilkenburger Währapfel (*Ill. Handb. der Obstk.*, t. I, n° 192, p. 417). Fruit moyen, de forme variable, strié de cramoisi sur fond jaune foncé ; de première qualité ; maturité fin d'hiver. Arbre rustique et fertile, ayant résisté à la gelée de 1879-1880.

Willermoz. Fruit gros, marbré de rouge ; bon et de garde. — Gain de M. Pons d'Hauterive.

William Penn. Fruit assez gros ; de première qualité ; maturité hiver et printemps.

Willow Twig (*The Fr. and Fr.-Tr. of Am.*, p. 409). Fruit moyen, arrondi, jaune clair lavé et marbré de rouge terne ; maturité très tardive. — Estimée pour le marché. Introduite d'Amérique par l'Établissement, en 1872.

Wilson Sweet. Fruit moyen ; de première qualité ; maturité hiver. Arbre rustique ayant résisté à la gelée de 1879-1880. — Introduite d'Amérique par l'Établissement, en 1874.

Wiltshire Beauty. Fruit gros ; de première qualité ; maturité novembre à avril.

Winesap (*The Fr. and Fr.-Tr. of Am.*, p. 411). Fruit moyen, oblong-arrondi, d'un beau rouge foncé ; à chair jaune, d'une riche saveur ; de première qualité pour la table et de toute première qualité pour cidre ; maturité courant d'hiver et printemps. Arbre très rustique et très fertile. — Introduite d'Amérique par l'Établissement, en 1872.

Winterquittenapfel (*Ill. Handb. der Obstk.*, t. I, n° 20, p. 71). Fruit assez gros, sphérique, jaune ; à chair blanche, fine, juteuse ; de première qualité pour cuire et pour cidre. Grand arbre, robuste, à floraison hâtive.

Yellow Newtown Pippin. Fruit gros, arrondi-irrégulier-côtelé, jaune ; de première qualité ; maturité courant et fin d'hiver. Floraison tardive.

Zimmtartiger Kronenapfel (*Ill. Handb. der Obstk.*, t. IV, n° 293, p. 61). Fruit petit ou moyen, sphérique, amplement strié de cramoisi ; à chair jaune, d'un parfum de cannelle ; de toute première qualité ; maturité courant d'hiver. Arbre très fertile.

Variétés douteuses ou peu méritantes.

Alföldi.
Amer doux (à cidre).
Ananas.
Antonowka.
Aromatisée de Quatford.
Barlowskoje.
Bars Apple.
Beekman.
Belle d'octobre.
Bonne Virginie.
Borkowskoje.
Borsdorf d'automne.
A. H. Bradford.
Buzas.
Calville blanche d'août.
Calville de Frantmana.
Carlton Island Seedling.
Cluster Golden Pippin.
Codlin de Kent.
Comte Orlof.
Concombre.
Court pendu d'automne.
Court pendu d'Espagne.
Czukors Goldreinette.
D'Ange (à cidre).
De Boutigné.
De Jérusalem.
De Jonghe's Rosenapfel.
De Mignonne.
D'Engelbert.
De Pinso.
Der Köstlichste.
Dominiska.

Dörl's Rosmarin Reinette.
Edle graue Reinette aus Ungarn.
Edler weisser Rosmarinapfel.
Elisa Genneret.
Emmrichs marmorirte Reinette.
Fall Jenneting.
Favorite de Morgane.
Fletcher's Kernel.
Gayette.
Général Raewski.
Gifford.
Gipsey King.
Graine.
Greave's Pippin.
Gros apis blanc.
Grosse caisse.
Guernsey Pippin.
Gumpper.
Hagewyler Calvill.
Hossfelds Gulderling.
Hubbard's Pearmain.
Hyacinthen Calvill.
Irish Pippin.
Jallais.
Julliam.
Kaiserin Elisabeth.
Kimmel Reinette.
Kirkbridge White.
Kiskagyai.
Knox Russet.
Kresetitzer grüne Reinette.
Lehigh.
Maeucher.

Margalar.
Marglœmersœble.
Marie.
Marschal Radetzki.
Merveille de Fontenel.
Muckenheims Winter Kronenapfel.
Nicolayer.
North End Pippin.
Nyest alma.
Oberlaber.
Paris.
Pepin d'Œlkofen.
Petite merveille.
Pigeon de Lucas.
Pigeon gris.
Pogatche blanche.
Professeur Mallinus.
Puygaudine.
Reinette blanche.
Reinette cire de Norwège.
Reinette de Beauvilliers.
Reinette des Memonitzer.
Reinette de Werlhoff.
Reinette dorée de Franklin.
Reinette Huniady.
Reinette Lowiskii.
Reinette rousse.
Reinette tardive.
Reinette très tardive.
Reinette verte.
Revalscher Birnapfel.
Rosenrother Repka.

Rother Oster Calvill.
Rother Römerapfel.
Roundway magnum bonum.
Rubicon.
Savinière.
Schmelzling.
Schwedischer Rosenhäger.
Serinkia.
Sertchekii.
Seutin d'été.

Sir Walter Blacket's Favourite.
Stirling Castle.
Straat.
Striped Sweet.
Szaba Kaer.
Szalma von Strohreinette.
Szercika.
Titowka.
Verte du Nord.
Victoria de Hulbert.

Vollbrechts Herbst Borsdorfer.
Von Akero.
Von Langeland.
Von Stenkyrk.
Wahnschaftsapfel.
Wendel's runder Plattapfel.
Wildling von Schlossgarten.
Wundergrosser süsser Apfel.

Variétés reconnues analogues à d'autres.

Auguste van Mons,
Bollate, } analogues à **Reinette du Canada.**
Borowinka, analogue à **Borovitsky.**
Calville Trauttmansdorf, analogue à **Calville blanche d'hiver.**
Capendu strié, analogue à **Reinette du Canada panachée.**
Carpentin, analogue à **Reinette Baumann.**
Cerina di Roma, analogue à **Reinette du Canada.**
Cossonnet, analogue à **De Lande.**
Court pendu monstre, analogue à **Court pendu plat.**
D'Amour, analogue à **Museau de lièvre rouge.**
De Flandre, analogue à **Figue.**
De Jonghe's Pepping, analogue à **Pepin de Keddlestone.**
De Lait, analogue à **Borovitsky.**
Di Quattro gusti, analogue à **Fenouillet gris.**
Dombrowski, analogue à **Borovitsky.**
Doodapfel, analogue à **Reinette du Canada.**
D. T. Fish, analogue à **Roi de Warner.**
Fractere, analogue à **Calville rouge d'été.**
Grand duc Constantin, analogue à **Alexandre.**
Karitschnewoje, analogue à **Borovitsky.**
Mathias König von Ungarn, analogue à **Alexandre.**
Mauzano Madalena,
Oberländer Himbeer Apfel, } analogues à **Calville rouge d'hiver.**
Palvakowsky Joaneum Graz,
Pervinquière, analogue à **Court pendu gris.**
Plodowitka, analogue à **Borovitsky.**
Reine, analogue à **Baron de Trauttenberg.**
Reine Louise, analogue à **Court pendu plat.**
Reinette Coulon, analogue à **Belle de Boskoop.**
Reinette Coulon la Verte, analogue à **Reinette grise d'automne.**
Reinette de Bretagne, analogue à **Reinette grise du Canada.**
Reinette de Clareval, analogue à **Reinette franche.**
Reinette dorée de Versailles, analogue à **Reinette dorée.**
Reinette grise Bourgeois, analogue à **Reinette grise d'hiver.**
Reinette grise de Deak, analogue à **Reinette grise d'automne.**
Reinette grise haute bonté, analogue à **Reinette franche grise.**
Reinette Quarrendon, analogue à **Reine des Reinettes.**
Romarin de Botzen, analogue à **Gravenstein.**
Sikulai alma, analogue à **De Sikula.**
Smaragda,
Sucrin, } analogue à **Reinette grise du Canada.**
Unique, analogue à **Reinette du Canada.**

Variétés nouvelles.

Bietigheimer rouge. Fruit très gros, rond, agréablement aromatisé et acidulé. — L'une des
plus grosses et des plus belles variétés.

Bismarck. Fruit gros, blanc jaunâtre, fortement coloré de rouge à l'insolation ; à chair cassante, juteuse ; de première qualité ; maturité octobre à hiver. Arbre vigoureux, très fertile, précoce au rapport. — Originaire de la Nouvelle-Zélande, d'où elle a été introduite par un Anglais, qui l'a dédiée à l'ex-chancelier allemand. Si cette variété répond à tout le bien qu'on en dit, ce sera une bonne acquisition pour le jardin fruitier.

Calville Fauquet. Fruit très gros, jaune cire ; de première qualité ; maturité mars-avril.

Calvill englischer weisser Winter. Fruit gros, fortement côtelé, jaunâtre, strié rose à l'insolation ; à chair blanche, fine, juteuse, rafraîchissante, avec un parfum de framboise ; maturité hiver. Arbre vigoureux, sain, fertile.

Clyde Beauty. Nouveauté américaine très vantée dans son pays. Ce serait, d'après l'obtenteur, l'une des meilleures pommes connues.

Docteur Ipavic Bogatinka. Fruit gros, de belle apparence ; de première qualité. Variété de longue conservation, recommandable comme fruit de table.

Docteur Seelig. Fruit gros, jaune-orange piqueté de gris ; à chair jaune, parfumée à la manière de la *Reinette Ananas* ; de première qualité ; maturité octobre à décembre.

Early Rivers. Variété mûrissant en juillet, une semaine avant *Lord Suffield* ; de première qualité. Arbre vigoureux et fertile.

Filippa's Apfel. Fruit gros ; à chair blanchâtre, ferme, de goût exquis. Cette pomme surpasse les meilleures Gravenstein et son arbre est plus fertile. Variété danoise primée par la Société d'horticulture de ce pays.

Grahams Königlicher Jubiläumsapfel. Fruit gros, jaune-d'or ; à chair ferme, très bonne. Cette pomme supporte bien le transport ce qui la fera rechercher comme fruit de marché. — Variété très estimée en Angleterre, même plus que la pomme Bismarck, qu'elle surpasse en beauté.

Grosse de Saint-Clément. Fruit très gros, jaune, magnifique ; maturité février-mars. — L'une des plus grosses pommes.

Grotz's Liebling. Cette magnifique variété doit provenir d'un croisement entre le *Malus spectabilis* et le *Borsdorf*. Le fruit est très joli, d'un beau rouge, se conserve d'une année à l'autre. Variété bonne pour la table et pour la cuisine.

Jeanne Hardy (*Rev. hort.*, 1890, p. 324). Variété issue d'un semis d'*Alexandre*, fait sous la direction de M. Hardy, en 1878 ; première production en 1882. Fruit gros ou très gros, plus large que haut, jaune doré vivement coloré de carmin du côté du soleil et rosé de l'autre ; chair fine, dense, un peu ferme, blanc jaunâtre, juteuse, sucrée, relevée d'un goût de *Reinette*, très bonne. Maturité à partir de décembre jusqu'en février et même au delà. — Dédiée à Mlle Jeanne Hardy, par le comité de pomologie de Seine-et-Oise.

Kandil Sinap. Fruit de forme allongée particulière, d'un très beau coloris ; à chair blanche, douce et croquante. — Variété russe qui fait l'objet d'un grand commerce en Crimée.

Madame Maria Niemetz. Fruit moyen, nuancé de rouge et de jaune-d'or ; à saveur de *Reine des Reinettes* ; maturité août à la mi-octobre. Arbre à végétation pyramidale, de vigueur modérée, fertile. — Cette variété, la plus précoce de toutes les Reinettes, a été trouvée par M. Proche, pomologiste à Sloupno (Bohême) ; dédiée à Mme Maria Niemetz, de Winnitza (Podolie-Russie).

Mela di Norcia. Variété italienne tardive et très bonne, se conservant jusqu'au printemps. — Propagée par M. Späth, pépiniériste à Rixdorf, près de Berlin.

Nathusius Taubenapfel. Fruit gros, bien coloré ; à chair fine, d'un parfum agréable. Arbre assez vigoureux, formant une couronne plate, précoce au rapport et fertile. Maturité décembre à avril.

Reinette de Simirenko. Fruit verdâtre clair, passant au jaune ; à chair blanche, délicieusement parfumée ; maturité novembre-décembre.

Reinette de Zuccamaglio. Fruit gros, rayé, rappelant, par son goût, la *Calville blanche d'hiver* ; de première qualité ; maturité février à avril.

Reinette Friedrich der Grosse. Fruit moyen ou gros, plus large que haut, jaune-d'or faiblement ponctué de cramoisi foncé à l'insolation ; à chair jaunâtre, juteuse, fine, très aromatisée ; maturité fin décembre à avril.

Reinette prince Anatole Gagarin. Fruit moyen ou gros, jaune-d'or, lavé de cramoisi et taché de rouille ; à chair jaunâtre, bien parfumée, à saveur d'orange. Arbre à végétation érigée, fertile. — Semis de M. Proche, pomologue à Sloupno (Bohême) ; dédié au prince Gagarin, vice-président de la société pomologique de Russie.

Reinette von Berks. Fruit moyen, arrondi, jaune, taché de rouille dans certains endroits ; à chair blanc jaunâtre, fine, assez juteuse, aromatisée ; maturité janvier à mai.

Starr. Fruit très gros, vert pâle, quelquefois teinté de rouge à l'insolation ; maturité très précoce, en juillet, se prolongeant jusqu'en septembre.

Prunes

La nature rustique du Prunier, ses racines traçantes, le rendent moins exigeant que les autres arbres fruitiers sur la nature du sol et sur la situation : presque toutes ses variétés réussissent à peu près partout.

C'est un arbre d'un bon rapport, dont les produits sont utilisés de beaucoup de manières, entrent pour une large part dans la préparation des conserves et alimentent une branche de commerce assez importante pour quelques contrées : la fabrication et l'exportation des pruneaux.

Le haut-vent est presque exclusivement la forme sous laquelle la plus grande partie des variétés du Prunier peuvent être cultivées avec avantage. Quelques-unes cependant se prêtent assez facilement aux petites formes, et dans les contrées peu favorisées par la température, il est bon, dans les grands jardins, d'en placer quelques arbres en espalier, à l'exposition du couchant. Il y en a du reste qui, certes, méritent bien cette place.

Parmi les nombreuses variétés de Prunes qui existent, il s'en trouve plusieurs qui, très anciennes et certainement très méritantes, persistent à occuper presque à elles seules la place que tient ce fruit dans nos vergers, à l'exclusion d'autres, les égalant sous certains rapports et les surpassant sous d'autres. Telles sont : la *Reine-Claude* un peu partout; la *Mirabelle* dans le pays messin; la *Quetsche* en Allemagne, dans la Lorraine et l'Alsace; la *Prune d'Agen* et la *Sainte-Catherine* dans l'ouest de la France; et enfin, dans beaucoup de localités, certaines variétés plus ou moins méritantes, que l'expérience a indiquées aux habitants comme avantageuses pour la culture de la spéculation. Nous serions loin de blâmer cette persistance à s'en tenir à ces variétés, si nous n'étions pas certains que, dans beaucoup de cas, cette détermination est par trop exclusive. Nous croyons que, pour ce genre de fruits comme pour tous les autres, il serait avantageux d'introduire dans les vergers un bon nombre de variétés de premier mérite, offrant, à plusieurs égards, de grandes améliorations aux anciennes.

Il existe un moyen bien simple et cependant peu pratiqué d'augmenter la qualité des Prunes, surtout de celles qui manquent de sucre et de parfum, et d'enlever à leur chair cette crudité qui, à certaines époques de l'année, en rend l'usage peu hygiénique, et par suite, engagent tant de personnes à s'en priver. Ce moyen consiste à ne les consommer que plusieurs jours après la cueillette, c'est-à-dire lorsqu'elles ont séjourné dans un lieu sec pour y perdre une partie de leur eau : leur chair s'amollit, tout en conservant parfaitement son jus, et le principe sucré s'accuse davantage. Mais, pour cela, il est indispensable que la cueillette s'effectue avec précaution, que les fruits soient maniés avec soin, placés à côté les uns des autres sans les entasser, et qu'ils soient surveillés pour éviter la pourriture, qui se propage rapidement. En opérant ainsi, nous avons vu des Prunes de qualité très inférieure devenir parfaitement mangeables et même de bonne qualité.

1re SÉRIE DE MÉRITE

(ORDRE DE MATURITÉ)

PRUNE DE CATALOGNE. Fruit moyen de forme ovoïde irrégulière, jaune-d'or; à chair jaune, tendre, douce; bon pour la saison; maturité première quinzaine de juillet. Arbre de moyenne grandeur, de fertilité moyenne.

C. P. **FAVORITE PRÉCOCE.** Fruit petit, presque sphérique, noir rougeâtre; à chair verdâtre, fine, juteuse, sucrée et agréablement parfumée; maturité mi-juillet. Arbre vigoureux dans sa jeunesse, mais très précoce au rapport et restant petit. — La meilleure des prunes très hâtives. Obtenue d'un noyau de la *Précoce de Tours*, par M. Rivers.

MIRABELLE PRÉCOCE. Fruit petit, sphérique, jaune unicolore; de toute première qualité; maturité mi-juillet. Petit arbre, peu vigoureux, très fertile. — Précieuse variété, trop peu connue.

FERTILE PRÉCOCE. Fruit moyen, ovale-arrondi, pourpre-violet; à chair jaunâtre, quittant bien le noyau, juteuse; de première qualité pour cuire; maturité seconde quinzaine de juillet. Arbre de bonne vigueur, rustique, remarquablement précoce au rapport et d'une abondante fertilité. De premier mérite pour la culture de spéculation. — Obtenue par M. Rivers.

C. P. **MONSIEUR HATIF.** Fruit moyen, presque sphérique, pourpre-noir; à chair jaune verdâtre, tendre, juteuse; de première qualité pour cuire; maturité seconde quinzaine de juillet. Arbre vigoureux, précoce au rapport, rustique et fertile.

REINE-CLAUDE DAVION. Fruit moyen, presque sphérique, verdâtre légèrement lavé de rose violacé; à chair jaunâtre, succulente, parfumée; de première qualité; maturité fin de juillet. Arbre de vigueur modérée, précoce au rapport et très fertile.

REINE-CLAUDE MOYRET. Fruit assez gros, pourpre ; à chair verte, fine, un peu ferme, se détachant bien du noyau, parfumée ; de première qualité ; maturité commencement d'août. Arbre vigoureux, fertile. — Semis de hasard de la Reine-Claude verte, obtenu dans la propriété de M. Moyret, ancien juge de paix à Neuville-sur-Ain (Ain).

P. **PRUNE DE MONTFORT.** Fruit assez gros, ovoïde, pourpre-violet réticulé de jaune ; à chair verdâtre, succulente, juteuse, bien sucrée et agréablement relevée ; maturité première quinzaine d'août. Arbre de vigueur modérée, à branches retombantes, précoce au rapport et d'une bonne fertilité. — Belle et excellente prune hâtive, obtenue dans les pépinières de Mme Ebert, à Montfortin (Seine-Inférieure) ; propagée par M. Prévost, de Rouen.

P. **REINE-CLAUDE D'ECULLY.** Fruit gros, sphérique, un peu plus large que haut, jaune clair, teinté et taché de rouge au soleil ; à chair jaunâtre, fine, juteuse, sucrée, se détachant assez bien du noyau ; de première qualité ; maturité première quinzaine d'août. Arbre vigoureux et fertile. — Trouvée chez M. Luizet, à Ecully-lès-Lyon.

P. **BLEUE DE BELGIQUE.** Fruit moyen, presque sphérique, pourpre bleuâtre ; à chair jaunâtre, fondante, très juteuse, bien sucrée et agréablement relevée ; de première qualité ; maturité première quinzaine d'août. Arbre vigoureux, précoce au rapport, rustique et fertile.

P. **REINE-CLAUDE D'OULLINS.** Fruit gros ou très gros, sphérico-cylindrique, blanc verdâtre mat ; à chair vert jaunâtre, assez juteuse ; souvent de première qualité ; maturité mi-août. Arbre très vigoureux, rustique et très fertile. — Variété par excellence pour la culture de spéculation, introduite à Oullins, près Lyon, par M. Massot père, pépiniériste.

MAC LAUGHLIN. Fruit gros, presque sphérique, jaune clair verdâtre taché de rose violacé ; à chair jaune, ferme, juteuse, sucrée et bien parfumée ; de première qualité ; maturité mi-août. Arbre vigoureux et rustique. — Variété américaine, genre Reine-Claude, obtenue par M. James Mac Laughlin, à Bangor-Maine (États-Unis).

PERDRIGON VIOLET HATIF. Fruit moyen, ovale-arrondi, violet-pourpre ; à chair d'un beau jaune-orange, ferme, juteuse, bien sucrée et délicatement parfumée ; de première qualité ; maturité mi-août. Grand arbre, robuste et excessivement fertile, propre au grand verger. — Variété très avantageuse sous tous les rapports et trop peu répandue.

REINE-CLAUDE DIAPHANE HATIVE. Acquisition très remarquable, obtenue d'un noyau de la belle et exquise *Reine-Claude diaphane*, et mise au commerce, en 1873, par le célèbre pépiniériste anglais Rivers, bien connu pour ses heureux gains pomologiques. Le fruit ne cède en rien dans son excellence à la *Reine-Claude diaphane* et il mûrit vers la mi-août. L'arbre est plus robuste et plus fertile.

REINE BLANCHE. Fruit moyen, de forme sphérique, vert clair blanchâtre ; à chair d'un vert pâle, fine, tendre, fondante, juteuse, sucrée et bien parfumée ; de première qualité ; maturité seconde quinzaine d'août. Arbre rustique, vigoureux dans sa jeunesse, mais d'un rapport précoce. — Prune d'amateur, peu propre à la vente et au transport surtout à cause de sa peau. Obtenue par M. Galopin, pépiniériste à Liège (Belgique), et propagée par lui vers 1844.

QUETSCHE PRÉCOCE DE LUCAS. Fruit de forme, volume et couleur de la *Quetsche commune*, recouvert d'une pruine blanche ; à chair tendre, sucrée et parfumée ; de première qualité ; maturité seconde quinzaine d'août. Arbre précoce au rapport et très fertile.

COCHET PÈRE. Fruit très gros, cylindrico-ovoïde, carmin bleuâtre léger sur fond jaune ; à chair jaune, ferme ; maturité seconde quinzaine d'août. — Magnifique fruit de dessert, l'une des plus belles prunes connues et pouvant servir à faire des pruneaux énormes qui, dit-on, peuvent rivaliser avec les plus estimés.

LOUISE BRUNE. Fruit assez gros, sphérique-déprimé, pourpre-brun pointillé ; à chair quittant le noyau, jaune, ferme, sucrée et relevée ; maturité seconde quinzaine d'août. Arbre vigoureux et fertile. — Jolie et bonne prune, peu sujette aux vers et trop peu connue.

MIRABELLE DE METZ. Fruit petit, sphérique, jaune marbré de rouge ; à chair jaune, très sucrée ; de toute première qualité pour tous les usages ; maturité seconde quinzaine d'août. Petit arbre, extrêmement fertile. — Cette prune constitue, pour certaines contrées fruitières de nos environs, où elle réussit particulièrement, une véritable source de revenus. On en fait des conserves qui ont une réputation universelle et qui sont l'objet d'une branche de commerce assez importante pour l'exportation.

MIRABELLE DOUBLE. Fruit presque moyen, subsphérique, jaune marbré de rouge ; à chair jaune, très sucrée ; de toute première qualité ; maturité seconde quinzaine d'août. Arbre moyen, très fertile. — Presque aussi estimée pour consommer à la main et même en tartes, que la précédente ; elle l'est beaucoup moins pour conserves, dans lesquelles elle n'offre ni la finesse, ni la transparence, ni l'abondance de sucre qui caractérisent la véritable *Mirabelle de Metz*.

LE CZAR. Fruit très gros, marron-noirâtre pointillé ; à chair jaune, juteuse, sucrée ; de toute première qualité ; maturité seconde quinzaine d'août. Arbre robuste, rustique et fertile. — Nous avons reçu cette belle et excellente prune de M. Rivers.

C. P. REINE-CLAUDE. Fruit moyen ou assez gros, presque sphérique, vert ponctué de rose violacé du côté du soleil ; à chair vert jaunâtre, fine, juteuse, richement sucrée et parfumée ;
de toute première qualité ; maturité seconde quinzaine d'août. Arbre de vigueur et de fertilité
variables. — Ancienne variété, toujours la plus généralement recherchée parmi les prunes
de table, et considérée, peut-être à tort, comme ne pouvant être égalée, sous ce rapport, par
aucune autre.

C. P. MONSIEUR JAUNE. Fruit assez gros, de forme subsphérique, jaune lavé de rose-lilas du
côté du soleil ; à chair quittant le noyau, jaune, tendre, juteuse, sucrée ; de première qualité ;
maturité seconde quinzaine d'août et commencement de septembre. Arbre de vigueur moyenne,
de bonne fertilité, réclamant un sol riche. — Jolie et excellente prune, obtenue par M. Jacquin, pépiniériste à Paris.

C. P. REINE-CLAUDE DIAPHANE. Fruit gros, de forme sphérique-déprimée régulière, à peau
fine, légèrement lavée de rose frais et striée de carmin sur fond jaune verdâtre, recouverte
d'une pruine transparente ; chair ferme, jaune verdâtre, bien sucrée et parfumée ; maturité
fin août et commencement de septembre. Arbre très vigoureux dans sa jeunesse, devenant
ensuite fertile ; d'un port assez disgracieux. — Très joli et excellent fruit, malheureusement
sujet à se crevasser et à pourrir dans les années froides et pluvieuses, obtenu par M. Lafay,
pépiniériste à Paris.

ANGELINA BURDETT. Fruit moyen, ovoïde, à sillon prononcé et à peau épaisse, pourpre
noirâtre pointillé ; chair verdâtre, fine, très juteuse, excellemment sucrée et d'un parfum
distingué ; maturité fin août et commencement de septembre. Arbre moyen, de bonne fertilité.
— De premier ordre par la qualité exceptionnelle de son fruit, l'une des meilleures prunes
à manger crue, et propre à faire des pruneaux ou confitures sèches de qualité hors ligne.
D'origine anglaise.

WASHINGTON. Fruit gros ou très gros, ovale-arrondi, jaune mat marbré de vert ; à chair
jaune clair, ferme, juteuse, sucrée et parfumée ; maturité fin août et commencement de septembre. Arbre très vigoureux, au large feuillage, rustique et bien fertile. — Beau fruit, le
plus souvent de bonne qualité. Originaire des environs de New-York.

DRAP D'OR D'ESPEREN. Fruit assez gros, ovale-arrondi, à peau très mince, jaune pâle
nuancé de vert ; chair jaunâtre, très fine, fondante, juteuse, bien sucrée et relevée d'un excellent parfum musqué ; maturité fin août et commencement de septembre. Arbre vigoureux.
— Excellente prune d'amateur, tout à fait impropre à la culture de spéculation, obtenue par
le major Esperen, de Malines (Belgique).

C. P. PRINCE ENGLEBERT. Fruit gros, de forme ellipsoïde-régulière, pourpre-noir recouvert
d'une abondante pruine bleuâtre ; à chair jaune, fine et presque fondante, sucrée, acidulée,
parfumée ; de première qualité pour la table et de toute première qualité pour sécher ; maturité fin août et commencement de septembre. Arbre rustique, vigoureux dans sa jeunesse,
précoce au rapport et très fertile. — Obtenue par M. Scheidweiler, professeur de botanique
à Gand (Belgique).

C. P. KIRKE. Fruit gros, ovoïde-arrondi, violet-noir ; à chair quittant bien le noyau, verdâtre,
juteuse, bien sucrée et parfumée ; maturité fin août et commencement de septembre. Arbre
vigoureux, rustique et de bonne fertilité. — Belle et excellente prune. Introduite en Angleterre par M. Kirke, de Brompton.

REINE-CLAUDE IMPÉRIALE. Fruit assez gros, sphérico-ovoïde, vert jaunâtre : à chair
verdâtre, bien fine, très juteuse, bien sucrée, assez parfumée ; le plus souvent de toute première qualité ; maturité première quinzaine de septembre. Arbre très vigoureux dans sa
jeunesse, mais devenant bientôt très fertile ; préférant les sols chauds et secs. — Obtenue
d'un noyau de *Reine-Claude verte*, dans les pépinières de M. Prince, à Flushing (État de
New-York).

PERDRIGON VIOLET. Fruit assez gros, ovale-arrondi, violet rougeâtre ; à chair verdâtre,
bien sucrée et d'une excellente saveur relevée ; maturité première quinzaine de septembre.
Arbre délicat, réclamant l'espalier dans les situations peu favorables. — Ancienne variété,
d'origine française.

C. P. JEFFERSON. Fruit gros, ovale-arrondi, jaune verdâtre taché de rouge ; à chair jaune, fine,
succulente, bien sucrée et d'un parfum distingué ; de toute première qualité ; maturité première quinzaine de septembre. Arbre vigoureux dans sa jeunesse, mais bientôt très fertile. —
L'une des plus belles et des meilleures prunes. Obtenue par le juge Buel, aux États-Unis, et
dédiée au Président Jefferson.

C. P. REINE-CLAUDE D'ALTHAN. Fruit gros, sphérique-déprimé-régulier, rose violacé recouvert d'une pruine bleuâtre, très beau ; à chair jaune-d'or, fine, succulente, juteuse, bien sucrée et parfumée ; de toute première qualité ; maturité courant de septembre. Arbre vigoureux,
d'une belle végétation, rustique, précoce au rapport et d'une bonne fertilité. — Variété encore
très peu connue ; de premier ordre sous tous les rapports, et que ses divers mérites réunis
rendent sans égale, à notre avis, parmi les prunes de table. Par la fermeté de sa peau et de
sa chair, elle est éminemment propre au transport et à la culture de spéculation. Obtenue en
Hongrie, par M. Prochaska, jardinier du comte Joseph d'Althan.

TARDIVE DE CORNY. Fruit presque moyen, de forme sphérique régulière, très agréablement lavé et pointillé de carmin sur fond jaune clair, recouvert de pruine blanche ; à chair jaune, ferme, succulente, très sucrée et d'un excellent parfum ; maturité courant de septembre. Arbre de petite dimension, formant une tête élargie, de bonne et constante fertilité. Nous avons découvert cette délicieuse et charmante prune d'arrière-saison chez M. Victor Simon, à Corny, près Metz, qui l'avait obtenue de semis.

REINE-CLAUDE BRYANSTON. Fruit gros, sphérico-ovoïde, vert taché de rouge ; à chair jaunâtre, fine, succulente, juteuse, sucrée, acidulée, parfumée ; de toute première qualité ; maturité mi-septembre. Arbre vigoureux et fertile. — Le fruit est plus gros et plus beau que la *Reine-Claude* ancienne, et s'en rapproche beaucoup pour la qualité. L'arbre est plus robuste. Nous avons reçu cette variété de M. Rivers.

P. **SEMIS DE POND.** Fruit gros ou très gros, ovoïde, pourpre nuancé ; à chair adhérente au noyau, jaune saumoné ; de bonne qualité pour la cuisine ; maturité mi-septembre. Arbre vigoureux et fertile. — Superbe prune d'ornement, obtenue par M. Pond, en Angleterre ; introduite en France en 1844, par M. L. Jamin, de Paris.

P. **REINE-CLAUDE VIOLETTE.** Fruit assez gros, presque sphérique, violet terne nuancé de verdâtre ; à chair verte, fine, ferme, excessivement juteuse, bien sucrée ; de toute première qualité ; maturité seconde quinzaine de septembre. Arbre vigoureux, de fertilité moyenne, redoutant les climats trop froids.

P. **QUETSCHE COMMUNE.** Fruit moyen ou assez gros, ovoïde-allongé, violet ; à chair jaune verdâtre, ferme, juteuse, d'une excellente saveur particulière ; de toute première qualité pour tartes et surtout pour pruneaux. Arbre rustique, très fertile, prospérant partout, même dans les sols les plus froids et les plus humides. — L'une des variétés de prunes les plus estimées pour la grande culture, et la plus répandue dans le nord-est de la France et dans presque toute l'Allemagne, où elle est propagée de drageons.

P. **QUETSCHE D'ITALIE.** Fruit gros, ovoïde-allongé, noir bleuâtre ; à chair verdâtre, ferme ; de première qualité pour pruneaux ; maturité seconde quinzaine de septembre. Arbre vigoureux dans sa jeunesse, très fertile ensuite. — Variété précieuse pour les localités favorables ; sujette aux vers dans les terrains froids.

REINE-CLAUDE DE SAINT-AVERTIN. Fruit assez gros, subsphérique, jaune verdâtre lavé de rose violacé ; à chair jaune clair, succulente, juteuse, bien sucrée et parfumée ; de toute première qualité ; maturité seconde quinzaine de septembre.

TOPAZE DE GUTHRIE. Fruit moyen ou assez gros, ovoïde, beau jaune souvent taché de rouge-brun ; à chair jaune foncé, fine, tendre, juteuse, bien sucrée et relevée d'un parfum d'abricot ; de première qualité ; maturité seconde quinzaine de septembre. Arbre fertile. — Distinguée et de premier mérite parmi les prunes tardives. Obtenue en Écosse par M. Guthrie.

P. **TARDIVE MUSQUÉE.** Fruit assez gros, sphérico-ovoïde, pourpre noirâtre ; à chair verte, succulente et très juteuse, bien sucrée et caractéristiquement relevée d'une saveur musquée très agréable ; de toute première qualité ; maturité seconde quinzaine de septembre. Arbre très vigoureux, précoce au rapport et bien fertile. — A notre avis la meilleure prune d'arrière-saison ; elle se recommande en outre par sa maturation lente et prolongée. Obtenue par MM. Baltet frères, pépiniéristes à Troyes ; mise au commerce en 1859.

MIRABELLE DOUBLE DE HERRENHAUSEN. Fruit petit ou presque moyen, d'un beau jaune marbré de rouge ; à chair jaune, sucrée ; de toute première qualité ; maturité seconde quinzaine de septembre. Arbre de bonne vigueur, très fertile. — Précieuse variété, aussi bonne que la *Mirabelle double*, arrivant à maturité lorsque cette dernière est complètement passée.

PRUNE DE DÉLICES. Fruit moyen, sphérique, légèrement mamelonné à l'insertion de la queue, rose violacé sur fond verdâtre pointillé ; à chair ferme, jaunâtre, succulente et très juteuse, très sucrée et bien parfumée ; de toute première qualité ; maturité fin septembre. Arbre très fertile. — Variété bien distincte, remarquable par la qualité et la jolie apparence de son fruit parmi les prunes tardives.

P. **GOUTTE D'OR.** Fruit gros, ovoïde, jaune doré souvent marbré de rouge violacé ; à chair jaune vif, un peu ferme, juteuse, bien sucrée ; de première qualité pour la table et pour pruneaux ; maturité fin de septembre. Arbre de bonne vigueur et fertilité, préférant les sols chauds et les climats secs. — Obtenue par M. Jervoise Coë, de Bury-Saint-Edmunds, dans le comté de Suffolk (Angleterre).

P. **GOUTTE D'OR VIOLETTE.** Variation intéressante et d'un très joli effet, de la précédente, dont elle ne diffère que par la teinte violacée de la peau du fruit.

P. **REINE-CLAUDE DE BAVAY.** Fruit gros, sphérico-ovoïde, vert jaunâtre parfois taché de cramoisi ; à chair jaunâtre, ferme, bien sucrée et parfumée ; de première qualité dans les automnes chauds ; maturité fin de septembre. Arbre de vigueur moyenne, très fertile, craignant les situations peu favorables. — Obtenue par le major Espéren, à Malines (Belgique).

2ᵉ SÉRIE DE MÉRITE

(ORDRE DE MATURITÉ)

SAINT-PIERRE. Fruit ayant la forme de la Mirabelle, mais plus gros, jaune clair pointillé et marbré de rouge ; à chair jaune, un peu adhérente au noyau ; de bonne qualité ; maturité première quinzaine de juillet. Arbre de bonne vigueur, fertile. — Joli fruit.

GROSSE MARANGE. Fruit moyen ou assez gros, sphérico-ovoïde, pourpre violacé ; à chair jaune verdâtre, sucrée, d'une bonne saveur ; de première qualité pour la saison ; maturité mi-juillet. Arbre de bonnes vigueur et fertilité.

La Prune *Marange*, très estimée sur les marchés de Metz, où elle est apportée en très grande quantité, presque en même temps que les Prunes les plus précoces, est déjà une production de nos contrées, qui mérite l'attention. Mais cette variété, trouvée dans une vigne par M. Chabardin, propriétaire à Augny, près de Metz, est plus remarquable encore par le volume de son fruit, qui mûrit en outre environ une semaine plus tôt, et qui ne le cède en rien dans sa qualité à la *Marange*. Elle succède immédiatement à la *Prune de Catalogne*, et mûrit en même temps que *Favorite précoce* et *Mirabelle précoce*. Par la fertilité et la robusticité de son arbre et le volume de son fruit, elle vient donc combler une lacune, surtout pour la culture de spéculation.

MARANGE. Fruit petit, sphérique, à peau d'un rouge violacé, se détachant avec une remarquable facilité de la chair, qui est d'un beau jaune foncé ; de première qualité pour la saison, surtout pour tartes ; maturité seconde quinzaine de juillet. Petit arbre, excessivement fertile. — Jolie et bonne Prune précoce, très répandue dans les vergers de nos environs.

C. P.   **PRUNE PÊCHE.** Fruit très gros, arrondi, rouge-brun ; à chair jaunâtre, ferme, assez sucrée ; de première qualité pour cuire ; maturité seconde quinzaine de juillet. Arbre moyen, très vigoureux dans sa jeunesse, d'un port irrégulier, souvent peu fertile. — Beau fruit de dessert.

PRÉCOCE DE TOURS. Fruit petit, presque ellipsoïde, violet-noir recouvert d'une abondante pruine bleuâtre ; à chair fine, verte, peu juteuse ; maturité fin de juillet. Arbre vigoureux, souvent peu fertile.

MONSIEUR. Fruit gros, sphérique, d'un beau violet pourpre ; à chair jaune, sucrée ; maturité fin de juillet. Grand arbre, vigoureux et fertile. — Ancienne variété, toujours recherchée par quelques personnes, mais qui ne réussit qu'en terrain chaud et léger, bien situé.

FERTILE BLEUE. Fruit assez gros ou gros, brun-noir, recouvert de pruine ; à chair jaunâtre, sucrée, de bonne qualité ; maturité commencement d'août. Arbre de bonne vigueur, fertile. — Reçue de M. Rivers.

COLUMBIA. Fruit gros ou très gros, sphérique, jaune ; à chair adhérente au noyau ; de première qualité pour la table et pour cuire ; maturité commencement d'août. Arbre fertile. — Très belle prune.

MADELEINE. Fruit assez gros, ovale, jaune légèrement pointillé de carmin ; de bonne qualité ; maturité commencement d'août. Arbre vigoureux, peu fertile.

REINE-CLAUDE ABRICOTINE. Fruit petit, blanc ; à chair blanc jaunâtre, sucrée ; de bonne qualité ; maturité commencement d'août. Arbre vigoureux et fertile.

DAMAS D'ÉTÉ. Fruit petit, ovale, pourpre noirâtre ; à chair verte, fine, sucrée et d'une fine saveur relevée ; maturité première quinzaine d'août. Petit arbre, très fertile. — Bonne pour petits pruneaux, séchés au soleil.

QUETSCHE JAUNE PRÉCOCE. Fruit moyen, ovoïde, jaune doré ; à chair jaune vif, tendre, juteuse ; de toute première qualité pour pruneaux ; maturité première quinzaine d'août. Arbre très fertile.

FINE BONTÉ. Fruit moyen, oblong-mamelonné, pourpre violacé ; à chair jaune, fine et délicate, sucrée et parfumée ; de première qualité ; maturité première quinzaine d'août. Arbre vigoureux, à branches dressées, d'un facies particulier ; parfois peu fertile.

DAMAS PRÉCOCE DE RIVERS. Fruit presque moyen, sphérique, bleu noirâtre ; à chair verte, très juteuse, adhérente au noyau ; de première qualité ; maturité première quinzaine d'août. Arbre rustique, précoce au rapport. — Gain du pépiniériste anglais Rivers, qui le donne comme une charmante addition à la section des damas.

YELLOW GAGE. Fruit gros, ovale, jaune ; à chair jaune, juteuse, riche ; maturité mi-août. Arbre d'une vigueur et d'une fertilité remarquables. — Excellente et avantageuse variété, très estimée en Amérique, d'où l'Établissement l'a introduite directement, en 1874.

PRÉCOCE DE FREUDENBERG. Fruit moyen, ovale, rouge-brun foncé ; à chair jaune, ferme ; de bonne qualité ; maturité mi-août. Arbre fertile. — D'origine allemande.

ONTARIO. Fruit gros ou très gros, ovale-arrondi, jaune marbré ; de première qualité ; maturité mi-août. — Obtenue par MM. Ellwanger et Barry, pépiniéristes à Rochester (États-Unis d'Amérique) ; introduite par l'Établissement, en 1874.

ROYALE VIOLETTE DE KEINDL. Fruit assez gros, ovale, violet foncé; à chair jaune verdâtre, ferme, juteuse; de première qualité; maturité mi-août. Arbre fertile. — Obtenue par le Dʳ Liegel et dédiée à M. Keindl, pomologiste allemand.

TRANSPARENTE. Fruit moyen, ovale-obtus, jaune verdâtre transparent; à chair adhérente au noyau, jaune, ferme, très juteuse, parfumée à la manière des Mirabelles; de première qualité; maturité mi-août. Arbre vigoureux, de fertilité moyenne.

ABRICOTÉE HATIVE. Fruit assez petit, presque sphérique, jaune clair vif; à chair jaune clair, juteuse, délicatement parfumée; maturité mi-août. Arbre vigoureux, très fertile. — Variété très répandue dans le Hanovre.

SAINT-LAWRENCE. Fruit moyen ou gros, allongé, pourpre foncé; à chair jaune; de bonne qualité; maturité mi-août. — Obtenue par MM. Ellwanger et Barry, pépiniéristes à Rochester (États-Unis d'Amérique); introduite directement par l'Établissement, en 1874.

MAMELONNÉE. Fruit moyen, rétréci vers la queue, jaunâtre tiqueté de rouge; à chair ferme, quittant bien le noyau, juteuse, bien sucrée et relevée; de toute première qualité; maturité mi-août. Arbre de vigueur modérée, précoce au rapport.

OBERDIECKS GESTREIFTE EIERPFLAUME. Fruit gros, allongé, forme de quetsche, jaune presque entièrement recouvert de carmin clair; à chair jaune, juteuse, très sucrée; de première qualité; maturité mi-août. Arbre vigoureux et fertile. — Reçue de M. Oberdieck, pomologiste allemand.

REINE-CLAUDE DE BODDAERT. Fruit très gros, arrondi, beau jaune maculé de carmin; à chair quittant le noyau, aussi succulente que celle de la *Reine-Claude*; de première qualité; maturité mi-août. Arbre vigoureux, d'un beau port, fertile.

DIAPRÉE VIOLETTE. Fruit moyen, allongé, violet-bleuâtre; à chair jaune verdâtre; de première qualité pour pruneaux; maturité mi-août. Arbre très fertile.

SPAULDING. Fruit gros, vert jaunâtre recouvert de pruine; à chair vert jaunâtre, juteuse, sucrée, un peu adhérente au noyau; de première qualité; maturité courant d'août. Arbre très vigoureux et très fertile. — Variété originaire de New-Jersey (Amérique).

HAZARD. Fruit moyen, oblong, pourpre-violet, pointillé de jaune; à chair jaune; de première qualité; maturité courant d'août. Arbre peu fertile. — Cette variété est intermédiaire entre la *Reine-Claude violette* et la *Quetsche commune*.

DAMASINE. Fruit petit, ovoïde-arrondi, rouge clair; de bonne qualité; maturité courant d'août. Arbre vigoureux, très fertile. — Variété très estimée dans les vergers de nos environs, où elle est propagée de drageons.

LARGE BLACK IMPÉRIAL. Fruit gros, rouge-pourpre, de forme allongée; à chair jaune, juteuse, assez sucrée; de bonne qualité; maturité courant d'août. Arbre vigoureux, de fertilité moyenne. — Très beau fruit. Nous avons reçu cette variété de M. Rivers.

REINE-CLAUDE ROUGE AMÉRICAINE. Fruit moyen, ovale régulier, rouge brillant; à chair verdâtre, succulente, très juteuse, sucrée; de première qualité; maturité courant d'août. Arbre très vigoureux, remarquable par son feuillage plissé, d'un vert foncé; très rustique et très fertile. — Introduite directement d'Amérique par l'Établissement, en 1872.

BELLE DE LOUVAIN. Fruit très gros, de forme ovale, pourpre foncé; à chair jaunâtre, juteuse, d'assez bonne qualité pour la table et de première qualité pour cuire; maturité seconde quinzaine d'août. Arbre très vigoureux. — Se recommande par la beauté de son fruit, qui a la propriété de tenir fortement à l'arbre.

RADEMAEKERS. Fruit très gros, globuleux, carmin-orange; à chair adhérente au noyau, jaune pâle, juteuse, sucrée et d'une saveur agréable; maturité seconde quinzaine d'août. Arbre vigoureux et très fertile. — Magnifique et excellente Prune, trouvée dans un verger de la Campine par le pharmacien dont elle porte le nom.

PRUNE DES BURETTES. Fruit gros, irrégulièrement ovoïde, vert jaunâtre mat, lavé de rose violacé; à chair verte, fondante, agréablement parfumée; de première qualité; maturité seconde quinzaine d'août. Arbre rustique. — Obtenue par M. Grégoire, propriétaire aux Burettes, sous Bauvechain (Belgique). Premier rapport en 1849.

DAMAS D'ITALIE. Fruit moyen, de forme sphérique, violet-noir; à chair jaunâtre, juteuse, sucrée; de première qualité; maturité seconde quinzaine d'août. Arbre vigoureux et fertile. — Variété très estimée en Italie, d'où elle est probablement originaire.

SULTAN. Fruit gros, sphérique, rouge foncé; à chair jaune, adhérente au noyau; de première qualité; maturité seconde quinzaine d'août. Arbre très fertile. — Gain du pépiniériste anglais Rivers, obtenu d'un noyau de la Prune *Belle de Septembre*.

REINE-CLAUDE DE WEBSTER. Fruit gros, jaune, pointillé de rose; à chair jaune-verdâtre, fine, juteuse, très sucrée; de première qualité; maturité seconde quinzaine d'août. Arbre vigoureux et fertile. — Reçue d'Angleterre.

SAINT-AUBERT. Fruit assez gros, ovale-arrondi, verdâtre doré lavé et picoté de rouge; à chair jaune, juteuse, très sucrée; de première qualité; maturité seconde quinzaine d'août. Arbre moyen, très fertile.

BELLE DE SCHOENEBERG. Fruit assez gros, de forme sphérique, d'un beau rouge violacé ; à chair jaune foncé, assèz sucrée, d'un goût particulier assez agréable ; de première qualité ; maturité seconde quinzaine d'août. Arbre peu vigoureux, délicat, propre au jardin fruitier. — Très jolie Prune d'amateur.

C. P. **ROTHE EIERPFLAUME.** Fruit très gros, ovoïde, rouge-cerise, pointillé de rouge-brun et de jaune ; à chair jaune clair, fine, juteuse, de bonne qualité ; maturité seconde quinzaine d'août. Arbre vigoureux et fertile.

DE MONTMIRAIL. Fruit moyen, allongé comme une quetsche, jaune pointillé de rose ; à chair jaune, à saveur rappelant un peu la Mirabelle ; de bonne qualité ; maturité seconde quinzaine d'août. Arbre de vigueur moyenne et fertile.

CIRE. Fruit moyen, sphérico-ellipsoïde, jaune clair doré taché de rose ; à chair jaune, ferme, bien sucrée ; maturité fin d'août. — Introduite directement d'Amérique par l'Établissement, en 1874.

REINE-CLAUDE DE BLEECKER. Fruit assez gros, ovale-arrondi, jaune verdâtre ; à chair jaune, succulente ; de qualité variable ; maturité fin d'août. Arbre de vigueur modérée, fertile, mais redoutant les sols trop froids et humides. — Obtenue, il y a environ 60 ans, par M. Bleecker, d'Albany, d'un noyau que lui avait donné le révérend Dull, de Kingston (New-York), et qui l'avait reçu d'Allemagne.

DEFRESNE. Fruit gros, allongé, violet ; à chair verte ; de première qualité ; maturité fin d'août. Arbre vigoureux et fertile. — Reçue de Belgique.

ROUGE DE DENNISTON. Fruit gros, de forme ovale-arrondie, aplati dans le sens de la longueur, rouge-pourpre pointillé ; à chair jaunâtre, sucrée ; maturité fin d'août. Arbre très vigoureux et fertile. — Belle prune de marché d'assez bonne qualité. Obtenue par Isaac Denniston, d'Albany, New-York (États-Unis).

ROYALE DE SIEBENFREUD. Fruit gros, ovale-arrondi, brun rougeâtre ; à chair jaune blanchâtre, très juteuse ; de première qualité ; maturité fin d'août. — Obtenue par M. Liegel et dédiée à M. Siebenfreud, pharmacien à Tyrnau (Hongrie).

REINE-CLAUDE DE LAWRENCE. Fruit assez gros, sphérico-ovoïde, jaune verdâtre, tiqueté de rouge ; à chair vert clair, tendre, juteuse, très sucrée ; de première qualité ; maturité fin d'août. Arbre moyen, d'un beau port. — Obtenue par M. L. U. Lawrence, d'Hudson, New-York (États-Unis).

BINGHAM. Fruit gros, sphérico-ovoïde, jaune canari pointillé de rouge ; à chair jaune, juteuse, bien sucrée et parfumée ; de première qualité ; maturité fin d'août. Arbre fertile. — Originaire de Pensylvanie, cette variété a reçu le nom d'une famille de cet État.

FAVORITE DE BUEL. Fruit moyen, ovoïde, jaune verdâtre lavé de rouge vineux ; à chair fine, verdâtre, bien sucrée ; de première qualité ; maturité fin d'août. Arbre peu vigoureux. — Obtenue par M. Isaac Denniston, d'Albany (New-York), et dédiée à M. Buel, juge et agriculteur distingué.

QUETSCHE JAUNE DE HARTWISS. Fruit moyen, irrégulièrement ovoïde, jaune canari ; à chair jaune clair, fine, tendre, délicatement musquée ; de première qualité ; maturité fin d'août. — Obtenue par Liegel, d'un noyau de la *Quetsche jaune précoce*, et dédiée au colonel de Hartwiss, directeur des jardins impériaux de Nikita (Crimée).

DENBIGH. Fruit très gros, presque sphérique, rouge-brun pointillé de jaune ; à chair jaune, ferme, juteuse, sucrée ; à cuire ; maturité fin d'août. — Superbe Prune, que nous avons reçue de M. Rivers.

IMPÉRIALE ROUGE. Fruit gros, ovale, rouge violacé ; à chair jaune clair, ferme, juteuse ; maturité août-septembre. Arbre fertile.

VIRGINALE BLANCHE. Fruit moyen ou gros, sphérique, blanc jaunâtre ; à chair blanc jaunâtre, tenant au noyau ; de bonne qualité ; maturité fin d'août et commencement de septembre. — Arbre vigoureux.

QUETSCHE MUSQUÉE DE HONGRIE. Fruit du volume, de la forme et de la couleur de la *Quetsche commune*, mais à chair plus juteuse et d'un parfum agréable rappelant celui du Basilic ; de première qualité ; maturité fin d'août et commencement de septembre. L'arbre ressemble beaucoup dans ses rameaux, ses feuilles et sa fertilité, à celui de la *Quetsche commune*.

DORÉE DE LAWSON. Fruit assez gros, de forme ovale, jaune lavé de rouge violacé ; à chair adhérente au noyau, jaune orangé, sucrée et parfumée ; de première qualité ; maturité fin août et commencement de septembre. — Très jolie.

SUPERBE DE HULING. Fruit très gros, subsphérique, vert sombre ; à chair adhérente au noyau, jaunâtre, juteuse, sucrée et parfumée ; de première qualité ; maturité fin d'août et commencement de septembre. Arbre vigoureux et fertile. — Reçue de M. Rivers.

EMPEREUR DE MAS. Fruit extraordinairement gros, obovoïde, pourpre clair pointillé ; à chair jaune clair, juteuse, bien sucrée ; maturité fin d'août et commencement de septembre. — Magnifique gain de l'auteur du *Verger*, qu'il a obtenu d'un noyau de *Goutte d'or*.

AMIRAL DE RIGNY. Fruit assez gros, ovale, vert nuancé de jaune ; à chair vert jaunâtre, fine, tendre, succulente, juteuse, sucrée et relevée d'une saveur de Reine-Claude ; de première qualité ; maturité fin août commencement de septembre. Arbre très vigoureux, rustique et très fertile. — Propre à la culture de spéculation.

QUETSCHE PRÉCOCE D'ESSLINGEN. Fruit moyen, forme de la *Quetsche commune*, brun-noir; à chair jaune verdâtre; maturité fin août et commencement de septembre. — Trouvée par M. Lucas, près de la ville d'Esslingen (Wurtemberg).

PRINCE DE GALLES. Fruit moyen, sphérico-ovoïde, pourpre rougeâtre pointillé; à chair vert jaunâtre, très juteuse; souvent de première qualité pour la table, toujours de première qualité pour cuire; maturité fin août et commencement de septembre. Arbre excessivement vigoureux, rustique et très fertile. — Très propre au grand verger et à la culture de spéculation.

VICTORIA. Fruit gros ou très gros, de forme ovale, rouge pâle; à chair quittant bien le noyau, ferme; de première qualité pour cuire et pour pruneaux; maturité fin août et commencement de septembre. Arbre vigoureux à longues branches retombantes, très fertile. — D'origine anglaise.

ABRICOTÉE DE LANGE. Fruit assez gros, sphérique-déprimé-régulier, jaune orangé brillant; à chair adhérente au noyau, très juteuse, vineuse; maturité fin août et commencement de septembre. Arbre de bonne vigueur, formant une tête élargie, précoce au rapport et bien fertile. — Se recommande par la belle apparence de son fruit, réellement distingué dans sa forme et son coloris, et d'assez bonne qualité.

NOTA BENE DE CORSE. Fruit assez gros, de forme arrondie, rouge violacé; à chair jaune foncé, très sucrée; maturité fin août et commencement de septembre. Arbre de vigueur moyenne, rustique et assez fertile. — Variété américaine, obtenue par M. Corse, de Montréal.

IMPÉRIALE DE MILAN. Fruit assez gros, ovoïde, pourpre-noir; à chair verte, serrée, bien sucrée et richement parfumée; de première qualité pour sécher; maturité fin d'août et commencement de septembre. Arbre très fertile.

ROUSSE DE GUTHRIE. Fruit assez gros, ovale arrondi, fond jaunâtre recouvert de roux violacé; à chair ferme, jaune, fine, juteuse, bien sucrée et parfumée; maturité fin août et commencement de septembre. — Son coloris distingué, sa qualité et la propriété qu'elle a de se conserver parfaitement à l'office, recommandent cette Prune à l'amateur.

P. DE PONTBRIANT. Fruit gros, presque sphérique, rouge violacé recouvert de pruine; à chair jaune clair, juteuse, agréablement relevée; de première qualité; maturité fin d'août et commencement de septembre. Arbre de vigueur moyenne, très fertile. — Obtenue en 1851, par M. F. Morel, pépiniériste, à Lyon.

DATTE HONGROISE JAUNE. Fruit gros, très allongé, jaune verdâtre, pointillé de rouge; à chair jaune verdâtre, juteuse; de bonne qualité; maturité fin août et commencement de septembre. Arbre de vigueur modérée, très fertile. — Nous avons reçu cette variété d'un de nos correspondants pomologiques hongrois, M. Bereczki Maté.

DECAISNE. Fruit très gros, oblong-arrondi, vert herbacé mat; à chair verdâtre, juteuse, sucrée; maturité prolongée de la fin d'août à la mi-septembre. Arbre de vigueur modérée, de fertilité souvent insuffisante. — Beau fruit, de qualité inconstante. Obtenue par MM. Jamin et Durand, pépiniéristes à Bourg-la-Reine (Seine); premier rapport en 1859.

QUETSCHE PRÉCOCE DE FURST. Fruit presque moyen, ellipsoïde-pointu, pourpre bleuâtre; à chair verdâtre, bien sucrée; de première qualité pour sécher; maturité commencement de septembre. Arbre vigoureux à branches érigées, très fertile. — Particulièrement propre à la confection de pruneaux naturels, c'est-à-dire séchés simplement au soleil. Cette variété fut propagée par le baron de Trauttenberg, de Prague, qui l'avait reçue du professeur Pater Hackl, de Leitmeritz (Bohême), et sous le nom de M. Eugène Furst, fils du fondateur de l'École d'horticulture de Frauendorf (Bavière).

COMTE GUSTAVE D'EGGER. Fruit assez gros, ovale, jaune clair; à chair jaune blanchâtre, très juteuse; de première qualité; maturité commencement de septembre. — Obtenue par M. Liegel et dédiée au comte Gustave d'Egger, de Lindheim, près Klagenfurt (Autriche).

QUETSCHE PRÉCOCE DE LIEGEL. Fruit moyen, en forme de Quetsche, bleu noirâtre; à chair jaune verdâtre, juteuse; maturité commencement de septembre. Arbre ressemblant à celui de la *Quetsche commune*. — Trouvée dans la collection de Liegel.

PRUNE DE GONDIN. Fruit gros, presque sphérique, pourpre vineux; à chair jaune, quittant le noyau, juteuse, sucrée; maturité commencement de septembre. Arbre fertile. — Belle Prune, d'assez bonne qualité.

DIAMOND. Fruit gros, ovale, pourpre-noir; à chair adhérente au noyau, jaune; de première qualité pour cuire; maturité commencement de septembre. Arbre vigoureux et fertile. — Très beau fruit, mais non mangeable à la main. Obtenu par un Anglais du nom de Diamond.

QUETSCHE APLATIE. Fruit moyen, obovoïde-comprimé, pourpre bleuâtre; à chair verte, bien sucrée; de toute première qualité pour pruneaux; maturité commencement de septembre. Arbre au port pyramidal. — Trouvée par le lieutenant Donauer, à Cobourg (Allemagne).

WANGENHEIM. Fruit moyen ellipsoïde, pourpre-noir; à chair verdâtre; maturité commencement de septembre. Arbre vigoureux, précoce au rapport, rustique et très fertile. Sorte de Quetsche hâtive, obtenue dans le jardin du grand écuyer et chambellan de Wangenheim, à Beinheim, près Gotha (Saxe-Cobourg-Gotha).

IMPÉRIALE DE SHARP. Fruit gros, ovale-arrondi, rouge nuancé de jaune ; à chair jaune-d'or, juteuse ; à cuire ; maturité première quinzaine de septembre. Arbre très vigoureux et fertile. — Beau fruit, d'origine anglaise.

SAINTE-THÉRÈSE. Fruit gros, ovale-arrondi, rouge-pourpre ; à chair adhérente au noyau, jaune, fine ; de première qualité ; maturité première quinzaine de septembre. Arbre vigoureux et fertile.

SAINT-ÉTIENNE. Fruit moyen, oblong, jaune, pointillé et taché de rouge au soleil ; à chair jaune, sucrée ; de première qualité ; maturité première quinzaine de septembre. Arbre de bonne vigueur, fertile.

LOMBARD. Fruit gros, ovale-arrondi, rouge-pourpre ; à chair jaune, assez juteuse, parfumée ; maturité première quinzaine de septembre. Arbre très fertile. — Jolie prune d'assez bonne qualité, estimée en Amérique, d'où elle est originaire. Obtenue par M. Plats, de Whitesborough, New-York (États-Unis), et dédiée à M. Lombard, de Springfield (Massachusetts) qui en fut le premier propagateur en cet État.

LEPINE. Fruit moyen, sphérique, pourpre-brun foncé ; à chair verte, juteuse ; maturité première quinzaine de septembre. Arbre très fertile.

MITCHELSON. Fruit moyen, ellipsoïde, pourpre-noir violacé ; à chair jaune, ferme, juteuse ; maturité première quinzaine de septembre. Arbre rustique, précoce au rapport et des plus fertiles. — Reçue de M. Rivers.

ROYALE DE TOURS. Fruit moyen, presque sphérique, pourpre foncé pointillé ; à chair jaune clair, ferme ; maturité première quinzaine de septembre. Arbre de vigueur moyenne. — Ancienne variété, moins recherchée qu'autrefois.

PRUNE D'AGEN. Fruit moyen, ovale-allongé, rouge-violet bleuâtre ; à chair jaune verdâtre, succulente, très sucrée ; maturité septembre. Arbre peu vigoureux, rachitique dans nos contrées. — Variété très estimée dans l'Agenois pour la fabrication des pruneaux du commerce, mais qui réussit rarement sous notre climat.

D'ENTE IMPÉRIALE. Fruit assez gros, ovoïde-allongé, rouge-violet bleuâtre recouvert de pruine ; à chair jaune, sucrée, se détachant bien du noyau ; de bonne qualité ; maturité septembre. — Cette variété diffère très peu de la *Prune d'Agen*, mais elle est plus vigoureuse et prospère mieux dans nos pays que cette dernière.

QUETSCHE DE DOBROWITZ. Quetsche d'origine hongroise, mûrissant quinze jours plus tôt que la *Quetsche commune*.

REINE-CLAUDE COULON. Fruit moyen ou assez gros, de forme ovale-arrondie, tiqueté de brun sur fond verdâtre violacé ; à chair jaunâtre, succulente, bien sucrée ; de toute première qualité ; maturité mi-septembre.

JUMELLES DE LIEGEL. Fruit gros, subsphérique, beau rouge ; à chair jaune, très juteuse, sucrée, vineuse ; maturité mi-septembre. Arbre très fertile. — Belle Prune, d'assez bonne qualité. Fruits souvent soudés par deux.

ABRICOTÉE DE TRAUTTENBERG. Fruit moyen, ovoïde, pourpre foncé ; à chair jaune, ferme, bien sucrée ; de bonne qualité ; maturité mi-septembre. Arbre de vigueur modérée, fertile. — Obtenue par M. Liegel et dédiée à M. le baron Trauttenberg, de Prague.

VIOLETTE GALOPIN. Fruit moyen, violet foncé ; de bonne qualité ; maturité mi-septembre. Arbre très fertile.

PETIT DAMAS ROUGE. Fruit petit, presque sphérique, pourpre rougeâtre ; à chair verdâtre, très fine, juteuse, très sucrée et bien parfumée ; de toute première qualité ; maturité mi-septembre. Arbre peu vigoureux.

LAFAYETTE. Fruit assez gros, forme de quetsche arrondie, pourpre-noir ; à chair verte, très sucrée ; maturité mi-septembre. Arbre de bonne vigueur, fertile.

BELVOIR. Fruit moyen, subsphérique, bleu noirâtre recouvert de pruine ; à chair adhérente au noyau, verdâtre, juteuse ; maturité courant de septembre. Propre à la grande culture par la propriété qu'a le fruit de tenir très fortement à l'arbre.

REINE-CLAUDE DE WAZON. Fruit assez gros, obovale, vert jaunâtre lavé de rose ; de première qualité ; maturité courant de septembre. Arbre vigoureux et fertile.

RANETTE. Fruit gros, sphérico-ovoïde, rouge-brun foncé, piqueté de gris ; à chair jaune, juteuse, non adhérente au noyau ; de bonne qualité ; maturité courant de septembre. Arbre vigoureux, peu fertile.

QUETSCHE DATTE DES ALLEMANDS. Fruit assez gros, ovale-irrégulier, rouge-pourpre foncé, moins foncé que la Quetsche commune ; à chair jaune, sucrée ; de bonne qualité ; maturité courant de septembre. Arbre vigoureux et fertile.

BELLE DE SEPTEMBRE. Fruit gros, ovale-arrondi, violet ; à chair jaunâtre, ferme ; à cuire ; maturité seconde quinzaine de septembre, arbre vigoureux et très fertile.

GROSSE DE COOPER. Fruit gros, de forme ovale, bleu foncé ; à chair jaune ; d'assez bonne qualité ; maturité seconde quinzaine de septembre. Arbre vigoureux et très fertile. — Belle Prune de marché.

BLAUE EIERPFLAUME. Fruit gros, ovoïde, bleu rougeâtre ; à chair jaune, tendre, fondante ; de bonne qualité ; maturité seconde quinzaine de septembre. Arbre vigoureux, de fertilité moyenne.

SAINTE-CATHERINE. Fruit moyen, ovoïde, jaune brillant piqueté de rouge; à chair jaune, juteuse, bien sucrée; de toute première qualité pour pruneaux; maturité seconde quinzaine de septembre. Arbre de bonne vigueur, très fertile. — Estimée dans certaines localités, mais généralement impropre aux contrées du Nord.

QUETSCHE DE LÉTRICOURT. Fruit très gros, forme de Quetsche, jaunâtre; à chair de Quetsche, jaunâtre, bien sucrée; de première qualité. Arbre vigoureux, très fertile. — Trouvée par M. Alix, arboriculteur à Nancy, dans une localité du département de Meurthe-et-Moselle (France).

TANTE ANNE. Fruit assez gros, oblong, jaune verdâtre mat; à chair ferme, succulente, très juteuse, bien sucrée et parfumée; de toute première qualité; maturité seconde quinzaine de septembre. Arbre de bonne vigueur.

QUETSCHE JAUNE DE REIZENSTEIN. Fruit moyen, irrégulièrement ovoïde, jaune-d'or; à chair jaune, fondante, bien sucrée et parfumée; de première qualité; maturité seconde quinzaine de septembre. Arbre de vigueur moyenne, fertile. — Introduite d'Italie en Allemagne par un nommé Reizenstein.

MONSIEUR NOIR TARDIF. Fruit assez gros ou gros, sphérique, violet pointillé de blanc; à chair jaunâtre, adhérente au noyau; de qualité moyenne; maturité seconde quinzaine de septembre. Arbre très vigoureux.

IMPÉRATRICE VIOLETTE. Fruit moyen, régulièrement ovoïde, pourpre foncé; à chair jaune foncé, fine, juteuse, richement sucrée et parfumée; de première qualité; maturité seconde quinzaine de septembre. Arbre fertile.

CAPITAINE KIRCHHOF. Fruit moyen, sphérique, pourpre-brun pointillé recouvert d'une pruine épaisse; à chair jaunâtre, fine, succulente, juteuse, bien sucrée et parfumée; de première qualité; maturité seconde quinzaine de septembre et commencement d'octobre. Arbre très fertile. — Trouvée par M. Oberdieck à Schäferhof, près Nienburg (Hanovre), dans la propriété du capitaine Kirchhof.

PRUNE D'AUTOMNE DE SCHAMAL. Fruit gros ou très gros, en forme de poire, rouge violacé; à chair jaunâtre; maturité fin de septembre. Arbre vigoureux dans sa jeunesse, ensuite de bonne fertilité. — Beau fruit, obtenu par M. Schamal, pépiniériste et pomologiste à Jungbunzlau (Bohême).

ÉDOUARD SÉNÉCLAUZE. Fruit gros, ovale-oblong, pourpre violacé; à chair verdâtre, assez sucrée; maturité fin septembre. — Belle prune, de forme et coloris distingués.

COMPOTE D'AUTOMNE. Fruit gros, ovoïde, pourpre clair pointillé de jaune et recouvert d'une pruine rose lilacé; très joli; à chair jaune, ferme, très sucrée; de première qualité pour cuire et pour sécher; maturité fin de septembre. Arbre de vigueur modérée. — Obtenue par par M. Rivers, de Sawbridgeworth, près de Londres.

LIEGEL'S GAGE. Fruit moyen, arrondi, vert recouvert d'une pruine blanche; à chair jaune, juteuse, d'une saveur riche; de première qualité; maturité fin de septembre. — Reçue d'Angleterre.

REINE-CLAUDE D'AUTOMNE. Fruit moyen, ovoïde-cordiforme, jaune pâle; à chair verdâtre, ferme, juteuse, agréablement parfumée; de première qualité pour la saison; maturité fin de septembre. Arbre vigoureux, rustique et très fertile. — Obtenue par le chevalier Guillaume Roë de Newburgh, New-York (États-Unis).

ANNA SPÄTH. Fruit assez gros, ovale-arrondi, rouge-pourpre foncé pointillé de gris; à chair jaune, de bonne qualité; maturité fin de septembre. Arbre vigoureux et fertile. — Obtenue par M. Späth, pépiniériste à Rixdorf, près Berlin.

VERTE TARDIVE DE GUTHRIE. Fruit moyen, irrégulièrement sphérique, vert jaunâtre; à chair jaune, serrée, délicieusement sucrée et parfumée; de toute première qualité; maturité fin de septembre. Arbre vigoureux, rustique et fertile. — Obtenue en Écosse par M. Guthrie.

VERDACHE. Fruit petit, ovale-pointu, jaune verdâtre olive; à chair de même couleur, fine, sucrée; maturité fin de septembre. Arbre très fertile. — Variété curieuse, dont on dit le fruit excellent en pruneaux et en tartes.

TARDIVE DE RIVERS. Fruit presque moyen, sphérique, pourpre foncé noirâtre; à chair jaune, juteuse, parfumée; de bonne qualité; maturité fin de septembre. — On dit que cette prune donne de bons pruneaux en séchant au soleil.

NORBERT. Fruit petit, sphérico-ovoïde, pourpre-noir bleuâtre; à chair verdâtre, ferme; à cuire et à sécher; maturité fin de septembre. Petit arbre, très fertile. — Fruit excellent pour sécher.

DE SEIGNEUR. Fruit petit, sphérique, noir recouvert d'une pruine bleue; à chair verte, fine, juteuse, très sucrée; de première qualité; maturité fin de septembre et commencement d'octobre. Arbre très fertile. — Variété très répandue en Lorraine.

GROS DAMAS BLANC. Fruit moyen ou gros, jaune clair recouvert de pruine blanche; à chair jaune, juteuse, sucrée; de bonne qualité; maturité fin de septembre et commencement d'octobre. Arbre vigoureux et fertile.

FULTON. Fruit assez gros, ovale-arrondi, jaune blanchâtre; à chair jaune-d'or, vineuse et sucrée; de première qualité; maturité commencement d'octobre.

11

MIRABELLE TARDIVE. Fruit petit, subsphérique, vert jaunâtre lavé de rose violacé, très joli ; de première qualité dans les automnes chauds ; maturité première quinzaine d'octobre. Petit arbre, au port fastigié, particulièrement propre à la culture en pyramide.

TARDIVE DE GÊNES. Fruit assez gros, sphérico-ovoïde, jaune ; à chair ferme, acidulée ; maturité première quinzaine d'octobre. Arbre vigoureux, rustique et fertile. — Distinguée entre les prunes très tardives par son volume et sa couleur. Reçue d'Italie.

IMPÉRATRICE ICKWORTH. Fruit moyen, ellipsoïde, pourpre noirâtre ; à chair jaunâtre, juteuse, très sucrée ; de première qualité pour la saison dans les automnes favorables ; maturité courant d'octobre. Arbre très vigoureux. — Obtenue par M. Knight, de Dowton-Castle (Angleterre), par hybridation de l'*Impératrice violette* avec la *Goutte d'or*.

SAINT-MARTIN. Fruit moyen, presque sphérique, pourpre vineux bleuâtre pointillé ; à chair vert jaunâtre, ferme ; de bonne qualité pour la saison ; maturité fin d'octobre. Arbre de bonne vigueur, à branches retombantes.

Variétés à l'étude.

Bonne bouche. Genre de *Reine-Claude*, à fruit un peu plus gros, très juteux, succulent et d'une saveur exquise.

Bonne de Bry. Fruit gros, violet bleuâtre ; à chair un peu adhérente au noyau, vert jaunâtre ; de bonne qualité ; maturité fin de juillet. Arbre vigoureux et fertile.

Bullace. Fruit petit, sphérique, blanc ; à chair juteuse, un peu acidulée. Le fruit reste sur l'arbre jusqu'aux gelées.

Cumberland. Fruit gros, jaune, juteux, doux et bon ; maturité septembre. — Originaire de la Géorgie.

De la Toussaint. Variété très tardive dont les fruits se conservent jusqu'en janvier, étant cueillis et mis sur la paille.

Kanawha. Fruit moyen, oblong, vermillon brillant ; à chair juteuse, très bonne. Arbre vigoureux, curieux par ses feuilles, ayant de l'analogie avec celles du pêcher.

Liegels Unvergleichliche. Reçue de Bohême avec recommandation.

Merveille d'automne. Fruit gros, jaune, de première qualité ; maturité septembre. Arbre fertile.

Mirabelle verte (*Le Verg.*, t. VI, n° 46, p. 91). Fruit petit, sphérique, vert blanchâtre ; à chair verte, juteuse, bien sucrée et parfumée ; de première qualité ; maturité fin de juillet. Arbre très fertile.

Président Courcelle. Fruit gros, violet intense ; à chair ferme, juteuse, très sucrée, parfumée, se détachant bien du noyau ; maturité courant de septembre. Arbre à port trapu ; rameaux courts.

Quetsche à feuille argentée. Variété hongroise mûrissant quinze jours avant la *Quetsche commune*. Feuilles d'un aspect argenté.

Quetsche précoce de Reutlingen. Très belle et bonne variété d'origine wurtembergeoise ; maturité seconde quinzaine d'août.

Quetsche verte d'Italie (*Le Verg.*, t. VI, n° 49, p. 97). Fruit assez gros, ellipsoïde-régulier, jaune verdâtre ; à chair verdâtre, juteuse, mielleuse et parfumée ; de première qualité ; maturité fin d'août. Arbre rustique.

Reine-Claude Brauneau. Fruit gros, ovale, jaune ; de première qualité ; maturité septembre. — Reçue d'Angleterre.

Reine-Claude de Brignais (Gaillard). Dite supérieure à la *Reine-Claude* sous tous les rapports. Arbre peu fertile.

Reine-Claude précoce de Razimbaud. La plus précoce des variétés connues. Beau fruit jaune, de même qualité et même grosseur que la *Reine-Claude ordinaire*.

Reine-Claude rouge de Prince. Fruit gros, ovale, rouge-brun ; à chair jaune ; de première qualité ; maturité fin d'août.

Reine-Claude tardive. Fruit petit, sphérique, jaune verdâtre ; de première qualité ; maturité octobre.

Reine Victoria. Fruit gros, ovale, pourpre ; à chair juteuse, riche ; de première qualité pour la table ; maturité septembre. — Reçue sous ce nom d'Angleterre ; ne pas confondre avec *Victoria*.

Robinson. Fruit moyen, presque rond, rouge-cerise pointillé, doux, juteux ; de bonne qualité. Arbre très fertile. — D'origine américaine.

Rothe Nectarine (*Ill. Handb. der Obstk*, t. III, n° 34, p. 295). Fruit gros, arrondi, brun-rouge ; à chair jaune verdâtre, ferme, juteuse ; maturité commencement d'août.

Semis de Dry (Dry). Fruit gros, ovale, rouge-pourpre ; à chair jaune verdâtre, ferme, juteuse, d'une saveur délicate ; de première qualité pour la table. — Variété anglaise très recommandée.

Vineuse-Acidule. Fruit petit, obovoïde ; pourpre-brun ; à chair verte, ferme ; à sécher ; maturité septembre. Arbre peu vigoureux, très fertile.

Violette Jerusalemspflaume (*Ill. Handb. der Obstk.*, t. III, n° 12, p. 251). Fruit gros, ovale, violet ; à chair jaune, ferme, juteuse ; de première qualité ; maturité mi-septembre. Arbre très fertile.

Wyedale. Fruit moyen, ovale, pourpre, ne mûrissant qu'à la fin d'octobre. — Précieuse variété originaire du comté d'York, en Angleterre.

Zwetsche von der Worms (*Ill. Handb. der Obstk.*, t. III, n° 4, p. 235). Fruit gros, ovale, bleu noirâtre ; à chair jaune verdâtre, ferme, juteuse ; maturité mi-septembre. Arbre vigoureux et fertile.

Variétés douteuses ou peu méritantes.

Abricotée de Liegel.
Ambre de Provence.
American Damson.
Auguszwetsche.
Bonnet d'Évêque.
Boûlouf.
Brandy Gage.
Cluster Damson.
Dalrymple.
Damas rouge hâtif.
Dame Aubert jaune.
Dumiron.
Early Cluster.
Étendard d'Angleterre.

Gelbe Jerusalemspflaume.
Grande précoce.
Incomparable de Lucombe.
Mayers hellrothe Damascene.
Mayers rothe Damascene.
Mirabelle de Ronvaux.
Peter's Yellow Gage.
Petite Mirabelle.
Quetsche de Kreuter.
Quetsche de Transylvanie.
Quetsche longue précoce.
Quetsche maraîchère.
Reine-Claude à fleur semi-double.

Reine-Claude de Monroë.
Reine-Claude Descarde.
Reine-Claude d'Hudson.
Reine-Claude Hamaître.
Riesenzwetsche.
Rodts blaue Zwetsche.
Rothe Aprikosenpflaume.
Royale de Behrens.
Schamals Frühzwetsche.
Siebenbürger Pflaume.
Tardive de Châlons.
Trouvée de Vonêche.
White Damson.

Variétés reconnues analogues à d'autres.

Baronne Hélène Trauttenberg, analogue à **Quetsche d'Italie.**
Belle de Hardy, analogue à **Prune d'Agen.**
Bezteroser grosse Zwetsche, analogue à **Washington.**
Duc d'Édimbourg, analogue à **Prince de Galles.**
Mas, analogue à **Prune de Montfort.**
Mirabelle de Bohn, analogue à **Mirabelle de Metz.**
Mirabelle de Flotow,
Mirabelle précoce de Flaford, } analogues à **Mirabelle précoce.**
Reine-Claude Aloïse, analogue à **Reine-Claude.**
Reine-Claude Prinzens Kaiser, analogue à **Reine-Claude.**
Royale hâtive de Liegel, analogue à **Marange.**
Schlächters Frühzwetsche, analogue à **Quetsche commune.**
Späthe Muscatellerpflaume, analogue à **Tardive musquée.**
Superbe de Denniston, analogue à **Amiral de Rigny.**
Verte à sécher de Knight, analogue à **Virginale blanche.**
Voslauer Zwetsche, analogue à **Quetsche d'Italie.**
Yellow Damask, analogue à **Gros Damas blanc.**

Variétés nouvelles.

Minner. Fruit moyen, oblong, très bon ; maturité septembre. Arbre très fertile.

Monarque (*Rev. hort.*, 1892, p. 252). Fruit gros, violet ; à chair ferme, non adhérente au noyau, jaune clair, fondante, très juteuse, sucrée. agréablement parfumée, d'une saveur légèrement aromatique. Arbre très fertile. Le fruit est trop gros et trop juteux pour pruneaux. — Obtenue par M. Rivers.

Quetsche précoce de Buhlerthal. Nouvelle quetsche très précoce, mûrissant déjà au commencement d'août. Les fruits sont très bons pour sécher et pour cuire. — Variété allemande très recommandée.

Reine des Mirabelles. Fruit gros, jaune, pointillé de rouge au soleil ; de bonne qualité ; maturité fin d'août. Arbre vigoureux et fertile. Cette variété provient d'un croisement de la Reine-Claude et de la Mirabelle.

ESPÈCE CHINOISE

PRUNUS Simonii. Prunier de Simon (*Rev. hort.*, 1872, p. 111). Introduction des plus intéressantes, et sans contredit l'une des plus remarquables qui, depuis longtemps, aient été faites du Céleste-Empire. Elle est due à M. Eugène Simon, notre parent, qui l'a envoyée de Chine au Museum d'histoire naturelle de Paris, à l'époque où il était consul de France en ce pays.

C'est un arbrisseau peu élevé, rustique, à feuilles assez grandes, longuement ovales-elliptiques, d'un vert foncé luisant, tenant le milieu par son faciès entre nos pruniers d'Europe et les petits pruniers de Chine à fleurs doubles. Ses fleurs, petites, blanches, s'épanouissent au premier printemps. Ses fruits, très jolis, très gros, très courtement pédonculés, sont d'un rouge brique ou cinabre foncé ; ils sont beaucoup plus larges que hauts et présentent aux deux extrémités une large et profonde cavité ; leur chair, d'un beau jaune d'abricot, ferme même quand le fruit est mûr, possède une saveur toute particulière, aromatisée, qu'on ne trouve pas dans les variétés de prunes que nous cultivons.

Cette espèce distincte a augmenté nos collections fruitières d'un type nouveau, qui n'a même pas de représentant parmi nos arbres fruitiers.

Variété à fleur double.

Prunus Plantierensis flore pleno (Prunier de Plantières à fleur double). (*Rev. hort.*, 1884, p. 504). Arbrisseau vigoureux, très floribond. Rameaux à écorce roux violacé. Feuilles largement cordiformes, arrondies. Fleurs très nombreuses, semi-pleines, renonculiformes, très bien faites, larges d'environ 25 millimètres, d'un blanc pur. Fruits souvent réunis par deux et plus ou moins soudés, subsphériques ou légèrement obovales lorsqu'ils sont isolés, marqués d'un côté d'un large sillon peu profond. Queue relativement longue. Peau d'un beau violet, noire à la maturité et alors recouverte d'une légère pruine glauque. Chair non adhérente au noyau, verdâtre, de saveur un peu forte. Maturité fin d'août et commencement de septembre. Cette variété, pouvant être cultivée pour l'ornementation aussi bien que pour ses fruits, a été obtenue par l'Établissement dans un semis de noyaux de *Prunier Saint-Julien.*

Variétés japonaises.

Variétés remarquables se distinguant par leur aspect de toutes les variétés européennes connues. Ce sont des arbrisseaux à végétation luxuriante, au port trapu, formant naturellement de belles pyramides. Les feuilles sont longues, lancéolées, ayant l'aspect de celles du pêcher chez certaines variétés. Les fruits sont curieux et très jolis, remarquables par leur coloris brillant ; ils sont d'assez bonne qualité et doués d'un parfum tout particulier.

Botan. Fruit gros, très joli, oblong, jaune, presque entièrement recouvert de rouge cerise ; à chair jaune-orange, très parfumée ; maturité juillet-août. — L'une des meilleures parmi les variétés japonaises.

Chabot (*Rev. hort.*, 1892, p. 133-537). Fruit très gros, pourpre, éclairé et ponctué de jaune vers la base ; à chair adhérente au noyau, ferme, pleine, jaune ; à saveur franche, sucrée, acidulée, présentant un arrière-goût d'abricot.

Kelsey. Fruit très gros, pesant jusqu'à 100 grammes et plus, cordiforme, jaune marbré de vert et de carmin ; chair jaune, ferme, juteuse, sucrée ; de première qualité ; maturité septembre. Arbre vigoureux, mais gelant très facilement sous notre climat, où il réclame la culture en espalier à bonne exposition. Un fruit que nous avons reçu d'Amérique était encore très bon et bien conservé après 3 semaines de voyage.

Masu. Fruit moyen, brun foncé ; à chair jaune, assez juteuse ; d'assez bonne qualité ; maturité juillet-août. — Distincte de toutes les autres variétés par son feuillage.

Ogden. Fruit gros, presque rond, jaune doré brillant ; à chair ferme, très douce ; maturité juillet-août.

Satsuma [prune sanguine] (*Rev. hort.*, 1890, p. 506). Fruit gros, sphérique, rouge foncé, avec strics et rubanures presque noires ; à chair rouge ; de bonne qualité. Arbre vigoureux, très rustique.

Shiro-Smomo. Gros fruit blanc, ressemblant à une *Reine-Claude*.

Ura Beni. Fruit très long, carmin brillant ; à chair fine, ferme, un peu acide, adhérente au noyau ; maturité juillet-août.

Yosèbe. Fruit rond, jaunâtre.

Raisins

Sous notre climat, on ne peut guère cultiver avec succès la vigne à raisin de table qu'en espalier, c'est-à-dire contre les murs, à bonne exposition : celle du midi pour les variétés plus ou moins tardives et les plus hâtives ; celle du sud-est pour celles de maturité moyenne ou mi-hâtive. Cependant, on possède depuis quelque temps des variétés très précoces, dont la culture en plein air, ou mieux en contre-espalier, surtout dans les terrains et aux situations favorables, serait certainement très avantageuse.

La vigne est peu exigeante sur la nature du sol ; elle préfère toutefois les terrains secs et pierreux aux sols humides et froids.

Nous multiplions toutes les variétés de raisins de table par boutures et nous les livrons en plants bien enracinés, susceptibles de donner les meilleurs résultats.

La forme qui convient le mieux à la vigne en treille est le cordon vertical. Si le mur est peu élevé, on plantera à 80 centimètres de distance et on garnira de branches fruitières sur toute la longueur du cordon ; si, au contraire, le mur a une grande hauteur, on plantera à 50 ou 60 centimètres de distance pour qu'alternativement un pied serve à garnir la première moitié de la hauteur du mur et le suivant l'autre moitié, en ayant soin de consacrer les variétés les plus vigoureuses à la partie la plus élevée.

La forme dite « à la Thomery », composée de cordons horizontaux à 2 bras, superposés, est également très bonne, mais plus difficile à établir que le cordon vertical. Les plants sont plantés à une distance variant selon la hauteur du mur. Il ne faut pas donner à chaque bras du cordon une longueur de plus de 1^m,20 ou 1^m,50, car les coursonnes les plus éloignées des extrémités s'affaibliraient et produiraient peu.

Beaucoup de personnes croient bien faire, lors de la création d'une treille, de planter à une assez grande distance du mur, pour coucher en terre, et obtenir ainsi une plus grande quantité de racines. Cette ancienne coutume ne nous paraît pas être basée sur un raisonnement bien fondé.

L'opération du ciselement, qui consiste à enlever, à l'aide de ciseaux à lames longues et étroites, les plus petits grains et ceux qui sont mal conformés, lorsqu'ils n'atteint la grosseur de petits pois, est généralement trop peu pratiquée. Cette suppression sera d'autant plus radicale que les variétés seront à grappes plus compactes.

La vigne est assez souvent attaquée par des maladies, dont les plus connues sont *l'oïdium* et *le mildew* (Peronospora viticola). Cette dernière n'est connue depuis peu de temps seulement.

On combat l'oïdium par le *soufrage*, qu'il faut considérer comme une opération indispensable. Il est bon de soufrer plusieurs fois, même les vignes non atteintes, afin d'empêcher l'apparition de la maladie. Le premier soufrage se pratique quand les bourgeons ont 5 à 6 centimètres de longueur ; le 2e pendant ou immédiatement après la floraison ; le 3e quand les grains sont à leur grosseur. On emploie de la fleur de soufre pure (sublimée), que l'on projette sur la vigne au moyen d'un soufflet spécial. Le meilleur moment pour soufrer est le matin ou le soir, avant ou après la disparition du soleil, ou bien encore par un temps couvert. Il faut surtout éviter d'opérer quand le soleil est trop fort, à cause du dégagement d'acide sulfureux.

Le *mildew* est combattu par le sulfatage avec la *bouillie bordelaise*, composée de chaux, de sulfate de cuivre et d'eau. Il faut sulfater plusieurs fois, surtout pendant les années chaudes et humides.

Il faut considérer le sulfatage comme une opération courante de la culture de la vigne, tout aussi nécessaire que la taille et le pincement. Pour bien faire il faut sulfater une première fois aussitôt la taille terminée, c'est-à-dire vers le mois de février, et une ou deux fois pendant le courant de la végétation. La composition à employer avant la végétation est : 3 kilogr. de sulfate de cuivre, 3 kilogr. de chaux et 100 litres d'eau ; celle à employer en été devra être plus faible : 400 gr. de sulfate de cuivre, 500 gr. de chaux et 100 litres d'eau.

En procédant ainsi, on sera presque certain d'éviter l'apparition du mildew.

N. B. — Ayant été obligés de supprimer nos collections de vignes dès l'invasion du phylloxera, nous n'avons fait aucun changement et nous mentionnons les variétés telles qu'elles sont décrites dans l'édition précédente.

RAISINS DE TABLE

1re SÉRIE DE MÉRITE

(ORDRE DE MATURITÉ)

C. P. **MADELEINE ANGEVINE.** Grappe moyenne ou assez forte. Grain assez gros, parfois gros, de forme ovale, fortement ambré ; à chair fondante, bien sucrée ; de toute première qualité. Cep très vigoureux, de bonne fertilité. — A notre connaissance le plus hâtif de tous les raisins ; il est sujet à la coulure, mais il n'en constitue pas moins une acquisition précieuse pour les contrées du nord, où d'autres n'atteindraient que très rarement leur maturité. — Obtenu par M. Moreau-Robert, à Angers.

C. P. **MADELEINE ROYALE.** Grappe assez forte et assez serrée. Grain moyen ou assez gros, sphérique, à peau mince, blanc verdâtre peu transparent ; chair molle, très juteuse, sucrée ; de première qualité ; maturité très hâtive. Cep très vigoureux, excessivement fertile. — Précieux pour les climats froids et très avantageux pour la culture en plein air. Obtenu par M. Robert, d'Angers ; mis au commerce en 1851.

C. P. **PRÉCOCE DE MALINGRE.** Grappe moyenne, élargie. Grain petit ou moyen, ovoïde, vert jaunâtre ; à chair fondante, juteuse, sucrée ; maturité très hâtive. Cep assez vigoureux, très fertile. — Variété déjà très répandue et appréciée dans les pays froids ; obtenue vers 1845, par Malingre, jardinier dans les environs de Paris.

C. P. **PRÉCOCE DE COURTILLER.** Grappe moyenne, assez serrée. Grain moyen, sphérique, bien ambré ; à chair très musquée ; de première qualité ; maturité très hâtive. Cep très vigoureux et fertile. — Le plus hâtif des raisins musqués. Obtenu en 1847, par M. Courtiller, directeur du jardin des plantes de Saumur.

AGOSTENGA. Grappe moyenne, peu serrée. Grain moyen, ovale, vert grisâtre ; à chair molle, bien juteuse, sucrée et relevée d'une saveur fine et agréable ; maturité très hâtive. Cep très vigoureux, assez fertile, pouvant être avantageusement cultivé en plein air.

CHASSELAS VIBERT. Grappe moyenne, très lâche. Grain très gros, sphérique, entièrement ambré ; à chair molle, très sucrée ; de toute première qualité ; maturité très hâtive. Cep de vigueur moyenne, de bonne fertilité. — Le plus beau, le meilleur et le plus hâtif des CHASSELAS.

MUSCAT OTTONEL. Grappe moyenne, moins serrée que chez les autres Muscats. Grain moyen ou assez gros, sphérique, verdâtre ambré ; à chair fondante, sucrée et bien musquée ; maturité assez hâtive. Cep vigoureux, très fertile. — C'est, de tous les MUSCATS, celui dont la saveur est la plus prononcée.

MUSCAT BLANC HATIF DU JURA. Grappe moyenne, allongée, assez serrée. Grain moyen, sphérique, vert jaunâtre transparent ; à chair croquante, musquée, d'une saveur douce et très agréable ; maturité moyenne. — Sous-variété hâtive de l'ancien *Muscat blanc*.

CORNEILLE. Grappe moyenne, bien faite, peu serrée. Grain gros ou très gros, sphérique, vert blond ; à chair molle ou fondante ; de première qualité ; maturité moyenne. — Très beau Raisin. Obtenu par M. Robert, d'Angers.

C. P. **CHASSELAS DE FONTAINEBLEAU.** Grappe moyenne ou assez forte, peu serrée. Grain moyen ou assez gros, sphérique, jaune pâle plus ou moins ambré ; de toute première qualité ; maturité moyenne. Cep de bonne vigueur, très fertile. — Le plus généralement estimé de tous les Raisins de table.

CHASSELAS ROSE. Grappe moyenne ou assez forte, peu serrée. Grain moyen ou assez gros, sphérique, rose terne passant au rouge-brun ; à chair mi-fondante, juteuse, sucrée ; de première qualité ; maturité moyenne. Cep fertile. — Le plus recherché après le précédent.

P. **CHASSELAS DE FALLOUX.** Belle grappe de Chasselas. Grain assez gros, sphérique, légèrement nuancé de rose pâle à l'ombre, rose clair au soleil ; maturité moyenne. Cep de bonne vigueur, très fertile. — Peut-être le plus joli et l'un des meilleurs Raisins de table.

CHASSELAS VIOLET. Grappe moyenne, peu serrée. Grain moyen, sphérique, rouge violacé ; à chair molle, très sucrée ; de toute première qualité ; maturité moyenne. Cep très fertile. — Remarquable par la couleur violette de ses grains aussitôt après la défloraison.

MUSCAT NOIR D'ORANGE. Grappe moyenne, allongée, serrée. Grain moyen, sphérique, noir ; à chair mi-fondante, sucrée, musquée ; maturité assez tardive. Cep très fertile. — Plus hâtif que l'ancien *Muscat noir*.

L'ENFANT TROUVÉ. Belle et forte grappe, bien formée, assez serrée, mais mûrissant bien partout. Grain gros ou très gros, presque sphérique, à peau assez mince, le plus souvent d'une belle couleur ambrée ; chair bien juteuse, quoique assez ferme, bien sucrée, très légèrement musquée ; maturité assez tardive. Cep vigoureux, peu fertile, demandant une taille longue. — Très beau et très bon Raisin mûrissant tous les ans ; propagé par l'Établissement en 1865.

CHASSELAS MUSQUÉ. Grappe assez forte et assez serrée. Grain assez gros, sphérique, vert blond ; à chair juteuse, sucrée et agréablement musquée ; de toute première qualité ; maturité assez tardive. Cep très vigoureux, de bonne fertilité. — Ce raisin n'a qu'un défaut, celui d'être sujet à se fendre par la pluie.

CHASSELAS TOKAI ANGEVIN. Grappe moyenne ou assez forte, allongée, peu serrée. Grain moyen, sphérique, d'un joli rose-pourpre ; à chair molle, sucrée ; de première qualité ; maturité assez tardive. — Raisin d'une belle couleur tranchée. Obtenu par M. Robert, d'Angers.

BUCKLAND SWEETWATER. Grappe assez forte, formée de grains de différentes grosseurs. Grain assez gros, gros ou très gros, de forme sphérique quelque peu irrégulière, souvent presque cylindrique, à peau très tendre, ambre pâle à parfaite maturité ; chair molle, fondante, bien sucrée ; de toute première qualité ; maturité assez tardive, mais le plus souvent suffisante. Cep vigoureux et fertile, à planter de préférence aux situations chaudes ; très propre à la culture sous verre non forcée.

P. **FRANKENTHAL.** Grappe forte, un peu serrée. Grain gros, sphérique, violet noir ; à chair croquante, bien sucrée et d'une excellente saveur ; maturité tardive. Cep très vigoureux et fertile. — Ce Raisin arrive à complète maturité presque chaque année lorsqu'il est placé à bonne exposition ; c'est l'une des variétés les plus avantageuses pour la culture sous verre. D'origine allemande.

2ᵉ SÉRIE DE MÉRITE

(ORDRE DE MATURITÉ)

P. **MORILLON NOIR HATIF.** Grappe petite, très serrée. Grain petit, sphérique. — Recherché autrefois pour sa précocité.

MUSCAT LIERVAL. Grappe petite ou moyenne. Grain moyen, sphérique, noir recouvert d'une pruine abondante ; à chair fondante, très sucrée, très légèrement musquée ; de première qualité ; maturité hâtive. Cep peu vigoureux, à petit feuillage, très fertile. — Obtenu par M. Robert, d'Angers.

P. **LIGNAN BLANC.** Grappe forte, un peu serrée. Grain moyen, ovale ; maturité première quinzaine de septembre. Cep très vigoureux, réclamant une taille longue pour-être fertile.

BLANC DE FOSTER. Grappe très forte, serrée. Grain gros, ovale, vert clair, parfois ambré ; à chair fondante, très juteuse ; maturité assez hâtive. Cep vigoureux, très fertile. — Beau Raisin, trop serré et de seconde qualité, dont les seuls mérites consistent dans le volume de la grappe et l'excessive fertilité du cep ; à essayer pour vignoble.

CHASSELAS HATIF DE TÉNÉRIFFE. Grappe forte, allongée, bien faite et peu serrée. Grain assez gros, sphérique, d'une belle couleur ambrée ; de première qualité ; maturité assez hâtive. Cep d'une fertilité remarquable.

SCALIGER. Grappe assez forte, assez serrée. Grain assez gros, ovale, verdâtre légèrement ambré ; à chair fondante, très sucrée ; maturité assez hâtive. Cep très fertile. — Variété distincte.

CHASSELAS MUSQUÉ DE GRAHAM. Grappe moyenne, très allongée, assez peu serrée. Grain moyen, sphérique, jaune verdâtre à parfaite maturité ; chair croquante, sucrée, fortement musquée ; maturité assez hâtive. Cep fertile. — Recommandé aux amateurs de Raisins musqués.

MUSCAT SAINT-LAURENT. Grappe petite ou moyenne, allongée, très serrée. Grain moyen, sphérique, vert ambré; à chair fondante, juteuse; maturité moyenne. Cep très fertile.

CHASSELAS BULHERRY. Grappe moyenne, allongée, lâche. Grain moyen, sphérique, vert blond; à chair molle, bien sucrée; de première qualité; maturité moyenne.

CHASSELAS DE RAPPOLO. Grappe moyenne ou assez forte, élargie, peu serrée. Grain gros, sphérique, vert blond bien ambré au soleil; à chair mi-croquante; de première qualité; maturité moyenne. Cep de vigueur modérée.

CITRONNELLE. Grappe moyenne, allongée, lâche. Grain petit ou moyen, un peu ovale, jaunâtre; à chair molle, sucrée, musquée et relevée d'une saveur citronnée; maturité moyenne.

MASTER. Grappe forte, allongée, très lâche. Grain moyen, ovale, vert blond ambré; à chair molle, très sucrée; de toute première qualité; maturité moyenne. Cep très fertile.

CORINTHE BLANC. Grappe longue et étroite. Grain très petit, sphérique, blanc roux; maturité moyenne. — Curieux par la petitesse de ses grains, la délicatesse de sa chair et l'absence complète de pépins.

NÉMORIN. Grappe moyenne, très lâche. Grain gros ou très gros, presque sphérique, verdâtre bien ambré; à chair croquante, très sucrée et parfumée; de première qualité; maturité moyenne. Cep peu fertile. — Beau Raisin, sujet à la coulure.

SULIVAN. Grappe assez forte, peu serrée. Grain moyen, ovale, verdâtre fortement ambré; à chair mi-fondante, très sucrée; de première qualité; maturité moyenne.

CHASSELAS A SAVEUR D'ISABELLE. Grappe très lâche. Grain moyen, sphérique, vert mat; à chair fondante, sucrée, d'une saveur agréable, rappelant celle des Raisins américains; maturité moyenne. Cep vigoureux et fertile.

WALDECK. Grappe très lâche. Grain moyen, presque sphérique, verdâtre bien ambré; à chair croquante, bien sucrée; maturité moyenne. Cep peu fertile, à feuilles très découpées.

C. P. **CHASSELAS CIOUTAT.** Grappe moyenne, lâche. Grain moyen, verdâtre. Cep curieux par son feuillage, qui est profondément lacinié.

JOLI BLANC. Grappe moyenne. Grain moyen, sphérique, bien ambré; à chair fondante; maturité moyenne. — Raisin d'un bel aspect.

ALICANTE DE ROBERT. Grappe forte, peu serrée. Grain gros, ovale, pourpre-noir recouvert de fleur; à chair molle, fondante, très sucrée; maturité moyenne. Cep vigoureux et fertile.

CHASSELAS SAINT-FIACRE. Grappe assez forte, parfois un peu serrée. Grain gros ou très gros, sphérique-déprimé, verdâtre ambré; à chair molle; maturité assez tardive. Cep peu fertile. — Beau raisin, de seconde qualité.

SALICETTE. Grappe très forte, ordinairement peu serrée. Grain gros, sphérique, verdâtre légèrement ambré; à chair presque fondante; maturité assez tardive. Cep vigoureux et fertile. — Très beau Raisin, qui serait de premier ordre s'il ne laissait pas à désirer sous le rapport de la qualité et s'il s'ambrait davantage.

CHASSELAS DORÉ DE STOCKWOOD. Belle grappe, peu serrée. Grain gros, ovale, jaune-d'ambre; à chair tendre, fondante, très juteuse, sucrée; de première qualité; maturité assez tardive. — Beau et excellent raisin, qui a le défaut de laisser parfois tomber ses grains à la maturité.

MUSCAT FLEUR D'ORANGER. Belle grappe assez serrée. Grain moyen, sphérique, ambré; à chair croquante, bien sucrée et musquée; de première qualité; maturité assez tardive.

GÉNÉRAL DE LA MARMORA. Grappe assez forte, peu serrée. Grain gros ou très gros, sphérico-ovoïde, à peau épaisse, d'un vert blond; chair fondante, bien sucrée et légèrement musquée; de première qualité; maturité assez tardive.

CHASSELAS RONSARD. Grappe moyenne. Grain assez gros, sphérique, d'un beau rouge-brun; à chair très croquante; maturité assez tardive. — Cette variété offre la même particularité que le *Chasselas violet*, d'avoir ses grains colorés en rouge violacé dès la défloraison; elle se distingue par sa chair, la plus croquante que nous connaissions parmi les CHASSELAS.

CHASSELAS DIAMANT. Grappe moyenne, bien faite. Grain gros ou très gros, presque sphérique, verdâtre ambré; de première qualité; maturité assez tardive. Cep d'une bonne fertilité. — Très beau Raisin.

KISCH-MICH A GRAINS RONDS. Grappe forte, ailée. Grain petit ou moyen, sphérique, verdâtre ambré; à chair croquante; maturité assez tardive. — Curieux par l'absence complète de pépins.

IMPÉRIAL. Grappe forte, lâche. Grain gros, ovale, noir; à chair fondante, sucrée; maturité assez tardive. Cep très vigoureux. — Beau Raisin noir, d'assez bonne qualité, mais sujet à la coulure.

CHASSELAS LE SUCRÉ. Grappe forte, très lâche, mal formée. Grain moyen ou assez gros, subsphérique, vert grisâtre ambré; à chair molle ou fondante, très sucrée; de première qualité; maturité assez tardive. Cep très vigoureux, peu fertile, sensible aux fortes gelées d'hiver.

C. P. **MUSCAT HAMBOURG.** Grappe forte. Grain gros, ovale-arrondi, noir; à chair bien musquée; maturité assez tardive. Cep vigoureux et très fertile. — Ressemble au *Frankenthal*, duquel il se distingue par sa saveur et par un peu plus de précocité. — Obtenu par Snow, de Wrest-Park, dans le comté de Bedford, en Angleterre.

CHASSELAS A LONGUES GRAPPES. Grappe très forte. Grain très gros, sphérique, vert-blond. Remarquable par le volume de sa grappe.

J. P. **MUSCAT NOIR.** Grappe moyenne, allongée, assez serrée. Grain moyen, presque sphérique ; à chair sucrée et musquée ; maturité assez tardive. Cep fertile.

NOIR D'ESPAGNE. Grappe forte, très lâche. Grain très gros, ovale-arrondi, pourpre-noir ; à chair fondante, sucrée, d'une saveur très agréable ; de première qualité ; maturité assez tardive. Cep très vigoureux, peu fertile ; sujet à la coulure.

J. P. **MUSCAT VIOLET.** Grappe moyenne, allongée, serrée. Grain moyen, sphérique, rouge-violet foncé ; à chair croquante, sucrée et bien musquée ; maturité tardive. Cep très vigoureux, fertile.

LA BRUXELLOISE. Grappe forte, un peu serrée. Grain gros, presque sphérique, violet-noir ; de première qualité ; maturité tardive. Cep très vigoureux et fertile. — Ressemblé beaucoup au *Frankenthal*, qu'il précède ordinairement dans sa maturité.

CORNICHON BLANC. Grappe assez courte, très lâche. Grain elliptique-allongé, à peau épaisse ; chair croquante, sucrée ; maturité tardive. — Variété curieuse exigeant une exposition chaude.

J. P. **MUSCAT BLANC.** Grappe moyenne, allongée, très serrée. Grain moyen, sphérique, vert roussâtre ; à chair croquante, sucrée et bien musquée ; maturité tardive. Cep vigoureux et fertile. — L'un des meilleurs *Muscats*, mais il est sujet à la pourriture dans les automnes humides et demande une très bonne exposition.

PANSE JAUNE. Belle et forte grappe lâche. Grain très gros, ovale, vert jaunâtre ; de bonne qualité ; maturité tardive. Cep très vigoureux. — Superbe Raisin, demandant une exposition chaude.

J. P. **MUSCAT D'ALEXANDRIE.** Grappe très forte, peu serrée. Grain très gros, ovale, jaune ambré à parfaite maturité ; chair croquante, fortement musquée ; de toute première qualité lorsqu'il est bien mûr ; maturité très tardive. — Ce beau et excellent Raisin peut arriver à maturité sous notre climat à une exposition très chaude et dans les années favorables ; il est très propre à la culture sous verre.

RAISIN DE LA PALESTINE. Grappe énorme, atteignant jusque 60 centimètres de longueur. Grain petit ou moyen, oblong, jaune bronzé ; à chair croquante, d'une saveur particulière. — Variété curieuse, demandant une exposition très chaude, et n'arrivant à maturité que dans les années favorables.

Variétés recommandées pour la culture en serre

ET PROPRES SEULEMENT A CETTE CULTURE SOUS NOTRE CLIMAT

LADY DOWNE. Grain gros, ovale, noir ; à chair ferme, douce, d'une saveur riche et d'un arôme fin. — L'une des plus estimées en Angleterre.

MUSCAT BOWOOD. Grain très gros, parfois en forme de poire, d'une riche couleur d'ambre à parfaite maturité. — Très estimé en Angleterre.

MUSCAT CAMINADA. Grain très gros, allongé, blanc.

MUSCAT CANON-HALL. Grain très gros, ovale, ambré ; à chair juteuse ; de première qualité.

MUSCAT CHAMPION. Grappe très forte. Grain gros, arrondi, noir ; à chair tendre, juteuse, musquée.

MUSCAT ESCHOLATA. Grappe forte. Grain très gros, ovale, ambré. — Magnifique et excellent Raisin, qui mûrirait peut-être au mur à bonne exposition.

MUSCAT NOIR DE MADRESFIELD COURT. Grappe très forte. Grain très gros, ovale ; à chair ferme, fondante, juteuse, d'une fine saveur musquée, de toute première qualité. — Magnifique et excellente variété, l'une des plus recherchées aujourd'hui dans les cultures anglaises.

MUSCAT NOIR DE MISTRESS-PINCE. Grappe forte, à pédoncule très solide. Grain moyen, ovale, presque noir ; se conservant parfaitement. — Un peu sujet à la coulure.

PURPLE CONSTANTIA. Grappe allongée, conique. Grain assez gros, sphérique, pourpre ; à chair très juteuse, d'une riche saveur musquée.

ROYAL ASCOT BLACK. Variété anglaise à grain noir, très recommandée.

RYTON MUSCAT. Grains gros, ovales, égaux en volume, ambrés. Excellente variété.

RAISINS DE CUVE

Aubin vert (Lorraine).
Auzerois blanc (Lorraine).
Auzerois gris (Lorraine).
Baclan.
Blanche-Feuille (Lorraine).
Blanc Soumillon.
Bourguignon (Lorraine).
Cortese (Italie).
Enfariné.
Gamay d'Arcenant.
Gamay de Labronde.
Gamay de Magny.
Gamay de Vaux.
Gamay d'Evelles.

Gamay d'Ovola.
Giboudot.
Gros blanc (Lorraine).
Gros Rouge-blanc (Lorraine).
Lardeau Drôme.
Liverdun (Lorraine).
Melon.
Meslier du Jura.
Mourvède hâtif de Nikita.
Naturé.
Noir de Lorraine.
Persagne.
Persan.
Petit Gamay.

Petit Noir (Lorraine).
Petracine (Lorraine).
Pineau.
Pineau blanc.
Pineau de Pernant.
Plant-Malin.
Risset noir.
Rouge hâtif de Babo.
Sémillon blanc.
Teinturier.
Vert-noir (Lorraine).
Vicane noire du Rhône.

Variétés à l'étude.

Amadon. Grain moyen, blanc ; de première qualité ; maturité moyenne.

Arbois. Grain moyen, noir ; de première qualité ; maturité moyenne.

Badischuri. Originaire du Caucase, très recommandé.

Balafaut. Grain assez gros, blanc ; de première qualité ; maturité commencement de septembre.

Blanc de Grangea. Recommandé.

Blanc de Pagès. Maturité première quinzaine de septembre.

Blanc des Flandres. Grain gros, sphérique, blanc jaunâtre ; d'un goût sucré très prononcé ; excellent. Cep fertile.

Blanc Mausais. Maturité mi-tardive. Cep très fertile. — Recommandé pour vignoble.

Blauer Hängling. Très bon Raisin précoce, bleu rougeâtre, reçu d'Allemagne.

Blauer Saint-Laurent. Variété allemande, donnée comme bon Raisin bleu très précoce, pour la table et pour vignoble ; très recommandable.

Boërhaave. (Moreau-Robert, 1866). Très belle grappe lâche. Grain très gros, en forme d'olive, violet-noir ; à chair sucrée ; maturité seconde quinzaine d'août. Cep vigoureux et très fertile.

Bos Kokur blanc. Grain assez gros ; de première qualité ; maturité fin septembre.

Boutinoux. Grain moyen, blanc ; de première qualité ; maturité moyenne.

Cambridge Botanic Garden. Raisin noir superbe.

Canaris. Grain moyen, noir ; de première qualité ; maturité moyenne.

Casimir. Grain noir. Maturité première quinzaine de septembre.

Champion doré (*Ill. hort.*, 1869, pl. 578). Magnifique variété, obtenue en Angleterre, où la presse horticole en fait le plus grand éloge. On la dit remarquable par le volume extraordinaire de ses grappes et de ses grains, d'un blond doré, dont on vante l'exquise saveur et la maturité hâtive.

Chasselas bicolore. Grain blanc et noir ; maturité commencement de septembre.

Chasselas de Florence. Grappe assez forte. Grain gros, sphérique, jaune doré ; excellent ; maturité commencement de septembre. Cep très fertile. — Belle sous-variété du *Chasselas de Fontainebleau*, que l'on dit plus hâtive et se dorant mieux.

Chasselas de Montauban (Comte Odart). Grappe forte, lâche. Grain gros, blanc ; de première qualité ; maturité commencement de septembre. Cep très fertile.

Chasselas de Négrepont. Grappe assez forte. Grain moyen, sphérique, rouge violacé, d'un goût relevé ; maturité commencement de septembre. Cep très fertile. — Se distingue, dit-on, du *Chasselas rose* par sa couleur plus foncée et par le goût particulier de sa chair.

Chasselas de Pontchartrain. Très beau Raisin blanc à fortes grappes ; peau assez épaisse ; de première qualité ; maturité assez tardive.

Chasselas des Bouches-du-Rhône (Antoine Besson, 1871). Grappe forte, compacte. Grain gros, sphérique, légèrement rosé ; de première qualité ; maturité fin d'août. Cep très vigoureux, à sarments et feuilles rosés ; très fertile.

Chasselas doré de Bordeaux. Paraît se distinguer du *Chasselas de Fontainebleau* par son coloris plus ambré, sa chair plus croquante et sa maturité plus hâtive.

Chasselas doré de la Naby (Lartay, 1872). Grappe très longue. Grain très gros, d'un goût particulier ; maturité très hâtive. Cep très vigoureux et très productif.

P. **Chasselas Duc de Malakoff** (Robert et Moreau, 1858). Grappe moyenne, lâche. Grain très gros, sphérique, couleur d'ambre; à chair molle ou mi-croquante; de première qualité; maturité très hâtive. — Variété analogue au *Chasselas Vibert*, qu'elle surpassera peut-être encore.

Chasselas Dugommier (Moreau-Robert, 1865). Forte grappe lâche, se divisant par fractions. Grain gros, sphérique, blanc; à chair très sucrée; maturité fin d'août. Cep vigoureux et très fertile.

Chasselas Félix Muller. Grappe moyenne. Grain blanc; de première qualité; maturité septembre. — Reçue de Belgique.

Chasselas Impératrice Eugénie (Liabaud, 1867). Grappe forte. Grain gros, transparent doré, très sucré; à pépin petit et toujours solitaire; maturité fin d'août. Cep vigoureux, à beau feuillage.

Chasselas jaune de la Drôme. Grappe moyenne, peu serrée. Grain moyen, sphérique, jaune ambré; excellent; maturité septembre. Cep fertile.

Chasselas Marie (Thirriot frères, 1869). Raisin blanc magnifique, mûrissant parfaitement en plein air. Cep très vigoureux, d'une grande fertilité.

Chasselas musqué de Nantes. Grain blanc; maturité seconde quinzaine d'août.

Chasselas musqué des Basses-Alpes. Grappe moyenne, lâche. Grain moyen, jaune; de première qualité; maturité commencement de septembre. Cep fertile.

Chasselas musqué de Sillery. Grain blanc.

Chasselas noir. Grain gros, sphérique, pourpre-noir; à chair juteuse, sucrée et agréable; maturité moyenne. Cep extraordinairement fertile. — Reçu sous ce nom d'Angleterre.

Chasselas rose de Judée. Grappe énorme. Maturité précoce.

Chasselas rose supérieur. Grappe moyenne, peu allongée, peu serrée. Grain assez gros, sphérique, d'un joli rose frais; à chair croquante, délicieuse; maturité moyenne. — Dit le meilleur de tous les CHASSELAS.

Chasselas rouge hâtif. A comparer au *Chasselas rose*.

Chasselas Saint-Aubin (Robert et Moreau, 1863). Belle grappe lâche. Grain gros, sphérique, bien ambré; maturité très hâtive.

Chasselas Sainte-Laure (Comice horticole d'Angers). Grappe moyenne, lâche. Grain gros, blanc; de première qualité; maturité commencement d'août. Cep fertile.

Chasselas Saint-Tronc (Antoine Besson, 1871). Belle grappe allongée, peu serrée, à pédoncule violacé. Grain sphérique, blanc doré; maturité première quinzaine de septembre. Cep vigoureux, à sarments d'un beau vert.

Chatos. Grain moyen, noir; de première qualité; maturité moyenne.

Chauché. Grain moyen, noir; de toute première qualité; maturité hâtive. Cep fertile.

Columbus. Grain blanc; maturité commencement de septembre.

De Calabre. Superbe variété exigeant une exposition chaude. Cep fertile.

Delambre (Moreau-Robert, 1864). Belle grappe lâche. Grain gros, ovale, blanc très ambré; d'une saveur singulière; maturité mi-août. Cep vigoureux et fertile.

De Lonray. Grain moyen, noir; de première qualité; maturité moyenne.

De Serbie. Croît à l'état sauvage dans les forêts de ce pays et appartient sans doute au type *Labrusca*. Grappe lâche. Grain gros, sphérique, gris-rouge recouvert d'une pruine bleuâtre. La saveur a de l'analogie avec celle de l'*Isabelle*, mais elle est bien plus douce et plus agréable. Variété très intéressante, résistant aux hivers les plus rigoureux; très fertile.

D'Ischia. Grappe petite. Grain petit, arrondi, noir; maturité très précoce. Cep très fertile. Préférable, dit-on, au *Morillon noir hâtif*.

Dolceto nero. Reçu avec recommandation, mais sans description.

Doucet. Grain moyen, blanc; de première qualité; maturité moyenne. Cep fertile.

Duc d'Anjou (Moreau-Robert, 1864). Très belle grappe lâche. Grain très gros, ovale, noir recouvert d'une fleur blanche; maturité fin d'août. Cep très vigoureux. — Dit l'un des plus beaux et des meilleurs Raisins noirs.

Duc de Magenta (Robert et Moreau, 1859). Très belle grappe. Grain gros, ovale, noir recouvert d'une fleur blanche; d'un goût exquis; maturité fin d'août. Cep très fertile.

Espagnol. Reçu sans description.

Favorite de Ladé. Grain gros, blanc verdâtre; maturité fin de septembre.

Feigentraube. Reçu d'Allemagne comme l'un des plus délicieux Raisins de table, de maturité moyenne. Cep très fertile.

Fendant roux. Grappe moyenne. Grain assez gros, sphérique, rose; excellent; maturité commencement de septembre. Cep fertile.

Flouron. Grain assez gros, noir; de première qualité; maturité moyenne. Cep fertile.

Forest. Gros Raisin noir se rapprochant du *Frankenthal*, dont il a la qualité avec plus de précocité.

Fran. (1871). Grappe énorme. Grain très gros, rouge-brun; d'un goût exquis; maturité précoce. extrêmement vigoureux, très fertile. — Dit bien supérieur au *Chasselas de Fontainebleau*.

Frankenthal de Coster. Grappe énorme. Grain très gros; à chair croquante. Cep d'une fertilité extraordinaire.

Génétin. Reçu sans description.

Glycère (Robert et Moreau, 1863). Grain gros, aplati, rose ; maturité fin d'août. Cep vigoureux et fertile.

Gradiska (Robert, 1851). Grappe lâche. Grain gros, ovale, blanc ; maturité première quinzaine de septembre.

Gros Doré (Gaujard, 1873. — *Bull. du Cerc. d'Arb. de Belg.*, 1873, p. 349). Grappe très forte, bien faite, serrée. Grain très gros, presque sphérique, d'une belle couleur d'ambre jaune ; à chair assez croquante, très sucrée et légèrement parfumée ; maturité quinze jours avant le *Frankenthal*. — Gain très méritant, obtenu par le croisement du *Chasselas doré de Stockwood* avec une variété espagnole à grain noir.

Gros Perlet (Robert et Moreau, 1861). Belle grappe, peu serrée. Grain très gros, un peu ovale, blanc, très coloré ; maturité première quinzaine de septembre. Cep fertile.

Grosse Marsanne. Grappe moyenne. Grain gros, sphérique, jaune ; de première qualité ; maturité septembre. Cep fertile. — L'un des cépages des coteaux de l'Ermitage.

Grosse perle d'Anvers. Grain gros, sphérique, blanc ; maturité hâtive. Cep fertile.

Guillaume Tell (Moreau-Robert, 1869). Forte grappe lâche. Grain très gros, ovale, noir ; très sucré ; maturité seconde quinzaine d'août. — Dit le plus précoce des Raisins noirs.

Hamburgh the Pope. Grappe et grain très gros. Genre *Frankenthal*.

Hélène Otlander. Grain très gros, allongé, rouge ; de première qualité ; maturité septembre-octobre.

Hugues. Grain moyen, noir ; de toute première qualité ; maturité moyenne. Cep fertile.

Hybride d'Isabelle (Robert, 1857). Grain moyen, sphérique, blanc ; à saveur d'*Isabelle* ; maturité première quinzaine de septembre.

Isabelle hâtive (Robert, 1851). Grain moyen, noir ; maturité première quinzaine de septembre.

Jean Gutenberg (Moreau-Robert, 1868). Très belle grappe, divisée en fractions. Grain moyen, sphérique, très noir ; à chair sucrée ; maturité première quinzaine de septembre. Cep excessivement vigoureux et très fertile.

Josling's Saint-Albans. Reçu sans description.

Karoad. Grain assez gros, blanc verdâtre ; de première qualité ; maturité fin de septembre.

Kaukur. De Crimée.

Keppler (Moreau-Robert, 1868). Très belle grappe lâche. Grain gros, ovale, blanc ; à chair sucrée ; maturité fin d'août. Cep vigoureux et productif.

Kilian. Grain moyen, blanc ; de première qualité ; maturité très hâtive.

Kischuri. Du Caucase.

Kismich Ali. Reçu sans description.

Lampar Fardevany. Grappe très forte, lâche. Grain moyen, noir ; de première qualité ; maturité septembre. Cep fertile.

La Quintinie (Moreau-Robert, 1866). Grappe longue et lâche. Grain très gros, ovale, blanc ; à chair très sucrée ; maturité seconde quinzaine d'août. Cep vigoureux et très fertile.

Lenné's Ehre. Grappe très forte, lâche. Grain gros, ovale, à peau mince, jaunâtre, aromatisé ; maturité tardive.

Limdi Khamat (Comte Odart). Grappe forte, serrée. Grain gros, rouge ; de première qualité ; maturité septembre. Cep très fertile.

Lindley (Moreau-Robert, 1867). Forte grappe lâche. Grain très gros, ovale, blanc ; à chair très sucrée ; de toute première qualité ; maturité fin d'août. Cep vigoureux et productif.

Linnée (Moreau-Robert, 1867). Très forte grappe. Grain très gros, en forme d'olive, violet-noir recouvert d'une fleur blanche ; de toute première qualité ; maturité fin d'août. Cep très vigoureux et productif.

Madeleine précoce de Hongrie. Grappe moyenne, serrée. Grain petit, noir. Cep très fertile.

Magnifique de Nikita. Grappe forte, lâche. Grain gros, blanc ; de première qualité ; maturité août.

Malvoisie blanche de la Drôme. Grappe moyenne. Grain assez gros, oblong, jaune ; délicieux ; maturité septembre. Cep fertile. — Dit très recommandable.

Malvoisie de la Chartreuse. Beau et gros grain blanc.

Malvoisie rose de Piémont. Grappe assez forte. Grain moyen, à peau très fine ; de toute première qualité ; maturité des plus hâtives. — Excellente variété.

Malvoisie verte. Grappe petite. Grain petit, sphérique, vert ; de première qualité ; maturité commencement de septembre. Cep très fertile. — Excellent Raisin de table, que l'on dit aussi très propre à donner de la qualité et du bouquet au vin.

Marchioness of Hastings. Reçu sans description.

Margit (*Ill. Monatsh.*, 1873, p. 244). Variété hongroise, originaire de Badacsony, sur le lac Balaton ; remarquable par sa précocité, qui, dit-on, devance de huit à dix jours celle du *Précoce de Malingre*. Ses grappes sont un peu plus fortes que celles de ce dernier ; sa chair est d'un goût excellent ; le cep est moins vigoureux, mais très fertile.

Mataro. Grain blanc ; maturité commencement d'octobre.

Médoc (Robert et Moreau, 1863). Grappe moyenne. Grain assez gros, sphérique, noir ; à chair légèrement musquée ; maturité très hâtive. Cep très vigoureux et très fertile.

Mérille. Grain assez gros, noir ; de première qualité ; maturité moyenne.

Midowatza. Gros et beau Raisin noir, reçu du Duché de Bade.

Miller (Robert, 1854). Grain gros, presque sphérique, blanc; à chair croquante; maturité seconde quinzaine d'août.

Mondovi (Moreau-Robert, 1865). Grappe lâche et très allongée. Grain très gros, presque ovale, violet très foncé; de première qualité; maturité fin d'août. Cep très fertile.

Mornant. Grappe moyenne. Grain gros, sphérique, jaune; de première qualité; maturité août. Cep fertile. — Cette variété appartient à la tribu des CHASSELAS; elle est très bonne et très hâtive.

Muscat Arrouya. Grain moyen, noir; de toute première qualité; maturité moyenne.

Muscat Aufidus. (Robert et Moreau, 1860). Grain moyen, sphérique, blanc très coloré; à chair très sucrée; maturité seconde quinzaine d'août. Cep peu vigoureux, fertile.

Muscat Bretonneau. Grain moyen, blanc; de première qualité; maturité moyenne.

Muscat de Clermont. Grain moyen, violet sombre; de première qualité; maturité moyenne.

Muscat Decrom. Reçu sans description.

Muscat de juillet (Vibert). Grappe petite, lâche. Grain petit, noir; maturité très hâtive.

Muscat Duchess of Buccleugh. Variété anglaise, à grain blanc, hâtive.

Muscatellier de Genève. Grappe longue. Grain gros, un peu oblong, d'un noir bleuâtre; de première qualité; maturité commencement de septembre. Cep fertile. — Très beau et très bon Raisin à maturité facile.

Muscat Eugénien (Odart). Grappe longue. Grain gros, sphérique, ambré; excellent; maturité septembre. Cep assez fertile.

Muscat hâtif de Patras. Grain blanc, de première qualité.

Muscat Laserelle. Grain blanc; maturité commencement de septembre.

Muscat noir de Naples. Grappe forte, lâche. Grain gros, noir; de première qualité; maturité septembre. Cep fertile.

Muscat Primavis. Grappe moyenne. Grain moyen, ovale, blanc; à chair sucrée, musquée; maturité première quinzaine de septembre. Cep très fertile.

Muscat rosea. (Robert, 1859). Grain gros, sphérique, rose; à chair très sucrée, légèrement musquée; maturité fin d'août.

Muscat rouge de Madère (*Le Vign.*, n° 12, p. 23). Grappe moyenne, allongée, peu serrée. Grain moyen, sphérique, d'un beau rouge pruiné; à chair ferme, très sucrée, d'une fine saveur musquée; maturité moyenne.

Muscat Troveren (Robert, 1852). Grain très gros, sphérique, blanc; maturité fin d'août.

Muscat violet de la Meurthe. Maturité hâtive.

Noir hâtif d'Angers (Robert, 1848). Grain gros, sphérique, très sucré; maturité très hâtive.

Noir hâtif de Marseille (Antoine Besson, 1871). Grappe petite. Grain assez gros, sphérique; de première qualité; maturité juillet. Cep de vigueur moyenne, très fertile.

Nouveau Gibraltar. Gros Raisin noir, tardif.

Orleander. Grain gros, ambré; de première qualité; maturité assez tardive.

Panse de Roquevère. Reçu sans description.

Perle du Jura. Grain blanc; maturité mi-septembre.

Pineau Pommier (Pulliat, 1868). Variété méritante comme Raisin de table et comme raisin de cuve, obtenue par le croisement de la Vigne *d'Ischia* avec le *Précoce de Malingre* ou le *Petit Gamay* beaujolais. Grappe plus forte et plus ailée que le Raisin *d'Ischia*. Grain noir; maturité très hâtive. Cep d'une fertilité remarquable.

Pis de chèvre rouge. Grappe conique. Gros grain, allongé, violacé; de première qualité; maturité fin de septembre. Cep fertile. — Variété hongroise.

Pœrina. Grain assez gros, blanc, de toute première qualité; maturité hâtive.

Précoce de Riesthem. Reçu sans description.

Prunella (*Rev. Hort.*, 1863, p. 450). Grappe forte, élargie. Grain très gros, régulièrement sphérique, violet-noir; maturité fin de septembre. Cep très vigoureux.

Réaumur (Moreau-Robert, 1869). Grappe très forte, lâche. Grain gros, sphérique, blanc, très sucré; maturité fin d'août. Cep vigoureux et fertile.

Reeves Muscadine. Reçu sans description.

Royal Vineyard. Grain gros, oblong; à chair ferme, d'une saveur de CHASSELAS.

Sabalkanskoi. Grain très gros, ovale, rose pâle; maturité très tardive. — Originaire des monts Balkans; demande une exposition très chaude.

Saint-Robier. Grappe forte. Gros grain noir; de première qualité; maturité fin de septembre.

Sarfehér. Grappe lâche. Grain de couleur rouille jaunâtre; maturité mi-hâtive. — L'un des meilleurs Raisins hongrois; se conservant facilement.

Sauvignon. Grain gros, blanc; de première qualité; maturité moyenne.

Schaouka. Gros et bon Raisin, à grain blanc, allongé et un peu recourbé. Très cultivé en Orient; mûrit bien à une chaude exposition.

Semis de Madeleine blanche. Grain assez gros; de première qualité; maturité hâtive.

Sizlva Srollo. Grappe forte, lâche. Grain gros, blanc; de première qualité; maturité fin d'août. — Renommé dans l'île de Corse pour ses qualités vinifères.

Souvenir du Congrès (Antoine Besson, 1871). Grappe assez forte, peu serrée. Grain gros, rose foncé; à chair croquante, d'un goût de fleur d'oranger; maturité première quinzaine de septembre. Cep vigoureux.

Spiran gris-violet. Reçu avec recommandation, mais sans description.

Stanwick Wilderick. Reçu sans description.

Stilwell's Sweetwater. Grappe assez forte, assez serrée. Grain assez gros, sphérique, verdâtre bien ambré; à chair ferme; de première qualité; maturité première quinzaine de septembre. Cep très fertile.

Stuckens. Reçu sans description.

Sucré de Marseille (Antoine Besson, 1871). Grappe moyenne. Joli grain ovoïde, d'un rouge-groseille; à chair croquante; de toute première qualité; maturité commencement de septembre. Cep assez vigoureux, fertile.

Szegszardi Muskateller. Grain vert, très aromatisé; maturité moyenne. Cep très fertile. — Variété hongroise.

Tripier. Grappe forte. Grain gros, blanc; de première qualité; maturité septembre. — Superbe et très bon Raisin.

Waltham Cross (William Paul, 1873). Magnifique variété anglaise, dont la presse horticole fait le plus grand éloge. Grappe énorme, presque aussi forte que celle du *Muscat d'Alexandrie*. Grain le plus gros connu parmi les Raisins blancs, d'une fine saveur musquée; mûrit en même temps que *Frankenthal*.

Variétés douteuses, peu méritantes ou impropres à notre climat.

Agapanthe (Robert et Moreau, 1862).
Alabar (Robert, 1852).
Bacator (Hongrie).
Barducis (Robert, 1852).
Beau Blanc (Courtiller).
Beni Carlos.
Bidwill's Seedling.
Black Monukka.
Black Morocco.
Black Tokay.
Blanc d'ambre.
Blussard blanc.
Blussard noir.
Brustiano.
Burchhardt's Prince.
Cariniana.
Caserno (Robert, 1856).
Champion Vine.
Chasselas de Portugal.
Chasselas Duhamel.
Chasselas Gros-Coulard.
Chasselas Jalabert.
Chasselas Le Mamelon (Robert et Moreau, 1858).
Chasselas roux (Courtiller).
Chasselas Sageret.

Chavousk.
Damascus (Robert, 1851).
De Schiras.
Dolutz noir.
Early Smyrna Frontignan.
Esperione.
Fintindo.
Frédéricton.
Gibraltar.
Grauer Clevner.
Grizzly Frontignan.
Gros Golman.
Gros Romain.
Gros Saport.
Guillandoux.
Gulard.
Lacryma Christi.
Lubeck (Robert et Moreau, 1860).
Madeleine de Jacques.
Malvoisie à gros grain.
Malvoisie d'Asti.
Malvoisie de Sytges.
Malvoisie de Vacheron.
Maréchal Bosquet (Robert et Moreau, 1857).
Mill Hill Hambourg.

Milton.
Morgane (Robert, 1847).
Morocco Prince.
Muscat bifère.
Muscat de Sarbelle (Robert, 1859).
Muscat du parc de Tottenham.
Muscat hâtif d'Orange.
Muscat Ingram's Prolific.
Muscat noir d'Eisentad.
Nogaret (Robert, 1847).
Noir de Pressac.
Noir Ragonneau.
Olivier de Serres (Robert et Moreau, 1861).
Perle impériale (Robert et Moreau, 1858).
Pied de Perdrix.
Pitmaston White Cluster.
Prince Albert.
Rouvelac.
Saint-Louis.
Suisse.
Tekete Goher.
Trebbiano.
Vanderlaan blanc hâtif.
Zitgen-Zitgen.

Variétés américaines.

LA PLUPART INTRODUITES DIRECTEMENT PAR L'ÉTABLISSEMENT EN 1872 ET 1874.

Adirondac (*The Fr. and Fr.-Tr. of Am.*, p. 528). Grappe forte, compacte, ailée. Grain gros, sphérique, pourpre-noir foncé; à chair très tendre.

Agawam (*The Fr. and Fr.-Tr. of Am.*, p. 528). Grappe forte, assez compacte, ailée. Grain gros, arrondi, rouge-marron. Cep très vigoureux et très fertile.

Alvey (*The Fr. and Fr.-Tr. of Am.*, p. 530). Grappe assez forte, allongée, ailée. Grain petit ou moyen, arrondi, noir ; à chair tendre, vineuse, rafraîchissante.

Anna. Grain gros, blanc ; à pulpe ferme, très douce, d'une saveur riche et légèrement épicée ; maturité très hâtive.

Autuchon (*The Fr. and Fr.-Tr. of Am.*, p. 530). Grappe très allongée. Grain moyen, blanc verdâtre, doré à parfaite maturité ; à chair fondante, ressemblant à celle des CHASSELAS, mais plus relevée ; mûrit en même temps que *Delaware*. Feuilles profondément lobées. — Obtenu par le croisement du Raisin américain *Clinton* avec le *Chasselas doré*.

Barry (*The Fr. and Fr.-Tr. of Am.*, p. 531). Grappe assez forte, courte, élargie, compacte. Grain gros, arrondi, noir.

Black Hawk (*The Fr. and Fr.-Tr. of Am.*, p. 531). Grappe assez forte. Grain gros, presque sphérique, noir.

Canada (*The Fr. and Fr.-Tr. of Am.*, p. 533). Grappe assez forte, ailée. Grain assez gros, noir ; à chair fondante, juteuse, d'une saveur ressemblant à celle des Raisins d'Europe. — Obtenu par le croisement de *Clinton* avec le Raisin européen *Black St. Peter's*.

Catawba (*The Fr. and Fr.-Tr. of Am.*, p. 533). Grappe moyenne, le plus souvent lâche, ailée. Beau et gros grain, sphérique, d'un beau rouge ; à chair juteuse, très douce, musquée. — Ancienne variété, très estimée dans l'Ohio et le Kentucky.

Clinton (*The Fr. and Fr.-Tr. of Am.*, p. 534). Grappe moyenne, ailée, longue et étroite, compacte. Grain moyen, noir, couvert d'une pruine épaisse.

Concord (*The Fr. and Fr.-Tr. of Am.*, p. 536). Grappe forte, un peu compacte, ailée. Grain gros, sphérique, presque noir, recouvert d'une pruine épaisse ; à chair presque beurrée.

Cornucopia (*The Fr. and Fr.-Tr. of Am.*, p. 536). Grappe forte, compacte, ailée. Grain assez gros, à peau mince, très noire ; à chair juteuse, fondante. Cep vigoureux, très sain et fertile. — Obtenu par le croisement de *Clinton* avec le Raisin européen *St. Peter's*.

Crevelling (*The Fr. and Fr.-Tr. of Am.*, p. 536). Grappe assez forte, lâche. Grain moyen, presque sphérique, noir ; à chair tendre, juteuse.

Cuyahoga (*The Fr. and Fr.-Tr. of Am.*, p. 537). Grappe moyenne, compacte. Grain moyen, d'une couleur d'ambre verdâtre mat ; à chair tendre, juteuse, d'une riche saveur douce vineuse. — Estimé dans l'Ohio.

Delaware. Grappe petite, très compacte. Grain petit ou moyen, sphérique, d'un beau rouge clair transparent ; à chair très sucrée ; de première qualité ; maturité assez hâtive. Cep très fertile. — L'un des meilleurs Raisins américains.

Diana. Grappe assez forte, très compacte. Grain sphérique, d'un joli lilas rougeâtre ; à chair très juteuse, aromatisée, presque exempte de la saveur particulière aux Raisins d'Amérique ; maturité hâtive. Cep très vigoureux, fertile.

Dracut Amber (*The Fr. and Fr.-Tr. of Am.*, p. 539). Grappe forte, compacte. Grain gros, sphérique. Cep très vigoureux.

Elsingburgh. Jolie grappe forte. Grain petit, sphérique, noir recouvert d'une pruine bleue ; à chair entièrement fondante ; de première qualité. — Estimé pour la table.

Essex (Rogers' n° 41). Grappe moyenne, ailée. Grain noir, d'une saveur hautement aromatisée ; maturité hâtive.

Eumelan (*The Fr. and Fr.-Tr. of Am.*, p. 540). Grappe d'un beau volume, compacte, ailée. Grain moyen, presque sphérique, noir bleuâtre.

Fertile de Hartford (*The Fr. and Fr.-Tr. of Am.*, p. 541). Grappe forte, assez serrée. Grain gros, sphérique, noir ; maturité très hâtive.

Gaertner (Rogers' n° 14). Grappe assez forte. Grain assez gros, rouge, aromatisé ; maturité hâtive.

Herbert (Rogers' n° 44). Grappe un peu allongée et lâche. Grain moyen, noir ; maturité hâtive.

Hybride d'Allen. Délicieuse variété à grain blanc, présentant les caractères des CHASSELAS.

Iona (*The Fr. and Fr.-Tr. of Am.*, p. 542). Grappe assez forte, ailée. Grain moyen, ovale-arrondi, d'un beau rouge clair ; à chair molle, juteuse, douce ; de première qualité à parfaite maturité. Cep vigoureux et fertile.

Isabella (*The Fr. and Fr.-Tr. of Am.*, p. 542). Grappe ailée, d'un beau volume. Grain gros, ovale, pourpre-noir ; à chair tendre, douce, juteuse, musquée. — Ancienne variété, originaire de la Caroline du Sud.

Isabelle blanche.

Israella (*The Fr. and Fr.-Tr. of Am.*, p. 545). Grappe assez forte, ailée, compacte. Grain gros, légèrement ovale, noir ; à chair tendre, juteuse, fondante, douce. Cep vigoureux, rustique et fertile.

Ives (*The Fr. and Fr.-Tr. of Am.*, p. 545). Grappe moyenne, ailée, compacte. Grain moyen, ovale-arrondi, noir ; à chair juteuse douce. Cep vigoureux et fertile. — Estimé dans l'Ohio comme Raisin de cuve.

Lindley (*The Fr. and Fr.-Tr. of Am.*, p. 546). Grappe moyenne, un peu allongée, compacte. Grain moyen, arrondi, rouge. Cep vigoureux et très fertile.

Lydia (*The Fr. and Fr.-Tr. of Am.*, p. 546). Grappe courte, arrondie, compacte. Grain gros, blanc verdâtre nuancé de jaune à parfaite maturité, à peau épaisse ; chair juteuse, presque fondante et exempte de l'arôme natal. Cep très vigoureux et rustique.

Marion (*The Fr. and Fr.-Tr. of Am.*, p. 548). Grappe forte, compacte. Grain ovale-arrondi, noir pourpré.

Martha (*The Fr. and Fr.-Tr. of Am.*, p. 548). Grappe moyenne, assez compacte, ailée. Grain gros, arrondi, jaune verdâtre.

Massasoit (*The Fr. and Fr.-Tr. of Am.*, p. 548). Grappe moyenne, un peu lâche, courte, ailée. Grain gros, sphérique, rouge clair ; à chair tendre, juteuse.

Maxatawney (*The Fr. and Fr.-Tr. of Am.*, p. 548). Grappe moyenne. Grain moyen, ovale-arrondi, blanc verdâtre ambré à parfaite maturité ; chair tendre, fondante, très douce, délicieuse. Cep vigoureux, rustique et fertile.

Merrimack (*The Fr. and Fr.-Tr. of Am.*, p. 549). Grappe assez forte, courte et élargie, compacte. Grain gros, sphérique, noir avec une pruine épaisse. Cep très vigoureux et très fertile.

Mottled (*The Fr. and Fr.-Tr. of Am.*, p. 550). Grappe moyenne, étroite, serrée. Grain moyen, sphérique, rouge-marron taché de roux ; chair tendre, très juteuse. Cep vigoureux abondamment fertile.

Northern Muscadine (*The Fr. and Fr.-Tr. of Am.*, p. 551). Grappe petite, courte, compacte. Grain gros, sphérique, de couleur chocolat.

Oporto. Grappe petite. Grain moyen, sphérique, noir. Cep très vigoureux.

Othello (*The Fr. and Fr.-Tr. of Am.*, p. 552). Grappe forte, ailée, compacte. Grain gros, sphérique, noir ; à chair ferme, croquante, fondante ; maturité en même temps que *Delaware*. Cep vigoureux, à feuilles profondément lobées, très fertile.

Perkins (*The Fr. and Fr.-Tr. of Am.*, p. 552). Grappe moyenne, compacte, ailée. Grain moyen, ovale-arrondi, de couleur rouge-cuivre à parfaite maturité. Cep vigoureux et fertile.

Rebecca (*The Fr. and Fr.-Tr. of Am.*, p. 553). Grappe moyenne, très compacte. Grain moyen, ovale-arrondi, bien attaché, vert clair à l'ombre, ambre doré au soleil, très transparent ; à chair juteuse, douce, délicieuse. Cep de vigueur modérée.

Rentz (*The Fr. and Fr.-Tr. of Am.*, p. 554). Grappe forte, lâche. Grain sphérique, rouge-pourpre. — Originaire de Cincinnati, où il est estimé comme Raisin de cuve.

Requa (Rogers) n° 28). Grappe forte, ailée. Grain moyen, à peau mince, rouge.

Rogers' Hybrid n° 2. Grappe forte. Grain gros, noir.

Rogers' Hybrid n° 5. Grappe moyenne. Grain gros, rouge foncé. — L'un des plus hâtifs.

Rogers' Hybrid n° 7. Coloris dans le genre de *Catawba*.

Rogers' Hybrid n° 8. Grappe forte. Grain gros, rouge ambré ; maturité tardive.

Rogers' Hydrid n° 30. Grappe forte. Grain gros, de couleur d'ambre léger.

Rogers' Hybrid n° 33.
Rogers' Hybrid n° 36. } Variétés à grain noir, très recommandées.
Rogers' Hybrid n° 39.

Salem (*The Fr. and Fr.-Tr. of Am.*, p. 555). Grappe forte, courte et élargie, compacte. Grain gros, sphérique, un peu plus foncé en couleur que *Catawba*.

Senasqua (Underhill). Grappe assez forte. Grain moyen, noir ; d'excellente qualité. — Obtenu par le croisement de *Concord* avec le Raisin européen *Black Prince*.

Sherman. Grappe petite, un peu compacte. Grain moyen, noir.

To Kalon (*The Fr. and Fr.-Tr. of Am.*, p. 556). Grappe forte. Grain de forme variable, noir, très foncé recouvert d'une abondante pruine blanche ; à chair très douce, beurrée ; de première qualité.

Union Village (*The Fr. and Fr.-Tr. of Am.*, p. 557). Grappe forte, compacte, ailée. Grain très gros, sphérique, noir foncé. Cep très vigoureux. — L'un des plus beaux Raisins américains.

Venango (*The Fr. and Fr.-Tr. of Am.*, p. 557). Grappe compacte. Grain d'une jolie couleur lilas ; maturité hâtive. Cep très vigoureux et fertile. — Jolie variété.

Virginia de Norton (*The Fr. and Fr.-Tr. of Am.*, p. 551). Grappe moyenne, ailée, un peu compacte. Grain petit, sphérique, à peau mince, pourpre-noir ; à chair tendre, d'une saveur relevée.

Wilder (*The Fr. and Fr.-Tr. of Am.*, p. 557). Grappe forte, compacte, ailée. Grain gros, sphérique, noir. Cep vigoureux et très fertile. — Très bonne variété.

York Madeira (*The Fr. and Fr.-Tr. of Am.*, p. 558). Grappe moyenne, compacte, ailée. Grain moyen, arrondi, noir. Cep de vigueur modérée, à petit feuillage.

TABLE ALPHABÉTIQUE
DES NOMS ADOPTÉS
ET
DES SYNONYMES

NOTA. Les synonymes sont imprimés en petits caractères et placés au-dessous des noms adoptés; ils se retrouvent, en caractère italique, avec renvoi au nom adopté, dans l'ordre général alphabétique; à l'exception toutefois de ceux qui tombent immédiatement avant ou après le nom adopté.

ABRICOTS

12

AMANDES

CERISES

CHALEF

CHATAIGNES

COINGS

CORNOUILLES

FIGUES

FRAMBOISES

GROSEILLES

GROSEILLES EN GRAPPES

MURE

NÈFLES

NOISETTES

NOIX

PÊCHES

PÊCHES (PROPREMENT DITES)

14

Pages. | Pages.

NECTARINES

POIRES

Pages.

De *Limousin*, *Voy.* Bon-Chrétien d'hiver.

De *Liquet*, *Voy.* de Vallée.

Deliron d'Airolles, *Voy.* Jules-d'Airoles de Grégoire.

Delisse 72

De Livre 81
    Argentine.
    Beau-Présent d'Artois (*par erreur*).
    Beurré de Louvain.
    Black Pear of Worcester.
    D'Amour (*de quelques-uns*).
    D'Angora (*par erreur*).
    De Gros Resteau.
    Deutsche Muskateller ?
    Fässlibirne.
    Frauenbirne.
    Grand Monarque.
    Gros Râteau gris.
    Kaiserbirne.
    Kappesbirne.
    Königbirne von Neapel.
    Königsgeschenk von Neapel.
    Kronbirne.
    Librale.
    Livre.
    Norman Zimbeck.
    Pfundbirne.
    Présent royal de Naples.
    Râteau gris.
    Roi de Louvain.
    Winter Kronbirne.

De *Livre* (*de quelques-uns*), *Voy.* Catillac.

De *Livre* (*par erreur*), *Voy.* Angleterre d'hiver.

De *Livre des Bourguignons*, *Voy.* Gilles ô Gilles.

De *longue vie*, *Voy.* Angleterre d'hiver.

De *Lott*, *Voy.* Grosse de Harrison.

De *Louise*, *Voy.* Louise-Bonne d'Avranches.

De Louvain 90
    Bergamotte de Louvain.
    Löwener Bergamotte.
    Triomphe de Louvain.
    Triumph von Löwen.

Delphine de Tournay, *Voy.* Colmar Daras.

Delpierre 70
    Beurré Delpierre.
    Delpierre's Birne.

Delporte Bourgmestre 90

De *Luçon*, *Voy.* Beurré de Luçon.

De *Madame de Madère*, *Voy.* Chair à dame.

De *Mademoiselle*, *Voy.* de Vigne.

De *Malte*, *de Malthe*, *Voy.* de Prêtre.

De *Manne*, *Voy.* Colmar.

De *Margot*, *Voy.* Fusée d'hiver.

De *Marquise*, *Voy.* Marquise.

Pages.

De *Martin Sec*, *Voy.* Martin Sec.

De Meigem 83

De *Melon*, *Voy.* Beurré Diel.

De *Merle*, *Voy.* Certeau d'hiver.

De *Mérode*, *Voy.* Doyenné de Mérode.

De *Messire-Jean*, *Voy.* Messire-Jean.

Democrat 71

Demoiselle, *Voy.* de Vigne.

De *Mons*, *Voy.* Vicomte de Spoelberg.

De *Monsieur* (*des uns et des autres*), *Voy.* de Curé et Doyenné blanc.

De *Monsieur John*, *Voy.* Messire-Jean.

De *Monsieur le Curé*, *Voy.* de Curé.

De *M. Seckel*, *Voy.* Seckel.

De *Montigny*, *Voy.* Besi de Montigny.

De *Montrave*, *Voy.* d'Arménie.

Demoustier, *Voy.* Beurré Dumortier.

De *Nantes*, *Voy.* Beurré de Nantes.

De *Nege*, *de Neige*, *Voy.* Doyenné blanc.

De *Neptune*, *Voy.* Gros Blanquet.

De *Neufmaisons*, *de Neuve-Maison*, *Voy.* Serrurier.

Denis Dauvesse 90

De *Noirchain*, *Voy.* Beurré Rance.

De *Nonnes*, *Voy.* Beurré de Brigné.

De *Notre-Dame*, *Voy.* Boutoc et Franc-Réal.

De *Notre-Dame d'été*, *Voy.* Boutoc.

De *Notre-Dame d'hiver*, *Voy.* Franc-Réal.

De *Pape*, *Voy.* de Saint-Père.

D'*Epargne*, *Voy.* Epargne.

D'*Epargne d'hiver*, *Voy.* Tarquin.

De *Parmentier*, *Voy.* Fortunée et Orpheline d'Enghien.

De *Parthenay*, *Voy.* Bergamotte de Parthenay.

De *Pentecôte*, *Voy.* Doyenné d'hiver.

De *Péquigny*, *Voy.* Catillac.

De *Perdreau*, *Voy.* Rousselet hâtif.

De *Perse*, *Voy.* d'Arménie.

De *Persil*, *Voy.* Fondante des Bois.

De *Petite Glace*, *Voy.* Doyenné blanc.

De *Pézenas*, *Voy.* Duchesse d'Angoulême.

De *Plougastel*, *Voy.* Longue Verte.

De *Poirault*, *Voy.* Bergamotte de Parthenay.

De Prêtre 82
    Bergamotte rouge (*de quelques-uns*).
    Caillolet rosat musqué.
    Caillot d'hiver.
    Caillot gris.
    Caillot Rosat d'hiver.
    Caillot Rosat musqué.
    Caillouat de Varennes.
    Callois.
    Caloët.

Poires.   253

17

19

POMMES

20

PRUNES

Prunes.

23

RAISINS

24

9 782012 166059